한/국/산/업/인/력/공/단/출/제/기/준/

과년도 3주 완성

NEW 기출문제

컴퓨터 응용 선반기능사 필기
Craftsman Computer Aided Lathe

컴퓨터 응용 선반기능사란..

컴퓨터응용선반기능사 자격취득자는 정밀한 부품을 가공하기 위하여 가공 도면을 해독하고 작업계획을 수립하며 적합한 공구를 이용하여 내외경 단차, 홈 및 테이퍼, 나사 등을 선반과 CNC선반을 운용하여 가공한 후, 공작물을 측정하여 필요시 수정하고, 장비를 점검, 정비, 관리하는 등의 직무 수행을 합니다.

 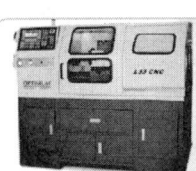  

심 해 성, 김 정 권 엮음

도서출판 엔플북스

최신기출문제수록
최신판
enplebooks

이 도서의 국립중앙도서관 출판예정도서목록(CIP)은 서지정보유통
지원시스템 홈페이지(http://seoji.nl.go.kr)와 국가자료종합목록
구축시스템(http://kolis-net.nl.go.kr)에서 이용하실 수 있습니다.
(CIP제어번호 : CIP2019051419)

책머리에서.......

세계 최강, 최고의 IT 국가답게 우리나라의 컴퓨터와 관련된 CNC 기계 부분은 초고속이라 할 수 있을 정도로 눈부신 변화와 발전을 이루고 있습니다.

우리나라의 기계 공업의 근간을 이루는 선반, 그리고 밀링, 아울러 연삭기들은 여전히 주종을 이루고 있으며, 이 흐름은 앞으로도 변할 수 없는 구조이지만, 어느 순간부터 모든 공작 기계들이 NC화가 되더니 지금은 CNC화 되어 변화의 흐름을 피부로 느낄 틈도 없이 빠르고 정신없이 발전, 변화되어 가고 있는 현실입니다. 아울러, CNC 기계분야의 폭발적인 양적 증가와 산업 현장에서 절대적으로 필요한 인력이다 보니 정부에서도 우선 선정 직종, 국가기간 전략 산업직종으로 선정이 되어 기계공고, 공고, 직업전문학교, 인력개발원 등에서 기능 인력을 교육시켜 배출하고 있는 현실입니다.

본 교재는 이미 5~6년 전부터 자격증을 주관하는 한국산업인력공단에서 출제된 각 기출문제를 매 회마다 빠짐없이 해설을 덧 붙여 수험생 여러분의 궁금증 해소를 위해 최선을 다했습니다. 30여년의 일선 교사 경험으로 컴퓨터응용선반기능사 자격증을 취득하고자 하는 수험생에게 가장 필요하다고 판단되는 부분, 각 문제마다 수험생이 알고 싶어 하는 부분을 자세한 설명을 통해 자격증 취득을 위한 필독서로 만들고자 최선의 노력을 다했다고 자부합니다.

문제를 단순히 풀어가기보다는 문제를 이해하여 유사한 문제가 출제 되었을 때 풀어 갈 수 있도록 해설에 가장 역점을 두었으므로, 본 교재가 컴퓨터응용선반기능사 이론시험을 합격하기에 최적의 지침서라는 평가를 받고 싶습니다.

앞으로도 매년 수정, 보완하고 새로운 기출 문제를 해설과 더불어 보완해 발간 할 것이며, 수험생 여러분들의 자격증 취득에 진정으로 도움이 되었으면 하는 바램과 여러분들의 앞날에 무궁한 발전을 기원하며 성공하시길 기원합니다.

저자 올림

차 례

2011년도 컴퓨터응용선반기능사

- 컴퓨터응용선반기능사 1회 필기 ··· 7
- 컴퓨터응용선반기능사 2회 필기 ··· 20
- 컴퓨터응용선반기능사 4회 필기 ··· 33
- 컴퓨터응용선반기능사 5회 필기 ··· 46

2012년도 컴퓨터응용선반기능사

- 컴퓨터응용선반기능사 1회 필기 ··· 59
- 컴퓨터응용선반기능사 2회 필기 ··· 71
- 컴퓨터응용선반기능사 4회 필기 ··· 84
- 컴퓨터응용선반기능사 5회 필기 ··· 97

2013년도 컴퓨터응용선반기능사

- 컴퓨터응용선반기능사 1회 필기 ··· 111
- 컴퓨터응용선반기능사 2회 필기 ··· 124
- 컴퓨터응용선반기능사 4회 필기 ··· 137
- 컴퓨터응용선반기능사 5회 필기 ··· 150

2014년도 컴퓨터응용선반기능사

- 컴퓨터응용선반기능사 1회 필기 ··· 163
- 컴퓨터응용선반기능사 2회 필기 ··· 176

- 컴퓨터응용선반기능사 4회 필기 ····· 189
- 컴퓨터응용선반기능사 5회 필기 ····· 202

2015년도 컴퓨터응용선반기능사

- 컴퓨터응용선반기능사 1회 필기 ····· 217
- 컴퓨터응용선반기능사 2회 필기 ····· 230
- 컴퓨터응용선반기능사 4회 필기 ····· 242
- 컴퓨터응용선반기능사 5회 필기 ····· 254

2016년도 컴퓨터응용선반기능사

- 컴퓨터응용선반기능사 1회 필기 ····· 267
- 컴퓨터응용선반기능사 2회 필기 ····· 280
- 컴퓨터응용선반기능사 4회 필기 ····· 293

컴퓨터응용선반기능사 필기 CBT 대비 모의고사 필기 문제

- CBT 대비 모의고사 필기 1회 ····· 309
- CBT 대비 모의고사 필기 2회 ····· 317
- CBT 대비 모의고사 필기 3회 ····· 325
- CBT 대비 모의고사 필기 4회 ····· 332
- CBT 대비 모의고사 필기 5회 ····· 339

컴퓨터응용선반기능사 필기 CBT 대비 모의고사 정답 및 해설

- 모의고사 정답 및 해설 ····· 347

2011년 1회 필기
컴퓨터응용선반기능사

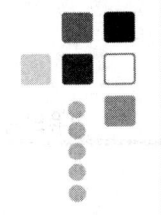

01 주조성이 우수한 백선 주물을 만들고, 열처리하여 강인한 조직으로 단조를 가능하게 한 주철은?
- ㉮ 가단 주철
- ㉯ 칠드 주철
- ㉰ 구상 흑연 주철
- ㉱ 보통 주철

✓ ㉯ 주형에 냉금을 삽입하여 주물 표면을 급랭시킴으로써 백선화하고 경도를 증가시킨 내마모성 주철
㉰ 용융상태의 주철 중에 마그네슘, 세륨, 칼슘 등을 첨가하여 흑연을 구상화한 주철
㉱ 철과 탄소의 합금으로 Fe-C계 평형 상태도에서 탄소를 2.11% 이상 함유한 합금

02 강을 M_s 점과 M_f 점 사이에서 항온 유지 후 꺼내어 공기 중에서 냉각하여 마텐자이트와 베이나이트의 혼합 조직으로 만드는 열처리는?
- ㉮ 풀림
- ㉯ 담금질
- ㉰ 침탄법
- ㉱ 마템퍼

✓ ㉮ 일정한 온도에서 일정 시간을 가열 후 비교적 느린 속도로 냉각시키는 조작
㉯ 강도, 경도 등을 높이기 위해 오스테나이트 구역 온도로 가열한 다음 물이나 기름 등의 냉각제 중에서 급랭하는 열처리
㉰ 탄소가 0.2% 이하 함유된 저탄소강을 침탄제 속에 넣고 가열하면 소재 표면에 침탄제의 탄소가 침입되어 탄소의 함량이 많아져 담금질하면 경도가 상승되는 열처리
㉱ 마칭, 오스템퍼, 항온 풀림, 패턴팅과 같이 항온 열처리에 해당된다.

03 산화물계 세라믹의 주재료는?
- ㉮ SiO_2
- ㉯ SiC
- ㉰ TiC
- ㉱ TiN

✓ ① 산화물계 : Al_2O_3, MgO, ZrO_2, SiO_2
② 탄화물계 : SiC, TiC, B_4C
③ 질화물계 : Si_3N_4 등

04 고강도 알루미늄 합금강으로 항공기용 재료 등에 사용되는 것은?
- ㉮ 두랄루민
- ㉯ 인바
- ㉰ 콘스탄탄
- ㉱ 서멧

✓ ㉯ 내식성이 좋아 측량기구, 표준기구, 시계추, 바이메탈 등에 사용
㉰ 구리에 40~50%의 Ni을 첨가한 합금으로 통신기재, 저항선, 전열선 등으로 사용
㉱ 초고온 내열 재료로 제트기, 터빈 날개 등에 사용

05 18-8계 스테인리스강의 설명으로 틀린 것은?
- ㉮ 오스테나이트계 스테인리스강이라고도 하며 담금질로써 경화되지 않는다.
- ㉯ 내식, 내산성이 우수하며, 상온 가공하면 경화되어 다소 자성을 갖게 된다.
- ㉰ 가공된 제품은 수중 또는 유중 담금질하여 해수용 펌프 및 밸브 등의 재료로 많이 사용한다.
- ㉱ 가공성 및 용접성과 내식성이 좋다.

01.㉮ 02.㉱ 03.㉮ 04.㉮ 05.㉰

✓ 18-8계 스테인리스강은 화학공업, 건축, 자동차, 의료기기, 가구, 식기 등에 많이 쓰인다.

06 짝(pair)을 선짝과 면짝으로 구분할 때 선짝의 예에 속하는 것은?
- ㉮ 선반의 베드와 왕복대
- ㉯ 축과 미끄럼 베어링
- ㉰ 암나사와 수나사
- ㉱ 한 쌍의 맞물리는 기어

✓ ㉮ 면짝(미끄럼 짝), ㉯ 면짝(회전 짝), ㉰ 면짝(나사짝)

07 나사에서 리드(L), 피치(P), 나사줄 수(n)의 관계식을 바르게 나타낸 것은?
- ㉮ L = P
- ㉯ L = 2P
- ㉰ L = nP
- ㉱ L = n

✓ 리드 : 나사가 1회전할 동안 축방향으로 이동한 거리
피치 : 나사의 산과 산의 거리
L=nP이므로 1줄 나사인 경우, 리드와 피치는 같다.

08 축에서 키 홈을 가공하지 않고 보스에만 테이퍼 키 홈을 만들어서 홈 속에 키를 끼우는 것은?
- ㉮ 묻힘 키(성크 키)
- ㉯ 새들 키(안장 키)
- ㉰ 반달 키
- ㉱ 둥근 키

✓ ㉮ 가장 일반적인 키로 축과 보스에 모두 키 홈을 판다.
㉰ 반달 모양의 키로 축에 키 홈이 깊게 파지므로 축의 강도가 약하다. 자동차, 기계 등에 사용
㉱ 핀 키라고도 하며, 토크가 작은 핸들류의 고정에 사용

09 황동에 첨가하면 강도와 연신율은 감소하나 절삭성을 좋게 하는 것은?
- ㉮ 납
- ㉯ 알루미늄
- ㉰ 주석
- ㉱ 철

✓ ㉯ 가볍고 전연성이 좋아 가정용품, 건축재료, 자동차 산업 등에 광범위하게 사용
㉰ 연성이 풍부하고, 소성가공이 쉽고, 내식성이 우수, 가공이 쉽고, 독성이 없어 피복용, 의약품, 식품 포장 튜브 등에 널리 사용

10 스프링 상수의 단위로 옳은 것은?
- ㉮ N · mm
- ㉯ N/mm
- ㉰ N · mm²
- ㉱ N/mm²

✓ 스프링 상수$(k) = \dfrac{하중 W(N)}{변위 \delta(mm)}$ (N/mm)이다.

11 피치원지름 165mm이고 잇수 55인 표준평기어의 모듈은?
- ㉮ 2
- ㉯ 3
- ㉰ 4
- ㉱ 6

✓ 모듈$(m) = \dfrac{D(\text{피치원지름})}{Z(\text{잇수})} = \dfrac{165}{55} = 3$

12 강자성체에 속하지 않는 성분은?
㉮ Co ㉯ Fe
㉰ Ni ㉱ Sb

✓ ① 강자성체 : Fe, Ni, Co 등
② 상자성체 : O, Mn, Pt(백금), Al 등
③ 반자성체 : Bi(비스무트), Sb(안티몬), Au(금), Ag(은), Cu 등이 있다.

13 연신율이 20%이고, 파괴되기 직전의 늘어난 시편의 전체 길이가 30cm일 때 이 시편의 본래의 길이는?
㉮ 20cm ㉯ 25cm
㉰ 30cm ㉱ 35cm

✓ 연신율 = $\dfrac{\text{늘어난 길이}}{\text{본래의 길이}}$ 이므로, 본래의 길이가 25cm일 경우에 연신율이 20%가 된다.

14 브레이크 재료 중 마찰계수가 가장 큰 것은?
㉮ 주철 ㉯ 석면직물
㉰ 청동 ㉱ 황동

✓ 각각의 마찰계수(μ)는 ㉮, ㉰, ㉱ : 0.1~0.2, ㉯ : 0.35~0.60이며, 기타 가죽=0.23~0.3, 파이버=0.05~0.1, 연강=0.15 정도이다.

15 외부로부터 작용하는 힘이 재료를 구부려 휘어지게 하는 형태의 하중은?
㉮ 인장 하중 ㉯ 압축 하중
㉰ 전단 하중 ㉱ 굽힘 하중

✓ ㉮ 재료를 축방향으로 늘어나게 하는 하중
㉯ 재료를 축방향으로 누르는 하중
㉰ 재료를 가위로 자르려는 형태의 하중
기타 비틀림 하중(재료를 비트는 형태로 작용하는 하중) 등이 있다.

16 끼워맞춤 공차 중 G7/h6는 어떤 끼워맞춤에 해당하는가?
㉮ 구멍 기준식에서 헐거운 끼워맞춤
㉯ 축 기준식에서 헐거운 끼워맞춤
㉰ 구멍 기준식에서 억지 끼워맞춤
㉱ 축 기준식에서 억지 끼워맞춤

✓ 기준 축 h6에서 F, G, H는 헐거운 끼워맞춤, JS, K, M은 중간 끼워맞춤, N, P, R, S, T, U, K는 억지 끼워맞춤이다.

12.㉱ 13.㉯ 14.㉯ 15.㉱ 16.㉯

17 KS 나사의 도시법에서 도시 대상과 사용하는 선의 관계가 틀린 것은?

㉮ 수나사의 골 밑은 굵은 실선으로 표시한다.
㉯ 불완전 나사부는 경사된 가는 실선으로 표시한다.
㉰ 완전 나사부와 불완전 나사부의 경계는 굵은 실선으로 표시한다.
㉱ 암나사를 단면한 경우 암나사의 골 밑은 가는 실선으로 표시한다.
✓ ㉮ 수나사와 암나사의 골 부분은 가는 실선이다.

18 다음 중 가는 2점 쇄선을 사용하여 도시하는 경우는?

㉮ 도시된 물체의 단면 앞쪽 형상을 표시
㉯ 다듬질한 형상이 평면임을 표시
㉰ 수면, 유면 등의 위치를 표시
㉱ 중심이 이동한 중심 궤적을 표시
✓ ㉯ 가는 실선, ㉰ 가는 실선, ㉱ 가는 1점 쇄선으로 표시한다.

19 그림과 같은 3각법에 의한 투상도에 가장 적합한 입체도는?(단, 화살표 방향이 정면이다.)

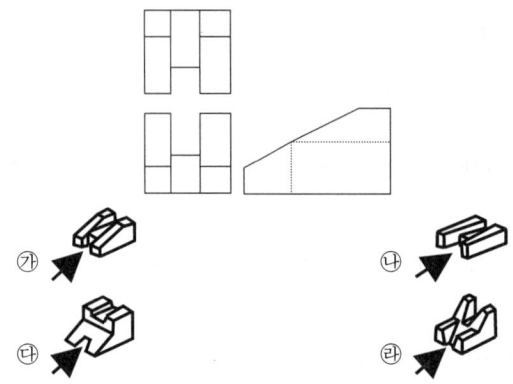

20 아래 도시된 내용은 리벳 작업을 위한 도면 내용이다. 바르게 설명한 것은?

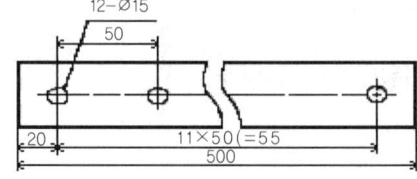

㉮ 양끝 20mm 띄워서 50mm 피치로 지름 15mm의 구멍을 12개 뚫는다.
㉯ 양끝 20mm 띄워서 50mm 피치로 지름 12mm의 구멍을 15개 뚫는다.
㉰ 양끝 20mm 띄워서 12mm 피치로 지름 15mm의 구멍을 50개 뚫는다.
㉱ 양끝 20mm 띄워서 15mm 피치로 지름 50mm의 구멍을 12개 뚫는다.
✓ 12-φ15란, φ(지름) 15mm의 구멍이 12개가 있음을 나타낸다.

21 도면에서 두 종류 이상의 선이 같은 장소에서 겹칠 경우 우선 순위가 높은 순서대로 외형선부터 치수보조선까지 옳게 나타낸 것은?

㉮ 외형선-무게 중심선-중심선-절단선-숨은선-치수보조선
㉯ 외형선-숨은선-절단선-중심선-무게 중심선-치수보조선
㉰ 외형선-중심선-무게 중심선-숨은선-절단선-치수보조선
㉱ 외형선-절단선-무게 중심선-숨은선-중심선-치수보조선

22 가공 모양의 기호 중 가공으로 생긴 컷의 줄무늬가 거의 동심원 모양을 표시하는 기호는?

㉮ ∇M ㉯ ∇⊥
㉰ ∇C ㉱ ∇R

✓ ㉮ 교차 또는 무방향, ㉯ 투상면에 직각, ㉱ 면의 중심에 대해 레이디얼 방향

23 구름 베어링의 호칭 번호가 6420 C2 P6으로 표시된 경우 베어링 내경은 몇 mm인가?

㉮ 20   ㉯ 64
㉰ 100   ㉱ 420

✓ 64 : 계열번호(단열 깊은 홈 볼 베어링), 20 : 안지름 번호(04 이상은 수치×5를 하므로 100mm)
C2 : 내부 틈새 기호, P6 : 등급 기호를 나타낸다.

24 기하 공차의 종류 중 모양 공차인 것은?

㉮ 원통도 공차   ㉯ 위치도 공차
㉰ 동심도 공차   ㉱ 대칭도 공차

✓ 모양 공차 : 진직도, 평면도, 진원도, 원통도
자세 공차 : 평행도, 직각도, 경사도
위치 공차 : 위치, 동심도(동축도), 대칭도
흔들림 공차 : 원주 흔들림, 온 흔들림 공차 등이 있다.

25 치수 표시에 쓰이는 기호 중 45° 모떼기를 의미하는 뜻을 나타낼 때 사용하는 문자 기호는?

㉮ R   ㉯ P
㉰ C   ㉱ t

✓ ㉮ 반지름(Radius), ㉯ 피치(Pitch), ㉰ 모떼기(Champer), ㉱ 두께(Thickness)를 나타낸다.

26 다음 중 절삭공구용 재료가 가져야 할 기계적 성질 중 맞는 것을 모두 고르면?

| ① 고온 경도(hot hardness) | ② 취성(brittleness) |
| ③ 내마멸성(resistance to wear) | ④ 강인성(toughness) |

㉮ ①, ②, ③   ㉯ ①, ②, ④

21.㉯ 22.㉰ 23.㉰ 24.㉮ 25.㉰ 26.㉰

㉰ ①, ③, ④　　　　　㉱ ②, ③, ④

✓ 공구재료는 ①, ③, ④항의 기계적 성질과 열처리가 쉽고, 가격 저렴, 구입 용이 등의 일반적인 조건을 갖추어야 한다.

27 절삭 가공을 할 때에 절삭열의 분포를 나타낸 것이다. 절삭열이 가장 큰 곳은?

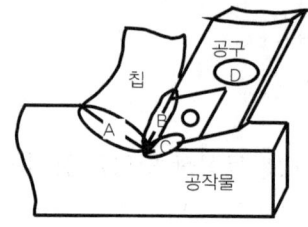

㉮ A　　　　　㉯ B
㉰ C　　　　　㉱ D

✓ A 부분은 공작물이 절단되며 발생하므로 절삭열이 가장 높고, B와 C는 마찰열에 의해 발생하는 열이다.

28 다음이 설명하는 센터리스 연삭 방법은?

지름이 같은 일감을 한쪽에서 밀어 넣으면 연삭되면서 자동으로 이송되는 방식

㉮ 직립 이송방식　　　　　㉯ 전후 이송방식
㉰ 좌우 이송방식　　　　　㉱ 통과 이송방식

✓ 센터리스 연삭기는 센터 지지가 필요없는 연삭기로 통과 이송법과 전후 이송법이 있으며, 전후 이송법은 공작물의 이송이 없이 숫돌 폭보다 길이가 짧은 공작물의 연삭에 용이하다.

29 어느 공작물에 일정한 간격으로 동시에 5개 구멍을 가공 후 탭가공을 하려고 한다. 적합한 드릴링 머신은?

㉮ 다두 드릴링 머신
㉯ 레이디얼 드릴링 머신
㉰ 다축 드릴링 머신
㉱ 직립 드릴링 머신

✓ ㉮ 작업 공정에 맞게 드릴링 → 리밍 → 카운터 싱킹 → 태핑 등과 같이 공정 순서에 맞게 스핀들에 각각의 공구를 설치하여 작업하는 드릴링 머신
㉯ 대형공작물 가공에 편리하도록 드릴이 필요한 위치로 이동하며 가공하는 드릴링 머신
㉱ 탁상 드릴이 대형화한 것으로 자동 이송이 가능하다.

30 다이얼 게이지의 일반적인 특징으로 틀린 것은?

㉮ 눈금과 지침에 의해서 읽기 때문에 오차가 적다.
㉯ 소형, 경량으로 취급이 용이하다.
㉰ 연속된 변위량의 측정이 불가능하다.

㉣ 많은 개소의 측정을 동시에 할 수 있다.
✓ 연속된 변위량의 측정이 가능한 것이 다이얼 게이지의 가장 큰 장점 중에 하나이다.

31 수평 밀링머신의 플레인 커터 작업에서 하향 절삭과 비교한 상향 절삭의 특징은?
㉮ 가공물 고정이 유리하다.
㉯ 절삭날에 작용하는 충격이 적다.
㉰ 절삭날의 마멸이 적고 수명이 길다.
㉱ 백래시 제거 장치가 필요하다.
✓ 상향 절삭(올려 깎기)의 특징은 ㉱항과 백래시 장치가 필요없고, 일감 고정이 불안하고, 날의 마모가 심하고, 가공면이 거칠다.

32 다음 중 구성인선(built up edge)이 잘 생기지 않고 능률적으로 가공할 수 있는 방법으로 가장 적당한 것은?
㉮ 절삭 깊이를 작게 한다.
㉯ 절삭 속도를 작게 한다.
㉰ 재결정 온도 이하에서 가공한다.
㉱ 재결정 온도 이상에서 가공한다.
✓ 절삭 속도를 120m/분 이상(임계속도)으로 높게 가공해야 하며, 또한 절삭 깊이도 작게 하고, 경사각도 커야 구성인선이 발생하지 않는다.

33 연삭하려는 부품의 형상으로 연삭 숫돌을 성형하거나 성형연삭으로 인하여 숫돌 형상이 변화된 것을 부품의 형상으로 바르게 고치는 작업을 무엇이라고 하는가?
㉮ 무딤   ㉯ 눈메움
㉰ 트루잉   ㉱ 입자탈락
✓ ㉮ 글레이징(glazing)이라고도 하며, 입자가 탈락하지 않고 숫돌 표면이 무뎌지는 현상
㉯ 로딩(loading)이라고도 하며, 마모된 탈락입자나 칩이 기공에 끼워지는 현상
㉱ 입자가 작은 절삭력에도 쉽게 탈락하는 현상으로 ㉮, ㉯, ㉱항의 사항이 발생 시에 연삭 성능을 향상시키기 위해 드레싱(dressing)을 하여 준다.

34 일반적으로 드릴 작업 후 리머 가공을 할 때 리머 가공의 절삭 여유로 가장 적합한 것은?
㉮ 0.02~0.03mm 정도   ㉯ 0.2~0.3mm 정도
㉰ 0.8~1.2mm 정도   ㉱ 1.5~2.5mm 정도
✓ 일반적으로 기계 리머는 0.2~0.3mm이고, 수동 리머는 0.05~0.08mm 정도이다.

35 절삭 속도 75m/min, 밀링커터의 날 수 8, 지름 95mm, 1날당 이송을 0.04mm라 하면 테이블의 이송 속도는 몇 mm/min인가?
㉮ 129.1   ㉯ 80.4
㉰ 13.4   ㉱ 10.1

✓ 주축의 1분간 회전수(N)=$\frac{1000 \times V}{\pi \times D} = \frac{1000 \times 75}{3.14 \times 95} ≒ 252[rpm]$이고,
테이블의 이송속도 $F=f_z \times z \times N=0.04 \times 8 \times 252 ≒ 80.4[mm/min]$이다.

36 재료를 원하는 모양으로 변형하거나 성형시켜 제품을 만드는 기계 공작법의 종류가 아닌 것은?

㉮ 소성 가공법　　　　　㉯ 탄성 가공법
㉰ 접합 가공법　　　　　㉱ 절삭 가공법

✓ ㉮ 단조, 압연, 인발, 프레스, 압출, 판금 가공 등
　㉰ 용접, 납땜, 단접 등
　㉱ 선반, 밀링, 연삭, 드릴링, 보링, 호닝, 래핑, 슈퍼 피니싱 등이 있다.

37 수나사 측정법 중 유효 지름을 측정하는 방법이 아닌 것은?

㉮ 나사 마이크로미터에 의한 방법
㉯ 삼침법에 의한 방법
㉰ 스크린에 의한 방법
㉱ 공구 현미경에 의한 방법

✓ ㉮, ㉯, ㉱항 외에 투영기를 이용한 유효경 측정법도 있다.

38 밀링 머신에서 분할대를 이용하여 분할하는 방법이 아닌 것은?

㉮ 직접 분할 방법　　　　㉯ 간접 분할 방법
㉰ 단식 분할 방법　　　　㉱ 차등 분할 방법

✓ 분할 가공 방법에는 ㉮, ㉰, ㉱항이 있다.

39 선반에서 가늘고 긴 가공물을 절삭할 때 사용하는 부속장치로 적합한 것은?

㉮ 방진구　　　　　　　　㉯ 돌리개
㉰ 공구대　　　　　　　　㉱ 주축대

✓ ㉯ 양 센터 작업 시 공작물에 회전력을 주기 위한 부속품
　㉰ 주로 바이트를 고정시키는 틀로 여러 개의 바이트를 고정시킬 수 있어 복식 공구대라고도 한다.
　㉱ 주축의 회전을 변속시키는 기어로 내부를 구성하고 있고 척, 면판, 돌림판 등을 고정해서 공작물을 고정해서 회전력을 준다.

40 선반 가공에서 절삭 깊이를 1.5mm로 원통깎기를 할 때 공작물의 지름이 작아지는 양은 몇 mm인가?

㉮ 1.5　　　　　　　　　㉯ 3.0
㉰ 0.75　　　　　　　　㉱ 1.55

✓ 회전체인 공작물의 한쪽으로 1.5mm가 절삭되므로 원둘레로는 3.0mm가 작아진다.

36.㉯　37.㉰　38.㉯　39.㉮　40.㉯

41 모형이나 형판을 따라 바이트를 안내하고 테이퍼나 곡면 등을 절삭하며, 유압식, 전기식, 전기 유압식 등의 종류를 갖는 선반은?

㉮ 공구선반 ㉯ 자동선반
㉰ 모방선반 ㉱ 터릿선반

✓ ㉮ 정밀한 보통선반으로 테이퍼 절삭 장치, 릴리빙 장치 등의 부속 장치가 있다.
㉯ 선반의 조작을 캠, 유압기구 등을 이용하여 자동화한 선반
㉱ 심압대 대신 터릿을 설치하여 절삭공구를 공정 순서대로 고정하여 작업하는 선반

42 입도가 작고 연한 숫돌을 작은 압력으로 가공물의 표면에 가압하면서 가공물에 피드를 주고, 숫돌을 진동시켜 가공하는 것은?

㉮ 호닝(honing) ㉯ 슈퍼피니싱(superfinishing)
㉰ 숏 피닝(shot-peening) ㉱ 버니싱(burnishing)

✓ ㉮ 직사각형의 숫돌을 방사방향으로 붙인 혼을 구멍에 넣고 회전운동과 축 방향의 운동을 동시에 시켜가며 구멍의 내면을 정밀 다듬질하는 가공
㉰ 숏(shot)이라는 공구를 고압으로 공작물의 표면에 분사시켜 표면을 다듬질하는 가공
㉱ 1차로 가공된 공작물의 안지름보다 다소 큰 강철 볼을 압입하여 통과시켜 공작물의 표면을 소성 변형시켜 가공하는 특수 가공법

43 아래 [보기]에서 N11 블록을 실행하여 공구가 이동 시 걸린 시간은?

```
[보기]
N10 G97 S1000 ;
N11 G99 G01 W-100. F0.2 ;
```

㉮ 30초 ㉯ 40초
㉰ 50초 ㉱ 60초

✓ G99는 회전당 이송지령(mm/rev)이므로 F0.2는 주축 1회전당 0.2mm 이송 속도이고, W-100.은 Z축 -방향으로 100mm 이동한 것을 의미한다. G97은 주축 회전수(rev/min) 일정 제어이므로, S1000은 1분(60초)에 주축이 1000회전하는 것을 의미한다.

주축 1회전에 걸리는 시간은 $\frac{60}{1000}$ 초이다.

100mm 이동 시 걸리는 시간(t) = $\frac{이동거리}{이송속도} \times \frac{60}{1000} = 30$초

44 다음 그림의 Ⓐ점에서 화살표 방향으로 360° 원호가공하는 머시닝 센터 프로그램으로 맞는 것은?

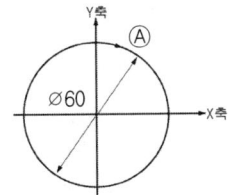

㉮ G17 G02 G90 I30. F100 ;

㉯ G17 G02 G90 J-30. F100 ;
㉰ G17 G03 G90 I30. F100 ;
㉱ G17 G03 G90 J-30. F100 ;

✓ G02는 시계방향 원호 가공(CW)이고, G03은 반시계방향 원호가공(CCW)이며, I, J, K는 시작점에서 본 원호 중심점의 벡터 성분이므로 ⓐ점에서 360° 원호가공하는 프로그램은 다음과 같다. G02 J-30. ;

45 CNC 선반의 서보 기구에 대한 설명으로 맞는 것은?
㉮ 컨트롤러에서 가공 데이터를 저장하는 곳이다.
㉯ 디스켓이나 테이프에 기록된 정보를 받아서 펄스화시키는 것이다.
㉰ CNC 컨트롤러를 작동시키는 기구이다.
㉱ 공작기계의 테이블 등을 움직이게 하는 기구이다.

✓ ㉮ 기억장치 : 컨트롤러에서 가공 데이터를 저장하는 곳
㉯ 제어회로 : 디스켓이나 테이프에 기록된 정보를 받아서 펄스화시키는 것
㉰ 강전제어반 : CNC 컨트롤러를 작동시키는 기구

46 자동공구교환장치(ATC)가 부착된 CNC 공작기계는?
㉮ 머시닝 센터
㉯ CNC 성형연삭기
㉰ CNC와 이어컷방전가공기
㉱ CNC 밀링

✓ 자동공구교환장치(ATC : Automatic Tool Changer)는 다수의 공구를 공구 매거진(Tool Magazine)에 장착해 놓고 필요한 공구를 호출하여 사용하는 장치로서, 이것의 유무에 따라 머시닝 센터와 CNC 밀링으로 나뉜다.

47 프로그램을 편리하게 하기 위하여 도면상에 있는 임의의 점을 프로그램상의 절대좌표 기준 점으로 정한 점을 무엇이라 하는가?
㉮ 제2원점 ㉯ 제3원점
㉰ 기계 원점 ㉱ 프로그램 원점

✓ ㉮ 제2원점 : 공구교환 등을 위한 지점으로 파라미터에 의해 결정된다.
㉯ 제3원점 : 공구교환 등을 위한 지점으로 파라미터에 의해 결정된다.
㉰ 기계 원점 : 기계좌표계의 원점으로 공장 출하 시에 파라미터에 의해 결정된다.

48 머시닝 센터 프로그램에서 G코드의 기능이 틀린 것은?
㉮ G90-절대명령
㉯ G91-증분명령
㉰ G94-회전당 이송
㉱ G98-고정 사이클 초기점 복귀

✓ ㉰ G94 : 분당 이송(mm/min)

49 머시닝 센터 프로그램에서 공구와 가공물의 위치가 그림과 같을 때 공작물 좌표계 설정으로 맞는 것은?

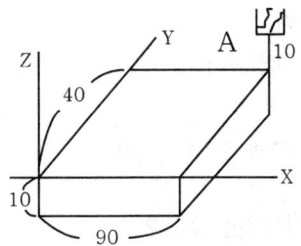

㉮ G92 G90 X40. Y30. Z20. ;
㉯ G92 G90 X30. Y40. Z10. ;
㉰ G92 G90 X-30. Y-40. Z10. ;
㉱ G92 G90 X-40. Y-30. Z10. ;

✓ G92는 공작물좌표계 설정으로 현재 공구의 위치를 지령하는 좌표값으로 설정한다. 그림에서 설정하고자 하는 좌표값은 (X30. Y40. Z10.)이다.

50 다음 나사 가공 프로그램에서 [ ] 안에 알맞은 것은?

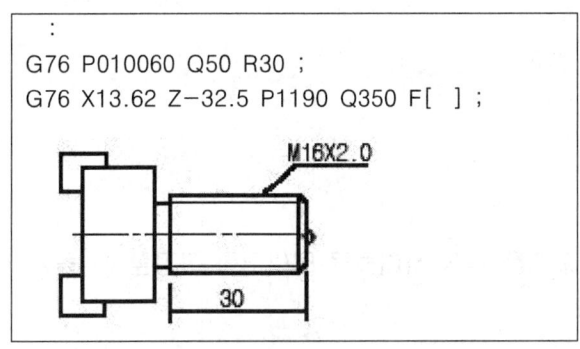

㉮ 1.0　　　㉯ 1.5
㉰ 2.0　　　㉱ 2.5

✓ G32, G76, G92 등 나사가공에 관한 코드와 함께 사용하는 F는 나사의 리드값을 의미한다.

51 CNC 기계 가공 시 안전 및 유의사항으로 틀린 것은?

㉮ 가공할 때 절삭 조건을 알맞게 설정한다.
㉯ 가공 시작 전에 비상 스위치의 위치를 확인한다.
㉰ 가공 중에는 칩 커버나 문을 반드시 닫아야 한다.
㉱ 공정도와 공구세팅시트는 가능한 한 작성하지 않는다.

✓ 공정도와 공구세팅시트는 가능한 한 작성하여야 안전하고 효과적인 가공을 수행할 수 있다.

52 선반 가공의 작업 안전으로 거리가 먼 것은?
- ㉮ 절삭 가공을 할 때에는 반드시 보안경을 착용하여 눈을 보호한다.
- ㉯ 겨울에 절삭 작업을 할 때에는 면장갑을 착용해도 무방하다.
- ㉰ 척이 회전하는 도중에 일감이 튀어나오지 않도록 확실히 고정한다.
- ㉱ 절삭유가 실습장 바닥으로 누출되지 않도록 한다.

✓ 절삭작업을 할 때에는 면장갑을 착용하면 기계에 면장갑이 말려들어가서 큰 위험을 초래할 수 있다.

53 일반적으로 CNC 프로그램으로 준비 기능(G기능)에 속하지 않는 것은?
- ㉮ 원호 보간
- ㉯ 직선 보간
- ㉰ 기어속도 변환
- ㉱ 급속 이송

✓ 준비 기능은 G코드를 사용하고 보조기능은 M코드를 사용한다.
- ㉮ 원호보간 : G02(CW), G03(CCW)
- ㉯ 직선보간 : G01
- ㉰ 기어속도 변환 : M40(중립), M41(저속), M42(중속), M43(고속)
- ㉱ 급속이송 : G00

54 머시닝 센터에서 공구길이 보정 준비기능과 관계없는 것은?
- ㉮ G42
- ㉯ G43
- ㉰ G44
- ㉱ G49

✓ ㉮ G42 : 공구경 우측 보정
- ㉯ G43 : 공구길이 보정(+)
- ㉰ G44 : 공구길이 보정(-)
- ㉱ G49 : 공구길이 보정 취소

55 단일형 고정 사이클에서 안쪽과 바깥지름 절삭 사이클로 테이퍼를 가공할 때 옳게 지령한 것은?
- ㉮ G90 X_ Z_ W_ F_ ;
- ㉯ G90 X_ Z_ U_ F_ ;
- ㉰ G90 X_ Z_ K_ F_ ;
- ㉱ G90 X_ Z_ I_ F_ ;

✓ G90 X_ Z_ I_ F_ ;
X_ Z_ : 가공 끝점 좌표
I_ : 테이퍼 가공에서 X축상의 가공 끝점과 가공 시작점의 차이값(컨트롤러에 따라 R_ 로 표기하기도 함)
F_ : 이송 속도

56 CNC 프로그램의 주요 주소(address) 기능에서 T의 기능은?
- ㉮ 주축 기능
- ㉯ 공구 기능
- ㉰ 보조기능
- ㉱ 이송 기능

✓ CNC 프로그램의 주요 주소는 다음과 같다.
주축 기능 S, 공구 기능 T, 보조기능 M, 이송 기능 F, 준비 기능 G

57 프로그램 에러(error) 경보가 발생하는 경우는?

㉮ G04 P0.5 ;

㉯ G00 X50000 Z2. ;

㉰ G01 X12.0 Z-30. F0.2 ;

㉱ G96 S120 ;

✓ 일시 정지 기능(G04)은 시간을 나타내는 어드레스 P, U, X 등과 함께 사용한다. U와 X는 소수점 이하 3자리까지 유효하며, P는 소수점을 사용할 수 없다.

58 일반적으로 CNC 선반에서 가공하기 어려운 작업은?

㉮ 원호 가공   ㉯ 테이퍼 가공

㉰ 편심 가공   ㉱ 나사 가공

✓ CNC 선반에서는 일반적으로 연동척을 사용하므로 편심가공은 곤란하다. 편심가공은 범용선반에서 가공하는 것이 일반적이다.

59 CAD/CAM 시스템의 적용 시 장점과 가장 거리가 먼 것은?

㉮ 생산성 향상

㉯ 품질 관리의 강화

㉰ 비효율적인 생산 체계

㉱ 설계 및 제조시간 단축

✓ CAD/CAM 시스템을 적용하면 생산성 향상, 품질관리의 강화, 설계 및 제조시간의 단축 등의 효과를 기대할 수 있다.

60 CNC 프로그램에서 "G96 S200 ;"에 대한 설명으로 맞는 것은?

㉮ 주축은 200rpm으로 회전한다.

㉯ 주축 속도가 200m/min이다.

㉰ 주축의 최고 회전수는 200rpm이다.

㉱ 주축의 최저 회전수는 200rpm이다.

✓ G96 : 절삭 속도(m/min) 일정 제어, G97 : 주축 회전수(rpm) 일정 제어

2011년 2회 필기

컴퓨터응용선반기능사

01 나사산과 골이 같은 반지름의 원호로 이은 모양이 둥글게 되어 있는 나사는?
- ㉮ 볼 나사
- ㉯ 톱니 나사
- ㉰ 너클 나사
- ㉱ 사다리꼴 나사

✓ ㉮ 나사축과 너트 사이에 많은 강구를 넣어 힘을 전달하는 나사
㉯ 힘을 한 방향으로만 받는 부품에 이용되는 나사
㉰ 둥근 나사, 원형 나사라고도 불리며, 먼지, 모래 등이 많은 곳에 사용
㉱ 애크미 나사라고도 하며, 기계의 이송 나사로 많이 사용

02 주조 시 주형에 냉금을 삽입하여 주물 표면을 급랭시킴으로써 백선화하고 경도를 증가시킨 내마모성 주철은?
- ㉮ 보통 주철
- ㉯ 고급 주철
- ㉰ 합금 주철
- ㉱ 칠드 주철

✓ ㉮ 회주철을 대표하는 주철
㉯ 인장강도가 245MPa 이상이고, 내마멸성이 높은 주철
㉰ 일반 주철에 특수 원소를 첨가(니켈, 크롬, 몰리브덴, 규소, 구리 등)하여 기계적 성질, 내식성, 내열성, 내마멸성, 내충격성 등을 향상시킨 주철

03 내열강에서 내열성, 내마모성, 내식성 등을 증가시키기 위해 첨가되는 대표적인 원소는?
- ㉮ 크롬(Cr)
- ㉯ 니켈(Ni)
- ㉰ 티탄(Ti)
- ㉱ 망간(Mn)

✓ 내열, 내산화성, 내마모성을 향상시키기 위해, 크롬, 규소, 알루미늄 등을 첨가한다.

04 묻힘 키(sunk key)에 관한 설명으로 틀린 것은?
- ㉮ 기울기가 없는 평행 성크 키도 있다.
- ㉯ 머리 달린 경사키도 성크 기의 일종이다.
- ㉰ 축과 보스의 양쪽에 모두 키 홈을 파서 토크를 전달시킨다.
- ㉱ 대개 윗면에 1/5 정도의 기울기를 가지고 있는 수가 많다.

✓ 기울기는 1/100 정도이다.

05 나사의 피치가 일정할 때 리드(lead)가 가장 큰 것은?
- ㉮ 4줄 나사
- ㉯ 3줄 나사
- ㉰ 2줄 나사
- ㉱ 1줄 나사

✓ 리드란 나사를 1회전 돌렸을 때 축방향으로 전진한 거리를 나타낸다. 또한, 리드(L)=n(줄수)×p(피치)이므로 4줄 나사의 리드가 가장 크고 1줄 나사는 피치와 리드가 같다.

06 가스 질화법으로 강의 표면을 경화하고자 할 때 질화 효과를 크게 하는 원소는?
- ㉮ 코발트
- ㉯ 니켈

01.㉰ 02.㉱ 03.㉮ 04.㉱ 05.㉮ 06.㉱

㉰ 마그네슘   ㉱ 알루미늄

✓ 질화 효과를 크게 하는 원소는 알루미늄과 크롬, 몰리브덴, 티타늄, 바나듐, 망간 등이 있다.

07 단면적이 20mm²인 어떤 봉에 100kgf의 인장하중이 작용할 때 발생하는 응력은?

㉮ 2kgf/mm^2 ㉯ 5kgf/mm^2
㉰ 20kgf/mm^2 ㉱ 50kgf/mm^2

✓ 인장응력(σ) = $\dfrac{W(하중)}{A(단면적)}$ = $\dfrac{100}{20}$ = $5[\text{kgf/mm}^2]$

08 에너지 흡수 능력이 크고, 스프링 작용 외에 구조용 부재 기능을 겸하고 있으며, 재료 가공이 용이하여 자동차 현가용으로 많이 사용하는 스프링은?

㉮ 공기 스프링   ㉯ 겹판 스프링
㉰ 코일 스프링   ㉱ 태엽 스프링

✓ ㉮ 고무로 된 용기 안에 압축공기를 넣어 공기의 탄성을 이용한 스프링
　㉯ 너비가 좁고 얇은 긴 보를 여러 장 겹쳐서 사용
　㉰ 가장 일반적인 나선형 스프링으로 인장형과 압축형이 있다.
　㉱ 시계 태엽과 같이 변형 에너지를 저장 후 변형이 회복되면 일을 하는 스프링

09 항온 열처리 방법에 포함되지 않는 것은?

㉮ 오스템퍼   ㉯ 시안화법
㉰ 마칭   ㉱ 마템퍼

✓ 항온 열처리로는 ㉮, ㉰, ㉱항 외에 항온 풀림과 패턴팅 등이 있다.

10 접촉면의 압력을 p, 속도를 v, 마찰계수가 μ일 때 브레이크 용량(brake capacity)을 표시하는 것은?

㉮ μpv ㉯ $\dfrac{1}{\mu pv}$
㉰ $\dfrac{pv}{\mu}$ ㉱ $\dfrac{\mu}{pv}$

✓ 브레이크 용량은 단위 마찰면적마다 시간당 발생하는 열량으로, 단위면적당 마찰일(W)=μpv이다.

11 에너지를 소멸시키고 충격, 진동 등의 진폭을 경감시키기 위해 사용하는 장치는?

㉮ 차음재   ㉯ 로프(rope)
㉰ 댐퍼(damper)   ㉱ 스프링(spring)

✓ ㉮ 차음재는 소리를 차단시키고, 흡음재는 소리를 흡입하는 역할을 하는 요소
　㉯ 섬유 또는 강선 등을 여러 가닥 꼬아 만든 튼튼한 줄
　㉰ 진동 에너지를 흡수하는 장치
　㉱ 물체의 탄성 또는 변형에 의한 에너지의 축적 등을 이용하는 요소

07.㉯   08.㉯   09.㉯   10.㉮   11.㉰

12 베어링의 재료가 구비할 성질이 아닌 것은?

㉮ 가공이 쉬울 것
㉯ 부식에 강할 것
㉰ 충격하중에 강할 것
㉱ 피로강도가 낮을 것

✓ 베어링 재료의 구비 조건은 ㉮, ㉯, ㉰항 이외에도 마모가 적고, 면압 강도도 커야 한다.

13 자동차용 신소재인 파인 세라믹스(fine ceramics)에 대한 설명 중 틀린 것은?

㉮ 가볍다.
㉯ 강도가 강하다.
㉰ 내화학성이 우수하다.
㉱ 내마모성 및 내열성이 우수하다.

✓ 고순도의 천연 무기물 또는 인공물로 합성한 무기 화합물을 원료로 하는 세라믹스이다. 내열성·내마모성·내식성·전기절연성이 뛰어나며, 열팽창계수가 작고 급열·급랭에 견딜 수 있으며 고온에도 강하나 강도에 약한 것이 단점이다.

14 탄소강 중 함유되어 헤어크랙(hair crack)이나 백점을 발생하게 하는 원소는?

㉮ 규소(Si)
㉯ 망간(Mn)
㉰ 인(P)
㉱ 수소(H)

✓ ㉮ 강도, 경도를 향상시키고, 연신율, 충격값을 감소시키고 용접성을 저해시킨다.
㉯ 강도, 경도, 인성, 점성을 증가시킨다.
㉰ 강도, 경도를 증가시키나 상온 취성의 원인이 된다.
㉱ 강을 여리게 하고 산이나 알칼리에 약하게 한다.

15 증기나 기름 등이 누출되는 것을 방지하는 부위 또는 외부로부터 먼지 등의 오염물 침입을 막는 데 주로 사용하는 너트는?

㉮ 캡 너트(cap nut)
㉯ 와셔붙이 너트(washer based nut)
㉰ 둥근 너트(circular nut)
㉱ 육각 너트(hexagon nut)

✓ ㉯ 육각의 대각선 거리보다 지름이 작은 자리면이 있는 너트
㉰ 자리가 좁아 보통 너트를 쓸 수 없는 경우와 너트의 높이를 작게 했을 경우에 사용
㉱ 육각기둥의 모양을 가진 일반적인 너트

16 치수허용한계의 기준이 되는 치수로 도면상에는 구멍, 축 등의 호칭치수와 같은 것은?

㉮ 치수 공차
㉯ 치수허용차
㉰ 허용한계치수
㉱ 기준 치수

✓ ㉮ 최대 허용한계치수와 최소 허용한계치수의 차
㉯ 허용한계치수에서 기준 치수를 뺀 값
㉰ 실치수가 그 사이에 들어가도록 정한, 허용할 수 있는 대, 소의 치수로, 최대 허용치수와 최소 허용치수로 나눈다.

17 면의 지시 기호에 대한 각 지시 기호의 위치에서 가공방법을 표시하는 위치로 맞는 것은?

㉮ a ㉯ c ㉰ d ㉱ e

✓ a : 중심선 평균 거칠기값, b : 다듬질 여유, c : 줄무늬 방향 기호, d : 컷오프값을 표시

18 도면의 형상공차 기호가 나타내는 뜻으로 가장 적합한 것은?

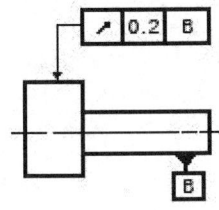

㉮ 지시선의 화살표가 나타내는 원통면의 반지름 방향의 흔들림은 B의 축직선을 기준으로 1회전하였을 경우 0.2mm보다 커서는 안된다.
㉯ 지시선의 화살표가 나타내는 원통면의 반지름 방향의 흔들림은 B의 축직선을 기준으로 1회전하였을 경우 0.2mm보다 작아서는 안된다.
㉰ 지시선의 화살표가 나타내는 원통면의 중심축의 축방향 흔들림은 B의 축직선을 기준으로 1회전하였을 경우 0.2mm보다 커서는 안된다.
㉱ 지시선의 화살표가 나타내는 원통면의 중심축의 축방향 흔들림은 B의 축직선을 기준으로 1회전하였을 경우 0.2mm보다 작아서는 안된다.

✓ "╱" 는 원주의 흔들림을 나타낸다.

19 그림과 같은 입체도의 화살표 방향 정면도로 가장 적합한 것은?

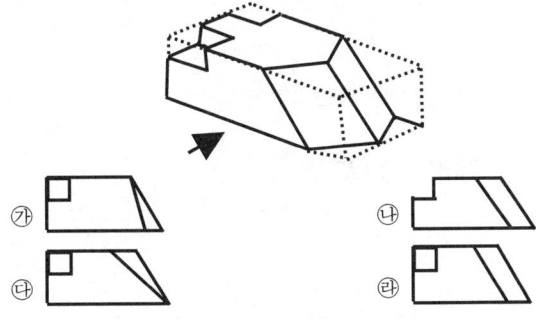

20 기계 가공 도면에서 특수하게 가공하는 부분을 표시하는 특수 지정선으로 사용되는 선의 종류는?

㉮ 가는 2점 쇄선 ㉯ 가는 실선
㉰ 굵은 1점 쇄선 ㉱ 가는 1점 쇄선

✓ ㉮ 가상선, 무게 중심선
 ㉯ 치수선, 치수 보조선, 지시선, 회전 단면선 등
 ㉱ 중심선, 기준선, 피치선 등

17.㉱ 18.㉮ 19.㉱ 20.㉰

21 KS 나사 표시법에서 유니파이 가는 나사의 기호는?

㉮ TM   ㉯ PS
㉰ UNF   ㉱ UNC

✓ ㉮ TM : 30° 사다리꼴 나사, TW : 29° 사다리꼴 나사
  ㉯ PS : 관용테이퍼 평행 암나사
  ㉱ UNC : 유니파이 보통 나사

22 평 벨트 풀리의 호칭 방법으로 옳은 것은?

㉮ 종류·명칭·재료·호칭지름
㉯ 종류×명칭·호칭지름·호칭나비·재료
㉰ 명칭·종류·재료·호칭지름
㉱ 명칭·종류·호칭지름×호칭나비·재료

✓ V-벨트의 호칭은 규격번호 또는 명칭-호칭지름-종류-보스 위치의 구별로 표시

23 키의 호칭에 대한 표시로 맞는 것은?

㉮ 규격번호 종류(또는 그 기호) 호칭치수×길이
㉯ 규격번호 종류(또는 그 기호) 길이×호칭치수
㉰ 종류(또는 그 기호) 규격번호 호칭치수×길이
㉱ 종류(또는 그 기호) 규격번호 길이×호칭치수

✓ 규격번호 또는 명칭-종류 및 호칭치수-길이로 표시

24 KS 기계제도에서 도면에 기입된 길이 치수는 단위를 표기하지 않으나 실제 단위는?

㉮ μm   ㉯ cm
㉰ mm   ㉱ m

✓ 길이의 치수는 원칙적으로 mm의 단위로 기입하고, 단위 기호는 붙이지 않는다.

25 다음 그림의 도면에서 A 부분의 대각선이 뜻하는 것은?

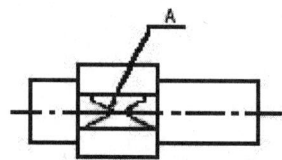

㉮ 평면   ㉯ 상관선
㉰ 원형   ㉱ 결 모양

✓ 대각선은 평면을 나타내고, 사선이 없는 " ▭ "의 경우는 사각형을 나타낸다.

26 다음 중 철도차량의 바퀴를 주로 가공하는 전용 공작기계는?

㉮ 드릴링 머신   ㉯ 셰이퍼
㉰ 차륜선반   ㉱ 플레이너

✓ ㉮ 드릴을 이용하여 구멍을 뚫는 기계
  ㉯ 램의 전후 왕복운동, 테이블의 좌우 운동에 의해 주로 평면 가공에 사용
  ㉱ 대형의 평면 가공에 사용
  차축 선반 : 차륜 선반에서 가공된 바퀴를 연결시키는 차축을 가공하는 전용 선반

27 두께 20mm의 탄소 강판에 절삭 속도 20m/min, 드릴의 지름 10mm, 이송 0.2mm/rev로 구멍을 뚫는 데 소요되는 시간은 약 몇 초인가?(단, 드릴의 원추 높이는 7mm이고 다음 식을 이용한다. $T=\dfrac{t+h}{ns}$ (T : 소요 시간, n : 드릴의 회전수, s : 이송, t : 구멍 깊이, h : 원추 높이))

㉮ 8   ㉯ 10
㉰ 13   ㉱ 20

✓ $N=\dfrac{1000\times V}{\pi\times D}=\dfrac{1000\times 20}{3.14\times 10}=637[rpm]$, $T=\dfrac{20\times 7}{637\times 0.2}=0.21[분] ≒ 13[초]$

28 버니어 캘리퍼스, 마이크로미터 등이 대표적인 측정기로 측정 대상물을 측정기의 눈금을 이용하여 직접 읽는 측정 방법은?

㉮ 직접 측정
㉯ 간접 측정
㉰ 비교 측정
㉱ 형상 측정

✓ 직접 측정기를 측정 대상물에 대고 실제의 치수를 측정하는 직접 측정이 있고, 블록 게이지와 같이 기주와 측정 대상물을 측정기로 비교하여 지시하는 눈금의 차로 측정하는 비교 측정이 있다.

29 드릴의 각 부 명칭 중 드릴의 홈을 따라서 만들어진 좁은 날이며, 드릴을 안내하는 역할을 하는 것은?

㉮ 웨브(web)   ㉯ 마진(margin)
㉰ 자루(shank)   ㉱ 탱(tang)

✓ ㉮ 나선 홈과 홈 사이의 좁은 단면을 이루는 폭
  ㉰ 드릴 척 또는 드릴 아버로 드릴을 고정시키게 해 주는 부분으로 직선 자루와 테이퍼 자루가 있다.
  ㉱ 테이퍼 자루 끝부분을 납작하게 한 부분으로 드릴에게 회전력을 주는 역할을 한다.

26.㉰ 27.㉰ 28.㉮ 29.㉯

30 그림과 같이 작은 압력으로 숫돌을 진동시켜 압력을 가하여 가공하며 방향성이 없고 표면 변질부가 대단히 적은 가공법은?

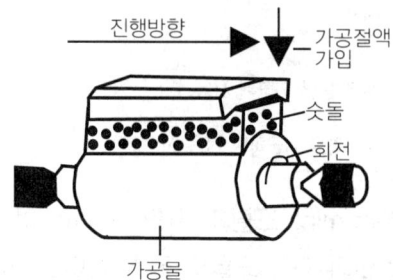

㉮ 호닝(honing)　　㉯ 슈퍼피니싱(superfinishing)
㉰ 래핑(lapping)　　㉱ 버니싱(burnishing)

✓ ㉮ 직사각형의 숫돌을 방사 방향으로 붙인 혼을 구멍에 넣고 회전운동과 축 방향의 운동을 동시에 시키며 구멍의 내면을 정밀 다듬질하는 가공
㉰ 일감 표면과 랩 사이에 랩제라는 분말 입자를 넣어 서로 상대 운동을 시켜 일감 표면을 정밀하고 매끈한 거울면을 만드는 가공법
㉱ 1차로 가공된 공작물의 안지름보다 다소 큰 강철 볼을 압입하여 통과시켜 공작물의 표면을 소성 변형시켜 가공하는 특수 가공법

31 선반 가공에서 지름이 작고 긴 공작물의 처짐을 방지하기 위하여 사용하는 부속품은?

㉮ 방진구　　㉯ 마그네트 척
㉰ 단동척　　㉱ 심봉

✓ ㉮ 고정 방진구(베드에 부착)와 이동 방진구(왕복대에 부착)가 있다.
㉯ 전자석을 이용하여 얇은 일감을 동시에 대량으로 가공이 가능한 척
㉰ 4개의 조가 각각 단독으로 작동되며 불규칙한 일감 고정에 편리한 척
㉱ 맨 드릴이라고도 하며 구멍에 대해 원주 외면을 동심으로 가공하고자 할 때 구멍에 끼우는 부속품

32 다음 절삭 유제에 대한 설명 중 틀린 것은?

㉮ 공구와 칩 사이의 마찰을 줄여준다.
㉯ 절삭열을 냉각시켜 준다.
㉰ 공구와 공작물을 씻어준다.
㉱ 공구와 공작물 사이의 친화력을 크게 한다.

✓ 절삭 유제의 사용 목적은 냉각작용(공구와 공작물을 냉각), 윤활작용(공작물과 공구의 마찰 저하로 수명 연장), 세척작용(공구와 공작물을 씻어주어 가공시야를 넓혀주는 작용)이 있다.

33 칩의 마찰에 의해 바이트의 상면 경사면이 오목하게 파이는 현상은?

㉮ 크레이터 마모　　㉯ 플랭크 마모
㉰ 온도 파손　　㉱ 치핑

✓ ㉯ 바이트의 여유면이 마찰에 의해 마모되어 평평하게 되는 현상
㉱ 절삭 날의 미세한 일부분이 탈락되는 현상

30.㉯　31.㉮　32.㉱　33.㉮

34 절삭 속도와 가공물의 지름 및 회전수와의 관계를 설명한 것으로 옳은 것은?

㉮ 절삭 작업이 진행됨에 따라 가공물 지름이 감소하면 경제적인 표준 절삭 속도를 얻기 위하여 회전수를 증가시킨다.

㉯ 절삭 속도가 너무 빠르면 절삭 온도가 낮아져 공구 선단의 경도가 저하되고 공구의 마모가 생긴다.

㉰ 절삭 속도가 감소하면 가공물의 표면 거칠기가 좋아지고 절삭공구 수명이 단축된다.

㉱ 절삭 속도의 단위는 분당 회전수(rpm)로 한다.

✓ ㉯ 절삭 속도가 빠르면 절삭 온도가 상승된다.
　㉰ 절삭 속도가 감소하면, 거칠기가 거칠지만 공구수명은 연장된다.
　㉱ 절삭 속도의 단위는 m/min이다.

35 엔드밀에 의한 가공에 관한 설명 중 틀린 것은?

㉮ 엔드밀은 홈이나 좁은 평면 등의 절삭에 많이 이용된다.

㉯ 엔드밀은 가능한 한 길게 고정하고 사용한다.

㉰ 휨을 방지하기 위해 가능한 한 절삭량을 적게 한다.

㉱ 엔드밀은 가능한 한 지름이 큰 것을 사용한다.

✓ 엔드밀은 지름에 비해 길이가 길어 고정력이 약하므로 가능한 한 짧게 고정해야 한다.

36 숫돌바퀴의 구성 3요소는?

㉮ 숫돌입자, 결합제, 기공

㉯ 숫돌입자, 입도, 성분

㉰ 숫돌입자, 결합도, 입도

㉱ 숫돌입자, 결합제, 성분

✓ ① 숫돌의 구성 3요소 : 입자, 결합제, 기공
　② 숫돌의 성능 5요소 : 입자, 입도, 결합도, 조직, 결합제

37 주로 수직 밀링에서 사용하며 평면 가공에 주로 이용되는 커터는?

㉮ 슬래브 밀링 커터　㉯ 정면 밀링 커터
㉰ T홈 밀링 커터　㉱ 더브테일 밀링 커터

✓ 수평 밀링에서 평면 가공에 사용되는 커터는 플레인 커터이다.

38 센터리스 연삭의 통과 이송 방법에서 공작물을 이송시키는 역할을 하는 구성 요소는?

㉮ 연삭 숫돌바퀴　㉯ 조정 숫돌바퀴
㉰ 지지롤　㉱ 받침판

✓ ㉮ 공작물을 연삭
　㉯ 공작물의 회전과 이송
　㉱ 동심의 원을 가공하고 공작물을 지지

34.㉮　35.㉯　36.㉮　37.㉯　38.㉯

39 밀링 머신의 구성 요소로 틀린 것은?
- ㉮ 니(knee)
- ㉯ 컬럼(column)
- ㉰ 테이블(table)
- ㉱ 심압대(tail stock)

✓ 심압대는 선반의 구성 요소이다.

40 수나사의 유효지름 측정 방법이 아닌 것은?
- ㉮ 삼침법에 의한 방법
- ㉯ 사인 바에 의한 방법
- ㉰ 공구 현미경에 의한 방법
- ㉱ 나사 마이크로미터에 의한 방법

✓ 사인 바는 각도 측정기이다.

41 연성의 재료를 절삭 깊이를 적게 하고, 절삭 속도를 빠르게 가공할 때 일반적으로 발생되는 칩의 형태는?
- ㉮ 유동형 칩
- ㉯ 전단형 칩
- ㉰ 경작형 칩
- ㉱ 균열형 칩

✓ ㉯ 연성의 재료를 절삭 깊이를 크게 하고, 절삭 속도를 느리게 가공할 때
  ㉰ 점성인 재료를 가공할 때
  ㉱ 취성인 재료를 가공할 때

42 선반의 주축에 주로 사용되는 테이퍼는?
- ㉮ 내셔널 테이퍼
- ㉯ 모스 테이퍼
- ㉰ 관용 테이퍼
- ㉱ 쟈콥스 테이퍼

✓ ㉮ 밀링 주축에 많이 사용
  ㉰ 선반, 드릴 머신 등에 사용
  ㉱ 드릴 척과 아버를 연결시키는 부분의 테이퍼

43 CNC 선반에서 그림과 같이 A → B로 원호 가공하는 프로그램으로 옳은 것은?

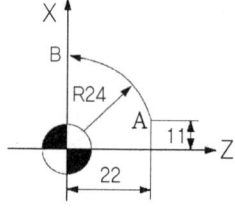

- ㉮ G02 U24. W-22. R24. F0.2 ;
- ㉯ G02 U26. Z-22. R24. F0.2 ;
- ㉰ G03 U24. Z-22. R24. F0.2 ;
- ㉱ G03 U26. W-22. R24. F0.2 ;

✓ A → B 가공 경로는 반시계 방향 원호가공이며, B의 좌표는 절대 지령, 증분 지령, 혼합 지령의 방식으로 각각 4가지로 작성할 수 있다.
절대지령 : G03 X48. Z-0. R24. ;
증분지령 : G03 U26. W-22. R24. ;
혼합지령 : G03 X48. W-22. R24. ;, G03 U26. Z-0. R24. ;

44 CNC 선반 단일 고정 사이클 프로그램에서 I(R)는 어떠한 절삭 기능인가?

G90_ X_ I(R)_ F_ ;

㉮ 원호 가공　　㉯ 직선 절삭
㉰ 테이퍼 절삭　㉱ 나사 가공

✓ G90 X_ Z_ I_ F_ ;
X_ Z_ : 가공 끝점 좌표
I_ : 테이퍼 가공에서 X축상의 가공 끝점과 가공 시작점의 차이값(컨트롤러에 따라 R_로 표기하기도 함)
F_ : 이송 속도

45 머시닝 센터에서 XY평면을 지정하는 G코드는?

㉮ G17　　㉯ G18
㉰ G19　　㉱ G20

✓ G17 : X-Y평면 지정, G18 : Z-X평면 지정, G19 : Y-Z평면 지정, G20 : inch입력

46 머시닝 센터 작업 시 주의해야 할 사항 중 옳은 것은?

㉮ 주축의 회전수는 가능한 한 고속으로 한다.
㉯ 칩 제거는 맨손으로 하지 않는다.
㉰ 작업사항을 보기 위하여 작업문을 열고 작업한다.
㉱ 절삭 공구나 가공물을 설치할 때는 반드시 전원을 켜고 한다.

✓ ㉮ 회전수는 사용되는 공구의 지름과 조건에 맞춰서 선정
㉯ 칩 제거는 전용 솔 또는 브러시로 제거
㉰ 안전과 칩 또는 절삭유의 비산을 막기 위해 꼭 닫고 한다.
㉱ 공구와 공작물 설치 시에 항상 전원을 끈 상태에서 실시한다.

47 다음 도면을 CNC 선반에서 가공할 때 나사부의 외경 치수는?

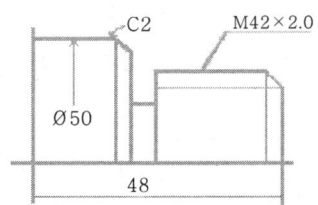

㉮ φ38　　㉯ φ42
㉰ φ46　　㉱ φ50

✓ M42는 나사의 외경이 φ42임을 의미한다.

44.㉰　45.㉮　46.㉯　47.㉯

48 CNC 공작 기계에서 작업 전 일상적인 점검이 아닌 것은?

㉮ 적정 유압압력 확인
㉯ 공작물 고정 및 공구 클램핑 확인
㉰ 서보모터 구동 확인
㉱ 습동유 잔유량 확인

✓ 습동유 잔유량, 유압압력 확인, 공작물 고정상태 확인 등은 매일 점검사항이다.

49 다음 CNC 선반 프로그램에서 N03 블록의 가공 예상 시간은?

```
N01 G00 X50. Z0. ;
N02 G97 S1000 M03 ;
N03 G01 X50. Z-50. F0.2 ;
```

㉮ 10초   ㉯ 15초
㉰ 20초   ㉱ 25초

✓ N03 블록에서의 공구의 이동 거리는 Z0부터 Z-50.까지 50mm이다.
한편, $F = F_{rev} \times N = 0.2 \times 1000 = 200[mm/min]$ (F_{rev} : 회전당 이송속도, N : 주축 회전수)
따라서, 가공 거리 : 1분(60초)당 이동 거리=가공 시간(초) : 60(초)

∴ 가공 시간(초)= $\dfrac{60 \times 가공거리}{1분당 가공거리} = \dfrac{60 \times 50}{200}$ =15초

50 CNC 선반 프로그램에서 사용되는 보조기능에 대한 설명으로 맞는 것은?

㉮ M03 : 주축 정지
㉯ M05 : 주축 정회전
㉰ M98 : 보조(부) 프로그램 호출
㉱ M09 : 절삭유 공급 시작

✓ M03 : 주축 정회전, M05 : 주축 정지, M09 : 절삭유 OFF

51 준비기능의 그룹(group)에 대한 설명으로 맞는 것은?

㉮ 그룹에 관계없이 준비기능(G 코드)은 같은 명령절(block)에 한 개만을 사용할 수 있다.
㉯ 그룹에 관계없이 준비기능(G 코드)은 같은 명령절(block)에 2개 이상 사용하면 사용한 것 전부가 유효하다.
㉰ 그룹이 같은 준비기능(G 코드)을 같은 명령절(block)에 2개 이상 사용하면 사용한 것 전부가 유효하다.
㉱ 그룹이 다른 준비기능(G 코드)을 같은 명령절(block)에 2개 이상 사용하면 사용한 것 전부가 유효하다.

✓ ㉮ 여러 개의 준비기능을 같은 명령절에 제한없이 사용할 수 있다.
㉯ 준비기능 중 동일그룹이 아닌 경우 같은 명령절에 사용한 것 전부가 유효하다.
㉰ 동일그룹의 준비기능을 같은 명령절에 사용하면 나중에 사용한 준비기능이 유효하다.

52 머시닝 센터에서 모서리 치수를 정확히 가공하거나 드릴 작업, 카운터 싱킹 등에서 목표점에 도달한 후 진원도 향상 및 깨끗한 표면을 얻기 위하여 사용하는 기능은?

㉮ G33   ㉯ G24
㉰ G10   ㉱ G04

✓ G04는 일시정지 기능이며, 시간을 나타내는 어드레스 P, U, X 등과 함께 사용한다. G04는 드릴 작업, 카운터 싱킹 등의 작업에서 목표점의 정밀가공을 위해 사용한다.

53 위치와 속도를 서보모터의 축이나 볼나사의 회전각도로 검출하여 피드백(feedback)시키는 서보기구로 일반 CNC 공작기계에서 주로 사용되는 그림과 같은 제어 방식은?

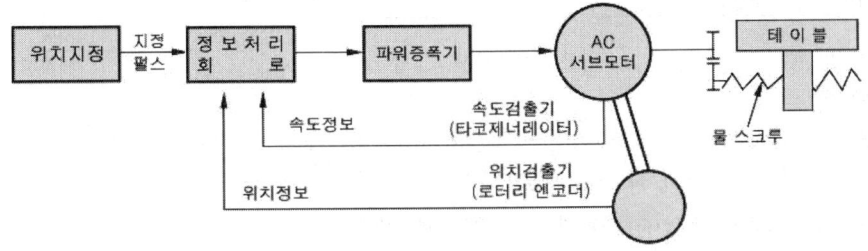

㉮ 개방회로 방식   ㉯ 폐쇄회로 방식
㉰ 반폐쇄회로 방식 ㉱ 반개방회로 방식

✓ • 개방회로 : 피드백 장치없이 스태핑 모터를 사용한 방식으로, 검출기가 없으므로 가공 정밀도가 좋지 않다.
• 반폐쇄회로 : 속도 검출기와 위치 검출기가 모터에 부착되어 있는 방식으로 스크루의 백래시, 비틀림 및 처짐, 마찰, 열변형 등에 의한 오차는 보정할 수 없다. CNC 공작기계에서 일반적으로 많이 사용하는 방식이다.
• 폐쇄회로 : 모터에 내장된 속도 검출기에서 속도를 검출하고, 테이블에 부착한 위치 검출기에서 위치를 검출하여 피드백하는 방식. 정밀도를 향상시킬 수 있으며, 대형 및 고속 가공기에 많이 사용되는 방식이다.
• 복합회로 : 반폐쇄회로 방식과 폐쇄회로 방식을 결합하여 고정밀도로 제어하는 방식으로, 가격이 고가이다.

54 CNC 선반에서 지령값 X70.0으로 프로그램하여 소재를 시험 가공한 후에 측정한 결과 ϕ 69.95이었다. 기존의 X축 보정값을 0.005라 하면 공구 보정값을 얼마로 수정해야 하는가?

㉮ 0.045   ㉯ 0.055
㉰ 0.005   ㉱ 0.01

✓ 수정 보정값=(지령값-측정값)+기존 보정값=70-69.95+0.005=0.055

55 CNC 공작기계에서 정보가 흐르는 과정으로 옳은 것은?

㉮ 도면→CNC 프로그램→서보기구 구동→정보처리회로→기계본체→가공물
㉯ 도면→정보처리회로→CNC 프로그램→서보기구 구동→기계본체→가공물
㉰ 도면→CNC 프로그램→정보처리회로→서보기구 구동→기계본체→가공물
㉱ 도면→CNC 프로그램→정보처리회로→기계본체→서보기구 구동→가공물

✓ 도면 → 프로그램(수치정보) → 정보처리회로 → 서보기구(서보구동) → 가공

56 공작 기계 가공 시에 착용하는 안전 장구류의 종류가 아닌 것은?

㉮ 보안경 ㉯ 안전화
㉰ 작업복 ㉱ 면장갑

✓ 면작갑의 착용이 안전사고를 일으키는 원인 중의 하나이다.

57 다음 CNC 선반 프로그램에서 N04 블록을 수행할 때의 회전수는 얼마가 되겠는가?

```
N01 G50 X200.0 Z160.0 S2000 T0100 ;
N02 G96 S150 M03 ;
N03 G00 X120.0 Z24.0 ;
N04 G01 X10. F0.2 ;
```

㉮ 4775rpm ㉯ 2000rpm
㉰ 2500rpm ㉱ 150rpm

✓ G50은 주축 최고회전수 지정이므로 최고회전수는 2000rpm이다. 공작물 지름이 가장 작은 경우인 X10에서의 주축 회전수를 구하면 $V = \dfrac{\pi d N}{1000}$ 에서 V=150, d=10mm이므로 $N = \dfrac{1000 V}{\pi d} = \dfrac{1000 \times 150}{3.14 \times 10} ≒ 4775$rpm 인데, 주축 최고회전수 2000rpm으로 제한되어 있으므로 X10에서의 주축 회전수는 2000rpm이 된다.

58 머시닝 센터 프로그램에서 공구길이 보정에 대한 설명으로 잘못된 것은?

㉮ G43 : 공구길이 보정 "+" 방향
㉯ G44 : 공구길이 보정 "-" 방향
㉰ G45 : 공구길이 보정 취소
㉱ H05 : 공구길이 보정 번호

✓ G49 : 공구길이 보정 취소

59 CNC 선반의 좌표계에 대한 설명으로 틀린 것은?

㉮ 좌표계를 설정하는 명령어로 G50을 사용한다.
㉯ 일반적으로 좌표계는 X, Z축의 직교 좌표계를 사용한다.
㉰ 주축 방향과 평행한 축을 X축으로 하여 좌표계를 설정한다.
㉱ 프로그램을 작성할 때 도면 또는 일감의 기준점을 나타낸다.

✓ 주축 방향과 평행한 축을 Z축으로 하여 좌표계를 사용한다.

60 CAM 시스템의 곡면가공방법에서 Z축 방향의 높이가 같은 부분을 연결하여 가공하는 방법은?

㉮ 주사선 가공 ㉯ 등고선 가공
㉰ 펜슬 가공   ㉱ 방사형 가공

✓ CAM 시스템에서 높이가 같은 부분을 연결하여 가공하는 것을 등고선 가공이라 하고, 평엔드밀을 사용하여 미절삭 부위를 잔삭 처리하는 윤곽 가공을 펜슬 가공이라 한다.

2011년 4회 필기

컴퓨터응용선반기능사

01 조성은 Al에 Cu와 Mg이 각각 1%, Si가 12%, Ni이 1.8%인 Al 합금으로 열팽창 계수가 적어 내연기관 피스톤용으로 이용되는 것은?

㉮ Y 합금
㉯ 라우탈
㉰ 실루민
㉱ Lo-Ex 합금

✓ ㉮ Al+구리 4%, 니켈 2%, 마그네슘 1.5% 합금으로 단조품, 피스톤 등에 사용
㉯ Al+구리와 규소 3~8% 합금으로 주조성을 개선하고 피삭성을 향상시킨 합금
㉰ Al+규소를 11~14% 함유한 합금으로 알펙스라고도 하며, 차량용 기구, 자동차, 하우징, 선박 등에 사용

02 일반적으로 합성수지의 장점이 아닌 것은?

㉮ 가공성이 뛰어나다.
㉯ 절연성이 우수하다.
㉰ 가벼우며 비교적 충격에 강하다.
㉱ 임의의 색깔로 착색할 수 있다.

✓ 가벼우나 충격에 약한 단점이 있고, 값이 싸다.

03 한 변의 길이가 2cm인 정사각형 단면의 주철제 각봉에 4000N의 중량을 가진 물체를 올려 놓았을 때 생기는 압축응력(N/mm^2)은?

㉮ 10 ㉯ 20 ㉰ 30 ㉱ 40

✓ 압축하중$(\sigma) = \dfrac{W}{A} = \dfrac{4000}{20 \times 20} = 10(N/mm^2)$

04 니켈-구리합금 중 Ni의 일부를 Zn으로 치환한 것으로, Ni 8~20%, Zn 20~35%, 나머지가 Cu인 단일 고용체로 식기, 악기 등에 사용되는 합금은?

㉮ 베니딕트 메탈(Benedict Metal)
㉯ 큐프로니켈(Cupro-Nickel)
㉰ 양백(Nickel Silver)
㉱ 콘스탄탄(Constantan)

✓ ㉮ 구리 85%, 니켈 14.5%, 소량의 Fe, Mn을 함유한 합금으로 건축공구, 화학 기계 부품 등에 쓰이는 내식성 백색 합금
㉯ 구리 70%, 니켈 30% 합금으로 내식성과 전연성이 좋아 열교환기 콘덴서에 많이 사용
㉱ 구리에 40~50%의 니켈을 첨가한 합금으로 전기저항이 크고 온도 계수가 낮아 통신 기재, 저항선 전열선 등으로 사용

05 특수강에 첨가되는 합금원소의 특성을 나타낸 것 중 틀린 것은?

㉮ Ni : 내식성 및 내산성을 증가
㉯ Co : 보통 Cu와 함께 사용되며 고온강도 및 고온경도를 저하
㉰ Ti : Si나 V과 비슷하고 부식에 대한 저항이 매우 큼
㉱ Mo : 담금질 깊이를 깊게 하고 내식성 증가

✓ Co는 고온경도와 인장강도를 증가시키고, 내열, 내식성을 증가시키고 전자기적 성질을 개선한다.

01.㉱ 02.㉰ 03.㉮ 04.㉰ 05.㉯

06 물체의 단면에 따라 평행하게 생기는 접선응력에 해당되는 것은?

㉮ 전단응력   ㉯ 인장응력
㉰ 압축응력   ㉱ 변형응력

✓ ㉯ 물체의 양단에 인장력이 작용하면 이 하중 방향에 대하여 직각인 단면에 발생하는 수직응력
㉰ 물체의 양단에 압축력이 작용하면 이 하중 방향에 대하여 직각인 단면에 발생하는 수직응력

07 원동차의 지름이 160mm, 종동차의 반지름이 50mm인 경우 원동차의 회전수가 300rpm이라면 종동차의 회전수는 몇 rpm인가?

㉮ 150   ㉯ 200   ㉰ 36   ㉱ 480

✓ 속도비 $i = \dfrac{N}{300} = \dfrac{160}{100}$ 이므로 $N = 480[\text{rpm}]$ 이다.

08 전달토크가 큰 축에 주로 사용되며 회전 방향이 양쪽 방향일 때 일반적으로 중심각이 120°되도록 한 쌍을 설치하여 사용하는 키(key)는?

㉮ 드라이빙 키   ㉯ 스플라인
㉰ 원뿔 키   ㉱ 접선 키

✓ ㉮ 묻힘 키(성크 키)의 일종으로, 키 홈에 때려 박아 축과 보스를 체결하는 데 사용하며, 키는 1/100의 기울기를 가지며, 머리가 있는 것과 없는 것 두 가지가 있다.
㉯ 여러 개의 같은 홈을 파서 여기에 맞는 보스 부분을 연결시켜 미끄럼 운동을 할 수 있게 한 것으로 키보다 큰 토크를 전달하며, 변속기 공작기계의 속도 변환 등에 많이 사용
㉰ 축과 보스에 모두 키 홈을 파지 않고 보스의 구멍을 테이퍼 구멍으로 하여 원뿔 키를 때려 박아 밀착시키는 키로 헐거움 없이 고정이 되며 축과 보스의 편심이 적다.
㉱ 큰 회전력을 전달하는 데 적합

09 금속의 재결정 온도에 대한 설명으로 맞는 것은?

㉮ 가열시간이 길수록 낮다.
㉯ 가공도가 작을수록 낮다.
㉰ 가공 전 결정입자 크기가 클수록 낮다.
㉱ 납(Pb)보다 구리(Cu)가 낮다.

✓ ㉮ 가공도가 낮을수록 높은 온도에서 일어난다.
㉯ 입자의 크기는 가공도에 따라 변화하고 가공도가 낮을수록 온도가 커진다.
㉱ 납은 -3℃, 구리는 200~300℃이다.

10 나사의 호칭 지름은 무엇으로 나타내는가?

㉮ 피치   ㉯ 암나사의 안지름
㉰ 유효지름   ㉱ 수나사의 바깥지름

✓ 나사의 지름은 안(골) 지름, 유효 지름, 바깥 지름이 있는데, 호칭 지름은 바깥 지름, 끼워맞춤의 정도(등급)는 유효 지름으로 판단한다.

11 회전에 의한 동력전달장치에서 긴장측 장력과 이완측 장력의 차이는?

㉮ 초기 장력
㉯ 긴장측 장력
㉰ 이완측 장력
㉱ 유효 장력

✓ ㉮ 벨트를 풀리에 감았을 때 벨트에 주어진 인장력
㉯ 팽팽한 쪽의 장력
㉰ 느슨한 쪽의 장력
㉱ 긴장측 장력은 크고, 이완측 장력은 작으므로 이 장력의 차이로 풀리가 회전하는데 이 장력의 차이를 유효 장력이라고 한다.

12 주철의 풀림처리(500~600℃, 6~10시간)의 목적과 가장 관계가 깊은 것은?

㉮ 잔류응력 제거
㉯ 전·연성 향상
㉰ 부피 팽창 방지
㉱ 흑연의 구상화

✓ 주철은 주조 응력을 제거하기 위해 500~600℃에서 6~10시간 정도 풀림 처리하면 잔류응력이 제거되고, 750~800℃에서 2~3시간 가열하면 연화되어 절삭성을 향상시킨다.

13 다음 중 회주철의 재료 기호는?

㉮ G
㉯ SC
㉰ SS
㉱ SM

✓ ㉯ 탄소 주강품, ㉰ 일반 구조용 압연강재, ㉱ 기계 구조용 탄소강재

14 축 방향에 하중이 작용하면 피스톤이 이동하여 작은 구멍인 오리피스(orifice)로 기름이 유출되면서 진동을 감소시키는 완충 장치는?

㉮ 토션 바
㉯ 쇽업소버
㉰ 고무 완충기
㉱ 링 스프링 완충기

✓ ㉮ 원형봉에 비틀림 모멘트를 가하면 비틀림 변형이 생기는 원리를 이용한 스프링
㉰ 노크 핀과 같이 고무를 여러 장 겹쳐 충격을 완화하는 데 사용하며, 모양이 간단하고 중량도 가벼우나 내구성이 약하다.
㉱ 외륜은 내측에, 내륜은 외측에 테이퍼가 있는 마찰면을 가진 링 형상 스프링을 포갠 압축된 스프링으로 차량 등에 이용

15 탄소강의 열처리 종류에 대한 설명으로 틀린 것은?

㉮ 노멀라이징 : 소재를 일정 온도에서 가열 후 유냉시켜 표준화한다.
㉯ 풀림 : 재질을 연하고 균일하게 한다.
㉰ 담금질 : 급랭시켜 재질을 경화시킨다.
㉱ 뜨임 : 담금질된 것에 인성을 부여한다.

✓ ㉮ 불림이라고도 하며, A_3선 이상의 적당 온도에서 강을 가열한 후 공랭하여 강도와 인성을 증가시키는 열처리
㉯ 어닐링이라고도 하며, 적당 온도로 가열 후 노내에서 서냉하는 열처리
㉰ 퀜칭이라고도 하며, 강을 오스테나이트 조직의 영역으로 가열한 후 공랭 또는 유냉으로 급랭하는 열처리
㉱ 템퍼링이라고도 하며, 담금질 경화강을 변태 이하 온도에서 가열한 후, 서냉 또는 공랭하는 열처리

16 기계 제도에서 가동부분을 이동 중의 특정한 위치 또는 이동 한계의 위치로 표시하는 데 사용하는 선은?

㉮ 지시선 ㉯ 중심선
㉰ 파단선 ㉱ 가상선

✓ ㉮ 기술, 기초 등을 표시하기 위하여 끌어내는 데 사용
㉯ 도형의 중심 표시, 중심이 이동한 중심 궤적을 표시하는 데 사용
㉰ 대상물의 일부를 파단한 경계 또는 일부를 떼어낸 경계 표시에 사용

17 그림과 같이 키 홈만의 모양을 도시하는 것으로 충분할 경우 사용하는 투상법의 명칭은?

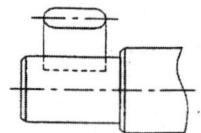

㉮ 국부 투상도 ㉯ 부분 확대도
㉰ 보조 투상도 ㉱ 회전 투상도

✓ 국부 투상도는 물체의 구멍, 홈 등 한 국부만의 모양을 도시하는 것으로 만족하는 경우에 사용하는 투상도법이다.

18 그림과 같은 입체를 제3각 정투상법으로 가장 올바르게 투상한 것은?(단, 화살표 방향이 정면이다.)

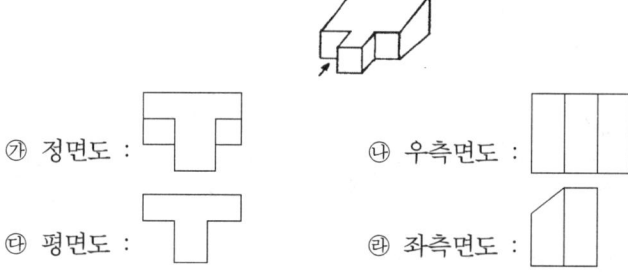

19 도면에 [보기]와 같은 형상공차가 기입되어 있을 때 올바르게 설명한 것은?

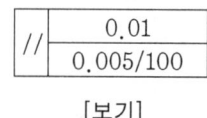

[보기]

㉮ 소정의 길이 100mm에 대하여 0.005mm, 전체길이에 대하여 0.01mm의 평행도
㉯ 소정의 길이 100mm에 대하여 0.005mm, 전체길이에 대하여 0.01mm의 대칭도
㉰ 소정의 길이 100mm에 대하여 0.005mm, 전체길이에 대하여 0.01mm의 직각도
㉱ 소정의 길이 100mm에 대하여 0.005mm, 전체길이에 대하여 0.01mm의 경사도

✓ 대칭도는 ═, 직각도는 ⊥, 경사도는 ∠로 표시한다.

20 그림과 같은 표면의 결에 관한 면의 지시 기호에서 위치 a가 나타내는 것은?

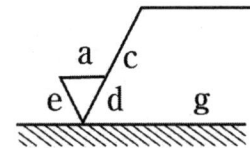

㉮ 가공방법 ㉯ 컷오프값
㉰ 표면거칠기 지시값 ㉱ 결무늬 모양

✓ c : 컷오프값, d : 줄무늬 방향 기호, e : 다듬질 여유, g : 표면 파상도를 나타낸다.

21 기어의 도시 방법으로 틀린 것은?
㉮ 잇봉우리원은 굵은 실선으로 그린다.
㉯ 피치원은 가는 1점 쇄선으로 그린다.
㉰ 이골원은 가는 파선으로 그린다.
㉱ 잇줄 방향은 통상 3개의 가는 실선으로 그린다.

✓ ㉮ 잇봉우리원=이끝원
㉰ 이골원=이뿌리원은 가는 실선으로 그린다.

22 다음 중 허용한계치수에서 기준 치수를 뺀 값을 의미하는 용어로 가장 적합한 것은?
㉮ 치수 공차 ㉯ 공차역
㉰ 치수허용차 ㉱ 실치수

✓ ㉮ 최대 허용한계치수와 최소 허용한계치수의 차
㉯ 기하학적으로 옳은 모양, 자세 또는 위치로부터 벗어나는 것이 허용되는 영역
㉱ mm를 단위로 두 점 사이의 거리를 실제로 측정한 치수

23 분할 핀의 호칭법으로 알맞은 것은?
㉮ 분할 핀 KS B 1321-등급-형식
㉯ 분할 핀 KS B 1321-호칭지름×길이-재료
㉰ 분할 핀 KS B 1321, 호칭지름×길이, 지정사항
㉱ 분할 핀 KS B 1321-길이-재료

✓ 규격번호 또는 명칭, 호칭지름×길이, 재료로 표시한다.

24 치수 보조 기호 중에서 45°의 모떼기를 나타내는 기호는?
㉮ C ㉯ t
㉰ R ㉱ Sφ

✓ ㉯ 두께, ㉰ 반지름, ㉱ 구의 지름을 나타낸다.

25 [보기]와 같은 도면에서 C부의 치수는?

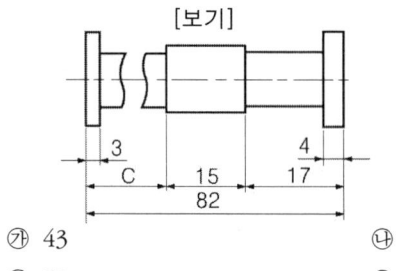

㉮ 43　　　　　　　　㉯ 47
㉰ 50　　　　　　　　㉱ 53

✓ 82=15+17-C이므로 C=82-32=50이다.

26 연삭 숫돌의 자생 작용이 일어나는 순서로 올바른 것은?

㉮ 입자의 마멸 → 파쇄 → 탈락 → 생성
㉯ 입자의 탈락 → 마멸 → 파쇄 → 생성
㉰ 입자의 파쇄 → 마멸 → 생성 → 탈락
㉱ 입자의 마멸 → 생성 → 파쇄 → 탈락

✓ 자생 작용이란 연삭 가공 시 연삭 입자의 끝이 마모되어 자연히 파괴되거나 탈락되어 항상 새로운 입자가 나타나는 작용이다.

27 마이크로미터에서 나사의 피치가 0.5mm, 딤블의 원주눈금이 100등분되어 있다면 최소 측정값은 얼마가 되겠는가?

㉮ 0.05mm　　　　　　㉯ 0.01mm
㉰ 0.005mm　　　　　 ㉱ 0.001mm

✓ 최소 읽음값 = $\dfrac{\text{피치}}{\text{딤블의 등분수}} = \dfrac{0.5}{100} = 0.005\text{mm}$

28 선반에서 가늘고 긴 공작물을 가공할 때 발생하는 떨림 현상이 일어나지 않도록 하기 위하여 사용하는 장치는?

㉮ 돌림판　　　　　　㉯ 맨드릴
㉰ 센터　　　　　　　㉱ 방진구

✓ ㉮ 돌리개와 같이 양 센터 작업으로 공작물을 가공 시에 척에 고정시키는 판
　 ㉯ 심봉이라고도 하며 구멍이 있는 일감과 동심인 외면을 깎을 때 사용되는 부속품
　 ㉰ 심압대에 고정시켜 일감을 지지하는 부속품
　 ㉱ 고정 방진구와 이동 방진구가 있다.

29 수직 밀링머신에 사용되는 부속장치로 수동 또는 자동 이송에 의하여 회전시킬 수 있으며, 간단한 각도 분할 작업도 할 수 있는 밀링머신 부속장치는?

㉮ 밀링 바이스　　　　㉯ 원형 테이블
㉰ 슬로팅 장치　　　　㉱ 아버

✓ ㉮ 일반적으로 공작물을 고정시키는 부속품으로 테이블의 T-홈을 이용하여 고정시켜 사용
㉯ 테이블에 고정시키며, 원주가 분할되어 있어 간단한 분할 가공 시 사용
㉰ 주축에 고정시켜 키 홈 등의 가공이 가능하게 수직 상하 왕복 운동을 하는 부속장치
㉱ 커터를 고정시키는 고정구

30 래핑 작업에 쓰이는 랩제의 종류가 아닌 것은?

㉮ 탄화규소   ㉯ 알루미나
㉰ 산화철   ㉱ 주철가루

✓ 랩제로는 ㉮, ㉯, ㉰와 다이아몬드 분말 등이 있으며 주철가루는 래핑하고자 하는 재질이 주로 주철이므로 사용하지 않는다.

31 다음이 설명하고 있는 공작 기계 정밀도의 원리는?

> 공작 기계의 정밀도가 가공되는 제품의 정밀도에 영향을 미치는 것

㉮ 모성 원리(copying principle)
㉯ 정밀 원리(accurate principle)
㉰ 아베의 원리(Abbe's principle)
㉱ 파스칼의 원리(Pascal's principle)

✓ 아베의 원리는 피측정물과 표준자(측정 눈금)는 일직선상에 위치해야 한다는 원리로, 버니어 캘리퍼스가 대표적으로 어긋나는 측정기이고, 외측 마이크로미터가 적합한 측정기이다.

32 둥근 봉의 단면에 금긋기를 할 때 사용되는 공구와 가장 거리가 먼 것은?

㉮ 다이스   ㉯ 정반
㉰ 서피스 게이지 ㉱ V-블록

✓ 금긋기 작업 시 정반 위에 V-블록을 놓고 V-홈에 공작물을 올려 놓고 서피스 게이지로 금긋기를 하는 방법이고, 다이스는 수나사를 가공하는 공구이다.

33 선삭용 인서트 형번 표기법(ISO)에서 인서트의 형상이 정사각형에 해당되는 것은?

㉮ C   ㉯ D   ㉰ S   ㉱ V

✓ ㉮ 80° 마름모꼴, ㉯ 55° 마름모꼴, ㉱ 35° 마름모꼴, 이외에도 R : 원형, T : 삼각형, L : 직사각형 등이 있다.

34 절삭 시 발생하는 절삭온도에 대한 설명으로 옳은 것은?

㉮ 절삭온도가 높아지면 절삭성이 향상된다.
㉯ 가공물의 경도가 낮을수록 절삭온도는 높아진다.
㉰ 절삭온도가 높아지면 절삭공구의 마모가 증가된다.
㉱ 절삭온도가 높아지면 절삭공구 인선의 온도는 하강한다.

✓ ㉮ 온도가 높아지면 경도가 저하되어 절삭성이 저하, 수명이 단축된다.
㉯ 가공물의 경도가 낮으면 절삭이 원활해져 온도가 낮아지고 절삭성도 향상된다.
㉱ 절삭온도가 높아지면 공구의 인선과 공작물의 온도도 같이 상승된다.

컴퓨터응용선반기능사

35 주로 수직 밀링에서 사용하는 커터로 바깥지름과 정면에 절삭날이 있으며 밀링 커터 축에 수직인 평면을 가공할 때 편리한 커터는?

㉮ 정면 밀링 커터 ㉯ 슬래브 밀링 커터
㉰ 평면 밀링 커터 ㉱ 측면 밀링 커터

✓ 수평 밀링에서는 주로 플레인(평면) 밀링 커터를 사용한다.

36 평면 연삭가공의 일반적인 특징으로 틀린 것은?

㉮ 경화된 강과 같은 단단한 재료를 가공할 수 있다.
㉯ 치수 정밀도가 높고, 표면 거칠기가 우수한 다듬질면 가공에 이용된다.
㉰ 부품 생산의 마무리 공정에 이용되는 것이 일반적이다.
㉱ 바이트로 가공하는 것보다 절삭 속도가 매우 느리다.

✓ 연삭은 표면 정밀도(조도)를 향상시키는 작업이므로 선반의 절삭속도보다 월등히 빠르다.

37 연성재료를 절삭할 때 전단형 칩이 발생하는 조건으로 가장 알맞은 것은?

㉮ 윤활성이 좋은 절삭유제를 사용할 때
㉯ 저속 절삭으로 절삭 깊이가 클 때
㉰ 절삭 깊이가 작고, 절삭 속도가 빠를 때
㉱ 절삭 깊이가 작고, 경사각이 클 때

✓ ㉰, ㉱항의 경우에는 유동형 칩이 발생된다.

38 다음 중 눈금이 없는 측정 공구는?

㉮ 마이크로미터 ㉯ 버니어 캘리퍼스
㉰ 다이얼 게이지 ㉱ 게이지 블록

✓ 게이지 블록은 길이 측정의 기준으로 양 단면의 길이를 구체화한 단도기이다.

39 다음은 2차원 절삭을 나타낸 그림이다. 절삭각은 어느 것인가?

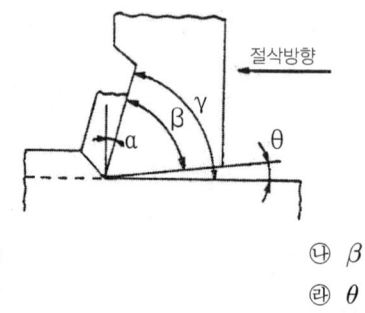

㉮ α ㉯ β
㉰ γ ㉱ θ

✓ ㉮ 윗면 경사각, ㉯ 날끝각, ㉱ 여유각이 된다.

40 보통 선반의 이송 단위로 가장 올바른 것은?
- ㉮ 1분당 이송(mm/min)
- ㉯ 1회전당 이송(mm/rev)
- ㉰ 1왕복당 이송(mm/stroke)
- ㉱ 1회전당 왕복(stroke/rev)

✓ 이송이란 공작물이 1회전 시 바이트가 축방향으로 이동한 거리를 mm로 나타낸다.

41 표준 드릴의 여유각으로 가장 적합한 것은?
- ㉮ 3~5°
- ㉯ 5~8°
- ㉰ 12~15°
- ㉱ 15~18°

✓ 여유각은 공작물과의 접촉 저항을 감소하기 위해 주어지며, 표준 날 끝각은 118°, 웨브 각은 135°, 나선(트위스트 홈)각은 20~35°가 주어진다.

42 밀링의 절삭방식 중 하향 절삭과 비교한 상향 절삭의 장점으로 올바른 것은?
- ㉮ 커터 날의 마멸이 작고 수명이 길다.
- ㉯ 일감의 고정이 간편하다.
- ㉰ 날 자리 간격이 짧고, 가공면이 깨끗하다.
- ㉱ 이송기구의 백래시가 자연히 제거된다.

✓ 상향 절삭에서는 커터의 회전 방향과 테이블의 이송 방향이 반대이므로 백래시가 자연히 제거된다.

43 CNC 서보 기구 중에서 기계의 테이블에 직선자(scale)를 부착하여 위치를 검출한 후 위치 편차를 피드백(feed back)하여 사용하는 그림과 같은 서보기구는?

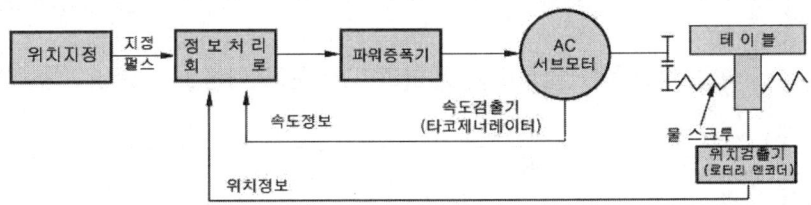

- ㉮ 개방회로
- ㉯ 반폐쇄회로
- ㉰ 폐쇄회로
- ㉱ 반개방회로

✓
- 개방회로 : 피드백 장치없이 스태핑 모터를 사용한 방식으로, 검출기가 없으므로 가공 정밀도가 좋지 않다.
- 반폐쇄회로 : 속도 검출기와 위치 검출기가 모터에 부착되어 있는 방식으로 스크루의 백래시, 비틀림 및 처짐, 마찰, 열변형 등에 의한 오차는 보정할 수 없다. CNC 공작기계에서 일반적으로 많이 사용하는 방식이다.
- 폐쇄회로 : 모터에 내장된 속도 검출기에서 속도를 검출하고, 테이블에 부착한 위치 검출기에서 위치를 검출하여 피드백하는 방식. 정밀도를 향상시킬 수 있으며, 대형 및 고속가공기에 많이 사용되는 방식이다.
- 복합회로 : 반폐쇄회로 방식과 폐쇄회로 방식을 결합하여 고정밀도로 제어하는 방식으로, 가격이 고가이다.

44 CNC 공작기계 작업 시 안전 및 유의사항이 틀린 것은?
- ㉮ 습동부에 윤활유가 충분히 공급되고 있는지 확인한다.
- ㉯ 절삭가공은 드라이런 스위치를 ON으로 하고 운전한다.
- ㉰ 전원을 투입하고 기계원점 복귀를 한다.

㉺ 안전을 위해 칩 커버와 문을 닫고 가공한다.

✓ 드라이런은 프로그램에서 지정한 이송속도를 무시하고 드라이런으로 지정되어 있는 이송속도로 이송하도록 하는 기능이며, 주로 실제 가공보다는 예비 가공에 사용된다.

45 CNC 선반에서 G01 Z10.0 F0.15 ; 으로 프로그램한 것을 조작 패널에서 이송속도 조절장치(feedrate override)를 80%로 했을 경우 실제 이송속도는?

㉮ 0.1 ㉯ 0.12
㉰ 0.15 ㉱ 0.18

✓ 실제 이송속도=프로그램 이송속도×이송속도 조절장치 비율=0.15×0.8=0.12

46 CAD/CAM 시스템의 입·출력 장치에서 출력 장치에 해당하는 것은?

㉮ 프린터 ㉯ 조이스틱
㉰ 라이트 펜 ㉱ 마우스

✓ 입력 장치로는 키보드, 라이트 펜, 디지타이저, 마우스, 조이스틱 등이 사용되며, 출력 장치로는 모니터, 플로터, 프린터 등이 사용된다.

47 CNC 선반에서 축 방향에 비해 단면 방향의 가공 길이가 긴 경우에 사용되는 단면 절삭 사이클은?

㉮ G76 ㉯ G90
㉰ G92 ㉱ G94

✓ G76 : 복합 나사 절삭 사이클, G90 : 내·외경 절삭 사이클, G92 : 나사 절삭 사이클, G94 : 단면 절삭 사이클

48 머시닝 센터에서 주축의 회전수를 일정하게 제어하기 위하여 지령하는 준비기능은?

㉮ G96 ㉯ G97
㉰ G98 ㉱ G99

✓ G96 : 절삭속도(m/min) 일정 제어
　G97 : 주축회전수(rpm) 일정 제어
　G98 : 분당 이송(mm/min) 지정
　G99 : 회전당 이송지령(mm/rev)

49 머시닝 센터에서 지름 10mm인 엔드밀을 사용하여 외측 가공 후 측정값이 ϕ62.04mm가 되었다. 가공 치수를 ϕ61.98mm로 가공하려면 보정값을 얼마로 수정하여야 하는가?(단, 최초 보정은 5.0으로 반지름값을 사용하는 머시닝 센터이다.)

㉮ 4.90 ㉯ 4.97
㉰ 5.00 ㉱ 5.03

✓ 수정 보정값=(가공치수-측정값)/2+기존 보정값=(61.98-62.04)/2+5.0=4.97

45.㉯ 46.㉮ 47.㉱ 48.㉯ 49.㉯

50 CNC 공작 기계에서 기계상에 고정된 임의의 지점으로 기계 제작 시 기계제조회사에서 위치를 정하는 고정 위치를 무엇이라고 하는가?

㉮ 프로그램 원점   ㉯ 기계 원점
㉰ 좌표계 원점   ㉱ 공구의 출발점

✓ 기계좌표계는 기계상에 고정된 기계 원점을 기준으로 하는 좌표계로서 공장 출하 시에 파라미터에 의해 결정된다.

51 선반 작업에서 방호 장치로 부적합한 것은?

㉮ 칩이 짧게 끊어지도록 칩브레이커를 둔 바이트를 사용한다.
㉯ 칩이나 절삭유 등의 비산으로부터 보호를 위해 이동용 실드를 설치한다.
㉰ 작업 중 급정지를 위해 역회전 스위치를 설치한다.
㉱ 긴 일감 가공 시 덮개를 부착한다.

✓ 급정지를 위한 역회전 S/W는 전장품에 무리를 준다.

52 휴지(Dwell)를 나타내는 주소(Address) 중 소수점을 사용할 수 없는 것은?

㉮ P   ㉯ Q
㉰ U   ㉱ X

✓ X, U, P는 G04(Dwell)와 함께 사용하는 시간을 나타내는 어드레스이며, X와 U는 소수점을 사용하고, P는 소수점을 사용할 수 없다.

53 CNC 선반에서 공구가 B점을 출발하여 C점까지 가공하는 프로그램으로 바른 것은?

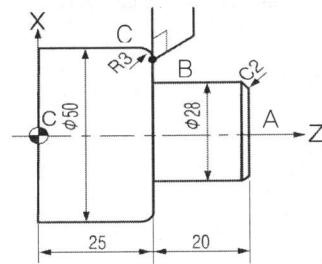

㉮ G03 X50. Z-22. R3. ;   ㉯ G02 X50. Z-23. R3. ;
㉰ G02 X50. Z-22. R3. ;   ㉱ G03 X50. Z22. R3. ;

✓ B → C의 원호가공은 반시계 방향 원호가공(G03)이고, C점의 절대좌표값은 X50. Z22.0이다.

54 머시닝 센터 프로그램에서 원호 보간에 대한 설명으로 틀린 것은?

㉮ R은 원호 반지름값이다.
㉯ I, J는 원호 시작점에서 중심점까지 벡터값이다.
㉰ R과 I, J는 함께 명령할 수 있다.
㉱ I, J의 값 중 0인 값은 생략할 수 있다.

✓ R은 I, J와 함께 사용할 수 없다.

55 CNC 공작기계 사용 시 안전 사항으로 틀린 것은?

㉮ 비상 정지 스위치의 위치를 확인한다.
㉯ 칩으로부터 눈을 보호하기 위해 보안경을 착용한다.
㉰ 그래픽으로 공구 경로를 확인한다.
㉱ 손의 보호를 위해 면장갑을 착용한다.

✓ 공작기계를 조작할 때, 면장갑을 사용하는 것은 장갑이 기계에 말리기가 쉬워 매우 위험하다.

56 CNC 선반 프로그램에서 공구의 현재 위치가 시작점일 경우 공작물 좌표계 설정으로 올바른 것은?

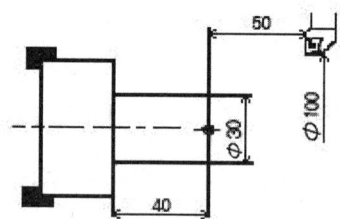

㉮ G50 X50. Z100. ;   ㉯ G50 X100. Z50. ;
㉰ G50 X30. Z40. ;   ㉱ G50 X100. Z-50. ;

✓ G50은 공구의 현재 위치를 원점으로부터의 좌표값으로 인식시켜서 공작물의 좌표계를 설정하는 기능이다.

57 CNC 선반 프로그램에서 다음 지령에 대한 설명으로 틀린 것은?

```
G92 X(U)_ Z(W)_ R_ F_ ;
```

㉮ F는 나사의 리드값과 같게 지정한다.
㉯ X(U)는 1회 절입할 때 나사의 골 지름을 지정한다.
㉰ Z(W)는 나사 가공 길이를 지정한다.
㉱ R은 자동모서리 코너값을 지정한다.

✓ R은 테이퍼 나사 절삭 시 테이퍼 시작점 X좌표와 테이퍼 끝점 X좌표의 차이값(반경지령)을 지정한다.

58 머시닝 센터에서 프로그램 원점을 기준으로 직교 좌표계의 좌표값을 입력하는 절대 지령의 준비 기능은?

㉮ G90   ㉯ G91
㉰ G92   ㉱ G89

✓ G90(절대지령) : 프로그램 원점을 기준으로 좌표계를 입력하는 방식
G91(증분지령) : 현재의 공구위치를 기준으로 다음의 좌표값을 입력하는 방식
G92 : 공작물좌표계 설정
G89 : 보링 사이클

59 머시닝 센터에서 테이블에 고정된 공작물의 높이를 측정하고자 할 때 가장 적당한 것은?
- ㉮ 다이얼 게이지
- ㉯ 한계 게이지
- ㉰ 하이트 게이지
- ㉱ 사인 바

✓ 하이트 게이지는 높이를 측정하는 측정기이다.

60 보조 프로그램에 대한 설명 중 틀린 것은?
- ㉮ 종료는 M99로 지령한다.
- ㉯ 반드시 증분값으로 지령한다.
- ㉰ 호출은 M98로 지령한다.
- ㉱ 보조 프로그램은 주 프로그램과 같은 메모리에 등록되어 있어야 한다.

✓ M98 : 보조 프로그램 호출
M99 : 보조 프로그램 종료. 보조 프로그램과 주 프로그램은 같은 메모리에 등록되어 있어야 한다.

2011년 5회 필기
컴퓨터응용선반기능사

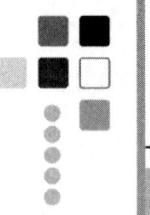

01 구름 베어링의 호칭 번호가 6208일 때 안지름(d)은 얼마인가?
- ㉮ 10mm
- ㉯ 20mm
- ㉰ 30mm
- ㉱ 40mm

✓ 62 : 베어링 계열 번호, 08 : 안지름 번호(8×5=40mm)이다.

02 원형봉에 비틀림 모멘트를 가하면 비틀림이 생기는 원리를 이용한 스프링은?
- ㉮ 코일 스프링
- ㉯ 벌류트 스프링
- ㉰ 접시 스프링
- ㉱ 토션 바

✓ ㉮ 하중의 방향에 따라 압축, 인장 코일 스프링, 외형에 따라 원추형, 장고형, 드럼형 등이 있다.
㉯ 태엽 스프링을 축방향으로 감아 올려 사용하는 것으로 압축용으로 사용
㉰ 원판 스프링이라고도 하며, 스프링을 병렬 또는 직렬로 조합하여 강성을 조정하며, 프레스 완충 장치, 공작기계 등에 사용

03 6각의 대각선 거리보다 큰 지름의 자리면이 달린 너트로서 볼트 구멍이 클 때, 접촉면을 거칠게 다듬질했을 때 또는 큰 면압을 피하려고 할 때 쓰이는 너트(Nut)는?
- ㉮ 둥근 너트
- ㉯ 플랜지 너트
- ㉰ 아이 너트
- ㉱ 홈붙이 너트

✓ ㉮ 회전체의 균형을 좋게 하거나 너트를 외부에 돌출시키려고 하지 않을 때 사용
㉰ 너트에 고리를 달아 주로 물품을 들어올릴 때 고리 역할을 하는 너트
㉱ 너트의 윗면에 6개의 홈이 파여 있어 이곳에 분할핀을 끼워 너트가 풀리지 않게 하여 사용하는 너트

04 강도와 경도를 높이는 열처리 방법은?
- ㉮ 뜨임
- ㉯ 담금질
- ㉰ 풀림
- ㉱ 불림

✓ ㉮ 인성 부여, ㉰ 재질을 연하고 균일화, ㉱ 소재를 가열 후 공랭시켜 표준화

05 고탄소 주철로서 회주철과 같이 주조성이 우수한 백선주물을 만들고 열처리함으로써 강인한 조직으로 하여 단조를 가능하게 한 주철은?
- ㉮ 회 주철
- ㉯ 가단 주철
- ㉰ 칠드 주철
- ㉱ 합금 주철

✓ ㉮ 일반 보통 주철
㉰ 주형에 냉금을 삽입하여 주물 표면을 급랭시킴으로써 백선화하고 경도를 증가시킨 내마모성 주철
㉱ 일반 주철에 특수 원소를 첨가(니켈, 크롬, 몰리브덴, 규소, 구리 등)하여 기계적 성질, 내식성, 내열성, 내마멸성, 내충격성 등을 향상시킨 주철

06 마우러 조직도를 바르게 설명한 것은?
- ㉮ 탄소와 규소량에 따른 주철의 조직 관계를 표시한 것

01.㉱ 02.㉱ 03.㉯ 04.㉯ 05.㉯ 06.㉮

㉯ 탄소와 흑연량에 따른 주철의 조직 관계를 표시한 것
㉰ 규소와 망간량에 따른 주철의 조직 관계를 표시한 것
㉱ 규소와 Fe_3C량에 따른 주철의 조직 관계를 표시한 것

✓ 탄소 함유량을 세로축으로, 규소 함유량을 가로축으로 하고, 두 성분에 따라 주철 조직의 변화를 나타낸 실용적인 선도

07 재료시험에서 인성 또는 취성을 측정하기 위한 시험방법은?
㉮ 경도 시험 ㉯ 압축 시험
㉰ 충격 시험 ㉱ 비틀림 시험

✓ 경도 시험 : 한 물체가 다른 물체로부터 외력을 받았을 때 이 외력에 대한 저항의 크기로, 브리넬, 록웰, 비커스, 쇼어 경도 시험 등이 해당된다.

08 너비가 5mm이고 단면의 높이가 8mm, 길이가 40mm인 키에 작용하는 전단력은?(단, 키의 허용전단응력은 2MPa이다.)
㉮ 200N ㉯ 400N
㉰ 800N ㉱ 4000N

✓ $\tau = \dfrac{P(전단력)}{b \times l (키의\ 너비 \times 길이)}$ 에서 $P = \tau \times b \times l = 2 \times 5 \times 40 = 400N$

09 기계구조용 탄소강의 기호가 SM 40 C라 표현되어 있다. 여기에서 40이란 숫자가 나타내는 뜻은?
㉮ 인장강도의 평균치 ㉯ 탄소 함유량의 평균치
㉰ 가공도의 평균치 ㉱ 경도의 평균치

✓ 탄소(C)의 함유량이 0.40%를 나타낸다.

10 테이퍼 핀에 대한 설명으로 옳은 것은?
㉮ 보통 1/50의 테이퍼를 가지며 호칭지름은 작은 쪽의 지름으로 표시한다.
㉯ 보통 1/200의 테이퍼를 가지며 호칭지름은 작은 쪽의 지름으로 표시한다.
㉰ 보통 1/50의 테이퍼를 가지며 호칭지름은 큰 쪽의 지름으로 표시한다.
㉱ 보통 1/100의 테이퍼를 가지며 호칭지름은 가운데 부분의 지름으로 표시한다.

✓ 테이퍼 핀은 작은 쪽의 지름 부분에 갈라진 것과 갈라지지 않은 것이 있다.

11 관의 양단이 고정되어 있으면 온도에 의하여 관의 길이가 변화되어 열응력이 생기고 관이 길 때에는 늘어난 양도 커져 관 뿐만 아니라 부속장치에도 악영향을 주게 되는데 이를 개선하기 위해 사용하는 관 이음은?
㉮ 소켓 및 니플 이음 ㉯ 신축 이음
㉰ 플랜지 이음 ㉱ 용접 및 납땜 이음

✓ ㉮ 관의 접합부에 수나사를 깎아 연결한 소켓과 암나사를 깎아 연결한 니플을 이용하여 설치 분해가 자유롭다.

㉱ 관경이 크고 고압관 또는 자주 착탈할 필요가 있는 경우에 사용
㉲ 영구관 이음으로 고장 수리와 관 내의 청소가 필요 없을 때 사용

12 스프링용 강의 조직으로 적합한 것은?
㉮ 페라이트 ㉯ 시멘타이트
㉰ 소르바이트 ㉱ 레데부라이트
✓ 소르바이트는 담금질의 냉각 속도가 트루스타이트 조직보다 느릴 때 얻어지는 조직. 트루스타이트 조직보다 유연하고 점성이 강하다.

13 다음 금속 재료 중 고유 저항이 가장 작은 것은 어느 것인가?
㉮ 은(Ag) ㉯ 구리(Cu)
㉰ 금(Au) ㉱ 알루미늄(Al)
✓ 고유 저항(20℃에서) Ag : 1.62, Cu : 1.69, Au : 2.40, Al : 2.62이다.

14 다음 체인전동의 특성 중 틀린 것은?
㉮ 정확한 속도비를 얻을 수 있다.
㉯ 벨트에 비해 소음과 진동이 심하다.
㉰ 2축이 평행한 경우에만 전동이 가능하다.
㉱ 축간 거리는 10~15m가 적합하다.
✓ 축간 거리는 2~5m가 적당하다.

15 표준 평기어에서 피치원지름이 600mm, 모듈이 10인 경우 기어의 잇수는 몇 개인가?
㉮ 50 ㉯ 60 ㉰ 100 ㉱ 120
✓ $m=\dfrac{D}{Z}$에서 $Z=\dfrac{D}{m}=\dfrac{600}{10}=60$[개]

16 그림은 제3각법으로 나타낸 정투상도이다. 입체도로 가장 적합한 것은?

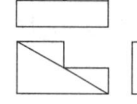

㉮

㉯

㉰

㉱

17 다음 기하공차의 기호 중 단독형체에 적용하는 공차가 아닌 것은?

㉮ ─   ㉯ ▭   ㉰ ○   ㉱ ∥

✓ 단독형체에 적용하는 형체는 ㉮ 진직도, ㉯ 평면도, ㉰ 진원도와 원통도(⌭)에 해당되고, ㉱ 평행도 공차는 직각도, 경사도 등과 같이 관련 형체에 해당된다.

18 다음 도면에서 치수기입을 가장 올바르게 나타낸 것은?

㉮ 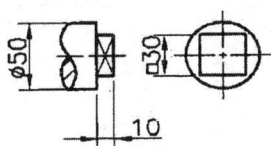   ㉯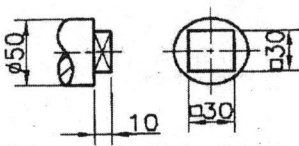

㉰ 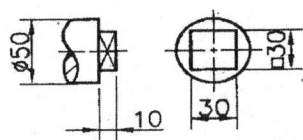   ㉱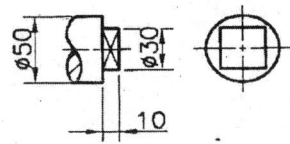

✓ ㉯, ㉰ : □ 30의 치수가 중복 기재되었고
㉱ : 정면도에 편중되게 치수가 기입되어 있다.

19 축과 구멍의 실제 치수에 따라 죔새가 생길 수도 있고 틈새가 생길 수도 있는 끼워맞춤은?

㉮ 이중 끼워맞춤   ㉯ 중간 끼워맞춤
㉰ 헐거운 끼워맞춤   ㉱ 억지 끼워맞춤

✓ ㉰ 구멍의 최소 치수가 축의 최대 치수보다 큰 경우이며, 항상 틈새가 생긴다.
㉱ 구멍의 최대 치수가 축의 최소 치수보다 작은 경우이며, 항상 죔새가 생긴다.

20 나사 표시기호 중 유니파이 보통나사를 표시하는 기호는?

㉮ M   ㉯ UNC
㉰ PT   ㉱ G

✓ ㉮ 미터나사
㉰ 관용 테이퍼 나사
㉱ 관용 평행 나사를 표시한다.

21 가공에 의한 컷의 줄무늬가 그림과 같은 동심원 모양의 줄무늬로 나타날 경우 이 줄무늬 방향의 기호는?

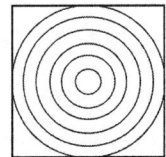

㉮ C ㉯ L
㉰ M ㉱ R

✓ C는 끝면 절삭면, M은 여러 방향으로 교차 또는 무방향, R은 레이디얼 방향을 나타낸다.

22 가동부를 이동 중의 특정한 위치 혹은 이동한계의 위치로 표시하는 데 사용하는 선은?

㉮ 치수선 ㉯ 지시선
㉰ 해칭선 ㉱ 가상선

✓ ㉮ 치수를 기입하기 위한 선
㉯ 기술 또는 기초 등을 표시하기 위하여 끌어내는 데 사용
㉰ 도형의 한정된 특정 부분을 다른 부분과 구별하는 데 사용

23 다음 중 회전도시 단면도로 나타내기에 적합한 것으로만 되어 있는 것은?

㉮ 바퀴의 암(arm), 와셔, 축
㉯ 바퀴의 암(arm), 기어의 이, 축
㉰ 기어의 이, 작은 나사, 리벳
㉱ 리브, 훅, 바퀴의 암(arm)

✓ 회전 단면도는 절단한 단면의 모양을 90°로 회전시켜 투상도의 안이나 바깥에 그리는 단면도

24 나사붙이 테이퍼 핀 규격이 아래와 같을 때 테이퍼 핀의 호칭 지름은?

KS B 1308 – A – 6×30 – St

㉮ 6mm ㉯ 8mm
㉰ 13mm ㉱ 30mm

✓ KS B 1308 : 규격 번호, A : 등급, 6×30 : 지름×길이, St : 재료의 종류를 뜻한다.

25 베어링 기호가 "F684C2P6"으로 나타나 있을 때 "C2"가 나타내는 뜻은?

㉮ 안지름 번호 ㉯ 레이디얼 내부 틈새
㉰ 궤도륜 모양 ㉱ 정밀도 등급

✓ F684 : 계열번호와 안지름, C2 : 레이디얼 내부 틈새, P6 : 등급기호를 나타낸다.

26 센터리스 연삭에서 공작물의 이송 속도와 관계없는 것은?

㉮ 조정숫돌 바퀴의 지름
㉯ 조정숫돌 바퀴의 회전수
㉰ 연삭숫돌 바퀴에 대한 조정숫돌 바퀴의 경사각
㉱ 연삭숫돌 바퀴의 지름

✓ 공작물의 이송은 조정숫돌의 회전수와 지름, 경사각에서 결정된다.

27 선반의 구조에 대한 설명으로 틀린 것은?
- ㉮ 베드는 가공 정밀도가 높고 내마모성이 커야 한다.
- ㉯ 베드는 강력한 절삭에 쉽게 변형되도록 설계되어 있다.
- ㉰ 공구대에 바이트를 고정하여 공작물을 가공할 수 있다.
- ㉱ 심압대는 공작물을 지지하거나 드릴 등의 공구를 고정할 때 사용한다.

✓ 베드의 변형을 방지하기 위하여 베드의 면과 면 사이에는 리브로 보강하여 진동 및 외력에 견딜 수 있는 구조로 되어 있다.

28 구성인선(built-up edge)의 영향으로 틀린 것은?
- ㉮ 절삭공구에 진동이 발생한다.
- ㉯ 절삭공구 날 끝이 마멸된다.
- ㉰ 공작물 가공면이 거칠어진다.
- ㉱ 공작물 가공 치수가 정확해진다.

✓ 날 끝에 칩의 퇴적물이 붙어 실제 치수보다 더 크게 가공이 되고, 거칠어진다.

29 외측 마이크로미터에서 나사의 피치가 0.5mm, 딤블의 원주 눈금이 50등분되어 있다면 최소 측정값은?
- ㉮ 0.1mm
- ㉯ 0.5mm
- ㉰ 0.01mm
- ㉱ 0.02mm

✓ 최소 측정값 $= \dfrac{\text{피치}}{\text{딤블의 등분수}} = \dfrac{0.5}{50} = 0.01mm$

30 결합도에 따른 숫돌바퀴의 선정 기준에서 결합도가 높은 숫돌을 사용하는 경우가 아닌 것은?
- ㉮ 접촉 면적이 클 때
- ㉯ 가공면의 표면이 거칠 때
- ㉰ 연삭 깊이가 작을 때
- ㉱ 숫돌바퀴의 원주속도가 느릴 때

✓ ㉯, ㉰, ㉱항과 접촉 면적이 작을 때, 숫돌의 원주속도가 느릴 때 결합도가 높은 단단한 숫돌을 사용한다.

31 치수를 변화시키는 것보다 고정도의 표면 거칠기를 얻기 위한 정밀 입자 가공은?
- ㉮ 보링
- ㉯ 리밍
- ㉰ 슈퍼피니싱
- ㉱ 숏 피닝

✓ 호닝, 슈퍼피니싱, 래핑 등은 정밀 입자 가공으로 치수 변화가 목적이 아니고, 표면 정밀도가 높은 거울면 가공을 목적으로 가공한다.

32 다음 중 보통 선반에서 할 수 없는 작업은?
    ㉮ 드릴링 작업   ㉯ 보링 작업
    ㉰ 인덱싱 작업   ㉱ 널링 작업
    ✓ 인덱싱 작업(분할 작업)은 밀링에서 분할대와 원형 테이블을 이용하여 가공한다.

33 수직 밀링 머신의 장치 중 일반적인 운동 관계가 옳지 않은 것은?
    ㉮ 주축 스핀들 - 회전   ㉯ 테이블 - 수직 이동
    ㉰ 니 - 상하 이동   ㉱ 새들 - 전후 이동
    ✓ 테이블은 새들 위에서 좌우로 이송한다.

34 기계공작법을 크게 절삭 가공과 비절삭 가공으로 구분하여 분류할 때 절삭 가공에 해당하는 것은?
    ㉮ 주조   ㉯ 용접
    ㉰ 형삭   ㉱ 단조
    ✓ 형삭은 셰이퍼와 슬로터 가공을 일컫고, 평삭은 플레이너 가공을 가리킨다.

35 일반적으로 초경합금의 정면 밀링커터의 레이디얼 경사각이 가장 커야 하는 공작물 재질은?
    ㉮ 알루미늄   ㉯ 황동
    ㉰ 주철   ㉱ 탄소강
    ✓ 레이디얼 경사각은 많이 줄수록 절삭성은 향상되나, 날이 약하게 되는 단점이 있다. 따라서 연질인 재질일수록 경사각은 크고, 경질일수록 작아야 한다.

36 드릴링 머신에서 작업할 수 없는 것은?
    ㉮ 리밍   ㉯ 태핑
    ㉰ 카운터싱킹   ㉱ 버니싱
    ✓ 드릴링 머신에서는 드릴링, 리밍, 보링, 카운터 싱킹, 카운터 보링, 스폿 페이싱, 태핑 등을 할 수 있다. 버니싱은 강구를 이용한 특수 가공에 해당된다.

37 선반 작업에서 가늘고 긴 일감의 절삭력과 자중에 의한 휨과 처짐을 방지하기 위하여 사용하는 부속품은?
    ㉮ 면판   ㉯ 맨드릴
    ㉰ 방진구   ㉱ 콜릿 척
    ✓ ㉮ 불규칙한 일감을 고정구(앵글 플레이트, 무게 중심추 등)를 이용하여 가공 시 사용
        ㉯ 소재의 구멍과 동심인 외면을 가공하기 위해 사용하는 부속품
        ㉱ 보통 터릿 선반에서 소형인 제품을 고정시키는 척으로 스프링 작용에 의해 고정된다.

38 지름이 같은 3개의 와이어를 나사산에 대고 와이어의 바깥쪽을 마이크로미터로 측정하여 계산식에 의해 나사의 유효 지름을 구하는 측정 방법은?

㉮ 나사 마이크로미터에 의한 방법
㉯ 삼침법에 의한 방법
㉰ 공구 현미경에 의한 방법
㉱ 3차원 측정기에 의한 방법

✓ 나사의 유효경 측정 방법에는 ㉮, ㉯, ㉰, ㉱항과 투영기 등이 있으나 삼침법(삼선법)에 의한 측정이 가장 정밀도가 높다.

39 줄 작업 방법에 해당하지 않는 것은?

㉮ 후진법 ㉯ 직진법
㉰ 병진법 ㉱ 사진법

✓ ㉮ 다듬질 작업 시 사용
㉰ 폭이 좁고 길이가 긴 일감 가공에 사용
㉱ 넓은 면의 거친 절삭 및 볼록면 제거 작업에 사용

40 광유에 비눗물을 첨가한 것으로 냉각 작용이 비교적 크고, 윤활성도 있으며 값이 저렴한 절삭유는?

㉮ 수용성 절삭유 ㉯ 유화유
㉰ 지방질유 ㉱ 석유

✓ ㉮ 광물성 유와 물을 희석하는 비율에 따라 에멀전, 솔류블, 솔류선형으로 구분된다.
㉰ 식물성 유(라드유, 올리브유 등), 동물성 유(고래유, 돈유 등)와 같이 지방질 유에 해당
㉱ 경유, 석유, 기계유 등과 같이 광물성 유에 해당

41 탄화텅스텐(WC), 티탄(Ti), 탄탈(Ta) 등의 분말을 코발트(Co) 또는 니켈(Ni) 분말과 혼합하여 프레스로 성형한 다음 약 1400℃ 이상의 고온에서 소결한 것으로 고온, 고속 절삭에서도 높은 경도를 유지하지만 진동이나 충격을 받으면 부서지기 쉬운 절삭 공구재료는?

㉮ 탄소 공구강 ㉯ 합금 공구강
㉰ 고속도강 ㉱ 초경합금

✓ ㉮ 탄소가 0.6~1.5% 함유한 탄소강을 담금질한 후에 공구로 사용
㉯ 탄소강에 크롬, 텅스텐, 니켈, 바나듐, 몰리브덴, 코발트, 망간 등을 1~2종 첨가한 합금강
㉰ 텅스텐, 크롬, 바나듐을 주성분으로 코발트, 몰리브덴 등을 포함한 합금강

42 수평 밀링머신의 플레인 커터 작업에서 상향 절삭과 하향 절삭에 대한 설명 중 틀린 것은?

㉮ 상향 절삭은 절삭 방향과 공작물의 이송 방향이 같다.
㉯ 상향 절삭에서는 이송 기구의 백래시가 자연스럽게 없어진다.
㉰ 하향 절삭은 절삭된 칩이 이미 가공된 면 위에 쌓이므로 가공할 면을 잘 볼 수 있다.
㉱ 하향 절삭은 커터 날이 공작물을 누르며 절삭하므로 일감의 고정이 간편하다.

✓ 상향 절삭은 이송 방향이 틀려 백래시가 자동으로 제거된다.

38.㉯ 39.㉮ 40.㉯ 41.㉱ 42.㉮

43 일반적으로 CNC 공작기계에 사용되는 좌표축에서 절삭동력이 전달되는 스핀들 축은?

㉮ X축 ㉯ Y축 ㉰ Z축 ㉱ A축

✓ 대부분의 CNC 공작기계는 Z축을 주축으로 정한다.

44 CNC 선반의 반자동(MDI) 모드에서 실행하였을 경우 경보(alarm)가 발생하는 블록은?

```
N01 G00 U20. W-20. ;
N02 G03 U20. W-10. R10. F0.1 ;
N03 T0100 S2000 M03 ;
N04 G70 P01 Q02 F0.1 ;
```

㉮ N01 ㉯ N02
㉰ N03 ㉱ N04

✓ 복합 반복 사이클은 프로그램상에 사이클 시작 블록부터 사이클 종료 블록까지 반복구간을 나타내야 하므로 한 블록씩 입력하여 바로 실행하는 MDI 모드에서는 실행할 수 없다.

45 CNC 프로그램에서 G04 X2.0을 바르게 설명한 것은?

㉮ 가공 후 2/100만큼 후퇴
㉯ 가공 후 2/100만큼 전진
㉰ 가공 후 2분간 정지
㉱ 가공 후 2초간 정지

✓ 일시정지코드는 G04이며, 시간(초)을 나타내는 어드레스 P, U, X 등과 함께 사용한다.

46 다음 머시닝 센터 프로그램에서 공구지름 보정에 사용된 보정 번호는?

```
G17 G40 G49 G80 ;
G91 G28 Z0. ;
G28 X0. Y0. ;
G90 G92 X400. Y250. Z500. T01 M06 ;
G00 X-15. Y-15. S1000 M03 ;
G43 Z50. H01 ;
    Z3. ;
G01 Z-5. F100 M08 ;
G41 X0. D11 ;
```

㉮ D11 ㉯ T01
㉰ M06 ㉱ H01

✓ D : 공구지름 보정 번호, T : 공구 번호, M : 보조기능, H : 공구길이 보정 번호

43.㉰ 44.㉱ 45.㉱ 46.㉮

47 CAM 시스템에서 정보의 흐름을 단계별로 나타낸 것 중 가장 타당한 것은?

㉮ 도형 정의 → CL 데이터 생성 → NC 코드 생성 → DNC
㉯ CL 데이터 생성 → 도형 정의 → NC 코드 생성 → DNC
㉰ 도형 정의 → NC 코드 생성 → CL 데이터 생성 → DNC
㉱ CL 데이터 생성 → NC 코드 생성 → 도형 정의 → DNC

✓ 도면 → 모델링(도형 정의) → 가공 정의 → CL 데이터 생성 → 포스트 프로세싱 → DNC 가공 → 검사 및 측정

48 CNC 선반에서 M30×1.5인 한 줄 나사를 가공하려고 할 때, 회전당 이송 속도(F)값은?

㉮ 0.35　　㉯ 0.7
㉰ 1.5　　㉱ 3.0

✓ 나사 가공에서 이송 속도(F)는 나사의 리드값을 입력한다.

49 기계 가공 전 매일 안전 점검할 사항이 아닌 것은?

㉮ 공작물의 고정상태 점검
㉯ 작업장의 조명상태 점검
㉰ 기계의 수평상태 점검
㉱ 공구의 장착 및 파손상태 점검

✓ 기계의 수평상태는 가공 정밀도가 저하되었거나, 기계에 진동 등이 발생했을 시에 실시한다.

50 CNC 선반에서 단일형 고정 사이클 준비기능이 아닌 것은?

㉮ G74　　㉯ G90
㉰ G92　　㉱ G94

✓ G74는 복합 반복 사이클이고, G90, G92, G94는 단일형 고정 사이클이다. G74 : Z방향 홈가공ㆍ팩 드릴 사이클, G90 : 내ㆍ외경 절삭 사이클, G92 : 나사 절삭 사이클, G94 : 단면 절삭 사이클

51 CNC 선반 가공 전에 육안으로 점검할 사항으로 적합하지 않은 것은?

㉮ 척 압력의 적정 유지 상태
㉯ 전자회로기판의 작동 상태
㉰ 윤활유 탱크에 있는 윤활유의 양
㉱ 절삭유의 유량과 작업 조명등의 밝기

✓ 회로에 이상이 발생 시에는 모니터에 이상 내용이 알람과 같이 나타나므로 육안 검사 사항이 아니다.

52 CNC 선반 프로그램에서 시계방향(CW)의 원호를 가공할 때 올바른 G-코드는?

㉮ G02　　㉯ G03
㉰ G04　　㉱ G05

✓ G02 : 원호 절삭(시계 방향), G03 : 원호 절삭(반시계 방향), G04 : 일시 정지

47.㉮　48.㉰　49.㉰　50.㉮　51.㉯　52.㉮

53 다음 CNC 선반 프로그램에서 N40 블록에서의 절삭 속도는?

```
N10 G50 X150. Z150. S1000 T0100 ;
N20 G96 S100 M03 ;
N30 G00 X80. Z5. T0101 ;
N40 G01 Z-150. F0.1 M08 ;
```

㉮ 100m/min ㉯ 398m/min
㉰ 100rpm ㉱ 398rpm

✓ $V = \dfrac{\pi dN}{1000}$ 에서 V=100, d=80mm이므로 N40 블록에서 주축 회전수를 구하면

$N = \dfrac{1000\,V}{\pi d} = \dfrac{1000 \times 100}{3.14 \times 80} ≒ 398\text{rpm}$ 이다. 이때의 주축 회전수가 N10 블록에서 설정한 주축 최고회전수 S1000보다 작으므로 N40 블록에서도 절삭 속도는 100m/min으로 일정하게 유지된다.

54 CNC 선반에서 나사를 가공하기 위해 주축의 회전수를 일정하게 제어하는 G-코드는?

㉮ G94 ㉯ G95
㉰ G96 ㉱ G97

✓ G94 : 분당 이송(mm/min), G95 : 회전당 이송(mm/rev), G96 : 절삭 속도(m/min) 일정 제어, G97 : 주축 회전수(rpm) 일정 제어

55 다음 머시닝 센터 프로그램에서 경보(alarm)가 발생할 수 있는 블록의 전개번호는?

```
N001 G91 G01 X20. Y20. ;
N002 G01 Z-5. F85 M08 ;
N003 G02 X20. Y0 R10. ;
N004 Y-20. ;
N005 G90 G00 Z10. ;
```

㉮ N002 ㉯ N003
㉰ N004 ㉱ N005

✓ N004 블록의 경우 G02는 Modal 기능으로 생략할 수 있으나 원호의 반지름 R은 생략할 수 없다.

56 선반용 툴 홀더 ISO 규격 C S K P R 25 25 M 12에서 밑줄친 P가 나타내는 것은?

㉮ 클램핑 방식 ㉯ 인서트 형상
㉰ 인서트 여유각 ㉱ 공구 방향

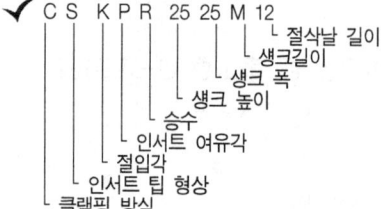

57 머시닝 센터 작업 시 안전 및 유의사항으로 틀린 것은?
㉮ 비상 정지 스위치의 위치를 확인한다.
㉯ 일감은 고정 장치를 이용하여 견고하게 고정한다.
㉰ 일감에 떨림이 생기면 거칠기가 나빠지고 공구파손의 원인이 된다.
㉱ 측정기, 공구 등을 기계의 테이블에 올려놓고 사용하면 편리하다.
✓ 테이블에는 칩과 절삭유가 비산하므로 작업 중에는 아무 것도 올리지 않는다.

58 다음 CNC 선반 프로그램에 대한 설명으로 틀린 것은?

```
G28 U0 W0 ;
     Ⓐ
G50 X150. Z150. S2000 T0100 ;
     Ⓑ        Ⓒ
G96 S180 M03 ;
     Ⓓ
```

㉮ Ⓐ : 기계 원점 복귀 시의 경유점 지정
㉯ Ⓑ : X축과 Z축의 좌표계 치수
㉰ Ⓒ : 주축 회전수 2000rpm으로 일정하게 유지
㉱ Ⓓ : 원주 속도를 180m/min로 일정하게 제어
✓ G50과 함께 사용하는 S는 주축 최고회전수를 의미한다.

59 CNC 공작기계에서 사람의 손과 발에 해당하는 것은?
㉮ 정보처리회로   ㉯ 볼 스크루
㉰ 서보기구   ㉱ 조작반
✓ CNC 공작기계에서 정보처리회로는 사람의 두뇌에 해당하며, 서보기구는 사람의 손과 발에 해당한다.

60 CNC 선반의 공구 기능 중 T□□△△에서 △△의 의미는?
㉮ 공구 보정번호   ㉯ 공구 선택번호
㉰ 공구 교환번호   ㉱ 공구 호출번호
✓ CNC 선반에서 공구지령은 T□□△△와 같이 네자리로 지령하는데, □□는 공구 번호를 의미하고, △△는 공구 보정 번호를 나타낸다.

2012년 1회 필기
컴퓨터응용선반기능사

01 공구강의 구비 조건 중 틀린 것은?
㉮ 강인성이 클 것
㉯ 내마모성이 작을 것
㉰ 고온에서 경도가 클 것
㉱ 열처리가 쉬울 것

✓ 공구강은 ㉮, ㉰, ㉱항 이외에도 내마모성이 크고, 가격이 저렴하고, 구입이 간단하며, 성형이 쉬워야 한다.

02 Al-Si계 합금인 실루민의 주조 조직에 나타나는 Si의 거친 결정을 미세화시키고 강도를 개선하기 위하여 개량처리를 하는 데 사용되는 것은?
㉮ Na
㉯ Mg
㉰ Al
㉱ Mn

✓ 실루민은 기계적 성질이 우수하고 수축여유가 작으며, 유동성과 주조성이 좋아 얇고 복잡한 주물에 많이 이용된다.

03 스텔라이트계 주조경질합금에 대한 설명으로 틀린 것은?
㉮ 주성분이 Co이다.
㉯ 단조품에 많이 쓰인다.
㉰ 800℃까지의 고온에서도 경도가 유지된다.
㉱ 열처리가 불필요하다.

✓ 스텔라이트는 주조물의 특성상 취성이 많은 것이 가장 큰 단점이며, Co, Cr, W, C가 함유된 공구강이다.

04 다음 합성수지 중 일명 EP라고 하며, 현재 이용되고 있는 수지 중 가장 우수한 특성을 지닌 것으로 널리 이용되는 것은?
㉮ 페놀 수지
㉯ 폴리에스테르 수지
㉰ 에폭시 수지
㉱ 멜라민 수지

✓ ㉮ 페놀 수지(PF) : 베이클라이트라고도 하며, 도료, 강력접착제 등에 많이 사용
㉯ 폴리에스테르 수지(PET) : 전기적 성질, 치수안정성, 내열성, 내약품성 등이 우수하다.
㉱ 멜라민 수지 : 내열성, 내약품성이 우수하다.

05 금속을 상온에서 소성 변형시켰을 때, 재질이 경화되고 연신율이 감소하는 현상은?
㉮ 재결정
㉯ 가공경화
㉰ 고용강화
㉱ 열변형

✓ ㉮ 가공경화한 재료를 어떤 온도 이상에서 일정시간 가열하면 가공 경화의 영향이 해소되고 새로운 결정립의 집합이 일어나는 현상
㉰ 치환형 또는 침입형 합금 원소가 고용되면 철의 결정격자를 변형시키거나 전위의 운동을 저해하는 것에 의해서 강도가 상승하는 현상

01.㉯ 02.㉮ 03.㉯ 04.㉰ 05.㉯

06 황동의 자연균열 방지책이 아닌 것은?
- ㉮ 수은
- ㉯ 아연 도금
- ㉰ 도료
- ㉱ 저온 풀림

✔ 자연균열은 응력 부식 균열로 잔류응력에 기인되는 현상이며, 자연균열을 일으키기 쉬운 분위기는 암모니아, 산소, 탄산가스 습기, 수은 및 그 화합물이 촉진제이고, 방지책은 ㉯, ㉰, ㉱항이다.

07 강을 충분히 가열한 후 물이나 기름 속에 급랭시켜 조직 변태에 의한 재질의 경화를 주목적으로 하는 것은?
- ㉮ 담금질
- ㉯ 뜨임
- ㉰ 풀림
- ㉱ 불림

✔ ㉯ 뜨임 : 담금질된 것에 인성을 부여한다.
㉰ 풀림 : 재질을 연하고 균일하게 한다.
㉱ 불림 : 소재를 일정 온도에 가열 후 공랭시켜 표준화한다.

08 다음 중 핀(Pin)의 용도가 아닌 것은?
- ㉮ 핸들과 축의 고정
- ㉯ 너트의 풀림 방지
- ㉰ 볼트의 마모 방지
- ㉱ 분해 조립할 때 조립할 부품의 위치결정

✔ 핀은 키(key)의 대체용으로 많이 쓰이며, 용도로는 ㉮, ㉯, ㉱항이 있다.

09 기계요소 부품 중에서 직접 전동용 기계요소에 속하는 것은?
- ㉮ 벨트
- ㉯ 기어
- ㉰ 로프
- ㉱ 체인

✔ 직접 전동용 기계요소는 마찰차, 기어, 캠 등이 있으며, 간접 전동용 기계요소는 벨트, 로프, 체인 등이 있다.

10 지름이 6cm인 원형 단면의 봉에 500kN의 인장하중이 작용할 때 이 봉에 발생되는 응력은 약 몇 N/mm^2인가?
- ㉮ 170.8
- ㉯ 176.8
- ㉰ 180.8
- ㉱ 200.8

✔ 인장응력$(\sigma) = \dfrac{하중(P)}{단면적(A = \dfrac{\pi d^2}{4})} = \dfrac{500 \times 1000}{\dfrac{3.14 \times 60^2}{4}} = 176.9[N/mm^2]$

11 회전하고 있는 원동 마찰차의 지름이 250mm이고 종동차의 지름이 400mm일 때 최대 토크는 몇 N·m인가?(단, 마찰차의 마찰계수는 0.2이고 서로 밀어 붙이는 힘은 2kN이다.)
- ㉮ 20
- ㉯ 40
- ㉰ 80
- ㉱ 160

✔ 마찰차의 최대회전력 또는 전달력을 Q_{max}, 마찰계수를 μ, 최대토크를 T_{max}, 서로 밀어 붙이는 힘을 P, 종동차의 지름을 D_1이라 하면,

$$Q_{\max} = \mu P = 0.2 \times 2000 = 400[\text{N}]$$
$$T_{\max} = Q_{\max} \times \frac{D_1}{2} = 400 \times \frac{0.400}{2} = 80[\text{N} \cdot \text{m}]$$

12 수나사의 호칭치수는 무엇을 표시하는가?
  ㉮ 골지름   ㉯ 바깥지름
  ㉰ 평균지름 ㉱ 유효지름

  ✓ 나사 홈의 높이가 나사산의 높이와 같게 되도록 한 가상적인 원통 또는 원뿔의 지름을 유효지름 또는 피치 지름이라 하며, 나사의 크기를 나타내는 지름을 호칭 지름이라 한다.

13 다음 스프링 중 너비가 좁고 얇은 긴 보의 형태로 하중을 지지하는 것은?
  ㉮ 원판 스프링   ㉯ 겹판 스프링
  ㉰ 인장 코일 스프링 ㉱ 압축 코일 스프링

  ✓ 스프링 재료는 가공하기 쉽고, 응력에 견디며, 영구 변형이 없어야 하고, 피로강도와 파괴 인성치가 높아야 하며, 열처리가 쉽고, 표면상태가 양호하며, 부식에 강해야 한다.

14 다음 나사 중 백래시를 작게 할 수 있고 높은 정밀도를 오래 유지할 수 있으며 효율이 가장 좋은 것은?
  ㉮ 사각 나사   ㉯ 톱니 나사
  ㉰ 볼 나사   ㉱ 둥근 나사

  ✓ ㉮ 축방향의 하중을 받아 운동을 전달하는 데 적합한 나사로 나사 프레스, 선반의 어미나사 등에 쓰인다.
  ㉯ 힘을 한 방향으로만 받는 바이스, 압착기 등의 이송나사로 쓰인다.
  ㉰ 볼에 의해 작동되는 이송나사로 90% 이상의 높은 효율을 얻을 수 있고, 백래시가 없고, 마모도 적으나 가격이 비싼 단점도 있다.
  ㉱ 나사산과 골이 원호 모양으로 되어 있고, 너클 나사라고도 하며, 전구 등과 같이 먼지, 모래 등의 이물질이 나사산을 통해 들어갈 염려가 있을 때 사용한다.

15 평벨트 풀리의 구조에서 벨트와 직접 접촉하여 동력을 전달하는 부분은?
  ㉮ 림   ㉯ 암
  ㉰ 보스   ㉱ 리브

  ✓ 평벨트 풀리는 벨트가 접촉하는 원형으로 되어 있는 림, 림과 보스를 연결하여 주는 암, 축을 연결하는 구멍이 있는 보스로 구성되어 있다.

16 그림과 같이 코일 스프링의 간략도를 그릴 때 A부분에 나타내야 할 선으로 옳은 것은?

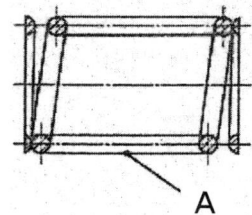

㉮ 굵은 실선　　　㉯ 가는 실선
㉰ 굵은 파선　　　㉱ 가는 2점 쇄선
✓ 생략된 부분은 가는 일점쇄선 또는 가는 이점쇄선으로 그린다.

17 도면에 사용되는 가공 방법의 약호로 틀린 것은?
㉮ 선반 가공 : L　　　㉯ 드릴 가공 : D
㉰ 연삭 가공 : G　　　㉱ 리머 가공 : R
✓ 리머 가공은 FR이다.

18 그림과 같은 단면도의 명칭으로 올바른 것은?

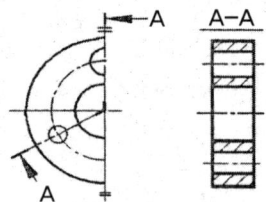

㉮ 온 단면도　　　㉯ 회전 도시 단면도
㉰ 한쪽 단면도　　　㉱ 조합에 의한 단면도
✓ ㉮ 대상물을 1평면의 절단면으로 절단해서 얻어지는 단면을 빼놓지 않고 그린 단면도
　㉯ 핸들, 풀리, 리브, 후크 등을 절단한 단면을 90° 회전시켜 투상도 안이나 밖에 그리는 것
　㉰ 주로 대칭인 물체의 중심선을 기준으로 내부 모양과 외부 모양을 동시에 표시하는 방법
　㉱ 그림과 같이 절단면(A)을 2개 이상으로 설치하고 그린 단면도

19 기계제도에서 가는 1점 쇄선이 사용되지 않는 것은?
㉮ 중심선　　　㉯ 피치선
㉰ 기준선　　　㉱ 숨은선
✓ 숨은선은 가는 파선 또는 굵은 파선으로 표시한다.

20 다음 도면에서 (A)의 치수는 얼마인가?

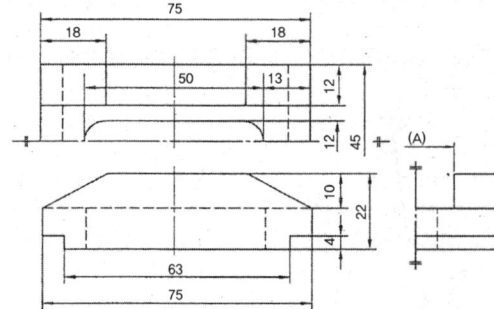

㉮ 10.5   ㉯ 12
㉰ 21   ㉱ 22

✓ 부품 전체의 폭은 45mm, 돌출부는 12mm×2개(좌, 우)이므로 A부의 길이는 45-24=21mm가 된다.

21 그림과 같은 입체도에서 화살표 방향에서 본 것을 정면도로 할 때 가장 적합한 정면도는?

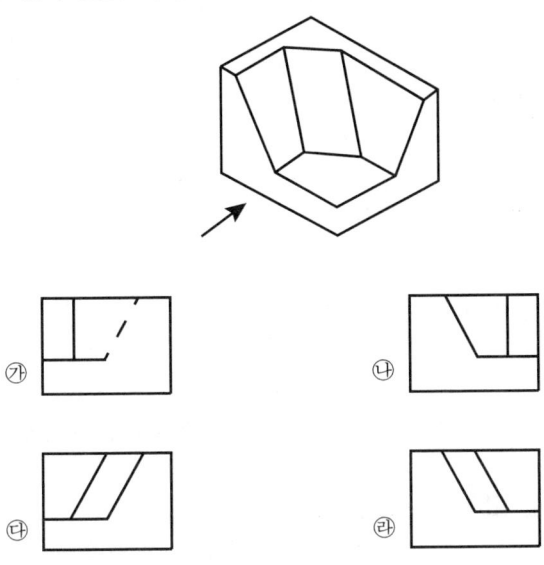

22 축의 도시 방법에 관한 설명으로 옳은 것은?

㉮ 축은 길이방향으로 온단면 도시한다.
㉯ 길이가 긴 축은 중간을 파단하여 짧게 그릴 수 있다.
㉰ 축의 끝에는 모떼기를 하지 않는다.
㉱ 축의 키 홈을 나타낼 경우 국부 투상도로 나타내어서는 안 된다.

✓ 축은 일반적으로 길이 방향으로 절단하지 않으며, 필요에 따라 ㉯항과 같이 부분 단면만 가능하다.

23 치수보조(표시) 기호와 그 의미 연결이 틀린 것은?

㉮ R : 반지름
㉯ SR : 구의 반지름
㉰ t : 판의 두께
㉱ ( ) : 이론적으로 정확한 치수

✓ ( )는 참고 치수의 치수 문자를 둘러싼다.

21.㉱ 22.㉯ 23.㉱

컴퓨터응용선반기능사

24 다음 기하 공차 기입 틀에서 ⊕가 의미하는 것은?

| ⊕ | ∅0.02Ⓜ | C |

㉮ 진원도 ㉯ 동축도
㉰ 진직도 ㉱ 위치도

✓ ㉮는 ○, ㉯는 ◎, ㉰는 ─로 표시된다.

25 치수 φ40H7에 대한 설명으로 틀린 내용은?

㉮ 기준 치수는 40mm
㉯ 7은 IT공차의 등급
㉰ 아래 치수 허용차는 +0.25mm
㉱ 대문자 H는 구멍기준을 의미

✓ φ40H7에서 대문자는 구멍기준, 소문자는 축기준이며, H7에서 아래치수 허용차는 0, 위치수 허용차가 +0.25mm이다.

26 다음 리머 중 자루와 날 부위가 별개로 되어 있는 리머는?

㉮ 솔리드 리머(solid reamer)
㉯ 조정 리머(adjustable reamer)
㉰ 팽창 리머(expansion reamer)
㉱ 셸 리머(shell reamer)

✓ ㉮ 단체 리머라고도 하며 날과 자루가 한 몸체로 되어 있다.
 ㉯ 날의 위치를 너트를 이용하여 지름을 조절할 수 있는 리머
 ㉰ 조절 리머보다 조정 범위가 작은 정밀 리머

27 선반에서 면판이 설치되는 곳은?

㉮ 주축 선단   ㉯ 왕복대
㉰ 새들   ㉱ 심압대

✓ 주축 선단에는 척 플랜지, 돌림판 면판 등을 설치하게 되어 있다

28 외경 연삭기의 이송방법에 해당하지 않는 것은?

㉮ 연삭 숫돌대 방식   ㉯ 테이블 왕복식
㉰ 플랜지 컷 방식   ㉱ 새들 방식

✓ 원통(외경)연삭의 이송 방법은 연삭 숫돌대(숫돌대 왕복형) 방식, 테이블 왕복형, 플랜지 컷(숫돌대 전후 이송형) 방식이 있다.

24.㉱ 25.㉰ 26.㉱ 27.㉮ 28.㉱

29 다음 중 밀링 머신을 이용하여 가공하는 데 적합하지 않은 것은?
- ㉮ 평면 가공
- ㉯ 홈 가공
- ㉰ 더브테일 가공
- ㉱ 나사 가공

✓ 나사 가공은 선반에서 주로 가공한다.

30 수용성 절삭유에 대한 설명 중 틀린 것은?
- ㉮ 원액과 물을 혼합하여 사용한다.
- ㉯ 표면 활성제와 부식 방지제를 첨가하여 사용한다.
- ㉰ 점성이 높고 비열이 작아 냉각효과가 작다.
- ㉱ 고속절삭 및 연삭 가공액으로 많이 사용한다.

✓ 수용성 절삭유는 점성이 낮아 고속 절삭에는 우수한 냉각 효과를 발휘하지만, 윤활 작용이 적어 강력 절삭이 어렵다.

31 둥근봉 외경을 고속으로 가공할 수 있는 공작기계로 가장 적합한 것은?
- ㉮ 수평밀링
- ㉯ 직립 드릴머신
- ㉰ 선반
- ㉱ 플레이너

✓ ㉮ 주로 각이 있는 육면체의 면가공에 사용, ㉯ 주로 구멍을 뚫는 데 사용
㉱ 주로 대형의 평면 가공에 사용한다

32 바이트로 재료를 절삭할 때 칩의 일부가 공구의 날 끝에 달라붙어 절삭 날과 같은 작용을 하는 구성 인선(built-up edge)의 방지법으로 틀린 것은?
- ㉮ 재료의 절삭 깊이를 크게 한다.
- ㉯ 절삭속도를 크게 한다.
- ㉰ 공구의 윗면 경사각을 크게 한다.
- ㉱ 가공 중에 절삭유제를 사용한다.

✓ 구성인선의 방지책은 ㉯, ㉰, ㉱항과 절삭 깊이를 작게 하고 이송을 크게 한다.

33 원통연삭기에서 숫돌 크기의 표시 방법의 순서로 올바른 것은?
- ㉮ 바깥반지름×안지름
- ㉯ 바깥지름×두께×안지름
- ㉰ 바깥지름×둘레길이×안지름
- ㉱ 바깥반지름×두께×안반지름

✓ 숫돌의 크기 표시는 바깥지름×두께(폭)×안지름으로 표시한다.

34 나사의 피치 측정에 사용되는 측정기기는?
- ㉮ 오토 콜리메이터
- ㉯ 옵티컬 플랫
- ㉰ 사인바
- ㉱ 공구 현미경

✓ ㉯ 진직도, 미세 각도 측정, ㉰ 평면도, ㉱ 각도 측정에 사용되며, 나사 측정은 ㉮항과 투영기 피치 게이지 등을 이용하여 측정한다.

35 이미 뚫어져 있는 구멍을 좀 더 크게 확대하거나, 정밀도가 높은 제품으로 가공하는 기계는?

㉮ 보링 머신 ㉯ 플레이너
㉰ 브로칭 머신 ㉱ 호빙 머신

✓ ㉯ 주로 넓은 평면 가공, ㉰ 브로치를 이용하여 복잡한 구멍 가공, ㉱ 호브를 이용하여 기어 가공에 사용

36 마이크로미터 측정면의 평면도를 검사하는 데 사용하는 것은?

㉮ 옵티미터 ㉯ 오토 콜리메이터
㉰ 옵티컬 플랫 ㉱ 사인바

✓ 옵티컬 플랫(광선 정반)에 나타난 간섭무늬의 수로 평면도를 측정한다.

37 물이나 경유 등에 연삭 입자를 혼합한 가공액을 공구의 진동면과 일감 사이에 주입시켜가며 초음파에 의한 상하진동으로 표면을 다듬는 가공 방법은?

㉮ 방전 가공 ㉯ 초음파 가공
㉰ 전자빔 가공 ㉱ 화학적 가공

✓ ㉮ 전극과 공작물을 가공액 중에 일정한 간격으로 유지시켜 열을 발생시켜 전극의 형상으로 가공하는 방법
㉰ 고열에 의한 재료의 용해 분출, 증발 현상을 이용하는 방법
㉱ 공작물을 화학 가공액 속에 넣고 화학 반응을 일으켜 가공물 표면에 필요한 형상으로 가공하는 방법

38 선반 가공에서 외경을 절삭할 경우, 절삭가공 길이 200mm를 1회 가공하려고 한다. 회전수 1000rpm, 이송 속도 0.15mm/rev이면 가공 시간은 약 몇 분인가?

㉮ 0.5 ㉯ 0.91
㉰ 1.33 ㉱ 1.48

✓ 가공시간$(T) = \dfrac{공작물 길이(l)}{회전수(N) \times 이송(s)} = \dfrac{200}{1000 \times 0.15} = 1.33$분

39 밀링의 절삭방법 중 상향 절삭(up cutting)과 비교한 하향 절삭(down cutting)에 대한 설명으로 틀린 것은?

㉮ 절삭력이 하향으로 작용하여 가공물 고정이 유리하다.
㉯ 공구의 마멸이 적고 수명이 길다.
㉰ 백래시가 자동으로 제거되어 절삭력이 좋다.
㉱ 저속 이송에서 회전저항이 작아 표면 거칠기가 좋다.

✓ 하향 절삭은 테이블과 커터의 방향이 같으므로 백래시 제거 장치를 사용해야 한다.

40 공작물에 회전을 주고 바이트에는 절입량과 이송량을 주어 원통형의 공작물을 주로 가공하는 공작기계는?

㉮ 셰이퍼 ㉯ 밀링
㉰ 선반 ㉱ 플레이너

✓ ㉮ 공작물은 테이블에 고정하고 바이트는 전후 왕복 운동을 하는 램에 설치되어 주로 평면을 가공
  ㉯ 공작물은 테이블과 바이스에 고정하여 전후, 좌우, 상하 직선운동을 하고 커터는 주축에서 회전운동을 하며 주로 평면 가공
  ㉱ 공작물은 테이블에 고정하고 바이트는 공구대에서 상하, 좌우, 전후 왕복 운동을 하며 주로 넓은 평면을 가공

41 다음 중 일반적으로 선반에서 가공하지 않는 것은?

㉮ 키 홈 가공 ㉯ 보링 가공
㉰ 나사 가공 ㉱ 총형 가공

✓ 키 홈은 주로 슬로터에서 가공한다.

42 공작기계의 부품과 같이 직선 슬라이딩 장치의 제작에 사용되는 공구로 측면과 바닥면이 60°가 되도록 동시에 가공하는 절삭공구는?

㉮ 엔드밀 ㉯ T홈 밀링 커터
㉰ 더브테일 밀링 커터 ㉱ 정면 밀링 커터

✓ ㉮ 수직 밀링에서 홈가공에 사용
  ㉯ 밀링 테이블면의 T홈을 가공 시 사용
  ㉱ 수직 밀링에서 평면 가공에 사용

43 머시닝 센터에서 주축의 회전수가 1500rpm이며 지름이 80mm인 초경합금의 밀링 커터로 가공할 때 절삭속도는?

㉮ 38.2m/min ㉯ 167.5m/min
㉰ 376.8m/min ㉱ 421.2m/min

✓ $V = \dfrac{\pi d N}{1000}$ 에서 N=1500, d=80mm 이므로

$V = \dfrac{\pi \times 80 \times 1500}{1000} \fallingdotseq 376.8 [\text{m/min}]$

44 CNC 작업 중 기계에 이상이 발생하였을 때 조치사항으로 적당하지 않은 것은?

㉮ 알람 내용을 확인한다.
㉯ 경보등이 점등되었는지 확인한다.
㉰ 간단한 내용은 조작설명서에 따라 조치하고 안 되면 전문가에게 의뢰한다.
㉱ 기계가공이 안 되기 때문에 무조건 전원을 끈다.

✓ 이상 발생 후 이상원인을 파악하여 문제를 해결해야 한다. 전원을 끈다고 해서 문제가 해결되지 않는다.

45 CNC 공작기계 좌표계의 이동위치를 지령하는 방식에 해당하지 않는 것은?
㉮ 절대지령방식 ㉯ 증분지령방식
㉰ 잔여지령방식 ㉱ 혼합지령방식
✓ CNC 공작기계의 위치지령방식은 절대지령방식, 증분지령방식, 절대지령과 증분지령을 혼합하여 사용하는 혼합지령방식 등이 있다.

46 CNC 공작기계의 안전에 관한 설명 중 틀린 것은?
㉮ 그래픽 화면만 실행할 때에는 머신 록(machine lock) 상태에서 실행한다.
㉯ CNC 선반에서 자동원점 복귀는 G28 U0 W0로 지령한다.
㉰ 머시닝 센터에서 자동원점 복귀는 G91 G28 Z0로 지령한다.
㉱ 머시닝 센터에서 G49 지령은 어느 위치에서나 실행한다.
✓ G49(공구길이보정 취소)는 가공이 끝난 후 안전거리를 확보하기 위해 Z축 +방향으로 이동하면서 지령하여야 한다.

47 다음 중 CNC 프로그램 구성에서 단어(word)에 해당하는 것은?
㉮ S ㉯ G01
㉰ 42 ㉱ S500 M03 ;
✓ 단어(word)는 영문대문자(adress)와 숫자(data)로 구성된다.

48 다음 중 머시닝 센터 작업 시 프로그램에서 경보(alarm)가 발생하는 블록은?
㉮ G01 X10. Y15. F150 ; ㉯ G00 X10. Y15. ;
㉰ G02 I15. F150 ; ㉱ G03 X10. Y15. S150. ;
✓ S, T, M, G 등의 adress는 소수점을 사용해서는 안 된다.

49 CNC 선반에서 외경 절삭을 하는 단일형 고정 사이클은?
㉮ G89 ㉯ G90
㉰ G91 ㉱ G92
✓ 단일형 고정사이클에는 G92, G90, G94 등이 있으며, G90은 내・외경 절삭사이클, G92는 나사 절삭사이클, G94는 단면 절삭사이클이다.

50 머시닝 센터 프로그램에서 공구길이 보정에 대한 설명으로 틀린 것은?
㉮ Y축에 명령하여야 한다.
㉯ 여러 개의 공구를 사용할 때 한다.
㉰ G49는 공구길이 보정 취소 명령이다.
㉱ G43은 (+)방향 공구길이 보정이다.
✓ 공구길이 보정은 Z축 지령과 함께 실행해야 한다.

51 CAD/CAM 시스템의 주변기기 중 출력장치에 해당되는 것은?

㉮ 조이스틱 ㉯ 프린터
㉰ 트랙볼 ㉱ 하드디스크

✓ 출력장치 : 플로터, 프린터, 모니터(CRT, LCD), 빔 프로젝터, 하드카피장치 등

52 CNC 공작기계에서 각 축을 제어하는 역할을 하는 부분은?

㉮ ATC 장치 ㉯ 공압 장치
㉰ 서보 기구 ㉱ 칩처리 장치

✓ • ATC(Automatic Tool Changer) : 자동공구교환장치
• 서보기구 : CNC 공작기계의 각 축을 제어하는 장치로 사람으로 비유하자면 사람의 손과 발에 해당하는 장치

53 1000rpm으로 회전하는 스핀들에서 3회전 휴지(dwell : 일시 정지)를 주려고 한다. 정지시간과 CNC 프로그램이 옳은 것은?

㉮ 정지시간 : 0.18초, CNC 프로그램 : G03 X0.18 ;
㉯ 정지시간 : 0.18초, CNC 프로그램 : G04 X0.18 ;
㉰ 정지시간 : 0.12초, CNC 프로그램 : G03 X0.12 ;
㉱ 정지시간 : 0.12초, CNC 프로그램 : G04 X0.12 ;

✓ 3회전 휴지에 해당하는 시간 x는 다음과 같은 비례식으로 산출할 수 있다.

$N : 3$회전$=60 : x$ 에서 $N=1000$이므로 $\therefore x = \dfrac{180}{N} = \dfrac{180}{1000} \fallingdotseq 0.18$초

일시정지 지령은 G04로 하며, 0.18초를 word로 표현하면 P1800, X0.18, U0.18 등으로 나타낼 수 있다.

54 연삭 작업할 때의 유의사항으로 틀린 것은?

㉮ 연삭숫돌은 사용하기 전에 반드시 결함 유무를 확인해야 한다.
㉯ 테이퍼부는 수시로 고정 상태를 확인한다.
㉰ 정밀연삭을 하기 위해서는 기계의 열팽창을 막기 위해 전원 투입 후 곧바로 연삭한다.
㉱ 작업을 할 때에는 분진이 심하므로 마스크와 보안경을 착용한다.

55 그림과 같이 프로그램의 원점이 주어져 있을 경우 A점의 올바른 좌표는?

㉮ X40. Z10.
㉯ X10. Z50.
㉰ X30. Z0.
㉱ X50. Z-10.

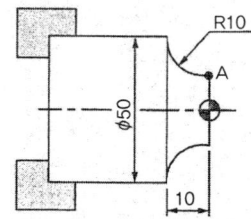

✓ CNC 선반에서는 가로방향을 Z축, 세로방향을 X축으로 하며, '⌖' 표시는 절대좌표계 원점을 의미한다. 특히, X축방향의 좌표값은 지름치로 지령한다.

56 CNC 선반에서 전원 투입 후 CNC 선반의 초기 상태의 기능으로 볼 수 없는 것은?

㉮ 공구 인선반경 보정기능 취소(G40)
㉯ 회전당 이송(G99)
㉰ 회전수 일정제어 모드(G97)
㉱ 절삭속도 일정제어 모드(G96)

✓ CNC 선반의 초기 상태의 기능은 G40, G97, G99 등이다.

57 나사가공 프로그램에 관한 설명으로 적당하지 않은 것은?

㉮ 주축의 회전은 G96으로 지령한다.
㉯ 이송속도는 나사의 리드값으로 지령한다.
㉰ 나사의 절입 횟수는 절입표를 참조하여 여러 번 나누어 가공한다.
㉱ 복합 고정형 나사 절삭 사이클은 G76이다.

✓ 나사의 리드에 따라 일정하게 나사를 가공해야 하므로 주축회전은 G97로 지령하여 주축회전수를 일정하게 유지하여야 한다.
만약 G96을 사용할 경우 나사산이 형성되지 않는다.

58 머시닝 센터에서는 많이 사용하지만, CNC 밀링에서는 기능이 수행되지 않는 M기능은?

㉮ M03   ㉯ M04
㉰ M05   ㉱ M06

• M03 : 주축정회전, M04 : 주축역회전, M05 : 주축정지, M06 : 공구교환
• 이 중에서 M06은 ATC(Automatic Tool Changer, 자동공구교환장치)

59 CNC 선반에서 일감과 공구의 상대 속도를 지정하는 기능은?

㉮ 준비 기능(G)   ㉯ 주축 기능(S)
㉰ 이송 기능(F)   ㉱ 보조기능(M)

✓ CNC 선반에서 일감과 공구의 상대속도는 이송속도를 의미한다.

60 CNC 선반에서 a에서 b까지 가공하기 위한 원호보간 프로그램으로 틀린 것은?

㉮ G02 X40. Z-25. R20. ;
㉯ G02 U10. W-15. R20. ;
㉰ G02 U40. W-15. R20. ;
㉱ G02 X40. W-15. R20. ;

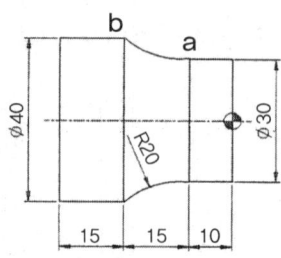

✓ a → b 경로는 다음의 4가지로 프로그램을 작성할 수 있다.
절대지령 G02 X40. Z-25. R20.0 ;
증분지령 G02 U10. W-15. R20.0 ;
혼합지령 G02 X40. W-15. R20.0 ;
          G02 U10. Z-25. R20.0 ;

2012년 2회 필기

컴퓨터응용선반기능사

01 불스 아이(bull's eye) 조직은 어느 주철에 나타나는가?
- ㉮ 가단주철
- ㉯ 미하나이트주철
- ㉰ 칠드주철
- ㉱ 구상흑연주철

✓ 조직이 황소의 눈 모양과 같다고 해서 붙여진 이름이며, 강인성이 있다.

02 다음 중 청동의 주성분 구성은?
- ㉮ Cu-Zn 합금
- ㉯ Cu-Pb 합금
- ㉰ Cu-Sn 합금
- ㉱ Cu-Ni 합금

✓ 황동 이외의 구리합금을 청동이라 하며, 대표적인 청동은 주석 청동(Cu-Sn합금)이며, 가구 장신구, 무기, 불상, 종 등의 제작에 사용된다.

03 자기 감응도가 크고, 잔류자기 및 항자력이 작아 변압기 철심이나 교류기계의 철심 등에 쓰이는 강은?
- ㉮ 자석강
- ㉯ 규소강
- ㉰ 고니켈강
- ㉱ 고크롬강

✓ 규소강은 규소를 5%까지 포함한 Fe-Si합금이다.

04 황(S)이 함유된 탄소강의 적열취성을 감소시키기 위해 첨가하는 원소는?
- ㉮ 망간
- ㉯ 규소
- ㉰ 구리
- ㉱ 인

✓ 인(P)은 상온 취성의 원인이 되나, 절삭성을 향상시킨다.

05 다음 중 황동에 납(Pb)을 첨가한 합금은?
- ㉮ 델타메탈
- ㉯ 쾌삭황동
- ㉰ 문쯔메탈
- ㉱ 고강도 황동

✓ ㉮ 황동에 철을 1~2% 첨가한 합금으로, 강도가 크고 내식성이 좋아 광산, 선박, 화학기계 등에 사용
㉯ 황동에 납을 첨가한 합금으로, 시계나 계기용 기어, 나사 등의 재료로 사용
㉰ Cu-Zn, 6-4 황동으로, 인장강도가 크고 전연성이 낮아 파이프, 볼트, 너트 등의 기계부품으로 많이 사용
㉱ 황동에 망간을 첨가하여 인장강도, 경도, 연신율을 증가시킨 황동

06 스프링강의 특성에 대한 설명으로 틀린 것은?
- ㉮ 항복강도와 크리프 저항이 커야 한다.
- ㉯ 반복하중에 잘 견딜 수 있는 성질이 요구된다.
- ㉰ 냉간가공 방법으로만 제조된다.
- ㉱ 일반적으로 열처리를 하여 사용한다.

01.㉱ 02.㉰ 03.㉯ 04.㉮ 05.㉯ 06.㉰

✓ 스프링강은 철사 스프링, 얇은 판스프링 등은 냉간가공을 하고, 판 스프링, 코일 스프링 등은 열간 가공을 한다. 또한 스프링강은 급격한 진동을 완화하고 에너지를 축적하기 위해 사용되므로 영구변형을 일으키지 않아야 하며, 탄성한도가 높고 충격 및 피로에 대한 저항력이 커야 한다.

07 다음 중 내식용 알루미늄 합금이 아닌 것은?

㉮ 알민
㉯ 알드레이
㉰ 하이드로날륨
㉱ 라우탈

✓ 고강도 알루미늄 합금에는 Al-Cu-Mg합금으로 두랄루민, 초두랄루민, 초강두랄루민 등이 있으며, 내식성 알루미늄 합금에는 ㉮ Al-Mn계, ㉯ Al-Mg-Si계, ㉰ Al-Mg계가 있으며, 라우탈은 주조용 알루미늄 합금에 해당된다.

08 다음 나사 중 먼지, 모래 등이 들어가기 쉬운 곳에 사용되는 것은?

㉮ 둥근 나사
㉯ 사다리꼴 나사
㉰ 톱니 나사
㉱ 볼 나사

✓ ㉮ 나사산과 골이 원호 모양으로 되어 있고, 너클 나사라고도 하며, 전구 등과 같이 먼지, 모래 등의 이물질이 나사산을 통해 들어갈 염려가 있을 때 사용한다.
㉯ 29°(인치계), 30°(미터계)가 있으며 에크미 나사라고도 하며, 사각나사보다 강도가 높고 물림이 좋아 마모가 되어도 조정이 가능하며, 기계의 이송나사 등으로 축력을 전달하는 운동용 나사로 사용된다.
㉰ 힘을 한 방향으로만 받는 바이스, 압착기 등의 이송나사로 쓰인다.
㉱ 볼에 의해 작동되는 이송나사로 90% 이상의 높은 효율을 얻을 수 있고, 백래시가 없고, 마모도 적으나 가격이 비싼 단점도 있다.

09 가위로 물체를 자르거나 전단기로 철판을 절단할 때 생기는 가장 큰 응력은?

㉮ 인장응력
㉯ 압축응력
㉰ 전단응력
㉱ 집중응력

✓ ㉮ 물체의 양단에 인장력이 작용하면 이 하중 방향에 대하여 직각인 단면에 수직응력이 발생하는 응력
㉯ 물체의 양단에 압축력이 작용하면 이 하중 방향에 대하여 직각인 단면에 수직응력이 발생하는 응력

10 다음 중 나사의 피치가 일정할 때 리드(lead)가 가장 큰 것은?

㉮ 4줄 나사
㉯ 3줄 나사
㉰ 2줄 나사
㉱ 1줄 나사

✓ 리드(L)=줄수(n)×피치(p)이므로 다줄일수록 나사의 리드가 가장 크므로 4줄 나사의 리드가 가장 크다.

11 다음 중 마찰차를 활용하기에 적합하지 않은 것은?

㉮ 속도비가 중요하지 않을 때
㉯ 전달할 힘이 클 때
㉰ 회전속도가 클 때
㉱ 두 축 사이를 단속할 필요가 있을 때

✓ 마찰차는 ㉮, ㉰, ㉱항과 전달할 힘이 크지 않을 때(힘이 크면 미끄러워지므로), 속도비가 커서 기어로 전동하기 어려운 경우에 활용한다.

12 베어링의 호칭번호가 608일 때, 이 베어링의 안지름은 몇 mm인가?
- ㉮ 8
- ㉯ 12
- ㉰ 15
- ㉱ 40

✓ 60 : 베어링 계열 번호
8 : 안지름 번호로 8=8mm. 안지름 번호 0.6~9까지는 안지름도 동일하게 0.6~9mm를 나타낸다.
또한, 00=10mm, 01=12mm, 02=15mm, 03=17mm이고 04부터는 곱하기 5를 하여 나타난 수가 안지름이 된다.

13 기계 부분의 운동에너지를 열에너지나 전기에너지 등으로 바꾸어 흡수함으로써 운동속도를 감소시키거나 정지시키는 장치는?
- ㉮ 브레이크
- ㉯ 커플링
- ㉰ 캠
- ㉱ 마찰차

✓ ㉯ 축을 하나로 제작하지 못할 때 여러 개의 짧은 축을 제작한 후, 축 이음하는 기계요소
㉰ 특수한 모양의 원동절(캠)에 회전 또는 직선 운동을 주어 짝을 이루는 종동절이 왕복 직선 또는 왕복 각운동을 하는 기구
㉱ 동력을 전달하는 2개의 바퀴를 직접 접촉시켜 밀어 붙임으로써 그 사이에 발생하는 마찰력으로 동력을 전달하는 요소

14 코터이음에서 코터의 너비가 10mm, 평균 높이가 50mm인 코터의 허용전단응력이 20 N/mm²일 때, 이 코터이음에 가할 수 있는 최대 하중(kN)은?
- ㉮ 10
- ㉯ 20
- ㉰ 100
- ㉱ 200

✓ 전단응력$(\tau) = \dfrac{하중(W)}{2 \times b \times h}$ 에서, 하중$(W) = \dfrac{2 \times b \times h \times \tau}{1000} = \dfrac{2 \times 10 \times 50 \times 20}{1000} = 20[kN]$

15 표준스퍼기어의 잇수가 40개, 모듈이 3인 소재의 바깥지름(mm)은?
- ㉮ 120
- ㉯ 126
- ㉰ 184
- ㉱ 204

✓ 바깥지름$(D) = $ 모듈 $m($잇수 $Z + 2) = 3(40+2) = 126[mm]$

16 그림과 같은 정면도와 우측면도에 가장 적합한 평면도는?

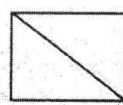

(정 면 도)

㉮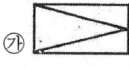

㉯

㉰

㉱

17 스프링의 도시방법에 관한 설명으로 틀린 것은?

㉮ 그림에 기입하기 힘든 사항은 요목표에 일괄하여 표시한다.
㉯ 조립도, 설명도 등에서 코일 스프링을 도시하는 경우에는 그 단면만을 나타내어도 좋다.
㉰ 요목표에 단서가 없는 코일 스프링 및 벌류트 스프링은 모두 오른쪽 감는 것을 나타낸다.
㉱ 코일 스프링, 벌류트 스프링 및 접시 스프링은 일반적으로 무하중 상태에서 그리며, 겹판 스프링 역시 일반적으로 무하중 상태(스프링판이 휘어진 상태)에서 그린다.

✓ 겹판 스프링은 스프링판이 수평인 상태(하중 상태)에서 그린다.

18 다음 그림에서 A~D에 관한 설명으로 가장 타당한 것은?

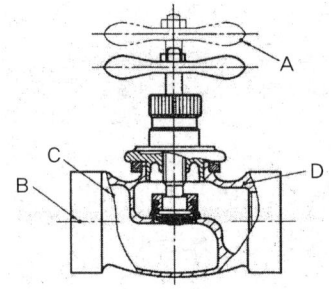

㉮ 선 A는 물체의 이동 한계의 위치를 나타낸다.
㉯ 선 B는 도형의 숨은 부분을 나타낸다.
㉰ 선 C는 대상의 앞쪽 형상을 가상으로 나타낸다.
㉱ 선 D는 대상이 평면임을 나타낸다.

✓ ㉯는 물체의 중심선, ㉰는 부분 단면한 파단선, ㉱는 단면하였을 때 나타나는 형상이다.

19 ISO 규격에 있는 미터 사다리꼴 나사의 표시 기호는?

㉮ M   ㉯ Tr
㉰ UNC   ㉱ R

✓ ㉮ 미터 보통나사, ㉰ 유니파이 보통나사, ㉱ 관용 테이퍼 수나사이다.

20 기어의 도시 방법에 관한 설명으로 틀린 것은?

㉮ 잇봉우리원은 굵은 실선으로 표시한다.
㉯ 피치원은 가는 1점 쇄선으로 표시한다.
㉰ 이골원은 가는 실선으로 표시한다.
㉱ 잇줄 방향은 통상 3개의 굵은 실선으로 표시한다.

✓ 잇줄 방향은 통상 3개의 선 중에 이골원(이뿌리원)은 가는 실선, 잇봉우리원(이끝원)은 굵은 실선, 중앙선은 일점 쇄선으로 표시한다.

21 구멍의 치수가 $\phi 50^{+0.05}_{+0.02}$이고 축의 치수가 $\phi 50^{-0.03}_{-0.05}$인 경우의 끼워맞춤은?

㉮ 헐거운 끼워맞춤 ㉯ 중간 끼워맞춤
㉰ 억지 끼워맞춤 ㉱ 고정 끼워맞춤

✓ 구멍의 최소 치수($\phi 50.02$)가 축의 최대 치수($\phi 49.97$)보다 큰 경우로 항상 틈새가 생기므로 헐거운 끼워맞춤이다.

22 최대 실체 공차 방식에서 외측 형체에 대한 실효치수의 식으로 옳은 것은?

㉮ 최대 실체 치수－기하공차
㉯ 최대 실체 치수＋기하공차
㉰ 최소 실체 치수－기하공차
㉱ 최소 실체 치수＋기하공차

✓ 내측 형체의 실효 치수=최대 실체 치수-기하 공차이다.

23 모떼기의 각도가 45°일 때의 치수 기입 방법으로 틀린 것은?

㉮ 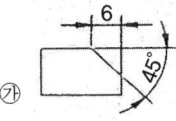　㉯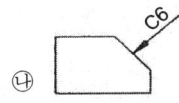

㉰ 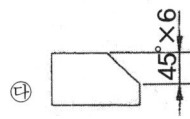　㉱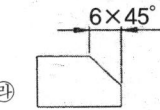

✓ ㉮항은 분리 기입, ㉯항은 기호 사용 기입, ㉱항은 동시 기입 방법이다.

24 그림과 같이 나타낸 단면도의 명칭으로 옳은 것은?

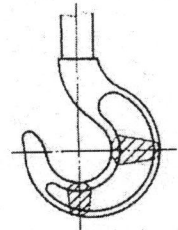

㉮ 한쪽 단면도 ㉯ 부분 단면도
㉰ 회전도시 단면도 ㉱ 조합에 의한 단면도

✓ ㉮ 주로 대칭 물체의 중심선
　㉯ 필요한 내부 모양만 일부 잘라낼 때 사용
　㉰ 그림과 같은 훅, 핸들, 풀리, 암 등과 같은 형강을 90° 방향으로 회전시켜 도시
　㉱ 절단면을 2개 이상 설치하고 그린 단면도이다.

25 가공에 의한 커터의 줄무늬가 기호를 기입한 면의 중심에 대하여 거의 방사 모양을 표시하는 것은?

✓ ㉮ 줄무늬 방향이 투상면에 직각
㉯ 투상면에 경사지고 두 방향으로 교차
㉱ 면의 중심에 대하여 대략 동심원 모양을 나타낸다.

26 연삭 가공을 할 때 숫돌에 눈메움, 무딤 등이 발생하여 절삭상태가 나빠진다. 이때 예리한 절삭날을 숫돌 표면에 생성하여 절삭성을 회복시키는 작업은?

㉮ 드레싱 ㉯ 리밍
㉰ 보링 ㉱ 호빙

✓ 다이아몬드 드레서를 이용하여 새로운 날을 생성시키기 위해 표면을 새롭게 하는 작업을 드레싱이라 한다.

27 탄화텅스텐(WC), 티탄(Ti), 탄탈(Ta) 등의 탄화물 분말을 코발트(Co)나 니켈(Ni)분말과 혼합하여 고온에서 소결하여 만든 절삭공구는?

㉮ 고속도강 ㉯ 주조합금
㉰ 세라믹 ㉱ 초경합금

✓ ㉮ 탄소 공구강에 W, Cr, V이 주성분인 저중속용
㉯ 스텔라이트라고도 하며, C, Co, W, Cr를 주성분으로 고속 절삭용
㉰ 산화알루미나(Al_2O_3) 미분말을 규소 또는 마그네슘을 첨가물로 소결하여 제작

28 정면 밀링 커터와 엔드밀을 사용하여 평면 가공, 홈 가공 등을 하는 작업에 가장 적합한 밀링 머신은?

㉮ 공구 밀링 머신 ㉯ 특수 밀링 머신
㉰ 수직 밀링 머신 ㉱ 모방 밀링 머신

✓ 수직 밀링은 주로 자루가 달린 공구(정면 밀링커터, 엔드밀, T커터, 더브테일 커터 등)를 사용한다.

29 선반 가공에서 가공면의 표면 거칠기를 양호하게 하는 방법은?

㉮ 바이트 노즈 반지름을 크게, 이송은 작게 한다.
㉯ 바이트 노즈 반지름을 작게, 이송은 크게 한다.
㉰ 바이트 노즈 반지름을 작게, 이송도 작게 한다.
㉱ 바이트 노즈 반지름을 크게, 이송도 크게 한다.

✓ 노즈 반지름을 크게 하면 가공 거칠기는 양호하지만 마찰이 증대되어 떨림 발생이 쉽고, 이송이 크게 되면 거칠기가 나쁘므로 황삭 가공에 적용하고 이송이 작게 되면 거칠기가 양호하므로 다듬질 가공 시 적용한다.

30 선반의 주축에 주로 사용되는 테이퍼의 종류는?
- ㉮ 모스 테이퍼
- ㉯ 내셔널 테이퍼
- ㉰ 자르노 테이퍼
- ㉱ 브라운 앤드 샤프 테이퍼

✓ 내셔널 테이퍼는 밀링과 보링 머신 등에 많이 사용한다.

31 엔드밀에 대한 설명 중 맞는 것은?
- ㉮ 일반적으로 넓은 면, T 홈을 가공할 때 사용한다.
- ㉯ 지름이 작은 경우에는 날과 자루가 분리된 것을 사용한다.
- ㉰ 거친 절삭에는 볼 엔드밀, R 가공에는 라프 엔드밀을 사용한다.
- ㉱ 엔드밀의 재질은 주로 고속도강이나 초경합금을 사용한다.

✓ ㉮ 넓은 면은 정면 커터, T 홈은 T 홈 커터를 사용한다.
  ㉯ 지름이 클 때 날과 자루를 분리시켜 제작한다.
  ㉰ 거친 절삭에는 라프 엔드밀, R 가공에는 볼 엔드밀을 사용한다.

32 밀링의 상향 절삭으로 맞는 것은?
- ㉮ 커터의 회전방향과 공작물의 이송방향이 같다.
- ㉯ 커터의 회전방향과 공작물의 이송방향이 직각이다.
- ㉰ 커터의 회전방향과 공작물의 이송방향이 45°이다.
- ㉱ 커터의 회전방향과 공작물의 이송방향이 반대이다.

✓ ㉮ 항은 하향 절삭이고, ㉱ 항이 상향 절삭이다.

33 절삭공구를 전후, 좌우로 이송하여 절삭깊이와 이송을 주고 공작물을 회전시키면서 절삭하는 공작기계는?
- ㉮ 셰이퍼
- ㉯ 드릴링 머신
- ㉰ 밀링 머신
- ㉱ 선반

✓ ㉮ 절삭공구는 전후로 이송하고, 절삭 깊이는 상하, 좌우로 주며, 테이블에 고정된 공작물의 평면 가공
  ㉯ 드릴을 이용하여 주로 구멍을 뚫는 기계
  ㉰ 공구는 회전운동, 일감은 전후, 좌우, 상하 운동을 하며 주로 면 가공을 하는 기계

34 선반의 가로 이송대 리드가 4mm이고, 핸들 둘레에 200등분한 눈금이 매겨져 있을 때, 직경 40mm의 공작물을 직경 36mm로 가공하려면 핸들의 몇 눈금을 돌리면 되는가?
- ㉮ 50눈금
- ㉯ 100눈금
- ㉰ 150눈금
- ㉱ 200눈금

✓ 최소눈금$(C) = \dfrac{\text{이송대 리드}(L)}{\text{등분수}(n)} = \dfrac{4}{200} = 0.02$[mm]이고, 40mm를 36mm로 가공하자면 4mm를 가공해야 한다. 또한, 선반은 1mm의 절삭깊이가 주어지면 원둘레는 2mm가 줄어든다. 따라서 최소 한 눈금이 0.02mm이므로 2mm를 줄이기 위해서는 100눈금을 돌려야 된다.

30.㉮ 31.㉱ 32.㉱ 33.㉱ 34.㉯

35 점성이 큰 재질을 작은 경사각의 공구로 절삭할 때, 절삭 깊이가 클 때 생기기 쉬운 그림과 같은 칩의 형태는?

㉮ 유동형 칩
㉯ 전단형 칩
㉰ 경작형 칩
㉱ 균열형 칩

✓ ㉮ 연성이 큰 재질을 큰 경사각, 절삭 깊이를 작게, 속도를 크게 했을 때 발생
㉯ 연성인 재질을 작은 경사각, 큰 절삭깊이, 속도를 작게 했을 때 발생
㉰ 경작형, 열단형, 뜯기형이라고도 한다.
㉱ 취성인 재료을 작은 경사각, 저속 절삭 시 발생

36 드릴로 뚫은 구멍의 내면을 매끈하고 정밀하게 하는 가공은?

㉮ 전자 빔 가공   ㉯ 래핑
㉰ 숏 피닝   ㉱ 리밍

✓ ㉮ 고열에 의한 재료의 용해 분출, 증발 현상을 이용하는 가공법
㉯ 공작물과 랩 사이에 랩제를 넣고 공작물에 압력을 가하며 상대 운동을 주어 거칠기가 우수한 가공면을 얻는 가공 방법
㉰ 숏을 압축공기나 원심력을 이용하여 공작물 표면에 분사시켜 표면을 다듬질하며 피로 강도를 개선시키는 방법

37 측정기로 가공물을 측정할 때 발생할 수 있는 측정 오차가 아닌 것은?

㉮ 측정기의 오차   ㉯ 시차
㉰ 우연 오차   ㉱ 편차

✓ 편차는 측정치로부터 모평균을 뺀 값이지 측정 오차가 아니다.

38 다음 각각의 게이지와 그 용도에 대한 설명이 틀린 것은?

㉮ 와이어 게이지는 와이어의 길이를 측정하는 것이다.
㉯ 센터 게이지는 나사 절삭 시 나사바이트의 각도를 측정하는 것이다.
㉰ 드릴 게이지는 드릴의 지름을 측정하는 것이다.
㉱ R게이지는 원호 등의 반지름을 측정하는 것이다.

✓ 와이어 게이지는 와이어의 지름을 측정하는 게이지이다.

39 다음 설명을 만족하는 결합제는?

규산나트륨(물유리)을 입자와 혼합, 성형하여 제작한 숫돌로 대형 숫돌에 적합하며, 고속도강과 같이 연삭할 때 균열이 발생하기 쉬운 가공물의 연삭이나 연삭할 때 발열이 적어야 하는 경우에 적합하다.

㉮ 비트리파이드 결합제   ㉯ 실리케이트 결합제
㉰ 셸락 결합제   ㉱ 고무 결합제

35.㉰ 36.㉱ 37.㉱ 38.㉮ 39.㉯

✓ ㉮ 주성분은 점토와 장석이며 숫돌의 90% 이상을 차지할 만큼 많이 사용하는 숫돌
㉯ 천연수지인 셀락이 주성분이며, 탄성이 커서 얇은 연삭 숫돌, 절단용으로 적합
㉰ 주성분은 생고무이며, 탄성이 커서 절단용 또는 센터리스 연삭기의 조정 숫돌에 많이 사용

40 수용성 절삭유제의 특성 및 설명으로 옳은 것은?

㉮ 점성이 낮고 비열이 커서 냉각효과가 크다.
㉯ 윤활성과 냉각성이 떨어져 잘 사용되지 않고 있다.
㉰ 윤활성은 좋으나 냉각성이 적어 경절삭용으로 사용한다.
㉱ 광유에 비눗물을 첨가하여 사용하며 비교적 냉각효과가 크다.

✓ 수용성 절삭유는 점성이 낮아 고속 절삭에는 우수한 냉각 효과를 발휘하지만, 윤활 작용이 적어 강력 절삭이 어렵다.

41 센터리스 연삭기의 특징에 대한 설명으로 틀린 것은?

㉮ 긴 홈이 있는 공작물도 연삭이 가능하다.
㉯ 속이 빈 원통을 연삭할 때 적합하다.
㉰ 연삭 여유가 작아도 된다.
㉱ 대량 생산에 적합하다.

✓ 센터리스 연삭의 단점은 긴 홈이 있는 공작물은 홈의 영향으로 진원의 제품을 가공할 수 없고 센터의 지지가 없어 대형이나 중량물의 연삭이 불가능하다.

42 공작물을 가공액이 담긴 탱크 속에 넣고, 가공할 모양과 같게 만든 전극을 접근시켜 아크(Arc)발생으로 형상을 가공하는 것은?

㉮ 방전 가공 ㉯ 초음파 가공
㉰ 레이저 가공 ㉱ 화학적 가공

✓ ㉯ 기계적 에너지로 진동하는 공구와 공작물 사이에 입자와 가공액을 주입하고 작은 압력으로 초음파 진동을 주어 유리, 세라믹, 다이아몬드 등을 가공
㉰ 가공물에 레이저 빛을 쏘아 대기 중에서 비접촉으로 필요한 형상으로 가공
㉱ 공작물을 화학 가공액 속에 넣고 화학 반응을 일으켜 가공물 표면에 필요한 형상으로 가공하는 방법

43 CNC 공작기계가 작동 중 이상이 생겼을 경우의 응급처치사항으로 잘못된 것은?

㉮ 비상스위치를 누르고 작업을 중지한다.
㉯ 강전반 내의 회로도를 조작하여 점검한다.
㉰ 경고등이 점등되었는지 확인한다.
㉱ 작업을 멈추고 이상 부위를 확인한다.

✓ 강전반 내의 회로도를 조작하여 점검하는 것은 작업자가 하기에는 매우 위험한 것으로 수리전문가가 수행해야 할 일이다.

40.㉮ 41.㉮ 42.㉮ 43.㉯

44 CNC 선반의 홈 가공 프로그램에서 회전하는 주축에 홈 바이트를 2회전 일시정지하고자 한다. [ ]에 알맞은 것은?

```
G50 X100. Z100. S2000 T0100 ;
G97 S1200 M03 ;
G00 X62. Z-25. T0101 ;
G01 X50. F0.05 ;
G04 [     ] ;
```

㉮ P1200　　㉯ P100
㉰ P60　　㉱ P600

✓ 2회전 휴지에 해당하는 시간 x는 다음과 같은 비례식으로 산출할 수 있다.
$N : $ 2회전=60 : x에서 $N=1200$이므로 ∴ $x = \dfrac{120}{N} = \dfrac{120}{1200} ≒ 0.1$초
일시정지 지령은 G04로 하며, 0.1초를 word로 표현하면 P100, X0.1, U0.1 등으로 나타낼 수 있다.

45 다음 CNC 선반 도면에서 P점에서 원호 R3을 가공하는 프로그램으로 맞는 것은?

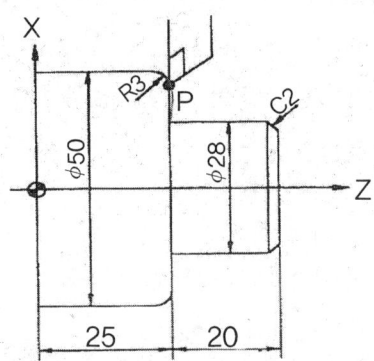

㉮ G02 X44. Z25. R3. F0.2 ;
㉯ G03 X50. Z25. R3. F0.2 ;
㉰ G02 X47. Z22. R3. F0.2 ;
㉱ G03 X50. Z22. R3. F0.2 ;

✓ 원호가공의 방향은 반시계방향(G03)이고, 종점의 절대좌표값은 X50.0 Z22.0이다.

46 CNC 공작기계의 제어 방식이 아닌 것은?

㉮ 시스템 제어　　㉯ 위치결정 제어
㉰ 직선절삭 제어　　㉱ 윤곽절삭 제어

✓ CNC 공작기계의 제어방식에는 위치결정 제어, 직선절삭 제어, 윤곽절삭 제어 등이 있다.

47 머시닝 센터 가공에서 사용되는 공구의 길이 보정을 취소하는 워드는?

㉮ G40 ㉯ G43 ㉰ G44 ㉱ G49

✓ G40 : 공구지름 보정 취소, G43 : 공구 길이 보정+, G44 : 공구길이보정-, G49 : 공구길이보정 취소

48 다음 중 기계좌표계에 대한 설명으로 틀린 것은?

㉮ 기계원점을 기준으로 정한 좌표계이다.
㉯ 공작물좌표계 및 각종 파라미터 설정값의 기준이 된다.
㉰ 금지영역 설정의 기준이 된다.
㉱ 기계원점 복귀 준비기능은 G50이다.

✓ 기계좌표계 : 기계의 원점을 기준으로 하는 좌표계로서, 공작물좌표계 및 각종 파라미터 설정값의 기준이 되며, 공장출하 시에 파라미터에 의해 결정된다. 또한 금지영역 설정의 기준이 된다. 기계원점 복귀는 G28로 지령한다.

49 CNC 선반의 공구 날끝 보정에 관한 설명으로 틀린 것은?

㉮ 날끝 R에 의한 가공 경로 오차량을 보상하는 기능이다.
㉯ G40 명령은 공구 날끝 보정 취소 기능이다.
㉰ G41과 G42 명령은 모달 명령이다.
㉱ 공구 날끝 보정은 가공이 시작된 다음 이루어져야 한다.

✓ 공구날끝보정(공구인선반경보정)은 가공 시작 전에 이루어져야 정확한 치수로 가공할 수 있으며, 공구날끝 좌측보정은 G41을, 공구날끝 우측보정은 G42를 사용한다.

50 기계의 일상 점검 내용 중에서 매일 점검하지 않아도 되는 사항은?

㉮ 절삭유의 유량이 충분한지 여부
㉯ 각 축이 원활하게 움직이는지 여부
㉰ 주축의 회전이 올바르게 되는지 여부
㉱ 기계의 정밀도를 검사하여 정확한지의 여부

✓ 습동유 분비 상태, 유압유 유량, 각 축 이동의 이상유무, 공기압의 적정성, 각 부의 작동 상태, 주축회전 상태 등은 매일 점검 사항이다.

51 다음 프로그램에서 공작물의 지름이 ϕ60mm일 때, 주축의 회전수는 얼마인가?

```
G50 S1300 ;
G96 S130 ;
```

㉮ 147rpm ㉯ 345rpm
㉰ 690rpm ㉱ 1470rpm

✓ $V=\dfrac{\pi d N}{1000}$ 에서 V=130, d=60mm이므로 지름 60mm 지점에서의 주축 회전수를 구하면

$N=\dfrac{1000\,V}{\pi d}=\dfrac{1000\times 130}{3.14\times 60}\fallingdotseq 690$이다.

52 CNC 공작기계의 프로그램에서 기능 설명으로 잘못된 것은?

㉮ T 기능-공구기능   ㉯ M 기능-보조기능
㉰ S 기능-이송기능   ㉱ G 기능-준비기능

✓ S: 주축기능, F: 이송기능

53 선반 작업 시 안전사항으로 틀린 것은?

㉮ 칩이나 절삭유의 비산을 방지하기 위해 플라스틱 덮개를 부착한다.
㉯ 절삭가공을 할 때에는 보안경을 착용하여 눈을 보호한다.
㉰ 절삭작업을 할 때에는 면장갑을 착용하고 작업한다.
㉱ 척이 회전하는 동안에 일감이 튀어나오지 않도록 확실히 고정한다.

✓ 절삭작업을 할 때, 면장갑을 사용하면 공작물 및 칩에 면장갑이 감겨서 큰 사고를 초래할 수 있으므로, 면장갑은 결코 착용해서는 안 된다.

54 CNC 선반의 안지름 및 바깥지름 막깎기 사이클 프로그램에서 (경우1)의 "D(Δd)", (경우2)의 "U(Δd)"가 의미하는 것은?

```
(경우1) G71 P_ Q_ U_ W_ D(Δd) F_ ;
(경우2) G71 U(Δd) R_ ;
        G71 P_ Q_ U_ W_ F_ ;
```

㉮ 도피량
㉯ 1회 절삭량
㉰ X축 방향의 다듬질 여유
㉱ 사이클 시작 블록의 전개번호

✓ G71 U_ R_ ;
G71 P_ Q_ U_ W_ F_ ;
U : X축 1회 절입량   R : 도피량
P : 사이클 시작 블록번호   Q : 사이클 종료 블록번호
U : X축 방향 정삭여유   W : Z축 방향 정삭 여유
F : 이송속도

55 CAD/CAM 작업의 흐름을 바르게 나타낸 것은?

㉮ 파트 프로그램 → 포스트 프로세싱 → CL 데이터 → DNC 가공
㉯ 파트 프로그램 → CL 데이터 → 포스트 프로세싱 → DNC 가공
㉰ 포스트 프로세싱 → CL 데이터 → 파트 프로그램 → DNC 가공
㉱ 포스트 프로세싱 → 파트 프로그램 → CL 데이터 → DNC 가공

✓ CAD/CAM 작업 흐름 : 도면 → 모델링 → 가공정의 → CL 데이터 생성 → 포스트 프로세싱 → DNC 가공 → 검사 및 측정

56 다음 중 CNC 선반 프로그램에서 G04(휴지, Dwell) 지령으로 틀린 것은?

㉮ G04 X1.5 ;   ㉯ G04 S1.5 ;
㉰ G04 U1.5 ;   ㉱ G04 P1500 ;

✓ 일시정지기능(G04)은 시간을 나타내는 어드레스 P, U, X 등과 함께 사용한다. U와 X는 소수점 이하 3자리까지 유효하며, P는 소수점을 사용할 수 없다.

57 다음 CNC 프로그램에서 T0505의 의미는?

> G00 X20.0 Z12.0 T0505 ;

㉮ 5번 공구의 날끝 반경이 0.5mm임을 뜻한다.
㉯ 5번 공구의 선택이 5번째임을 뜻한다.
㉰ 5번 공구를 5번 선택한다는 뜻이다.
㉱ 5번 공구 선택과 5번 공구의 보정번호를 뜻한다.

✓ CNC 선반에서 공구지령은 T□□△△와 같이 네자리로 지령하는데, □□는 공구번호를 의미하고, △△는 공구보정번호를 나타낸다.

58 머시닝 센터 프로그램에서 XY 평면 지령을 위한 G코드는?

㉮ G17   ㉯ G18
㉰ G19   ㉱ G20

✓ G17 : X-Y 평면 지정, G18 : Z-X 평면 지정, G19 : Y-Z 평면 지정

59 일반적으로 NC 가공계획에 포함되지 않는 것은?

㉮ 사용 기계 선정   ㉯ 가공순서 결정
㉰ 자동 프로그래밍   ㉱ 공구 선정

✓ NC 가공계획 단계에서 사용기계를 선정하고, 가공순서를 결정하고, 공구를 선정한다.

60 복합형 고정 사이클에서 다듬질 가공 사이클 G70을 사용할 수 없는 준비기능(G-코드)은?

㉮ G71   ㉯ G72
㉰ G73   ㉱ G76

✓ G71(내・외경 황삭 사이클), G72(단면 황삭 사이클), G73(형상반복 사이클), G76(나사절삭 사이클), 이 중에서 G70(내・외경 정삭 사이클)을 사용할 수 있는 것은 G71, G72, G73이다.

2012년 4회 필기

컴퓨터응용선반기능사

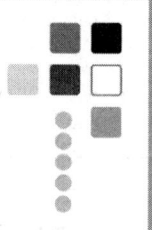

01 탄소 공구강의 구비 조건으로 틀린 것은?

㉮ 내마모성이 클 것
㉯ 가공 및 열처리성이 양호할 것
㉰ 저온에서의 경도가 클 것
㉱ 강인성 및 내충격성이 우수할 것

✓ 탄소 공구강의 구비 조건은 ㉮, ㉯, ㉱항과 고온에서도 경도가 커야 한다.

02 인장강도가 255~340MPa로 Ca-Si나 Fe-Si 등의 접종제로 접종 처리한 것으로 바탕조직은 펄라이트이며 내마멸성이 요구되는 공작기계의 안내면이나 강도를 요하는 기관의 실린더 등에 사용되는 주철은?

㉮ 칠드 주철
㉯ 미하나이트 주철
㉰ 흑심가단 주철
㉱ 구상흑연 주철

✓ ㉮ 보통 주철보다 규소의 함유량을 적게 하고, 적당량의 망간을 첨가하여 표면은 단단하고 내부는 강인한 성질의 회주철이 되는 주철로 냉경 주철이라고도 한다.
㉰ 저탄소, 저규소의 백주철을 풀림 상자 속에서 열처리하여 시멘타이트를 분해시켜 흑연을 입상으로 석출시킨 것으로, 고강도 부품, 커넥팅 로드, 유니버설 조인트, 요크(yoke) 등에 쓰인다.
㉱ 열처리에 의해 조직을 개선하거나, 니켈, 크롬, 몰리브덴, 구리 등을 첨가하여 강도, 내마멸성, 내열성, 내식성 등을 향상시켜, 크랭크 축, 캠축, 브레이크 드럼 등에 사용된다.

03 구리의 원자기호와 비중과의 관계가 옳은 것은?(단, 비중은 20℃, 무산소동이다.)

㉮ Al-6.86
㉯ Ag-6.96
㉰ Mg-9.86
㉱ Cu-8.96

✓ ㉮ Al-2.69, ㉯ Ag(은)-10.5, ㉰ Mg-1.74이며, Au(금)-19.3, Pb-11.34, Fe-7.86 등이다.

04 황동은 어떤 원소의 2원 합금인가?

㉮ 구리와 주석
㉯ 구리와 망간
㉰ 구리와 납
㉱ 구리와 아연

✓ ㉮는 청동이다.

05 담금질 응력제거, 치수의 경년변화 방지, 내마모성 향상 등을 목적으로 100~200℃에서 마텐자이트 조직을 얻도록 조작을 하는 열처리 방법은?

㉮ 저온 뜨임
㉯ 고온 뜨임
㉰ 항온 풀림
㉱ 저온 풀림

✓ 고온 뜨임은 조직변화를 목적으로 400~650℃에서 가열하여 트루스타이트 또는 뜨임 소르바이트 조직을 얻기 위한 조작이며, 강인성이 요구되는 구조용 강 등에서 사용된다.

06 강재의 KS 규격 기호 중 틀린 것은?

㉮ SKH-고속도 공구강 강재
㉯ SM-기계 구조용 탄소 강재
㉰ SS-일반 구조용 압연 강재
㉱ STS-탄소 공구강 강재

07 복합 재료 중에서 섬유 강화재료에 속하지 않는 것은?

㉮ 섬유강화 플라스틱   ㉯ 섬유강화 금속
㉰ 섬유강화 시멘트   ㉱ 섬유강화 고무

✓ 복합재료란 몇 가지의 소재를 조합시켜 만든 재료를 말하며, 그 중 섬유강화 재료는 섬유강화 플라스틱(FRP), 섬유강화 금속 (FRM), 섬유강화 시멘트, 섬유강화 세라믹스(FRC) 등이 있다.

08 기어, 풀리, 커플링 등의 회전체를 축에 고정시켜서 회전운동을 전달시키는 기계요소는?

㉮ 나사   ㉯ 리벳
㉰ 핀   ㉱ 키

✓ ㉮ 볼트(수나사)와 너트(암나사)의 회전운동을 직선운동으로 변환하며 끼워맞춤을 하는 결합 요소
  ㉯ 강판, 형강 등을 영구적으로 결합하는 기계요소
  ㉰ 2개 이상의 부품을 결합시키는 데 사용하는 기계요소

09 코일 스프링의 전체 평균직경이 50mm, 소선의 직경이 6mm일 때 스프링 지수는 약 얼마인가?

㉮ 1.4   ㉯ 2.5
㉰ 4.3   ㉱ 8.3

✓ 스프링지수$(C) = \dfrac{\text{스프링 전체의 평균지름}(D)}{\text{소선의 지름}(d)} = \dfrac{50}{6} = 8.3$

10 다음 중 후크의 법칙에서 늘어난 길이를 구하는 공식은?(단, λ : 변형량, W : 인장하중, A : 단면적, E : 탄성계수, l : 길이이다.)

㉮ $\lambda = \dfrac{Wl}{AE}$ ㉯ $\lambda = \dfrac{AE}{W}$

㉰ $\lambda = \dfrac{AE}{Wl}$ ㉱ $\lambda = \dfrac{Al}{WE}$

✓ 수직응력$(\sigma) = \dfrac{\text{하중}(W)}{\text{단면적}(A)}$, 세로변형률$(\varepsilon) = \dfrac{\text{변형량}(\lambda)}{\text{길이}(l)}$ 이고

탄성계수$(E) = \dfrac{\sigma}{\varepsilon}$에서 $E = \dfrac{\frac{W}{A}}{\frac{\lambda}{l}} = \dfrac{Wl}{A\lambda}$ 이므로 $\lambda = \dfrac{Wl}{AE}$가 된다.

06.㉱ 07.㉱ 08.㉱ 09.㉱ 10.㉮

11 직선운동을 회전운동으로 변환하거나, 회전운동을 직선운동으로 변환하는 데 사용되는 기어는?

㉮ 스퍼 기어 　　　　　㉯ 베벨 기어
㉰ 헬리컬 기어　　　　 ㉱ 랙과 피니언

✓ ㉮ 직선 치형을 가지며 잇줄이 축에 평행하며 회전운동을 한다.
　㉯ 교차하는 두 축의 운동을 전달하기 위하여 원추형으로 만든 기어
　㉰ 비틀림 치형을 가지며 잇줄이 축방향과 일치하지 않는 기어

12 엔드 저널로서 지름이 50mm의 전동축을 받치고 허용 최대 베어링 압력을 6N/mm^2, 저널 길이를 80mm라 할 때 최대 베어링 하중은 몇 kN인가?

㉮ 3.64kN　　 ㉯ 6.4kN　　 ㉰ 24kN　　 ㉱ 30kN

✓ 베어링 하중(P) = 베어링 압력(P_a)×지름(d)×저널길이(l) = $6 \times 50 \times 80 = 24,000[N] = 24[kN]$

13 볼트를 결합시킬 때 너트를 2회전하면 축 방향으로 10mm, 나사산 수는 4산이 진행한다. 이와 같은 나사의 조건은?

㉮ 피치 2.5mm, 리드 5mm
㉯ 피치 5mm, 리드 5mm
㉰ 피치 5mm, 리드 10mm
㉱ 피치 2.5mm, 리드 10mm

✓ 리드(L)=줄수(n)×피치(p)에서, 너트를 1회전 시 리드는 5mm가 되고, 나사산수는 2산이 진행하므로 $5 = 2 \times p$에서 $p = \dfrac{5}{2} = 2.5$가 된다.

14 축 이음 중 두 축이 평행하고 각속도의 변동없이 토크를 전달하는 데 가장 적합한 것은?

㉮ 올덤 커플링　　　　 ㉯ 플렉시블 커플링
㉰ 유니버설 커플링　　 ㉱ 플랜지 커플링

✓ ㉯ 두 축이 동일 선상에 있는 것이 원칙이며, 두 축 사이에 약간의 상하 이동을 허용할 수 있는 축이음
　㉰ 두 축의 중심선이 어느 각도로 교차되고 그 사이의 각도가 운전 중 다소 변하여도 자유로이 운동을 전달하는 축이음
　㉱ 플랜지를 축에 억지 끼워맞춤하거나 키로 결합 후, 두 플랜지를 볼트로 체결한 것

15 나사의 끝을 이용하여 축에 바퀴를 고정시키거나 위치를 조정할 때 사용되는 나사는?

㉮ 태핑 나사　　　　 ㉯ 사각 나사
㉰ 볼 나사　　　　　 ㉱ 멈춤 나사

✓ ㉮ 나사의 끝부분에 테이퍼를 주고 나사가 들어갈 자리에 태핑 나사를 돌리면 나사산이 생겨 박판을 고정, 전기 기구 조립 등에 사용
　㉯ 축방향의 하중을 받아 운동을 전달하는 데 적합한 나사로 나사 프레스, 선반의 어미나사 등에 쓰인다.
　㉰ 볼에 의해 작동되는 이송나사로 90% 이상의 높은 효율을 얻을 수 있고, 백래시가 없고, 마모도 적으나 가격이 비싼 단점도 있다.
　㉱ 세트 스크루라고도 하며, 주로 키 대용으로 홈붙이, 육각구멍 붙이, 사각머리 붙이 등이 있다.
　* 나사 못(Wood Screw) : 끝부분이 원추형으로 가늘게 되어 있으며, 목재 등에 나사 박음 시에 사용한다.

16 세 줄 나사의 피치가 3mm일 때 리드는 얼마인가?
- ㉮ 1mm
- ㉯ 3mm
- ㉰ 6mm
- ㉱ 9mm

✓ $L = N \times p = 3줄 \times 3\text{mm} = 9[\text{mm}]$

17 스프로킷 휠의 도시방법 중 가는 1점 쇄선으로 그려야 할 곳은?
- ㉮ 바깥지름
- ㉯ 이뿌리원
- ㉰ 키 홈
- ㉱ 피치원

✓ 바깥지름과 키 홈은 굵은 실선, 이골원(이뿌리원)은 가는 실선, 또는 굵은 파선이나 기입을 생략할 수도 있다.

18 기계제도에서 가공 방법 기호와 그 관계가 서로 맞지 않는 것은?
- ㉮ M-밀링 가공
- ㉯ V-보링 가공
- ㉰ D-드릴 가공
- ㉱ L-선반 가공

✓ 보링 머신은 B이다.

19 기계 가공면을 모떼기할 때 그림과 같이 "C5"라고 표시하였다. 어느 부분의 길이가 5인 것을 나타내는가?
- ㉮ ③이 5
- ㉯ ①과 ②가 모두 5
- ㉰ ①+②가 5
- ㉱ ①+②+③이 5

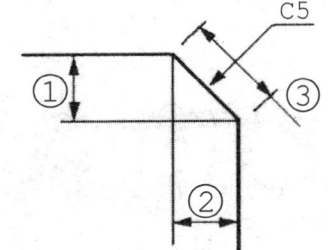

✓ C는 45°인 모따기를 표시하고, 5는 가로 ② 세로 ①의 각각의 치수를 나타낸다.

20 베어링 기호 "6203ZZ"에서 "ZZ" 부분이 의미하는 것은?
- ㉮ 실드 기호
- ㉯ 궤도륜 모양 기호
- ㉰ 정밀도 등급 기호
- ㉱ 레이디얼 내부 틈새 기호

✓ 62는 계열번호, 03은 안지름 번호이고, 실드 기호 중 Z는 한쪽 실드, ZZ는 양쪽 실드 기호이다.

16.㉱ 17.㉱ 18.㉯ 19.㉯ 20.㉮

21 다음 중 용접구조용 압연강재에 속하는 재료기호는?
   ㉮ SM 35C   ㉯ SWS 400C
   ㉰ SS 400   ㉱ STKM 13C
   ✓ ㉮ : 기계구조용 탄소강재, ㉰ : 일반구조용 압연강재, ㉱ : 기계구조용 탄소강관

22 제3각법으로 나타낸 그림과 같은 투상도에 적합한 입체도는?

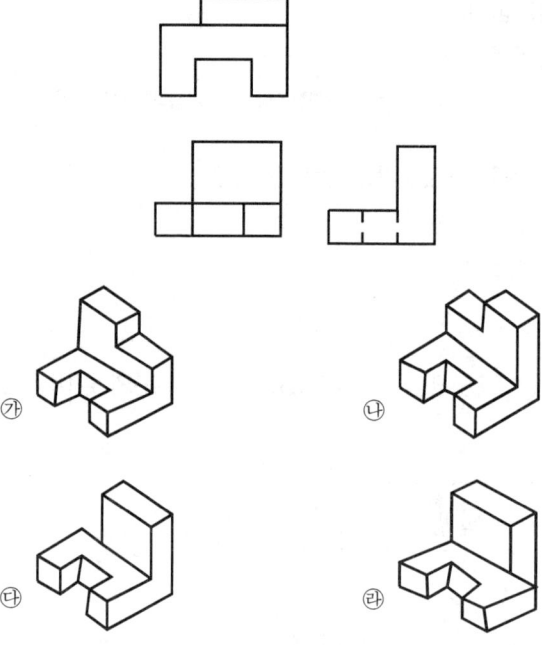

23 조립 부품에 대해 치수 허용차를 기입할 경우 다음 중 잘못 기입한 것은?

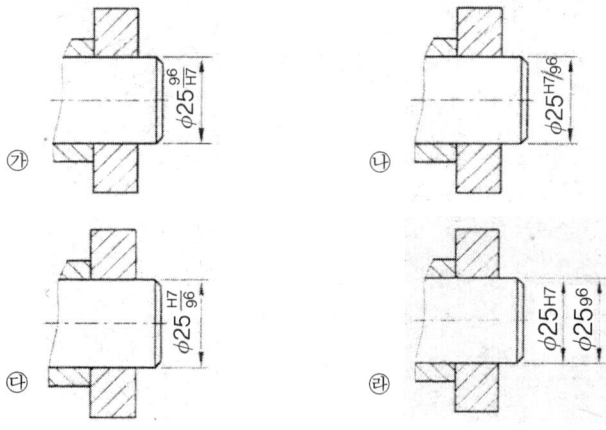

21.㉯ 22.㉰ 23.㉮

24 기준치수가 60, 최대허용치수가 59.96이고 치수공차가 0.02일 때 아래 치수 허용차는?

㉮ −0.06 ㉯ +0.06
㉰ −0.04 ㉱ +0.04

✓ 기준 60에 59.96은 위치수 허용차 -0.04이고, 치수 공차가 0.02이므로 아래 치수 허용차는 -0.06인 59.94가 된다.

25 제도용지에서 A0 용지의 가로길이 : 세로길이의 비와, 그 면적으로 옳은 것은?

㉮ $\sqrt{3}$: 1, 약 $1m^2$ ㉯ $\sqrt{2}$: 1, 약 $1m^2$
㉰ $\sqrt{3}$: 1, 약 $2m^2$ ㉱ $\sqrt{2}$: 1, 약 $2m^2$

✓ 제도용지의 가로와 세로의 비는 $\sqrt{2}$: 1이며, A열 A0의 넓이는 약 $1m^2$이다.

26 다음 중 절삭가공 기계에 해당하지 않은 것은?

㉮ 선반 ㉯ 밀링머신
㉰ 호빙머신 ㉱ 프레스

27 선반에서 주축의 회전수는 1000rpm이고 외경 50mm를 절삭할 때 절삭속도는 약 몇 m/min 인가?

㉮ 1.571 ㉯ 15.71
㉰ 157.1 ㉱ 1571

✓ 절삭속도$(V) = \dfrac{\pi \times d \times n}{1000} = \dfrac{3.14 \times 50 \times 1000}{1000} = 157[m/min]$

28 측정 대상 부품은 측정기의 측정 축과 일직선 위에 놓여 있으면 측정 오차가 적어진다는 원리는?

㉮ 월라스톤의 원리
㉯ 아베의 원리
㉰ 아보트 부하곡선의 원리
㉱ 히스테리시스차의 원리

✓ 아베의 원리에 적합한 측정기는 외측 마이크로미터이고, 어긋난 측정기는 버니어 캘리퍼스이다.

29 대형이며 중량의 가공물의 강력한 중절삭에 가장 적합한 밀링 머신은?

㉮ 만능 밀링 머신
㉯ 수직 밀링 머신
㉰ 플레이너형 밀링 머신
㉱ 공구 밀링 머신

✓ 플레이너+밀링인 기계로 대형인 제품을 강력 중절삭하며 고속 가공이 가능하다.

30 드릴에 대한 설명으로 틀린 것은?
   ㉮ 표준 드릴의 날끝각은 120°이다.
   ㉯ 웨브는 트위스트 드릴 홈 사이의 좁은 단면 부분이다.
   ㉰ 드릴의 지름이 13mm 이하인 것은 곧은 자루이다.
   ㉱ 드릴의 몸통은 백 테이퍼(back taper)로 만든다.
   ✓ 표준 드릴의 날 끝각은 118°이다.

31 선반작업에서 단면가공이 가능하도록 보통 센터의 원추형 부분을 축방향으로 반을 제거하여 제작한 센터는?
   ㉮ 하프 센터   ㉯ 파이프 센터
   ㉰ 베어링 센터   ㉱ 평 센터
   ✓ ㉯ 파이프와 같이 중공축인 공작물 지지에 사용
       ㉰ 센터 선단을 베어링으로 조립하여 고속으로 정밀 가공 시 센터 선단이 회전하며 마찰없이 사용 가능
       ㉱ 공작물의 단면을 평면으로 지지할 수 있도록 제작한 센터

32 선반에서 심압대에 고정하여 사용하는 것은?
   ㉮ 바이트   ㉯ 드릴
   ㉰ 이동형 방진구   ㉱ 면판
   ✓ ㉮ 공구대에 고정, ㉰ 왕복대 새들에 고정, ㉱ 주축 선단에 고정한다.

33 밀링에서 홈, 좁은 평면, 윤곽가공, 구멍가공 등에 적합한 공구는?
   ㉮ 엔드밀   ㉯ 정면 커터
   ㉰ 메탈 소   ㉱ 총형 커터
   ✓ ㉯ 넓은 평면
       ㉰ 공작물을 절단 또는 좁은 홈 가공
       ㉱ 인벌류트 커터(기어 이와 이 사이 홈 가공 커터)와 같이 불규칙한 형상을 가공

34 다음 중 연삭숫돌의 구성 3요소가 아닌 것은?
   ㉮ 입자   ㉯ 결합제
   ㉰ 형상   ㉱ 기공
   ✓ ㉮ 절삭 날, ㉯ 절삭 날을 지지하는 역할, ㉱ 발열 억제, 칩의 탈락 통로 역할을 한다.

35 단조나 주조품에 볼트 또는 너트를 체결할 때 접촉부가 밀착되게 하기 위하여 구멍 주위를 평탄하게 하는 가공 방법은?
   ㉮ 스폿 페이싱   ㉯ 카운터 싱킹
   ㉰ 카운터 보링   ㉱ 보링
   ✓ ㉯ 접시자리 파기라 하며 카운터 싱크라는 공구로 접시머리 나사의 머리부를 가공
       ㉰ 자리파기라 하며 카운터 보어를 이용하여 원추머리 볼트의 머리부를 가공

㉴ 보링 바를 이용하여 드릴 및 코어에 의해 뚫린 구멍을 확대 가공하는 작업

36 내면 연삭기에서 내면 연삭 방식이 아닌 것은?

㉮ 유성형
㉯ 보통형
㉰ 고정형
㉱ 센터리스형

✓ 내면 연삭은 유성형(플래니터리형), 보통형(공작물 회전형), 센터리스형이 있다.

37 축보다 큰 링이 축에 걸쳐 회전하며 고속 주축에 급유를 균등하게 할 목적으로 사용하는 윤활제 급유법으로 가장 적합한 것은?

㉮ 적하 급유
㉯ 오일링 급유
㉰ 분무 급유
㉱ 핸드 급유

✓ ㉮ 용기에 담긴 기름을 구멍, 밸브 등을 통하여 일정량씩 필요 부분에 기름을 떨어뜨리며 급유하는 방법으로 저속, 중속 축에 많이 사용
㉰ 압축 공기를 스프레이로 분무하듯이 급유하며 내면 연삭, 고속 베어링 등에 사용
㉱ 오일 건 등을 통하여 베어링, 안내면의 윤활부에 연결된 급유구로 급유

38 밀링 작업에서 떨림(chattering)이 발생할 경우 나타나는 현상으로 틀린 것은?

㉮ 공작물의 가공면을 거칠게 한다.
㉯ 공구 수명을 단축시킨다.
㉰ 생산 능률을 저하시킨다.
㉱ 치수 정밀도를 향상시킨다.

✓ 떨림의 발생은 ㉮, ㉯, ㉰항과 치수 정밀도를 저하시킨다.

39 부품 측정의 일반적인 사항을 설명한 것으로 틀린 것은?

㉮ 제품의 평면도는 정반과 다이얼 게이지나 다이얼 테스트 인디케이터를 이용하여 측정할 수 있다.
㉯ 제품의 진원도는 V블록 위나 또는 양 센터 사이에 설치한 후 회전시켜 다이얼 테스트 인디케이터를 이용하여 측정할 수 있다.
㉰ 3차원 측정기는 몸체 및 스케일, 측정침, 구동장치, 컴퓨터 등으로 구성되어 있다.
㉱ 우연 오차는 측정기의 구조, 측정압력, 측정온도 등에 의하여 생기는 오차이다.

✓ 우연 오차는 반복측정을 하더라도 불규칙적으로 나타나는 계통적 오차로 열잡음, 전기잡음, 기계진동 등에 의해 발생된다.

40 다음 중 공구재료의 구비 조건 중 맞지 않는 것은?
- ㉮ 마찰계수가 작을 것
- ㉯ 높은 온도에서는 경도가 낮을 것
- ㉰ 내마멸성이 클 것
- ㉱ 형상을 만들기 쉽고 가격이 저렴할 것

✓ 공구재료는 고온에서도 경도가 유지되어야 한다.

41 다음 중 정밀도가 가장 높은 가공면을 얻을 수 있는 가공법은?
- ㉮ 호닝
- ㉯ 래핑
- ㉰ 평삭
- ㉱ 브로칭

✓ 래핑은 분말 입자를 이용하여 표면을 거울면이 되도록 높은 가공면을 얻을 수 있다.

42 구성인선(built-up edge)의 방지 대책으로 틀린 것은?
- ㉮ 절삭 깊이를 작게 할 것
- ㉯ 경사각을 크게 할 것
- ㉰ 윤활성이 좋은 절삭 유제를 사용할 것
- ㉱ 마찰계수가 큰 절삭공구를 사용할 것

✓ 마찰계수가 작고 고속으로 가공해야 방지할 수 있다.

43 다음의 보조기능(M 기능) 중 주축의 회전 방향과 관계되는 것은?
- ㉮ M02
- ㉯ M04
- ㉰ M08
- ㉱ M09

✓ M02 : 프로그램 종료, M03 : 주축 정회전, M04 : 주축 역회전, M05 : 주축정지, M08 : 절삭유 ON, M09 : 절삭유 OFF

44 CNC 선반에서 일감의 외경을 지령치 X55.0으로 가공한 후 측정한 결과 ϕ54.96이었다. 기존의 X축 보정값을 0.004라고 하면 보정값을 얼마로 수정해야 하는가?
- ㉮ 0.036
- ㉯ 0.044
- ㉰ 0.04
- ㉱ 0.08

✓ 수정 보정값=(지령값-측정값)+기존 보정값
 =(55-54.96)+0.004=0.044

45 머시닝 센터에서 공구지름 보정취소와 공구길이 보정취소를 의미하는 준비기능으로 맞는 것은?
- ㉮ G40, G49
- ㉯ G41, G49
- ㉰ G40, G43
- ㉱ G41, G80

✓ G40 : 공구지름 보정 취소, G41 : 공구지름 보정 왼쪽, G42 : 공구지름 보정 오른쪽, G43 : 공구길이보정 +, G44 : 공구길이보정 -, G49 : 공구길이보정 취소

46 다음 그림에서 B→A로 절삭할 때의 CNC 선반 프로그램으로 맞는 것은?

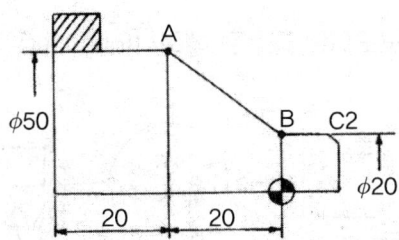

㉮ G01 U30. W-20. ;
㉯ G01 X50. Z20. ;
㉰ G01 U50. Z-20. ;
㉱ G01 U30. W20. ;

✓ A → B 경로는 절대지령, 증분지령, 혼합지령의 방식으로 각각 다음과 같이 작성할 수 있다.
절대지령 : G01 X50. Z-20. ;
증분지령 : G01 U30. W-20. ;
혼합지령 : G01 X50. W-20. ;
G01 U30. Z-20. ;

47 CNC 공작기계 작업 시 안전사항 중 틀린 것은?

㉮ 전원은 순서대로 공급하고 차단한다.
㉯ 칩 제거는 기계를 정지 후에 한다.
㉰ CNC 방전가공기에서 작업 시 가공액을 채운 후 작업을 한다.
㉱ 작업을 빨리 하기 위하여 안전문을 열고 작업한다.

✓ 안전문을 열고 작업하는 것은 칩이 비산되어 매우 위험하다.

48 CNC 공작기계에서 일시적으로 운전을 중지하고자 할 때 보조기능, 주축 기능, 공구 기능은 그대로 수행되면서 프로그램 진행이 중지되는 버튼은?

㉮ 사이클 스타트(cycle start)
㉯ 취소(cancel)
㉰ 머신 레디(machine ready)
㉱ 이송 정지(feed hold)

✓ • Cycle Start(자동개시) : 자동(Auto), 반자동(MDI), DNC 모드에서 프로그램을 실행하는 조작버튼
• Cancel : 프로그램이나 data를 입력 및 수정하고자 할 때, 입력하고자 하는 값을 취소하고자 할 때 사용
• Machine Ready : 기계작동을 위하여 기계를 준비시키는 조작버튼
• Feed Hold : 자동가공 중에 일시적으로 운전을 중지하고자 할 때, 이송만을 정지하는 조작버튼

49 선반작업에서 안전 및 유의사항에 대한 설명으로 틀린 것은?

㉮ 일감을 측정할 때는 주축을 정지시킨다.
㉯ 바이트를 연삭할 때는 보안경을 착용한다.
㉰ 홈 바이트는 가능한 한 길게 고정한다.
㉱ 바이트는 주축을 정지시킨 다음 설치한다.

✓ 바이트는 가능한 한 짧게 장착하여야만 떨림을 최소화하여 안정된 가공을 수행할 수 있다.

50 서보 기구에서 위치와 속도의 검출을 서보모터에 내장된 엔코더(encoder)에 의해서 검출하는 그림과 같은 방식은?

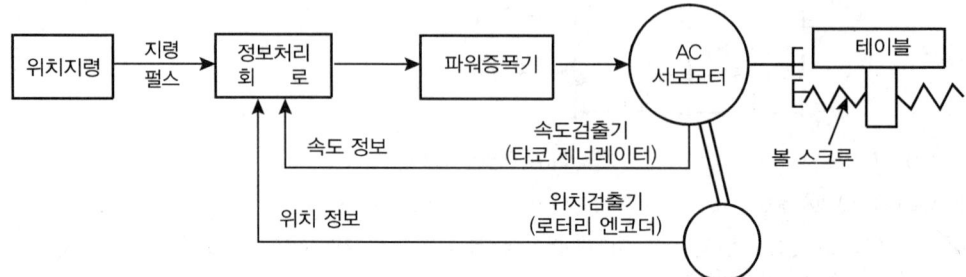

㉮ 반폐쇄회로 방식   ㉯ 개방회로 방식
㉰ 폐쇄회로 방식   ㉱ 반개방회로 방식

✓ 반폐쇄회로 방식(Semi-Closed Loop System)은 속도검출기와 위치검출기를 서보모터에 연결하여 피드백 장치를 구성하는 방식이다.

51 다음 중 명령된 블록에 한해서만 유효한 1회 유효 G-코드(One shot G-code)는?

㉮ G90   ㉯ G40
㉰ G04   ㉱ G01

✓ G04(일시정지), G28(자동원점복귀), G30(제2원점 복귀) 등이 대표적인 One shot G코드이다.

52 머시닝 센터에서 원호 보간 시 사용되는 I, J의 의미로 올바른 것은?

㉮ I는 X축 보간에 사용된다.
㉯ J는 X축 보간에 사용된다.
㉰ 원호의 시작점에서 원호 끝점까지의 벡터값이다.
㉱ 원호의 시작점에서 원호 중심까지의 벡터값이다.

✓ I, J는 원호시작점에서 중심점까지 X, Y축 방향에 대한 각각의 증분 좌표값(벡터값)을 나타낸다.

53 다음 CNC 선반 프로그램에서 지름이 30mm인 지점에서의 주축 회전수는 몇 rpm인가?

```
G50 X100. Z100. S1500 T0100 ;
G96 S160 M03 ;
G00 X30. Z3. T0303 ;
```

㉮ 1698   ㉯ 1500
㉰ 1000   ㉱ 160

✓ $V = \dfrac{\pi dN}{1000}$ 에서 V=160, d=30mm 이므로 $N = \dfrac{1000\,V}{\pi d} = \dfrac{1000 \times 160}{3.14 \times 30} ≒ 1698.5[\text{rpm}]$

그러나 G50으로 지령된 주축최고회전수가 1500rpm이므로 지름 30mm 지점에서의 주축회전수는 1698rpm이 아니라 1500rpm이다.

54 CNC 선반에서 G99 명령을 사용하여 F0.15로 이송 지령하였다. 이때 F값의 설명으로 맞는 것은?

㉮ 주축 1회전당 0.15mm의 속도로 이송
㉯ 주축 1회전당 0.15m의 속도로 이송
㉰ 1분당 15mm의 속도로 이송
㉱ 1분당 15m의 속도로 이송

✓ G98 : 분당이송지령(mm/min), G99 : 회전당 이송지령(mm/rev)

55 간단한 프로그램을 편집과 동시에 시험적으로 실행할 때 사용하는 모드 선택 스위치는?

㉮ 반자동 운전(MDI)　　㉯ 자동운전(AUTO)
㉰ 수동 이송(JOG)　　　㉱ DNC 운전

✓ • MDI : Manual Data Input, 반자동모드라고도 하며 한 두 블록의 짧은 프로그램을 입력하고 바로 실행할 수 있는 모드로서 프로그램에 의한 간단한 기계조작이나 시험적 실행 시에 사용
• AUTO : 작성된 프로그램을 자동운전할 때 사용하는 모드
• JOG : JOG 버튼으로 공구를 수동으로 이송시키는 모드
• DNC : CNC 공작기계와 RS-232C 등의 통신회선으로 연결된 컴퓨터에서 송신한 가공프로그램으로 가공하고자 할 때 사용하는 모드
• EDIT : 프로그램을 수정하거나 신규로 작성하는 모드

56 CNC 선반의 단일형 고정사이클(G90)에서 테이퍼(기울기)값을 지령하는 어드레스(Address)는?

㉮ O　　　㉯ P
㉰ Q　　　㉱ R

✓ G90 X_ Z_ I_ F_ ;
• X_ Z_ : 가공 끝점 좌표
• I_ : 테이퍼 가공에서 X축상의 가공 끝점과 가공 시작점의 차이 값(컨트롤러에 따라 R_로 표기하기도 함)
• F_ : 이송속도

57 일반적으로 CNC 선반에서 절삭동력이 전달되는 스핀들 축으로 주축과 평행한 축은?

㉮ X축　　　㉯ Y축
㉰ Z축　　　㉱ A축

✓ 대부분의 CNC 공작기계는 절삭동력이 전달되는 스핀들 축과 평행한 축을 Z축으로 규정하고 있다.

54.㉮　55.㉮　56.㉱　57.㉰

컴퓨터응용선반기능사

58 다음 CNC 선반의 나사가공 프로그램 (a), (b)에서 F2.0은 무엇을 지령한 것인가?

```
(a) G92 X29.3 Z-26.0 F2.0 ;
(b) G76 X27.62 Z-26.0 K1.19 D350 F2.0 A60 ;
```

㉮ 첫 번째 절입량 ㉯ 나사부 반경치
㉰ 나사산의 높이 ㉱ 나사의 리드

✓ G92 X_ Z_ F_ ;
- X, Z : 나사가공 끝점 좌표
- R : 테이퍼 나사 절삭 시 테이퍼 시작점 X좌표와 테이퍼 끝점 X좌표의 차이값(반경지령)
- F : 나사의 리드

G76 P_ Q_ R_ ;
G76 X_ Z_ P_ Q_ R_ F_ ;
- P : 다듬질 횟수, 면취량, 나사의 각도
- Q : 최소절입량
- R : 다듬질 여유량
- X, Z : 나사 끝지점 좌표
- P : 나사산 높이(반지름 지령)
- Q : 첫 번째 절입량(반지름 지령)
- R : 테이퍼 나사 절삭 시 나사 끝지점 X값과 나사 시작점 X값의 거리
- F : 이송속도(나사의 리드)

59 머시닝 센터에서 M10×1.5의 탭 가공을 위하여 주축 회전수를 200rpm으로 지령할 경우 탭 사이클의 이송 속도로 맞는 것은?

㉮ F300 ㉯ F250
㉰ F200 ㉱ F150

✓ 탭가공을 위한 이송속도는 탭의 1회전당 이송속도가 탭의 리드와 동일해야 하므로 F_{REV}는 1.5[mm/rev]이면 된다.
주축회전수(N)는 200rpm, 나사의 리드(l)는 1.5이므로 이송속도 F= $F_{REV} \times N = 1.5 \times 200 = 300$[mm/min]

60 CAD/CAM 시스템에서 입력장치로 볼 수 없는 것은?

㉮ 키보드(keyboard) ㉯ 스캐너(scanner)
㉰ CRT 디스플레이 ㉱ 3차원 측정기

✓
- 입력장치 : 키보드, 마우스, 태블릿, 디지타이저, 스캐너, 조이스틱, 라이트 펜 등
- 출력장치 : 플로터, 프린터, 모니터(CRT, LCD), 빔 프로젝터, 하드카피장치 등

2012년 5회 필기
컴퓨터응용선반기능사

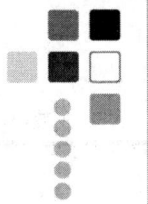

01 베어링으로 사용되는 구리계 합금이 아닌 것은?
- ㉮ 문쯔메탈(muntz metal)
- ㉯ 켈밋(kelmet)
- ㉰ 연청동(lead bronze)
- ㉱ 알루미늄 청동(Al bronze)

✓ 구리계 베어링 합금으로는 ㉯, ㉰, ㉱항 이외에 인청동, 포금 등이 있으며, ㉮항의 문쯔메탈은 6 : 4 황동으로 고온가공이 용이하여 볼트, 너트, 대포 탄피, 복수기용 판, 열간 단조품 등에 쓰인다.

02 초경합금의 특성에 대한 설명 중 올바른 것은?
- ㉮ 고온경도 및 내마멸성이 우수하다.
- ㉯ 내마모성 및 압축강도가 낮다.
- ㉰ 고온에서 변형이 많다.
- ㉱ 상온의 경도가 고온에서 크게 저하된다.

✓ 초경합금의 특정은 ㉮항과 내마모성이 우수하고, 고온에서도 경도가 유지되지만, 취성이 많아 강인성이 없는 것이 단점이다.

03 특수강을 제조하는 목적으로 적합하지 않은 것은?
- ㉮ 기계적 성질을 향상시키기 위하여
- ㉯ 내마멸성을 증대시키기 위하여
- ㉰ 취성을 증가시키기 위하여
- ㉱ 내식성을 증대시키기 위하여

✓ 취성을 감소시키며 강인성을 증대시켜야 하는 목적도 있다.

04 주철에 대한 설명 중 틀린 것은?
- ㉮ 강에 비하여 인장강도가 작다.
- ㉯ 강에 비하여 연신율이 작고, 메짐이 있어서 충격에 약하다.
- ㉰ 상온에서 소성 변형이 잘 된다.
- ㉱ 절삭가공이 가능하며 주조성이 우수하다.

✓ 상온과 고온에서도 소성 변형이 되지 않는 결점이 있다.

05 비중이 2.7로서 가볍고 은백색의 금속으로 내식성이 좋으며, 전기전도율이 구리의 60% 이상인 금속은?
- ㉮ 알루미늄(Al)
- ㉯ 마그네슘(Mg)
- ㉰ 바나듐(V)
- ㉱ 안티몬(Sb)

✓ 알루미늄은 규소 다음으로 지구상에 많이 존재하는 원소이며, 비중이 마그네슘(Mg : 1.74), 베릴륨(Be : 1.85)을 제외하고는 가장 가벼운 실용 금속이다.

01.㉮ 02.㉮ 03.㉰ 04.㉰ 05.㉮

06 WC를 주성분으로 TiC 등의 고융점 경질탄화물 분말과 Co, Ni 등의 인성이 우수한 분말을 결합재로 하여 소결 성형한 절삭 공구는?
- ㉮ 세라믹
- ㉯ 서멧
- ㉰ 주조경질합금
- ㉱ 소결초경합금

✓ ㉮ 산화알루미늄 미분말에 규소 또는 마그네슘을 첨가제로 소결하여 제작
  ㉯ 세라믹+메탈로부터 만들어진 재료
  ㉰ 스텔라이트라고도 하며 탄소, 코발트, 텅스텐, 크롬을 주성분으로 주조하여 제작한다.

07 탄소강에 함유된 원소 중 백점이나 헤어크랙의 원인이 되는 원소는?
- ㉮ 황(S)
- ㉯ 인(P)
- ㉰ 수소(H)
- ㉱ 구리(Cu)

✓ ㉮ 적열 취성의 원인
  ㉯ 상온 취성의 원인
  ㉱ 내식성 향상, 인장강도, 경도, 탄성한도 등을 증가시킨다.

08 전위기어의 사용 목적으로 가장 옳은 것은?
- ㉮ 베어링 압력을 증대시키기 위함
- ㉯ 속도비를 크게 하기 위함
- ㉰ 언더컷을 방지하기 위함
- ㉱ 전동 효율을 높이기 위함

✓ 전위기어의 사용 목적은 ㉰항 이외에도 중심거리의 조절이 쉽고, 이의 강도도 증대시킬 수 있다.

09 전단하중 $W(N)$를 받는 볼트에 생기는 전단응력 $\tau(N/mm^2)$를 구하는 식으로 옳은 것은? (단, 볼트 전단면적을 $A\,mm^2$이라고 한다.)
- ㉮ $\tau = \dfrac{\pi A^2/4}{W}$
- ㉯ $\tau = \dfrac{A}{W}$
- ㉰ $\tau = \dfrac{W}{\pi A^2/4}$
- ㉱ $\tau = \dfrac{W}{A}$

✓ 볼트, 너트의 설계는 전단하중만을 받을 때, 축 하중만을 받을 때, 축 하중과 비틀림을 동시에 받을 때를 생각하여 설계한다.

10 보스와 축의 둘레에 여러 개의 같은 키(key)를 깎아 붙인 모양으로 큰 동력을 전달할 수 있고 내구력이 크며, 축과 보스의 중심을 정확하게 맞출 수 있는 특징을 가지는 것은?
- ㉮ 반달 키
- ㉯ 새들 키
- ㉰ 원뿔 키
- ㉱ 스플라인

✓ ㉮ 축에 반달 모양의 홈을 만들어 반달 모양으로 가공한 키를 끼워 사용하므로, 테이퍼 축에 회전체를 결합 시 편리하며, 고속 회전, 저 토크의 축에 주로 사용
  ㉯ 안장 키라고도 하며 키에는 기울기가 없고 보스에만 1/100의 기울기를 가진 2개의 키를 한 쌍으로 사용하며 큰 토크의 전달에는 미끄러지므로 부적당하다.

㉣ 축과 보스와의 사이에 2~3곳을 축 방향으로 쪼갠 원뿔을 때려 박아 축과 보스를 헐거움 없이 고정할 수 있고 축과 보스의 편심이 작다.

11 다음 제동장치 중 회전하는 브레이크 드럼을 브레이크 블록으로 누르게 한 것은?

㉮ 밴드 브레이크　　㉯ 원판 브레이크
㉰ 블록 브레이크　　㉱ 원추 브레이크

✓ ㉮ 레버를 사용하여 드럼의 바깥에 감겨 있는 밴드에 장력을 주면 드럼과 밴드 사이에 발생하는 마찰력에 의해 제동하는 브레이크
㉯ 회전운동을 하는 드럼이 안쪽에 있고 바깥에서 드럼을 밀어 발생하는 마찰력에 의해 제동하는 브레이크
㉱ 축 방향 하중은 브레이크 접촉면에 수직한 하중을 발생시키고, 이 수직력에 의해 발생한 마찰력으로 제동하는 브레이크

12 모듈이 3이고 잇수가 30과 90인 한 쌍의 표준 평기어의 중심거리는?

㉮ 150mm　㉯ 180mm　㉰ 200mm　㉱ 250mm

✓ 중심거리$(C) = \dfrac{(30+90)3}{2} = 180[\text{mm}]$

13 홈붙이 육각너트의 윗면에 파여진 홈의 개수는?

㉮ 2개　㉯ 4개　㉰ 6개　㉱ 8개

✓ 너트의 윗면에 6개의 홈이 파여 있으며 이곳에 분할핀을 끼워 너트가 풀리지 않도록 사용한다.

14 지름 5mm 이하의 바늘 모양의 롤러를 사용하는 베어링은?

㉮ 니들 롤러 베어링
㉯ 원통 롤러 베어링
㉰ 자동 조심형 롤러 베어링
㉱ 테이퍼 롤러 베어링

✓ ㉯ 회전체가 원통형의 롤러인 베어링으로 작용하중이 크고, 축이 고속 회전하고, 축 방향으로 약간씩 이동 시에 사용
㉰ 외륜 궤도면을 구면형으로 하고 회전체를 복렬로 배열하여 외륜이 축 중심에 맞도록 자동으로 조정되는 베어링으로 충격하중에 잘 견디어 산업기계의 축에 널리 사용
㉱ 테이퍼 각이 6~7°인 원뿔형의 롤러를 회전체로 하고 모든 롤러의 꼭지점이 회전축 선 위의 한 점에 모여 구름 접촉을 하도록 한 베어링으로 자동차, 공작기계의 축에 널리 사용

15 축방향으로만 정하중을 받는 경우 50kN을 지탱할 수 있는 훅 나사부의 바깥지름은 약 몇 mm인가?(단, 허용응력은 50N/mm²이다.)

㉮ 40mm　㉯ 45mm　㉰ 50mm　㉱ 55mm

✓ 하중 $(W) = \dfrac{1}{2}d^2 \times \sigma$에서 $d = \sqrt{\dfrac{2 \times W}{\sigma}} = \sqrt{\dfrac{2 \times 50000}{50}} ≒ 45[\text{mm}]$

16 가동하는 부분의 이동 중의 특정위치 또는 이동 한계를 표시하는 선으로 사용되는 것은?
- ㉮ 가상선
- ㉯ 해칭선
- ㉰ 기준선
- ㉱ 중심선

✓ ㉯ 한정된 특정 부분을 다른 부분과 구별하는 데 사용
㉰ 위치 결정의 근거가 된다는 것을 명시할 때 사용
㉱ 도형의 중심선을 간략하게 표시하는 데 사용

17 그림과 같이 제3각법으로 정투상도를 작도할 때 평면도로 가장 적합한 형상은?

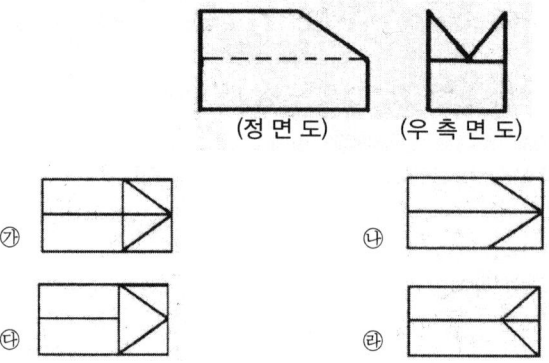

18 다음 중 기준치수가 동일한 경우 죔새가 가장 큰 것은?
- ㉮ H7/f6
- ㉯ H7/js6
- ㉰ H7/m6
- ㉱ H7/p6

✓ ㉮ 헐거운/헐거운 끼워맞춤, ㉯ 헐거운/중간 끼워맞춤, ㉰ 헐거운/중간 끼워맞춤, ㉱ 헐거운/억지 끼워맞춤이므로 ㉱항의 죔새가 가장 크고 ㉮항이 가장 틈새가 크다.

19 보기 도면에서 품번 3의 부품명칭으로 알맞은 것은?

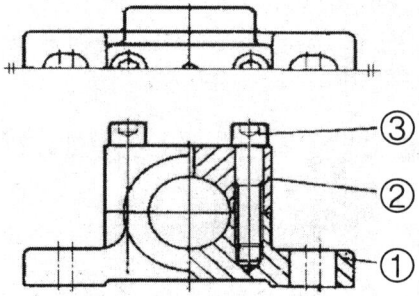

- ㉮ 육각 볼트
- ㉯ 육각 구멍붙이 볼트
- ㉰ 둥근머리 나사
- ㉱ 둥근머리 작은 나사

20 다음 베어링의 호칭에 대한 각각의 기호 해석으로 틀린 것은?

> 7206 C DB

㉮ 72 : 단열 앵귤러 볼 베어링
㉯ 06 : 베어링 안지름 30mm
㉰ C : 틈새 기호로 보통 틈새보다 작음
㉱ DB : 보조기호로 베어링의 조합이 뒷면 조합

✓ C는 내부 틈새기호로 C2는 내부 틈새보다 작고, C3는 내부 틈새보다 크고, C4는 C3보다 크고, C5는 C4보다 크며, C는 보통의 내부 틈새를 나타낸다.

21 기하 공차의 기호 중 모양 공차에 해당하는 것은?

㉮ ○ ㉯ ∠
㉰ ⊥ ㉱ //

✓ ㉮ 진원도, ㉯ 경사도, ㉰ 직각도, ㉱ 평행도를 나타내며, 모양공차는 ㉮항과 진직도, 평면도, 원통도, 선의 윤곽도, 면의 윤곽도 등이 있으며, ㉯, ㉰, ㉱항은 자세 공차에 속하며, 위치공차는 위치도, 동축도, 대칭도가 있고, 흔들림 공차에는 원주 흔들림과 온 흔들림이 있다.

22 실제 길이가 90mm인 것을 척도가 1 : 2인 도면에 나타내었을 때 치수를 얼마로 기입해야 하는가?

㉮ 20 ㉯ 45
㉰ 90 ㉱ 180

✓ 척도와 관계없이 도면에는 실제 치수를 기입하며, 척도가 1 : 2인 경우 도면에 실제 길이는 90mm의 1/2인 45mm로 표시한다.

23 면의 지시 기호에서 가공방법의 기호 중 "B"가 나타내는 것은?

㉮ 보링머신 가공   ㉯ 브로칭 가공
㉰ 리머 가공   ㉱ 블라스팅 가공

✓ ㉯ BR, ㉰ FR, ㉱ SB로 표시한다.

24 그림과 같이 구멍, 홈 등을 투상한 투상도의 명칭은?

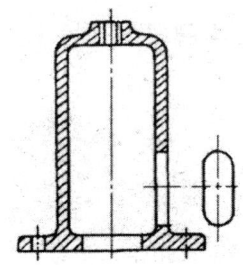

㉮ 보조 투상도   ㉯ 부분 투상도
㉰ 국부 투상도   ㉱ 회전 투상도

✓ ㉮ 보이는 부분의 전체 또는 일부분을 나타내며, 경사부가 있는 물체 도시에 사용
   ㉯ 물체의 일부만으로도 충분한 경우 필요 부분만 도시하는 데 사용
   ㉰ 구멍, 홈과 같이 한 부분의 모양을 도시하는 것으로 충분한 경우에 사용
   ㉱ 물체가 어느 정도 각도가 있고, 실제 모양을 나타내기 위해 그 부분을 회전해서 실제 모양을 나타낼 때 사용

25 미터나사에서 나사의 호칭 지름인 것은?
㉮ 수나사의 골지름
㉯ 수나사의 유효지름
㉰ 암나사의 유효지름
㉱ 수나사의 바깥지름

✓ 나사의 호칭 지름은 수나사의 바깥지름으로 가상적인 원통의 최대 외측 지름을 나타낸다.

26 선반의 구조는 크게 4부분으로 구분하는 데 이에 해당하지 않는 것은?
㉮ 공구대   ㉯ 심압대
㉰ 주축대   ㉱ 베드

✓ 왕복대는 공구대와 새들, 에이프런과 같이 이루어져 있다.

27 수평 밀링 머신의 플레인 커터 작업에서 상향 절삭에 대한 하향 절삭의 장점은?
㉮ 날의 마멸이 적고 수명이 길다.
㉯ 기계에 무리를 주지 않는다.
㉰ 절삭열에 의한 치수 정밀도의 변화가 적다.
㉱ 이송 기구의 백래시가 자연히 제거된다.

✓ ㉯, ㉰, ㉱항은 상향 절삭의 장점이다.

28 밀링 가공 시 분할 가공법에 해당되지 않는 것은?
㉮ 직접 분할법   ㉯ 간접 분할법
㉰ 단식 분할법   ㉱ 차동 분할법

✓ 분할법은 ㉮, ㉰, ㉱항의 방법이 있다.

29 절삭 공구의 수명에 영향을 미치는 요소(element)와 가장 관계가 없는 것은?
㉮ 재료 무게   ㉯ 절삭 속도
㉰ 가공 재료   ㉱ 절삭 유제

✓ 재료의 무게보다는 재료의 재질에 따라서도 공구 수명에 영향을 미친다.

25.㉱ 26.㉮ 27.㉮ 28.㉯ 29.㉮

30 일반적으로 연성 재료를 저속 절삭으로 절삭할 때, 절삭 깊이가 클 때 많이 발생하며 칩의 두께가 수시로 변하게 되어 진동이 발생하기 쉽고 표면 거칠기도 나빠지는 칩의 형태는?

㉮ 전단형 칩 ㉯ 경작형 칩
㉰ 유동형 칩 ㉱ 균열형 칩

✓ ㉮ 연성인 재질을 작은 경사각, 큰 절삭깊이, 속도를 작게 했을 때 발생
㉯ 열단형, 뜯기형이라고도 하며, 점성인 재료를 작은 경사각의 공구로 절삭할 때, 절삭 깊이가 클 때 발생
㉰ 연성이 큰 재질을 큰 경사각, 절삭 깊이를 작게, 속도를 크게 했을 때 발생
㉱ 취성인 재질을 작은 경사각, 저속 절삭 시 발생

31 선반에서 주축회전수를 1500rpm, 이송속도 0.3mm/rev으로 절삭하고자 한다. 실제 가공길이가 562.5mm라면 가공에 소요되는 시간은 얼마인가?

㉮ 1분 25초 ㉯ 1분 15초
㉰ 48초 ㉱ 40초

✓ 가공시간$(T) = \dfrac{l}{n \times s} = \dfrac{562.5}{1500 \times 0.3} = 1.25$분$=1$분 15초가 된다.

32 다음 중 주로 각도 측정에 사용되는 측정기구는?

㉮ 게이지 블록 ㉯ 하이트 게이지
㉰ 공기 마이크로미터 ㉱ 사인바

✓ ㉮ 길이 측정의 기준
㉯ 높이 측정 게이지
㉰ 길이, 높이 측정, 비교 측정기

33 절삭가공에서 절삭 유제 사용 목적으로 틀린 것은?

㉮ 가공면에 녹이 쉽게 발생되도록 한다.
㉯ 공구의 경도 저하를 방지한다.
㉰ 절삭열에 의한 공작물의 정밀도 저하를 방지한다.
㉱ 가공물의 가공표면을 양호하게 한다.

✓ 절삭유의 사용 목적은 공구와 공작물의 냉각 작용, 공작물과 공구의 마찰감소를 위한 윤활 작용, 공작물과 칩의 분리를 위한 세척 작용이다. ㉮항은 절삭유의 기름 성분이 녹을 방지하고, ㉯, ㉰, ㉱항은 냉각과 윤활작용에 해당된다.

34 밀링 커터의 날 수 12개, 1날당 이송량 0.15mm, 회전수가 600rpm일 때 테이블 이송속도는 몇 mm/min인가?

㉮ 108 ㉯ 54
㉰ 1080 ㉱ 540

✓ 테이블의 이송속도$(F) =$한 날당 이송량$(f_z) \times$날수$(z) \times$회전수(n)
$= 0.15 \times 12 \times 600 = 1,080 [\text{mm/min}]$

30.㉮ 31.㉯ 32.㉱ 33.㉮ 34.㉰

35 선반의 부속장치 중 3개의 조가 방사형으로 같은 거리를 동시에 움직이므로 원형, 정삼각형, 정육각형의 단면을 가진 공작물을 고정하는 데 편리한 척은?

㉮ 단동척 ㉯ 마그네틱 척
㉰ 연동척 ㉱ 콜릿 척

✓ ㉮ 4개의 조가 90° 방향으로 있고, 각자의 조가 따로 움직이며 고정시키므로 고정력이 연동척에 비해 우수하며, 불규칙한 공작물도 고정시킬 수가 있다.
㉯ 얇은 공작물을 자력에 의해 고정 시 사용하며 조가 없어 고정력이 약하다.
㉱ 지름이 작은 공작물이나 각 봉재 가공 시 사용하며 터릿선반, 정밀 소형선반에서 주로 사용

36 연마제를 가공액과 혼합하여 압축공기와 함께 노즐로 고속 분사시켜 가공물 표면과 충돌시켜 표면을 가공하는 가공법은?

㉮ 래핑(lapping)
㉯ 슈퍼 피니싱(super finishing)
㉰ 액체 호닝(liquid honing)
㉱ 버니싱(burnishing)

✓ ㉮ 공작물과 랩 사이에 랩제를 넣고 공작물에 압력을 가하며 상대 운동을 주어 거칠기가 우수한 가공면을 얻는 가공 방법으로 주로 게이지류의 완성 가공법이다.
㉯ 작은 입자의 숫돌로 공작물에 압력을 주고 진동을 주어 표면 거칠기를 향상시키며 주로 정밀 롤러, 베어링 레이스, 저널 등의 가공에 사용
㉱ 1차 가공된 공작물의 안지름보다 다소 큰 강구를 압입하여 공작물을 소성변형시켜 가공하는 방법

37 센터리스 연삭기에 대한 설명 중 틀린 것은?

㉮ 가늘고 긴 가공물의 연삭에 적합하다.
㉯ 가공물을 연속적으로 가공할 수 있다.
㉰ 조정숫돌과 지지대를 이용하여 가공물을 연삭한다.
㉱ 가공물 고정은 센터, 척, 자석척 등을 이용한다.

✓ 센터가 없어 센터리스라고 하며, 척이 없이 연삭 숫돌과 조정 숫돌 사이에서 회전하며 가공하는 연삭기이다.

38 일반적으로 고속 가공기(high speed machining)의 주축에 사용하는 베어링으로 적합하지 않은 것은?

㉮ 마그네틱 베어링(magnetic bearing)
㉯ 에어 베어링(air bearing)
㉰ 니들 롤러 베어링(needle roller bearing)
㉱ 세라믹 볼 베어링(ceramic ball bearing)

✓ 니들 롤러 베어링은 5mm 이하의 작은 바늘 모양의 롤러를 사용한 베어링으로 자동차같이 작으면서 큰 동력을 사용하는 기계에 많이 적용된다.

39 리머를 모양에 따라 분류할 때 날을 교환할 수 있고 날을 조정할 수 있으므로 수리공장에서 많이 사용하는 리머는?

㉮ 솔리드 리머　　㉯ 셸 리머
㉰ 조정 리머　　㉱ 핸드 리머

✓ ㉮ 단체 리머라고도 하며 날과 자루가 한 몸체로 되어 있다.
　㉯ 날과 자루가 별개로 되어 있어 날의 파손 시 날만 교체하며 사용하는 리머
　㉱ 수동핸들에 고정하여 사용하며 가공 정밀도가 좋다.

40 측정기 선택 조건으로 가장 적합하지 않은 것은?

㉮ 제품 공차　　㉯ 제품 수량
㉰ 측정 범위　　㉱ 제작 회사

✓ 측정기의 선택은 제품 공차와 정도, 측정 대상의 특성, 측정 방식, 측정 능률, 경제성 등을 고려해야 한다.

41 평면은 물론 각종 공구, 부속장치를 이용하여 불규칙하고 복잡한 면, 드릴의 홈, 기어의 치형 등도 가공할 수 있는 공작 기계는?

㉮ 선반　　㉯ 플레이너
㉰ 호빙 머신　　㉱ 밀링 머신

✓ ㉮ 주로 원통형의 제품을 바이트라는 공구로 외경, 홈, 계단, 나사, 편심, 테이퍼, 널링 등을 가공
　㉯ 주로 대형의 제품을 테이블에 올려 놓고 이송운동을 주어 넓은 평면 가공에 사용
　㉰ 호브를 이용하여 기어를 가공하는 기계

42 선반가공에서 절삭저항이 가장 큰 것은?

㉮ 주분력　　㉯ 이송분력
㉰ 배분력　　㉱ 횡분력

✓ 주분력(10) > 배분력(2~4) > 이송분력(1~2)의 크기 순서이다.

43 CNC 공작기계는 프로그램의 오류가 생기면 충돌 사고를 유발한다. 프로그램의 오류를 검사하는 방법으로 적절하지 않은 것은?

㉮ 수동으로 프로그램을 검사하는 방법
㉯ 프로그램 조작기를 이용한 모의 가공 방법
㉰ 드라이 런 기능을 이용하여 모의 가공하는 방법
㉱ 자동가공기능을 이용하여 가공 중 검사하는 방법

✓ 자동가공기능을 사용하여 가공하는 것은 실제 가공하는 것으로 가공 중에 프로그램의 오류를 발견하게 될 경우 해당 공작물은 이미 가공이 불량하여 재료만 낭비하는 결과를 초래하므로 프로그램의 오류를 검사하는 방법으로는 적절하지 않다.

44 프로그램 원점을 기준으로 직교 좌표계의 좌표값을 입력하는 방식은?
- ㉮ 혼합지령 방식
- ㉯ 증분지령 방식
- ㉰ 절대지령 방식
- ㉱ 구역지령 방식

✓ 절대지령 방식은 정해진 원점을 기준으로 하는 직교 좌표값을 따르는 방식이고, 증분지령 방식은 공구의 현재 위치가 기준이 되어 다음 지점의 좌표값을 새롭게 산출하는 방식으로 매번 기준점이 변경된다.

45 CNC 선반 가공에서 그림과 같이 ㉠~㉣ 가공하는 단일형 내·외경 절삭 사이클 프로그램으로 적합한 것은?

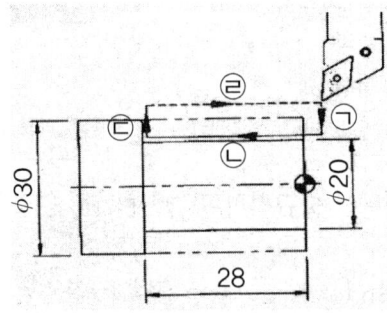

- ㉮ G92 X20. Z-28. F0.25 ;
- ㉯ G94 X20. Z28. F0.25 ;
- ㉰ G90 X20. Z-28. F0.25 ;
- ㉱ G72 X20. W-28. F0.25 ;

✓ G92 : 나사절삭사이클, G94 : 단면절삭사이클, G90 : 내·외경절삭사이클, G72 : 단면황삭사이클, 이 중에서 G72는 복합반복 사이클이며, G92, G90, G94는 단일고정사이클이다.

46 CAD/CAM 주변 기기에서 기억 장치는 어느 것인가?
- ㉮ 하드 디스크
- ㉯ 디지타이저
- ㉰ 플로터
- ㉱ 키보드

✓ 디지타이저와 키보드는 입력장치이며, 플로터는 출력장치이다.

47 CNC 선반에서 나사 절삭 시 나사 바이트가 시작점이 동일한 점에서 시작되도록 하여 주는 기구를 무엇이라고 하는가?
- ㉮ 엔코더(encoder)
- ㉯ 위치 검출기(position coder)
- ㉰ 리졸버(resolver)
- ㉱ 볼 스크루(ball screw)

✓ • 엔코더 : CNC 기계에서 속도와 위치를 피드백하는 장치
• 리졸버 : CNC 기계의 움직임의 상태를 표시하는 것으로 기계적인 운동을 전기적인 신호로 바꾸는 피드백 장치
• 볼 스크루 : 서보모터의 회전을 받아 테이블을 구동시키는 데 사용되는 나사

44.㉰ 45.㉰ 46.㉮ 47.㉯

48 다음 중 휴지기능의 시간설정 어드레스만으로 바르게 구성된 것은?

㉮ P, Q, K ㉯ G, Q, U
㉰ A, P, Q ㉱ P, U, X

✓ 일시정지기능(G04)은 시간을 나타내는 어드레스 P, U, X 등과 함께 사용한다.

49 CNC 제어에 사용하는 기능 중 주로 ON/OFF 기능을 수행하는 것은?

㉮ G 기능 ㉯ S 기능
㉰ T 기능 ㉱ M 기능

✓ G : 준비기능, S : 주축기능, T : 공구기능, M : 보조기능

50 다음 CNC 선반 프로그램에서 지름 40mm일 때의 주축회전수는?

```
G50 S1800 ;
G96 S280 ;
```

㉮ 280rpm ㉯ 1800rpm
㉰ 2229rpm ㉱ 3516rpm

✓ $V = \dfrac{\pi dN}{1000}$ 에서 V=280, d=40mm이므로 지름 40mm 지점에서의 주축 회전수를 구하면
$N = \dfrac{1000\,V}{\pi d} = \dfrac{1000 \times 280}{3.14 \times 40} ≒ 2229$ 이다. 그러나 G50으로 지령된 주축최고회전수가 1800rpm이므로 지름 40mm 지점에서의 주축회전수는 2229rpm이 아니라 1800rpm이다.

51 기계 설비의 산업재해 예방 중 가장 바람직한 것은?

㉮ 위험 상태의 제거 ㉯ 위험 상태의 삭감
㉰ 위험에의 적응 ㉱ 보호구의 착용

✓ 산업재해 예방의 가장 확실한 방법은 근본원인이 되는 위험상태를 제거하는 것이다.

52 다음 도면에서 M40×1.5로 나타낸 부분을 CNC 프로그램할 때 [ ] 속에 알맞은 것은?

```
[   ] X39.3 Z-20. F1.5 ;
```

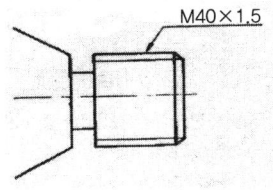

㉮ G94 ㉯ G92
㉰ G90 ㉱ G50

> G94 : 단면절삭사이클, G92 : 나사절삭사이클, G90 : 내·외경절삭사이클, G50 : 주축최고회전수 지정
> 위의 도면에서 가공하고자 하는 부분은 나사이므로 G92를 사용해야 한다.

53 CNC 선반에서 원호가공의 범위는 얼마인가?

㉮ $\theta \leq 180°$
㉯ $\theta \geq 180°$
㉰ $\theta \leq 90°$
㉱ $\theta \geq 90°$

> 일반적으로 CNC 선반에서 180도 이상의 원호가공은 불가능하다.

54 머시닝 센터 프로그램에서 고정 사이클의 용도로 부적절한 것은?

㉮ 드릴 가공
㉯ 탭 가공
㉰ 3D 형상 가공
㉱ 보링 가공

55 선삭 인서트 팁의 규격이 다음과 같을 때 날 끝의 반지름(nose R)은 얼마인가?

DNMG120408

㉮ 0.12mm ㉯ 1.2mm
㉰ 0.4mm   ㉱ 0.8mm

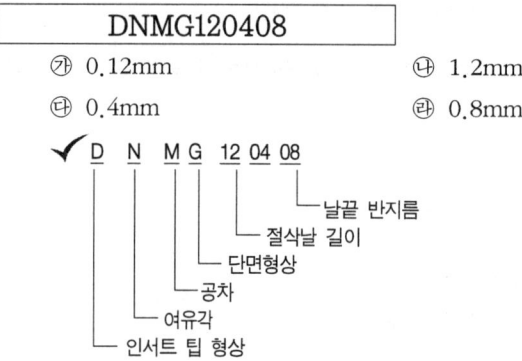

56 컴퓨터 통합 생산(CIMS) 방식의 특징으로 틀린 것은?

㉮ Life cycle time이 긴 경우에 유리하다.
㉯ 품질의 균일성을 향상시킨다.
㉰ 재고를 줄임으로써 비용이 절감된다.
㉱ 생산과 경영관리를 효율적으로 하여 제품비용을 낮출 수 있다.

> CIMS(컴퓨터통합생산 방식)는 품질의 균일성 향상, 적절한 재고관리로 인한 비용절감, 생산 및 경영관리의 효율화로 인한 제품비용 절감 등으로 라이프 사이클이 짧은 최근의 기술동향에 적합한 생산방식이다.

57 그림의 프로그램 경로에 대한 공구경 보정 지령절로 맞는 것은?

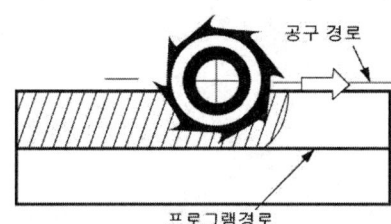

㉮ G40 G01 X___ Y___ D12 ;
㉯ G41 G01 X___ Y___ D12 ;
㉰ G42 G01 X___ Y___ D12 ;
㉱ G43 G01 X___ Y___ D12 ;

✓ G40 : 공구지름 보정 취소, G41 : 공구지름 보정 왼쪽, G42 : 공구지름 보정 오른쪽, G43 : 공구 길이 보정 +
위의 그림은 공구를 아래쪽에서 위쪽 방향으로 진행하도록 돌려놓고 봤을 때, 프로그램경로에 대하여 공구경로가 좌측에 있기 때문에 G41을 사용해야 한다.

58 머시닝 센터에서 주축 회전수 200rpm으로 피치 2mm인 나사를 가공하고자 한다. 이때 이송속도 F는 몇 mm/min으로 지령해야 하는가?

㉮ 100   ㉯ 200
㉰ 300   ㉱ 400

✓ $F=F_{REV} \times N$에서 나사의 리드는 일회전당 나사의 이송을 의미하므로 이것을 1회전당 이송속도(F_{REV})로 사용할 수 있다. 따라서, $F=F_{REV} \times N=$나사의 리드$\times N=2.0\times200=400$

59 CNC 공작기계의 안전 운전을 위한 점검 사항과 관계가 먼 것은?

㉮ 기계의 동작부위에 방해물질이 있는가를 점검한다.
㉯ 공구대의 정상 작동 상태를 점검한다.
㉰ 이상 소음의 발생 개소가 있는지를 점검한다.
㉱ 볼 스크루의 정밀도를 점검한다.

✓ CNC 공작기계의 안전운전을 위해서는 기계동작부위에 이물질 여부, 공구대의 정상작동 상태, 이상소음 발생부위 여부 등을 점검해야 한다. 볼 스크루의 정밀도를 점검하는 것은 기계정밀도 점검에 해당한다.

60 CNC 선반의 좌표계 설정에 대한 설명으로 틀린 것은?

㉮ 좌표계를 설정하는 명령어로 G50을 사용한다.
㉯ 일반적으로 좌표계는 X, Z축의 직교 좌표계를 사용한다.
㉰ 주축 방향과 직각인 축을 Z축으로 설정한다.
㉱ 프로그램을 작성할 때 도면 또는 일감의 기준점을 나타낸다.

✓ CNC 선반에서는 공작물좌표계 설정은 G50을 사용하며, '✦'는 프로그램좌표계의 기준점을 표시하며, 주축과 평행한 축을 Z축으로 하고, 주축과 직각인 축을 X축으로 설정한다.

2013년 1회 필기

컴퓨터응용선반기능사

01 열처리 방법 중에서 표면경화법에 속하지 않는 것은?
- ㉮ 침탄법
- ㉯ 질화법
- ㉰ 고주파경화법
- ㉱ 항온열처리법

✓ 강의 표면 경화법으로는 ㉮, ㉯, ㉰항 이외에도 화염 경화법 등이 있다.

02 일반적으로 경금속과 중금속을 구분하는 비중의 경계는?
- ㉮ 1.6
- ㉯ 2.6
- ㉰ 3.6
- ㉱ 4.6

✓ 4℃의 물의 무게와 이와 똑같은 부피를 가진 물체의 무게와의 비를 비중이라 하며, 일반적으로 4.6을 기준으로 이하는 경금속, 이상은 중금속으로 구분한다.

03 황동의 자연균열 방지책이 아닌 것은?
- ㉮ 온도 180~260℃에서 응력제거 풀림처리
- ㉯ 도료나 안료를 이용하여 표면처리
- ㉰ Zn 도금으로 표면처리
- ㉱ 물에 침전처리

✓ 자연균열이란 응력 부식 균열로 잔류응력에 기인되는 현상이며, 암모니아, 산소, 탄산가스, 습기, 수은 및 그 화합물이 자연 균열의 촉진제이고, ㉮, ㉯, ㉰항이 방지책이다.

04 주철의 성장 원인이 아닌 것은?
- ㉮ 흡수한 가스에 의한 팽창
- ㉯ Fe_3C의 흑연화에 의한 팽창
- ㉰ 고용 원소인 Sn의 산화에 의한 팽창
- ㉱ 불균일한 가열에 의해 생기는 파열 팽창

✓ 주철의 성장 원인은 ㉮, ㉯, ㉱항 이외에도 페라이트 조직 중의 Si의 산화 등이 있다.

05 열경화성 수지가 아닌 것은?
- ㉮ 아크릴수지
- ㉯ 멜라민수지
- ㉰ 페놀수지
- ㉱ 규소수지

✓ 아크릴은 열가소성 수지이며, 열경화성 수지로는 ㉯, ㉰, ㉱항 이외에 에폭시, 실리콘, 폴리에스테르(PET), 폴리우레탄 등이 있다.

01.㉱ 02.㉱ 03.㉱ 04.㉰ 05.㉮

06 알루미늄의 특성에 대한 설명 중 틀린 것은?

㉮ 내식성이 좋다.
㉯ 열전도성이 좋다.
㉰ 순도가 높을수록 강하다.
㉱ 가볍고 전연성이 우수하다.

✓ 알루미늄은 ㉮, ㉯, ㉱항 이외에 가공성이 좋고, 주조가 용이하며, 상온이나 고온에서도 가공이 가능하다.

07 강을 절삭할 때 쇳밥(chip)을 잘게 하고 피삭성을 좋게 하기 위해 황, 납 등의 특수원소를 첨가하는 강은?

㉮ 레일강 ㉯ 쾌삭강
㉰ 다이스강 ㉱ 스테인리스강

✓ 쾌삭강에는 황 쾌삭강과 납 쾌삭강이 있다.

08 저널 베어링에서 저널의 지름이 30mm, 길이가 40mm, 베어링의 하중이 2400N일 때 베어링의 압력(N/mm²)은?

㉮ 1 ㉯ 2
㉰ 3 ㉱ 4

✓ 베어링 압력$(P) = \dfrac{하중(W)}{d \times l} = \dfrac{2400}{30 \times 40} = 2[\text{N/mm}^2]$

09 스프링을 사용하는 목적이 아닌 것은?

㉮ 힘 축적 ㉯ 진동 흡수
㉰ 동력 전달 ㉱ 충격 완화

✓ 스프링의 용도는
① 완충 스프링 : 진동, 충격, 에너지 흡수 등의 충격 완화용
② 가압 스프링 : 압력을 거는 용
③ 측정용 스프링 : 힘의 측정용
④ 동력 측정용 : 축적한 에너지를 원동력으로 사용하는 스프링 등이 있다.

10 시편 표점거리가 40mm이고 지름이 15mm일 때 최대하중이 6kN에서 시편이 파단되었다면 연신율은 몇 %인가?(단, 연신된 길이는 10mm이다.)

㉮ 10 ㉯ 12.5
㉰ 25 ㉱ 30

✓ 연신율(ε)은 늘어난 길이(l)와 표점거리(l_0)와의 차이를 표점거리(l_0)로 나누어 백분율(%)로 나타낸다.
$\varepsilon = \dfrac{\Delta l}{l_0} \times 100[\%] = \dfrac{10}{40} \times 100 = 25[\%]$

11 웜 기어에서 웜이 3줄이고 웜휠의 잇수가 60개일 때의 속도비는?

㉮ $\frac{1}{10}$ ㉯ $\frac{1}{20}$

㉰ $\frac{1}{30}$ ㉱ $\frac{1}{60}$

✓ 속도비$(i) = \frac{\text{웜의 줄수}(Z_w)}{\text{웜 휠의 잇수}(Z_g)} = \frac{3}{60} = \frac{1}{20}$

12 부품의 위치결정 또는 고정 시에 사용되는 체결 요소가 아닌 것은?

㉮ 핀(pin) ㉯ 너트(nut)
㉰ 볼트(bolt) ㉱ 기어(gear)

✓ 기어는 직접 전동 기계요소이다.

13 비틀림 모멘트를 받는 회전축으로 치수가 정밀하고 변형량이 적어 주로 공작기계의 주축에 사용하는 축은?

㉮ 차축 ㉯ 스핀들
㉰ 플렉시블 축 ㉱ 크랭크 축

✓ ㉮ 굽힘 모멘트를 받는 축으로 회전축(철도 차량의 차축)과 정지축(자동차의 바퀴축)이 있다.
㉰ 유연축이라고도 하며, 강선을 2중, 3중으로 감은 나사 모양의 축
㉱ 직선 운동과 회전 운동을 상호 변환시키는 축으로 왕복 운동기관에 쓰인다.

14 축에 키 홈을 파지 않고 축과 키 사이의 마찰력만으로 회전력을 전달하는 키는?

㉮ 새들 키 ㉯ 성크 키
㉰ 반달 키 ㉱ 둥근 키

✓ ㉯ 묻힘 키라고도 하며 가장 일반적인 키로 축과 보스에 모두 키 홈을 판다.
㉰ 반달 키라고도 하며, 축에 반달 모양의 홈을 만들어 가공된 키를 끼워 사용
㉱ 라운드 키라고도 하며, 축과 보스 사이에 구멍을 가공하여 평행 핀 또는 테이퍼 핀을 때려 박은 키

15 나사를 기능상으로 분류했을 때 운동용 나사에 속하지 않는 것은?

㉮ 볼나사 ㉯ 관용나사
㉰ 둥근나사 ㉱ 사다리꼴나사

✓ ① 결합용 나사 : 미터 나사, 유니파이 나사, 관용 나사 등
② 운동용 나사 : ㉮, ㉰, ㉱항 이외에도 사각나사, 톱니 나사, 볼 나사, 롤러 나사 등이 있다.

16 그림과 같은 도면에서 대각선으로 교차한 가는 실선부분은 무엇을 나타내는가?

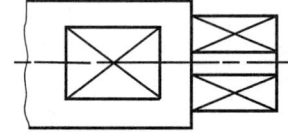

㉮ 취급 시 주의 표시　　㉯ 다이아몬드 형상을 표시
㉰ 사각형 구멍 관통　　㉱ 평면이란 것을 표시
✓ 도형 내의 특정한 부분이 평면임을 표시할 필요가 있을 때는 보기와 같이 가는 실선을 대각선으로 긋는다.

17 그림과 같은 도면에서 데이텀 표적 도시 기호의 의미로 옳은 것은?

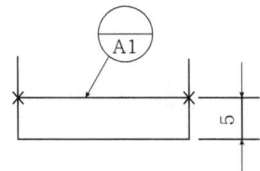

㉮ 두 개의 ×를 연결한 선의 데이텀 표적
㉯ 두 개의 점 데이텀 표적
㉰ 두 개의 ×를 연결한 선을 반지름으로 하는 원의 데이텀 표적
㉱ 10mm 높이의 직사각형 영역의 면 데이텀 표적
✓ 데이텀 표적 기호는 점일 경우 ×를 굵은 실선으로 ×표를 하며, 선일 경우는 그림과 같이 2개의 ×표시를 가는 실선으로 연결한다.

18 나사의 각 부분을 표시하는 선에 관한 설명으로 맞는 것은?

㉮ 수나사의 골지름과 암나사의 골지름은 굵은 실선으로 표시한다.
㉯ 완전 나사부와 불완전 나사부의 경계는 가는 실선으로 표시한다.
㉰ 나사의 끝면에서 본 투상도에서는 나사의 골 밑은 굵은 실선으로 그린 원주의 3/4에 거의 같은 원의 일부로 표시한다.
㉱ 수나사의 바깥지름과 암나사의 안지름은 굵은 실선으로 표시한다.
✓ ㉮ 골 지름은 가는 실선으로 표시, ㉯ 굵은 실선으로 표시, ㉰ 나사의 골 밑은 가는 실선으로 표시

19 그림과 같은 입체도에서 화살표 방향 투상도로 가장 적합한 것은?

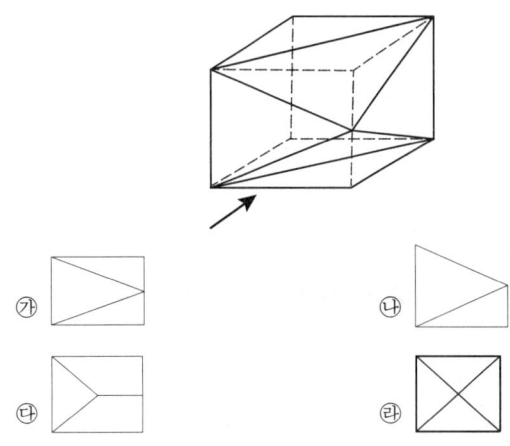

20 기계제도에서 치수 기입 원칙에 관한 설명 중 틀린 것은?

㉮ 기능, 제작, 조립 등을 고려하여 필요한 치수를 명료하게 도면에 기입한다.
㉯ 치수는 되도록 주 투상도에 집중한다.
㉰ 치수 수치의 자릿수가 많은 경우 3자리마다 "," 표시를 하여 자릿수를 명료하게 한다.
㉱ 길이의 치수는 원칙으로 mm 단위로 하고 단위 기호는 붙이지 않는다.

✓ 치수 문자의 자릿수가 많은 경우에는 3자리마다 숫자의 사이를 적당히 띄우고 콤마는 찍지 않는다.

21 투상한 대상물의 일부를 파단한 경계 또는 일부를 떼어낸 경계를 표시하는 데 사용하는 선은?

㉮ 절단선 ㉯ 파단선
㉰ 가상선 ㉱ 특수 지정선

✓ ㉮ 단면도를 그리는 경우 그 절단 위치를 대응하는 그림에 표시하는 데 사용
  ㉰ 가는 2점 쇄선으로 주로 인접 부분, 공구, 지그의 위치 참고를 표시하는 데 사용
  ㉱ 굵은 1점 쇄선으로 특수한 가공을 하는 등 특별한 요구사항을 적용할 수 있는 범위를 표시하는 데 사용

22 그림과 같은 도면은 무슨 기어의 맞물리는 기어 간략도인가?

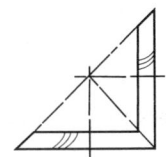

㉮ 헬리컬 기어
㉯ 베벨 기어
㉰ 웜 기어
㉱ 스파이럴 베벨 기어

✓ 서로 교차하는 두 축의 모양이므로 베벨 기어를 나타내며, 베벨 기어를 나타내는 부분에 아무 표시가 없으면 베벨 기어, 경사된 표시가 있으면 스파이럴 베벨 기어를 나타낸다.

23 치수 공차 및 끼워맞춤에 관한 용어 설명 중 틀린 것은?

㉮ 허용한계 치수 : 형체의 실 치수가 그 사이에 들어가도록 정한 허용할 수 있는 대소 2개의 극한의 치수
㉯ 기준 치수 : 위 치수 허용차 및 아래 치수 허용차를 적용하는 데 따라 허용한계 치수가 주어지는 기준이 되는 치수
㉰ 공차 등급 : 치수공차 방식·끼워맞춤 방식으로 전체의 기준 치수에 대하여 동일 수준에 속하는 치수 공차의 한 그룹
㉱ 최대 실체 치수 : 형체의 실체가 최대가 되는 쪽의 허용 한계치수로서 내측 형체에 대해서는 최대허용치수, 외측 형체에 대해서는 최소허용치수를 의미

✓ 최대 실체 치수는 형체의 최대 실체 상태를 정하는 치수로 축 등의 외측 형체에 대해서는 최대 허용치수가 되고 구멍 등의 내측 형체에 대해서는 최소 허용 치수가 된다. 또한, ㉱항은 최소 실체 치수를 설명한 것

24 아래와 같은 표면의 결 표시기호에서 가공 방법은?

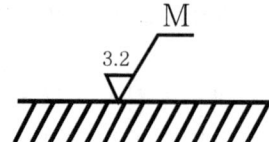

㉮ 밀링 ㉯ 연삭
㉰ 선삭 ㉱ 줄다듬질

✓ ㉮ M, ㉯ G, ㉰ L, ㉱ FF로 표시한다.

25 보기와 같은 맞춤핀에서 호칭지름은 몇 mm인가?

(보기) 맞춤핀 KS B 1310—6×30—A—St

㉮ 13mm ㉯ 6mm
㉰ 10mm ㉱ 30mm

✓ ① KS B 1310 : KS 규격 번호
② 6×30 : 호칭 지름 6, 길이 30을 나타낸다.

26 선반에서 구멍이 뚫린 일감의 바깥 원통면을 동심원으로 가공할 때 사용하는 부속품은?

㉮ 방진구 ㉯ 돌림판
㉰ 면판   ㉱ 맨드릴

✓ 공작물 구멍에 맨드릴을 고정하고, 돌리개, 회전 센터를 주축대에, 베어링 센터 등을 심압대에 고정하여 주로 양 센터 작업으로 구멍 중심과 원통 외주면이 동심이 되게 가공하는 부속품이 맨드릴(심봉)이다.

27 탭의 종류 중 파이프 탭(pipe tap)으로 가능한 작업으로 적합하지 않은 것은?

㉮ 오일 캡
㉯ 리머의 가공
㉰ 가스 파이프 또는 파이프 이음
㉱ 기계 결합용 암나사 가공

✓ 탭이란 암나사를 만드는 공구이며, 리머의 가공은 드릴로 가공된 구멍의 내면을 좀 더 매끄럽게 가공하기 위한 작업으로 나사를 가공하기 위한 탭 작업과는 관계가 없다.

28 선반을 이용하여 가공할 수 있는 가공의 종류와 거리가 먼 것은?

㉮ 홈 가공   ㉯ 단면 가공
㉰ 기어 가공 ㉱ 나사 가공

✓ 기어 가공은 기어 전용 가공기(호빙머신, 기어 셰이퍼 등)에서 주로 가공을 하고, 특별한 경우에는 형판을 이용하여 셰이퍼에서도 가공이 가능하며, 총형 커터에 의해 밀링에서도 가공이 가능하다.

29 작업대 위에 설치해야 할 만큼의 소형선반으로 시계부품, 재봉틀 부품 등의 소형물을 주로 가공하는 선반은?

㉮ 탁상선반 ㉯ 정면선반
㉰ 터릿선반 ㉱ 공구선반

✓ ㉯ 스윙을 크게 하고 베드의 길이를 짧게 하여, 지름이 크고 길이가 짧은 대형 공작물을 가공하기에 적합한 선반
㉰ 심압대 대신 설치된 터릿이라는 공구대에 작업공정 순서대로 설치하여 소형 공작물의 대량 생산에 적합한 선반
㉱ 구조는 보통 선반과 유사하나, 정밀도가 높으며 테이퍼 장치, 콜릿 장치, 릴리빙 장치 등이 있어 공구, 게이지, 정밀 부품 등의 가공이 용이한 선반

30 다음 중 절삭 유제의 사용목적이 아닌 것은?

㉮ 공구인선을 냉각시킨다.
㉯ 가공물을 냉각시킨다.
㉰ 공구의 마모를 크게 한다.
㉱ 칩을 씻어주고 절삭부를 닦아 준다.

✓ 절삭유제의 사용 목적은 윤활 작용에 의해 공구의 마모를 적게 하는 효과가 있다.

31 밀링머신에서 생산성을 향상시키기 위한 절삭속도 선정방법으로 올바른 것은?

㉮ 추천 절삭속도보다 약간 낮게 설정하는 것이 커터의 수명을 연장할 수 있어 좋다.
㉯ 거친 절삭에서는 절삭속도를 빠르게, 이송을 빠르게, 절삭 깊이를 깊게 선정한다.
㉰ 다듬 절삭에서는 절삭속도를 느리게, 이송을 빠르게, 절삭 깊이를 얕게 선정한다.
㉱ 가공물의 재질은 절삭속도와 상관없다.

✓ 거친 절삭의 경우는 절삭속도와 이송을 느리게, 절삭 깊이는 크게 선정하고, 다듬 절삭의 경우는 절삭속도와 이송을 빠르게, 절삭 깊이를 작게 선정한다.
가공물의 재질의 경우는 연성인 재질은 경성인 재질보다 저항이 적으므로 절삭속도와 이송을 빠르게, 절삭 깊이를 크게 할 수 있다.

32 길이 측정에 사용되는 공구가 아닌 것은?

㉮ 버니어 캘리퍼스 ㉯ 사인바
㉰ 마이크로미터 ㉱ 측장기

✓ 사인바는 정반상에서 블록 게이지, 다이얼 게이지와 같이 각도를 측정하는 각도 측정기이다.

33 나사의 유효지름 측정과 관계 없는 것은?

㉮ 삼침법 ㉯ 피치 게이지
㉰ 공구현미경 ㉱ 나사 마이크로미터

✓ 피치 게이지는 나사의 피치를 측정하는 측정기이다.

34 밀링 머신의 부속 장치가 아닌 것은?
   ㉮ 면판
   ㉯ 분할대
   ㉰ 슬로팅 장치
   ㉱ 래크 절삭장치

   ✓ 면판은 선반에서 척 고정이 어려운 대형의 일감, 불규칙한 형상의 제품을 클램프, 앵글 플레이트 등을 이용하여 고정하여 가공하는 선반의 부속품이다.

35 연삭숫돌의 크기(규격) 표시의 순서가 올바른 것은?
   ㉮ 바깥지름×구멍지름×두께
   ㉯ 두께×바깥지름×구멍지름
   ㉰ 구멍지름×바깥지름×두께
   ㉱ 바깥지름×두께×구멍지름

   ✓ 숫돌의 표시는 숫돌의 성능을 다음과 같이 표시하고(숫돌입자의 종류 → 입도 → 결합도 → 조직 → 결합제의 종류) 그 뒤에 크기를 나타내는 표시를 바깥지름×두께×구멍지름의 순서로 나타낸다.

36 밀링 머신을 이용한 가공에서 상향 절삭과 비교하여 하향 절삭의 특징으로 틀린 것은?
   ㉮ 공구 날의 마멸이 적고 수명이 길다.
   ㉯ 절삭날 자리 간격이 길고, 가공면이 거칠다.
   ㉰ 절삭된 칩이 가공된 면 위에 쌓이므로 가공면을 잘 볼 수 있다.
   ㉱ 커터 날이 공작물을 누르며 절삭하므로 공작물 고정이 쉽다.

   ✓ 하향 밀링(내려 깎기)은 커터의 절삭 방향과 이송 방향이 같으므로, 날 하나마다의 절삭 궤적의 피치가 짧고 가공면이 깨끗하다.

37 지름이 250mm인 연삭숫돌로 지름 20mm인 일감을 연삭할 때 숫돌바퀴의 회전수는 얼마인가?(단, 숫돌바퀴 원주속도는 1800m/min이다.)
   ㉮ 2575rpm
   ㉯ 2363rpm
   ㉰ 2292rpm
   ㉱ 2125rpm

   ✓ 숫돌의 회전수$(n) = \dfrac{1000 \times V(숫돌의\ 원주속도)}{\pi \times d(숫돌의\ 지름)} = \dfrac{1000 \times 1800}{3.14 \times 250} ≒ 2,292[rpm]$

38 호닝에 대한 특징이 아닌 것은?
   ㉮ 구멍에 대한 진원도, 진직도 및 표면 거칠기를 향상시킨다.
   ㉯ 숫돌의 길이는 가공 구멍 길이의 1/2 이상으로 한다.
   ㉰ 혼은 회전 운동과 축방향 운동을 동시에 시킨다.
   ㉱ 치수 정밀도는 3~10μm로 높일 수 있다.

   ✓ 혼(숫돌)의 길이는 가공할 일감 길이의 1/2 이하로 하며 왕복 운동 양단에서 숫돌 길이의 1/4 정도 구멍에서 나올 때 정지한다.

39 특정한 모양이나 같은 치수의 제품을 대량 생산할 때 적합한 것으로 구조가 간단하고 조작이 편리한 공작기계는?

㉮ 범용 공작기계 ㉯ 전용 공작기계
㉰ 단능 공작기계 ㉱ 만능 공작기계

✓ ㉮ 가공 기능이 다양하고 절삭 및 이송 속도의 범위가 커서 제품에 따라 절삭 조건이 자유로운 기계
　㉰ 단순하여 한 가지 공정만이 가능하여 생산성과 능률은 매우 높으나 융통성이 적은 기계
　㉱ 선반, 밀링, 드릴링 머신 등의 기능을 1대의 기계로 가능토록 한 기계

40 드릴을 재연삭할 경우 틀린 것은?

㉮ 절삭날의 길이를 좌우 같게 한다.
㉯ 절삭날의 여유각을 일감의 재질에 맞게 한다.
㉰ 절삭날이 중심선과 이루는 날끝 반각을 같게 한다.
㉱ 드릴의 날끝각 검사는 센터 게이지를 사용한다.

✓ 센터 게이지는 선반에서 나사 바이트를 공구대에 설치하여, 나사 산의 각도를 측정하는 측정기이며, 드릴 날끝각 검사는 콤비네이션 세트 등에서 주로 한다.

41 피복초경합금 공구의 재료가 아닌 것은?

㉮ TiC ㉯ Fe_3C
㉰ TiN ㉱ Al_2O_3

✓ ㉮ 소결 경질 합금(초경합금)과 서멧 공구, ㉰ 서멧 공구, ㉱ 세라믹 공구의 주성분 중의 하나이다.

42 다음의 구성인선(built-up edge)을 방지하기 위한 가공조건에서 틀린 것은?

㉮ 절삭 깊이를 작게 할 것
㉯ 경사각을 작게 할 것
㉰ 윤활성이 있는 절삭유제를 사용할 것
㉱ 절삭속도를 크게 할 것

✓ 경사각이 작으면 저항이 증가하여 구성인선(빌트업 에지)의 발생을 촉진시키므로 공구의 경사각을 크게 하여 저항과 마찰을 감소시켜 구성인선의 발생을 방지할 수 있다.

43 CNC 프로그램에서 지령된 블록에서만 유효한 G코드(One shot G 코드)는?

㉮ G00 ㉯ G04
㉰ G17 ㉱ G41

✓ 00그룹의 G코드가 one shot G코드인데, CNC 선반에서는 G04, G27~G31, G50, G70~G76 등이 있다.

44 CNC 공작기계에서 작업을 수행하기 위한 제어방식이 아닌 것은?

㉮ 윤곽절삭 제어 ㉯ 평면절삭 제어
㉰ 직선절삭 제어 ㉱ 위치결정 제어

✓ CNC 공작기계의 제어방식에는 위치결정제어, 직선절삭제어, 윤곽절삭제어 등이 있다.

39.㉯ 40.㉱ 41.㉯ 42.㉯ 43.㉯ 44.㉯

45 선반 작업 시 일반적인 안전 수칙 중 잘못된 것은?
- ㉮ 작업 중 일감이 튀어나오지 않도록 확실히 고정시킨다.
- ㉯ 작업 중 회전 공작물에 말려들지 않도록 복장을 단정하게 한다.
- ㉰ 절삭 가공을 할 때에는 반드시 보안경을 착용하여 눈을 보호한다.
- ㉱ 바이트는 가공시간의 절약을 위해 가공 중에 교환한다.

✓ 바이트의 교환은 모든 운전이 정지된 상태에서 시행해야 한다.

46 기계의 일상 점검 중 매일 점검에 가장 가까운 것은?
- ㉮ 소음상태 점검
- ㉯ 기계의 레벨점검
- ㉰ 기계의 정적 정밀도 점검
- ㉱ 절연상태 점검

✓ ㉯, ㉰, ㉱항 등은 월간, 분기별, 연간 등에 해당되는 점검 사항이다.

47 다음과 같은 CNC 선반의 외경 가공용 프로그램에서 공구가 공작물의 외경 30mm 부위에 도달했을 때 주축 회전수는 약 몇 rpm인가?

```
G96 S180 M03 ;
```

- ㉮ 1690
- ㉯ 1910
- ㉰ 2000
- ㉱ 1540

✓ $V = \frac{\pi d N}{1000}$에서 V=180, d=30mm이므로, $N = \frac{1000 V}{\pi d} = \frac{1000 \times 180}{3.14 \times 30} \fallingdotseq 1910 [rpm]$

48 CNC 프로그램에서 공구기능에 속하는 어드레스는?
- ㉮ G
- ㉯ F
- ㉰ T
- ㉱ M

✓ G : 준비기능, F : 이송기능, T : 공구기능, M : 보조기능

49 절삭 공구재료로 사용되며 TiC를 주체로 하고 TiN, TiCN 등의 탄화물을 초미립화하여 소결시킨 합금은?
- ㉮ 초경합금
- ㉯ 세라믹(Ceramic)
- ㉰ 서멧(Cermet)
- ㉱ CBN(Cubic Boron Nitride)

✓ 서멧(cermet)은 세라믹과 메탈의 복합어로 세라믹의 취성을 보완하기 위해 개발된 내화물과 금속 복합체의 총칭이다.

50 CNC 프로그램에서 공구의 인선 반지름(R) 보정 기능이 가장 필요한 CNC 공작기계는?

㉮ CNC 밀링
㉯ CNC 선반
㉰ CNC 호빙머신
㉱ CNC 와이어 컷 방전가공기

✓ 공구보정과 관련하여 정확한 가공을 위해서는 CNC 밀링과 CNC 와이어 컷 방전가공기의 경우는 공구반지름(또는 공구지름) 보정이 필요하며, CNC 선반의 경우에는 공구인선 반지름 보정이 필요하다.

51 머시닝 센터에서 프로그램에 의한 보정량을 입력할 수 있는 기능은?

㉮ G33
㉯ G24
㉰ G10
㉱ G04

✓ G10 : 데이터 설정, G04 : Dwell

52 CNC 선반에서 공구 위치가 그림과 같을 때 좌표계 설정으로 올바른 내용은?

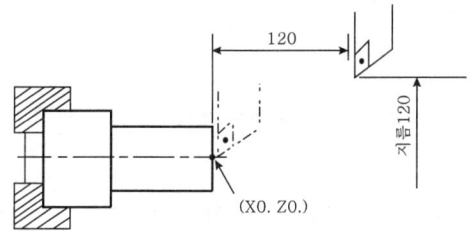

㉮ G50 X120. Z120. ;
㉯ G50 X240. Z120. ;
㉰ G50 X120. Z240. ;
㉱ G54 X120. Z120. ;

✓ G50은 공작물좌표계 설정을 하는 준비기능으로, 좌표계 원점을 기준으로 공구의 위치를 산정하여 좌표값으로 사용한다. 참고로 CNC 선반에서 X좌표값으로 지름값을 사용한다.

53 CNC 선반 프로그램에서 막깎기 가공 사이클로 지정 후 다듬질 가공 사이클(G70)로 마무리하는 가공 사이클 기능이 아닌 것은?

㉮ G71
㉯ G72
㉰ G73
㉱ G74

✓ G71 : 내·외경 황삭 사이클, G72 : 단면 황삭 사이클, G73 : 형상반복 사이클, G74 : Z방향 홈가공·팩드릴 사이클, G70 : 내·외경 정삭 사이클

54 머시닝 센터 작업 시 안전 및 유의사항으로 틀린 것은?

㉮ 기계원점 복귀는 급속이송으로 한다.
㉯ 가공하기 전에 공구경로 확인을 반드시 한다.
㉰ 공구교환 시 ATC의 작동 영역에 접근하지 않는다.
㉱ 항상 비상 정지 버튼을 작동시킬 수 있도록 준비한다.

✓ 기계원점 복귀는 고속이송으로 실행하면 정확한 기계원점복귀를 정확히 수행할 수 없어, 알람을 유발할 수 있다.

55 CNC 선반에서 복합반복사이클(G71)로 거친 절삭을 지령하려고 한다. 각 주소(address)의 설명으로 틀린 것은?

```
G7
U(△d) R(e) ;
G71 P(ns) Q(nf) U(△u) W(△w) F(f) ;
또는
G71 P(ns) Q(nf) U(△u) W(△w) D(△d) F(f) ;
```

㉮ △u : X축 방향 다듬질 여유로 지름값으로 지정
㉯ △w : Z축 방향 다듬질 여유
㉰ △d : z축 1회 절입량으로 지름값으로 지정
㉱ F : G71 블록에서 지령된 이송속도

✓ G71(내·외경 황삭 사이클) 각 주소의 기능은 다음과 같다.

```
G71 Ud Rr ;
G71 Pp Qq Uu Ww Ff ;
```

Ud : X축 1회 절입량, Rr : 도피량, Pp : 사이클 시작 블록번호, Qq : 사이클 종료 블록번호, Uu : X축 방향 정삭여유, Ww : Z축 방향 정삭 여유, Ff : 이송속도

56 다음 [보기]에서 기능 취소를 나타내는 준비 기능을 모두 고른 것은?

```
[보기]
(A) G40    (B) G70    (C) G90
(D) G28    (E) G49    (F) G80
```

㉮ (B), (C), (D)   ㉯ (A), (C), (E)
㉰ (B), (D), (F)   ㉱ (A), (E), (F)

✓ G40 : 공구반경보정 취소, G90 : 절대지령, G28 : 자동원점복귀, G49 : 공구길이보정 취소, G80 : 고정사이클 취소

57 머시닝 센터에서 작업평면이 Y-Z평면일 때 지령되어야 할 코드는?

㉮ G17   ㉯ G18
㉰ G19   ㉱ G20

✓ G17 : X-Y평면 지정, G18 : Z-X평면 지정, G19 : Y-Z평면 지정, G20 : inch 입력

58 머시닝 센터에서 가공물의 고정시간을 줄여 생산성을 높이기 위하여 부착하는 장치를 의미하는 약어는?

㉮ FA   ㉯ ATC
㉰ FMS   ㉱ APC

✓ • FA : Factory Automation, 공장자동화
• ATC(Automatic Tool Changer) : 자동공구교환장치, 다수의 공구를 공구매거진(Tool Magazine)에 장착해 놓고 필요한 공구

55.㉰ 56.㉱ 57.㉰ 58.㉱

를 호출하여 사용하는 장치
- FMS(Flexible manufacturing system) : CNC 공작기계, 핸들링 로봇, APC, ATC, 자동이송공급 장치, 자동화 창고 등을 갖추고 있는 제조공정을 중앙 컴퓨터에서 제어하는 생산시스템으로 유연하게 대처할 수 있어서 다품종 소량 생산에 적합함
- APC(Automatic Pallet Changer) : 자동팰릿교환장치

59 다음 그림에서 A(10, 20)에서 시계방향으로 360° 원호가공을 하려고 할 때 맞게 명령한 것은?

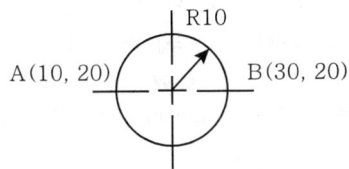

㉮ G02 X10. R10. ; ㉯ G03 X10. R10. ;
㉰ G02 I10. ; ㉱ G03 I10. ;

✓ 시계방향 원호가공은 G02이며, I 또는 J는 원호 시작점에서 중심점까지 X과 Y축 방향에 대한 각각의 증분 좌표값(벡터값)을 나타낸다.

60 DNC 시스템의 구성 요소가 아닌 것은?
㉮ CNC 공작기계 ㉯ 중앙 컴퓨터
㉰ 통신선 ㉱ 플로터

✓ DNC(Distributed Numerical Control)란 CAD/CAM 시스템과 CNC 기계를 근거리 통신망으로 연결하여 1대의 컴퓨터에서 여러 대의 CNC 공작기계에 데이터를 분배 전송함으로써 운전할 수 있는 방식을 말한다. DNC 시스템은 CNC 공작기계, 통신선, DNC 제어용 컴퓨터 등으로 구성된다.

2013년 2회 필기

컴퓨터응용선반기능사

01 Cr 10~11%, Co 26~58%, Ni 10~16%를 함유하는 철합금으로 온도변화에 대한 탄성률의 변화가 극히 적고 공기 중이나 수중에서 부식되지 않고, 스프링, 태엽, 기상관측용 기구의 부품에 사용되는 불변강은?
- ㉮ 인바(invar)
- ㉯ 코엘린바(coelinvar)
- ㉰ 퍼멀로이(permalloy)
- ㉱ 플래티나이트(platinite)

✓ 불변강이란 주위 온도의 변화에 의하여 재료가 가지고 있는 열팽창 계수나 탄성 계수 등의 특성이 변하지 않는 강으로, ㉮항은 바이메탈, 시계진자, 줄자, 계측기의 부품, ㉰항은 자석강에 해당되며, ㉱항은 전구의 도입선 등으로 사용된다.

02 주철의 흑연화를 촉진시키는 원소가 아닌 것은?
- ㉮ Al
- ㉯ Mn
- ㉰ Ni
- ㉱ Si

✓ 흑연화를 방지시키는 원소는 Mn과 Cr이다.

03 설계도면에 SM40C로 표시된 부품이 있다. 어떤 재료를 사용해야 하는가?
- ㉮ 인장강도가 40MPa인 일반구조용 탄소강
- ㉯ 인장강도가 40MPa인 기계구조용 탄소강
- ㉰ 탄소를 0.37%~0.43% 함유한 일반구조용 탄소강
- ㉱ 탄소를 0.37%~0.43% 함유한 기계구조용 탄소강

✓ SM은 기계구조용 탄소강을 나타내며, 40C는 탄소의 함유량이 0.40% 내외를 포함하고 있음을 나타낸다.

04 담금질한 탄소강을 뜨임 처리하면 어떤 성질이 증가되는가?
- ㉮ 강도
- ㉯ 경도
- ㉰ 인성
- ㉱ 취성

✓ 뜨임의 주된 목적은 담금질 강을 가열하여, 조직을 연화시켜 내부 응력을 제거하고 경도를 감소시켜 인성을 부여하는 것이다.

05 철강 재료에 관한 올바른 설명은?
- ㉮ 용광로에서 생산된 철은 강이다.
- ㉯ 탄소강은 탄소함유량이 3.0%~4.3% 정도이다.
- ㉰ 합금강은 탄소강에 필요한 합금 원소를 첨가한 것이다.
- ㉱ 탄소강의 기계적 성질에 가장 큰 영향을 끼치는 원소는 규소(Si)이다.

✓ ㉮ 용광로에서 생산된 철은 선철이다.
㉯ 탄소강의 탄소 함유량은 0.0~2.11%의 탄소를 함유한다.
㉰ 합금강은 탄소강에 니켈, 크롬, 텅스텐, 규소, 망간, 몰리브덴, 코발트, 바나듐, 붕소 등을 1~2종을 첨가하여 기계적, 물리적, 화학적으로 성질을 개선시킨 강이다.
㉱ 탄소강은 탄소(C)가 가장 큰 영향을 끼치는 요소이다.

06 주조경질합금의 대표적인 스텔라이트의 주성분을 올바르게 나타낸 것은?

㉮ 몰리브덴-바나듐-탄소-티탄
㉯ 크롬-탄소-니켈-마그네슘
㉰ 탄소-텅스텐-크롬-알루미늄
㉱ 코발트-크롬-텅스텐-탄소

✓ 주조경질합금(스텔라이트)은 Co(40~65%), Cr(25~35%), W(12~20%), C(2.5~2.75%)를 함유한 합금으로 주조로 제작되어 취성이 많은 단점이 있으나 고속 절삭성 및 가공 정밀도가 높은 공구 재료이다.

07 강괴를 탈산정도에 따라 분류할 때 이에 속하지 않는 것은?

㉮ 림드강   ㉯ 세미 림드강
㉰ 킬드강   ㉱ 세미 킬드강

✓ 일반적으로 용강을 주형에 부어서 굳힌 금속의 덩어리를 잉곳이라 하며, 강의 경우를 강괴(steel ingot)라 한다. 강괴는 탈산정도에 따라 ㉮, ㉰, ㉱항과 캡트강으로 구분된다.

08 구름 베어링 중에서 볼 베어링의 구성 요소와 관련이 없는 것은?

㉮ 외륜   ㉯ 내륜
㉰ 니들   ㉱ 리테이너

✓ 구름 베어링을 구성하는 기본적인 요소는 회전체 사이에 적절한 간격을 유지해 주는 리테이너, 회전체를 안내하며 통로 구실을 하는 내륜 및 외륜으로 구성되어 있다.

09 평기어에서 피치원의 지름이 132mm, 잇수가 44개인 기어의 모듈은?

㉮ 1   ㉯ 3
㉰ 4   ㉱ 6

✓ 모듈$(m) = \dfrac{D(\text{피치원 지름})}{z(\text{잇수})} = \dfrac{132}{44} = 3$

10 나사 및 너트의 이완을 방지하기 위하여 주로 사용되는 핀은?

㉮ 테이퍼 핀   ㉯ 평행 핀
㉰ 스프링 핀   ㉱ 분할 핀

✓ ㉮ 1/50의 테이퍼를 가지는 것으로 끝이 갈라진 것과 갈라지지 않은 것이 있다.
㉯ 위치 결정이나 막대의 연결용으로 사용
㉰ 기계 부품을 결합하는 데 사용된다.

11 [그림]에서 응력 집중 현상이 일어나지 않는 것은?

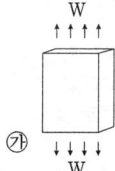
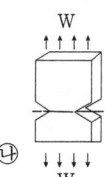

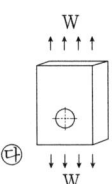
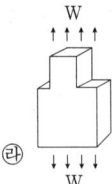

✓ 응력 집중이란 노치 홈, 구멍, 단 등 요소 단면 형상의 급격한 변화 때문에 국부적으로 큰 응력이 생기는 현상을 말하며, ㉰항은 V(노치) 홈 부위, ㉯는 내부의 구멍 부위, ㉱는 턱진 부분에서 응력 집중 현상이 일어난다.

12 압축 코일스프링에서 코일의 평균지름(D)이 50mm, 감김수가 10회, 스프링 지수(C)가 5.0일 때 스프링 재료의 지름은 약 몇 mm인가?

㉮ 5   ㉯ 10
㉰ 15   ㉱ 20

✓ 스프링 지수$(C) = \dfrac{D(\text{코일의 평균지름})}{d(\text{스프링의 지름})}$ 에서 $d = \dfrac{D}{C} = \dfrac{50}{5} = 10[\text{mm}]$

13 나사결합부에 진동하중이 작용하든가, 심한 하중변화가 있으면 어느 순간에 너트는 풀리기 쉽다. 너트의 풀림 방지법으로 사용하지 않는 것은?

㉮ 나비 너트   ㉯ 분할 핀
㉰ 로크 너트   ㉱ 스프링 와셔

✓ 너트의 풀림 방지법에는 ㉯, ㉰, ㉱와 자동 죔 너트, 핀, 작은 나사, 세트 스크류, 철사 등을 사용한다.

14 나사에 관한 설명으로 옳은 것은?

㉮ 1줄 나사와 2줄 나사의 리드(lead)는 같다.
㉯ 나사의 리드각과 비틀림각의 합은 90°이다.
㉰ 수나사의 바깥지름은 암나사의 안지름과 같다.
㉱ 나사의 크기는 수나사의 골지름으로 나타낸다.

✓ ㉮ L=nP에 의해 2줄 나사가 1줄 나사보다 리드는 2배이다.
　㉰ 수나사의 바깥지름은 암나사의 골지름과 같다.
　㉱ 나사의 크기는 수나사의 바깥지름으로 표시한다.

15 체인 전동의 특징으로 잘못된 것은?

㉮ 고속 회전의 전동에 적합하다.
㉯ 내열성, 내유성, 내습성이 있다.
㉰ 큰 동력 전달이 가능하고 전동 효율이 높다.
㉱ 미끄럼이 없고 정확한 속도비를 얻을 수 있다.

✓ 체인 전동의 특성은 ㉯, ㉰, ㉱항 이외에도 여러 개의 축을 동시에 구동할 수 있고, 체인의 탄성에 의해 충격 흡수가 가능하고, 유지 및 수리가 쉽고, 마멸이 생겨도 수명이 길지만, 진동과 소음이 나기 쉽고 회전각의 전달 정확도가 좋지 않으며 고속회전에는 부적당하다.

12.㉯ 13.㉮ 14.㉯ 15.㉮

16 제3각법으로 투상된 그림과 같은 투상도에서 평면도로 가장 적합한 것은?

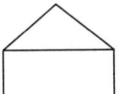

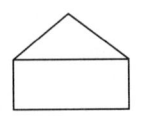

㉮ 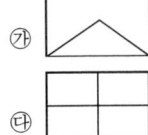 ㉯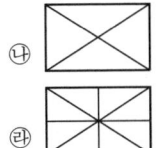

17 그림과 같이 물체의 구멍, 홈 등 특정 부위만의 모양을 도시하는 투상도의 명칭은?

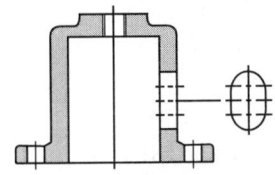

㉮ 보조 투상도   ㉯ 국부 투상도
㉰ 전개 투상도   ㉱ 회전 투상도

✓ ㉮ 경사면에 평행한 별도의 투상면을 설정하고 간단하고 쉽게 실제의 모양을 나타내는 투상법
㉰ 구부러진 판제를 만들 때는 실물을 정면도에 그리고 평면도에 전개도를 그리는 투상법
㉱ 투상면이 각도로 인해 실형의 표시가 어려운 경우에 그 부분을 회전하여 실형을 표시하는 투상법

18 표면 거칠기 지시방법에서 '제거가공을 허용하지 않는다'는 것을 지시하는 것은?

㉮   ㉯

㉰   ㉱

✓ ㉮ 대상면을 지시하는 기호로 표면의 결을 지시할 때에는 그림과 같이 60°를 벌린 길이가 각기 다른 꺾인 선으로 보통 투상도의 외형선에 붙여서 사용한다.
㉰, ㉱는 표면 거칠기에서 중심값 평균 거칠기(Ra)에서 최대값을 지시하는 경우이다.

19 기계제도 도면에 사용되는 가는 실선의 용도로 틀린 것은?

㉮ 치수보조선   ㉯ 치수선
㉰ 지시선   ㉱ 피치선

✓ ① 가는 실선 : ㉮, ㉯, ㉰항과 회전 단면선, 중심선, 수준면선, 특수선 등에 표시
② ㉱항은 중심선, 기준선과 같이 가는 1점 쇄선으로 표시한다.

16.㉯ 17.㉯ 18.㉯ 19.㉱

20 그림과 같은 암나사 관련부분의 도시 기호의 설명으로 틀린 것은?

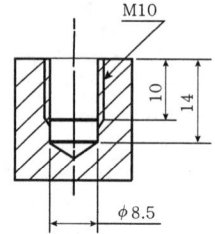

㉮ 드릴의 지름은 8.5mm
㉯ 암나사의 안지름은 10mm
㉰ 드릴 구멍의 깊이는 14mm
㉱ 유효 나사부의 길이는 10mm

✓ ㉮ 그림 하단에 드릴 직경이 8.5mm로 나와 있으며, M10의 피치는 1.5mm이므로 드릴의 지름은 10-1.5=8.5mm이다.
㉯ 암나사의 안지름도 드릴의 지름과 유사하다.(KS B에서는 약 8.4mm)

21 기계제도에서 최대 실체공차 방식의 기호는?

㉮ Ⓝ   ㉯ Ⓛ
㉰ Ⓜ   ㉱ Ⓟ

✓ 최대 실체공차방식을 적용하기 위해서는 최대 실체공차방식을 공차의 대상으로 된 형체 또는 그 양자에 적용하는가에 따라 기호 Ⓜ을 사용한다.

22 상용하는 공차역에서 위 치수허용차와 아래 치수허용차의 절대값이 같은 것은?

㉮ H   ㉯ js
㉰ h   ㉱ E

✓ js급의 공차 범위는 항상 ±로 위 치수와 아래 치수의 허용치가 같다.

23 베어링 호칭번호 "6308 Z NR"로 되어 있을 때 각각의 기호 및 번호에 대한 설명으로 틀린 것은?

㉮ 63 : 베어링 계열 번호
㉯ 08 : 베어링 안지름 번호
㉰ Z : 레이디얼 내부 틈새 기호
㉱ NR : 궤도륜 모양 기호

✓ Z는 한쪽 실드 기호, ZZ는 양쪽 실드 기호를 표시한다.

24 치수숫자와 함께 사용되는 기호로 45° 모떼기를 나타내는 기호는?

㉮ C   ㉯ R   ㉰ K   ㉱ M

✓ ㉯ 반지름을 표시한다.

20.㉯ 21.㉰ 22.㉯ 23.㉰ 24.㉮

25 지시선의 화살표로 나타낸 중심면은 데이텀 중심평면 A에 대칭으로 0.08mm의 간격을 갖는 평행한 두 개의 평면 사이에 있어야 한다고 할 때 들어가야 할 기하공차 기호로 옳은 것은?

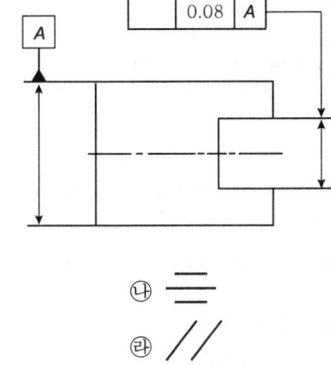

㉮ ⊥   ㉯ ═
㉰ ⌖   ㉱ ∥

✓ 문제는 대칭에 대한 기하공차를 요구하므로 ㉯항이 대칭도를 나타내는 기하공차 기호이므로 정답이고, ㉮ 직각도, ㉰ 위치도, ㉱ 평행도를 나타내는 기하공차 기호이다.

26 피측정물을 양 센터에 지지하고, 360° 회전시켜 다이얼 게이지의 최대값과 최소값의 차로서 진원도를 측정하는 것은?

㉮ 직경법   ㉯ 반경법
㉰ 3점법   ㉱ 센터법

✓ 진원도를 측정하는 방법은 ㉮, ㉯, ㉰항의 세 가지 방법이 있다.
  ㉮ 직경법은 정반에 피측정물을 올려 놓고 돌려가며 흔들림의 차로 측정
  ㉰ 3점법은 V-블럭, 마승 게이지, 삼각 게이지 등을 이용하여 흔들림의 차로 측정한다.

27 다음과 같은 숫돌바퀴의 표시에서 숫돌입자의 종류를 표시한 것은?

WA 60 K m V

㉮ 60   ㉯ m
㉰ WA   ㉱ V

✓ WA : 숫돌바퀴의 종류, 60 : 입도, K : 결합도, m : 조직, V : 결합제의 종류를 나타낸다.

28 자동 모방장치를 이용하여 모형이나 형판을 따라 절삭하는 선반은?

㉮ 모방선반   ㉯ 공구선반
㉰ 정면선반   ㉱ 터릿선반

✓ ㉯ 구조는 보통 선반과 유사하나, 정밀도가 높으며 테이퍼 장치, 콜릿 장치, 릴리빙 장치 등이 있어 공구, 게이지, 정밀 부품 등의 가공이 용이한 선반
  ㉰ 스윙을 크게 하고 베드의 길이를 짧게 하여, 지름이 크고 길이가 짧은 대형 공작물을 가공하기에 적합한 선반
  ㉱ 심압대 대신 설치된 터릿이라는 공구대에 작업 공정 순서대로 설치하여 소형 공작물의 대량 생산에 적합한 선반

25.㉯   26.㉯   27.㉰   28.㉮

29 절삭 저항을 변화시키는 요소에 대한 설명으로 올바른 것을 [보기]에서 모두 고른 것은?

> [보기]
> ㄱ. 절삭 면적이 커지면 절삭 저항은 감소한다.
> ㄴ. 절삭 속도가 증가하면 절삭 저항은 감소한다.
> ㄷ. 윗면 경사각이 감소하면 절삭 저항은 감소한다.
> ㄹ. 연한 재질의 일감보다는 단단한 재질일수록 절삭 저항이 커진다.

㉮ ㄱ, ㄷ ㉯ ㄴ, ㄹ
㉰ ㄱ, ㄴ, ㄷ ㉱ ㄴ, ㄷ, ㄹ

✓ 절삭 면적이 커지면 절삭 저항은 증가한다. 윗면 경사각이 감소하면 절삭 저항은 마찰 증대로 증가한다.

30 밀링 작업에서 하향 절삭과 비교한 상향 절삭의 특징으로 올바른 것은?

㉮ 절삭력이 상향으로 작용하여 고정이 불리하다.
㉯ 가공할 때 충격이 있어 높은 강성이 필요하다.
㉰ 절삭날의 마멸이 적고 공구수명이 길다.
㉱ 백래시를 제거하여야 한다.

✓ ㉯, ㉰, ㉱항은 하향 절삭의 특징이다.

31 호닝(honing)에서 교차각(α)이 몇 도일 때 다듬질량이 가장 큰가?

㉮ 10°~15° ㉯ 23°~35°
㉰ 40°~50° ㉱ 55°~65°

✓ 혼의 교차각은 거친 가공 시에는 40°~60°, 다듬 호닝에서는 20°~40°로 주어지므로 가공량(다듬질량)이 가장 큰 교차각은 40°~50°이고, ㉱항은 너무 각도가 크다.

32 기어 가공 시 잇수 분할에 사용되는 밀링 부속장치는?

㉮ 수직축 장치 ㉯ 분할대
㉰ 회전 테이블 ㉱ 래크 절삭장치

✓ ㉮ 수평 밀링에서 공구의 수평 회전을 수직 회전으로 변환시키는 부속 장치
㉯ 밀링 테이블 위에 고정시켜, 원주를 등분하고 각도 분할 등에 사용
㉰ 밀링 테이블 위에 고정시켜, 원형, 윤곽, 분할 가공 등에 사용
㉱ 수평 및 만능 밀링에서 주축에 고정시켜 래크 기어 등의 가공에 사용

33 주로 일감의 평면을 가공하며, 기둥의 수에 따라 쌍주식과 단주식으로 구분하는 공작기계는?

㉮ 셰이퍼 ㉯ 슬로터
㉰ 플레이너 ㉱ 브로칭 머신

✓ ㉮ 램의 끝단에 설치된 바이트가 전후 직선 왕복 운동을 하며, 주로 좁은 평면, 홈, 각도 가공을 하는 형삭기
㉯ 램의 끝단에 설치된 바이트가 상하 직선 왕복 운동을 하며, 주로 키 홈, 구멍의 내면, 내접 기어 등을 가공하는 형삭기
㉱ 브로치라는 공구가 주로 일감의 내면을 가압하며 1회의 왕복운동으로 복잡한 안지름, 키 홈, 스플라인, 내접 기어 등을 가공하는 기계

34 다음 중 공작물에 암나사를 가공하는 작업은?
- ㉮ 보링 작업
- ㉯ 탭 작업
- ㉰ 리머 작업
- ㉱ 다이스 작업

✓ ㉮ 이미 뚫린 구멍을 정밀하게 더 넓히는 작업
  ㉰ 드릴로 뚫은 내면을 매끄러운 면으로 가공하기 위해 리머라는 공구를 이용하여 다듬는 작업
  ㉱ 다이스를 이용하여 수나사를 가공하는 작업

35 회전하는 원형 테이블에 작은 공작물을 여러 개 올려놓고 동시에 연삭할 때 주로 사용하는 평면 연삭 방식은?
- ㉮ 수평 평면 연삭
- ㉯ 수직 평면 연삭
- ㉰ 플런지 컷형
- ㉱ 회전 테이블 연삭

✓ 회전(원형) 테이블형은 테이블 자체가 자석 척으로 자성체에 한하여 일시에 여러 개를 고정하여 동시에 연삭할 수 있는 연삭 방식이다.

36 절삭 공구의 구비 조건으로 틀린 것은?
- ㉮ 충격에 견딜 수 있는 강인성이 있을 것
- ㉯ 고온에서도 경도가 감소하지 않을 것
- ㉰ 인장강도와 내마모성이 작을 것
- ㉱ 쉽게 원하는 모양으로 제작이 가능할 것

✓ 절삭 공구의 구비 조건으로는 ㉮, ㉯, ㉱항 이외에도 내마모성이 커야 한다.

37 다음 끼워맞춤에서 요철틈새 0.1mm를 측정할 경우 가장 적당한 것은?

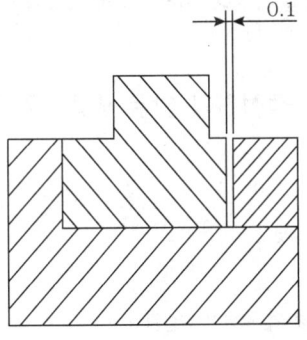

- ㉮ 내경 마이크로미터
- ㉯ 다이얼 게이지
- ㉰ 버니어 캘리퍼스
- ㉱ 틈새 게이지

✓ 틈새 게이지(간격 게이지, 시크니스 게이지)는 두께가 0.03~3mm 정도까지의 얇은 박판을 한 세트로 하여 부품 사이의 틈새, 미세 간격, 좁은 홈의 틈새 등의 측정에 사용하는 측정기이다.

34.㉯ 35.㉱ 36.㉰ 37.㉱

38 절삭유제의 특징에 해당하지 않는 것은?

㉮ 공구수명을 감소시키고, 절삭성능을 높여준다.
㉯ 공구와 칩 사이의 마찰을 감소시킨다.
㉰ 절삭열을 냉각시킨다.
㉱ 칩을 씻어주고 절삭부를 깨끗이 닦아 절삭작용을 쉽게 한다.

✓ 절삭유제의 첫 번째 사용 목적은 냉각 작용으로 공구와 공작물을 냉각시켜 공구의 수명 연장, 절삭성의 향상 등이 목적이다.

39 일반적으로 밀링머신에서 사용하는 테이블 이송과 커터 1회전당 이송으로 가장 적합한 것은?

㉮ mm/min, mm/rev
㉯ mm/min, mm/stroke
㉰ mm/min, mm/sec
㉱ mm/sec, mm/stroke

✓ 밀링에서 테이블의 이송은 1분 동안 테이블이 이동한 거리(mm/min)를 나타내며, 커터 1회전당 이송은 mm/rev이다. 여기서 min은 minute(분)을 나타내며, rev는 revolution(회전)을 뜻한다.

40 공작기계가 갖춰야 할 구비 조건으로 틀린 것은?

㉮ 높은 정밀도를 가질 것
㉯ 가공능력이 클 것
㉰ 내구력이 작을 것
㉱ 기계효율이 좋을 것

✓ 공작기계가 갖춰야 할 구비 조건은 ㉮, ㉯, ㉱항 이외에도 기계적 강성(내·외력에 저항하는 힘)이 커야 하며, 동력 손실도 적고, 조작이 간단하고 안전성이 높아야 하는 것이다.

41 일반적으로 구성인선 방지대책으로 적절하지 않은 방법은?

㉮ 절삭 깊이를 깊게 할 것
㉯ 경사각을 크게 할 것
㉰ 윤활성이 좋은 절삭유제를 사용할 것
㉱ 절삭속도를 크게 할 것

✓ 절삭 깊이를 크게 하면 저항의 증대로 구성인선의 발생이 촉진된다.

42 선반 가공에서 가늘고 긴 가공물을 절삭할 때 사용하는 부속 장치는?

㉮ 돌리개 ㉯ 방진구
㉰ 콜릿 척 ㉱ 돌림판

✓ ㉮ : 양 센터 작업 시 공작물에 회전력을 주기 위해 공작물과 주축에 동력을 전달하는 역할을 하는 부속품
㉰ : 원 둘레가 주로 3등분으로 되어 있어 삼각형, 육각형, 원형의 공작물을 스프링 작용에 의해 고정시키는 부속품
㉱ : 돌리개와 같이 돌리개의 동력 전달의 역할을 수행하는 부속품

43 컴퓨터에 의한 통합 생산 시스템으로 설계, 제조, 생산, 관리 등을 통합하여 운영하는 시스템은?

㉮ CAM ㉯ FMS ㉰ DNC ㉱ CIMS

✓ • CAM(Computer Aided Manufacture) : 컴퓨터를 이용하여 제품을 생산하는 것으로, 모델링 data에 공구경로를 산출하고, 절삭조건 등의 가공조건을 부여하여, 가공 Data를 산출하여 제품을 생산하는 것
• FMS(Flexible Manufacturing System) : CNC 공작기계, 핸들링 로봇, APC, ATC, 자동이송공급 장치, 자동화 창고 등을 갖추고 있는 제조공정을 중앙 컴퓨터에서 제어하는 생산시스템으로 유연하게 대처할 수 있어서 다품종 소량 생산에 적합함
• DNC(Distributed Numerical Control) : CAD/CAM 시스템과 CNC 기계를 근거리 통신망으로 연결하여 1대의 컴퓨터에서 여러 대의 CNC 공작기계에 데이터를 분배 전송함으로써 운전할 수 있는 방식
• CIMS(Computer Integrated Manufacturing System) : 사업계획과 지원, 제품설계, 공정계획, 가공공정계획, 작업창 모니터 시스템, 공정 자동화 등의 모든 계획기능과 실행계획을 컴퓨터에 의하여 통합 관리하는 시스템

44 CNC 선반에서 지령값 X를 φ50mm로 가공한 후 측정한 결과 φ49.97mm이었다. 기존의 X축 보정값이 0.005이라면 보정값을 얼마로 수정해야 하는가?

㉮ 0.035 ㉯ 0.135 ㉰ 0.025 ㉱ 0.125

✓ 수정 보정값=(지령값-측정값)+기존 보정값=(50-49.97)+0.005=0.035

45 CAD/CAM 시스템에서 입력장치에 해당되는 것은?

㉮ 프린터 ㉯ 플로터
㉰ 모니터 ㉱ 스캐너

✓ • 입력장치 : 키보드, 마우스, 태블릿, 디지타이저, 스캐너, 조이스틱, 라이트 펜 등
• 출력장치 : 플로터, 프린터, 모니터(CRT, LCD), 빔프로젝터, 하드카피장치 등

46 CNC 선반에서 점 B에서 점 C까지 가공하는 프로그램을 올바르게 작성한 것은?

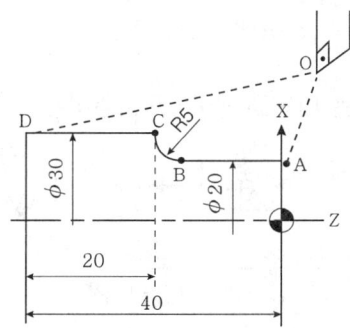

㉮ G02 U10. W-5. R5. ;   ㉯ G02 X10. Z-5. R5. ;
㉰ G03 U10. W-5. R5. ;   ㉱ G03 X10. Z-5. R5. ;

✓ B→C 경로는 시계방향원호가공(G02)이며, 좌표값 지령방식에 따라 다음 4가지로 프로그램을 작성할 수 있다.
• 절대지령   G02 X30. Z-20. R5. ;
• 증분지령   G02 U10. W-5. R5. ;
• 혼합지령 I G02 X30. W-5. R5. ;
• 혼합지령 II G02 U10. Z-20. R5. ;

47 선반 작업의 안전사항에 대한 내용 중 틀린 것은?

㉮ 작업 중 칩의 처리는 기계를 멈추고 한다.
㉯ 절삭공구는 될 수 있으면 길게 설치한다.
㉰ 면장갑을 끼고 작업해서는 안 된다.
㉱ 회전 중 속도를 변경할 때는 주축이 정지한 다음 변경한다.

✓ 절삭 공구는 공구대에서 길게 돌출이 되면 떨림, 흔들림 등이 발생하여 공작물의 정밀도 저하, 공구의 수명 단축 등의 원인이 되므로 될수록 짧게 설치한다.

48 선반작업에서 공작물의 가공 길이가 240mm이고, 공작물의 회전수가 1200rpm, 이송속도가 0.2mm/rev일 때 1회 가공에 필요한 시간은 몇 분(min)인가?

㉮ 0.2   ㉯ 0.5   ㉰ 1.0   ㉱ 2.0

✓ 가공시간$(T) = \dfrac{l(\text{공작물의 길이})}{\text{회전수}(n) \times \text{이송}(s)} = \dfrac{240}{1200 \times 0.2} = 1.0[\min]$

49 CNC 공작기계에 대한 기계좌표계의 설명으로 올바른 것은?

㉮ 자동 실행 중 블록의 나머지 이동거리를 표시해 준다.
㉯ 일시적으로 좌표를 0(zero)으로 설정할 때 사용한다.
㉰ 전원 투입 후 기계 원점 복귀 시 이루어진다.
㉱ 프로그램 작성자가 임의로 정할 수 있다.

✓ • 잔여이동좌표계 : 자동실행 중에 현재 실행 중인 블록의 나머지 이동거리를 표시한다.
 • 상대좌표계 : 사용자 편의대로 사용할 수 있는 임의 좌표계로서 공구세팅이나 공작물좌표계 설정 시에 편의에 따라 사용할 수 있고, 일시적으로 좌표를 0으로 설정할 수 있다.
 • 기계좌표계 : 기계의 원점을 기준으로 하는 좌표계로서 공장출하 시에 파라미터에 의해 결정되며, 전원투입 후 기계원점 복귀 시에 확립된다.
 • 프로그램좌표계 : 프로그램 작성자가 임의로 결정하는 좌표계이다.

50 서보기구 중 가장 널리 사용되는 다음과 같은 제어방식은?

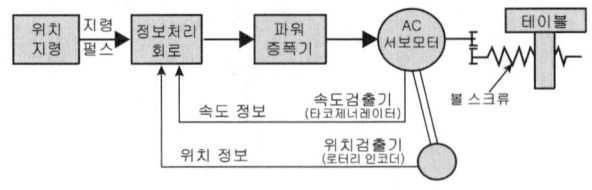

㉮ 반폐쇄회로 방식   ㉯ 하이브리드 서보 방식
㉰ 개방회로 방식   ㉱ 폐쇄회로 방식

✓ • 개방회로 : 피드백 장치 없이 스태핑 모터를 사용한 방식으로, 검출기가 없으므로 가공 정밀도가 좋지 않다.
 • 반폐쇄회로 : 속도검출기와 위치검출기가 모터에 부착되어 있는 방식으로 스크류의 백래시, 비틀림 및 처짐, 마찰, 열변형 등에 의한 오차는 보정할 수 없다. CNC 공작기계에서 일반적으로 많이 사용하는 방식이다.
 • 폐쇄회로 : 모터에 내장된 속도검출기에서 속도를 검출하고, 테이블에 부착된 위치검출기에서 위치를 검출하여 피드백하는 방식. 정밀도를 향상시킬 수 있으며, 대형 및 고속가공기에 많이 사용되는 방식이다.
 • 복합(하이브리드)회로 : 반폐쇄회로 방식과 폐쇄회로 방식을 결합하여 고정밀도로 제어하는 방식으로, 가격이 고가이다.

51 CNC 공작기계가 가지고 있는 M(보조기능) 기능이 아닌 것은?

㉮ 스핀들 정, 역회전 기능
㉯ 절삭유 on, off 기능
㉰ 절삭속도 선택기능
㉱ 프로그램의 선택적 정지기능

✓ M03 : 주축 정회전, M04 : 주축 역회전, M08 : 절삭유 ON, M09 : 절삭유 OFF, M01 : 선택적 프로그램 정지
• 절삭속도를 부여하고자 할 경우에는 이송기능 S를 사용해야 한다.

52 CNC 선반작업 중 측정기 및 공구를 사용할 때 안전사항이 틀린 것은?

㉮ 공구는 항상 기계 위에 올려놓고 정리정돈하며 사용한다.
㉯ 측정기는 서로 겹쳐 놓지 않는다.
㉰ 측정 전 측정기가 맞는지 0점 세팅(setting)한다.
㉱ 측정을 할 때는 반드시 기계를 정지한다.

✓ 측정기나 공구 등을 공작기계나 재료 등의 위에 올려놓을 경우 가공 시 발생하는 칩과 얽혀 비산되어 매우 위험하다. 따라서 공작기계나 재료 등의 위에는 아무것도 올려놓아서는 안 된다.

53 CNC 선반에서 G71로 황삭가공한 후 정삭가공하려면 G코드는 무엇을 사용해야 하는가?

㉮ G70　　㉯ G72　　㉰ G74　　㉱ G76

✓ G70 : 내·외경 정삭 사이클, G71 : 내·외경 황삭 사이클, G72 : 단면 황삭 사이클, G74 : Z방향 홈가공·팩드릴 사이클, G76 : 나사 절삭 사이클

54 다음은 머시닝 센터에서 프로그램에 의한 보정량 입력을 나타낸 것이다. 설명으로 올바른 것은?

```
G10 P__ R__ ;
```

㉮ P : 보정번호, R : 공구번호
㉯ P : 보정번호, R : 보정량
㉰ P : 공구번호, R : 보정번호
㉱ P : 보정량, R : 보정취소

✓ G10은 데이터 설정으로 원하는 데이터를 프로그램하여 입력할 수 있는 기능으로 P기능과 R기능을 동반하는데, P에는 보정번호를, R에는 보정량을 입력하여 사용한다.

55 CNC 선반 프로그램에서 주축회전수(rpm) 일정제어 G코드는?

㉮ G96　　㉯ G97
㉰ G98　　㉱ G99

✓ G96 : 절삭속도(m/min) 일정제어, G97 : 주축회전수(rpm) 일정제어, G98 : 분당 이송(mm/min) 지정, G99 : 회전당 이송(mm/rev) 지정

51.㉰　52.㉮　53.㉮　54.㉯　55.㉯

56 다음과 같은 CNC 선반의 평행 나사절삭 프로그램에서 F2.0의 설명으로 맞는 것은?

```
G92 X48.7 Z-25. F2.0 ;
    X48.2 ;
```

㉮ 나사의 높이 2mm
㉯ 나사의 리드 2mm
㉰ 나사의 피치 2mm
㉱ 나사의 줄 수 2줄

✓ G92 X_ Z_ F_ ;
  • X, Z : 나사가공 끝점 좌표
  • F : 나사의 리드

57 인서트의 크기는 절삭이 가능한 범위 내에서 최소의 크기로 하는데 최대 절삭깊이는 인선 길이의 얼마 정도로 유지하는 것이 좋은가?

㉮ 1/2　　㉯ 1/3　　㉰ 1/4　　㉱ 1/5

✓ 인서트 형상은 가능한 한 강도가 크고 경제적인 큰 코너각의 인서트를 선정하고, 인서트 크기는 절삭 가능한 범위 내에서 최소 크기를 선정하며, 최대 절삭깊이는 인선길이의 1/2 정도가 적당하다.

58 다음 중 CNC 선반에서 증분지령(incremental)으로만 프로그래밍한 것은?

㉮ G01 X20. Z-20. ;　　㉯ G01 U20. W-20. ;
㉰ G01 X20. W-20. ;　　㉱ G01 U20. Z-20. ;

✓ CNC 선반에서 절대지령은 X, Z 등의 좌표어를 사용하고, 증분지령은 U, W 등의 좌표어를 사용한다.

59 CNC 공작기계 작동 중 이상이 생겼을 때 취할 행동과 거리가 먼 것은?

㉮ 프로그램에 문제가 없는가 점검한다.
㉯ 비상정지 버튼을 누른다.
㉰ 주변상태(온도, 습도, 먼지, 노이즈)를 점검한다.
㉱ 일단 파라미터를 지운다.

✓ CNC 공작기계의 파라미터는 가급적 수정하거나 삭제하지 않는 것이 좋다. 만약 임의로 파라미터를 삭제할 경우, CNC 공작기계가 오작동할 수 있다.

60 CNC 선반의 준비기능은 한번 지령 후 계속 유효한 기능과 1회 유효한 기능으로 나누어진다. 다음 중 계속 유효한 모달(Modal) G코드는?

㉮ G01　　㉯ G04　　㉰ G28　　㉱ G30

✓ 1회 지령으로 같은 그룹의 G코드가 나올 때까지 유효한 기능을 모달기능이라고 한다. CNC 선반에서는 G04, G27~G31, G50, G70~G76 등의 One-Shot G코드를 제외한 G코드가 이에 해당한다.

56.㉯　57.㉮　58.㉯　59.㉱　60.㉮

2013년 4회 필기
컴퓨터응용선반기능사

01 구리의 일반적 특성에 관한 설명으로 틀린 것은?
㉮ 전연성이 좋아 가공이 용이하다.
㉯ 전기 및 열의 전도성이 우수하다.
㉰ 화학적 저항력이 작아 부식이 잘 된다.
㉱ Zn, Sn, Ni, Ag 등과는 합금이 잘 된다.
✓ 구리의 특성은 ㉮, ㉯, ㉱항 이외에도 철강에 비해 내식성이 좋고, 기계적 성질도 향상되며, 아름다운 색을 띠고 있다.

02 유리섬유에 합침(合浸)시키는 것이 가능하기 때문에 FRP(Fiber Reinforced Plastic)용으로 사용되는 열경화성 플라스틱은?
㉮ 폴리에틸렌계
㉯ 불포화 폴리에스테르계
㉰ 아크릴계
㉱ 폴리염화비닐계
✓ 불포화 폴리에스테르는 전기적 성질, 치수 안전성, 내열성, 내약품성 등이 우수하며, 큰 성형품도 비교적 쉽게 만들 수 있어 전기 건축 부품, 항공기, 자동차, 미사일 부품 등과 대형인 소형 자동차의 차체와 어선의 선체, 케이스, 물탱크 등의 재료로 사용된다.

03 구리에 니켈 40~50% 정도를 함유하는 합금으로서 통신기, 전열선 등의 전기저항 재료로 이용되는 것은?
㉮ 모넬메탈 ㉯ 콘스탄탄
㉰ 엘린바 ㉱ 인바
✓ 콘스탄탄은 전기저항이 크고, 온도계수가 낮아 통신기, 전열선 등에 사용되며, 내산, 내열, 가공성도 좋으며, 철, 구리, 금에 대한 열기전력이 높아 열전쌍 선으로도 쓰인다.

04 일반적으로 탄소강에서 탄소함유량이 증가하면 용해온도는?
㉮ 낮아진다. ㉯ 높아진다.
㉰ 불변이다. ㉱ 불규칙적이다.
✓ 탄소강에서 탄소함유량이 증가하면 용해온도는 자연히 낮아진다.

05 강재의 크기에 따라 표면이 급랭되어 경화하기 쉬우나 중심부에 갈수록 냉각속도가 늦어져 경화량이 적어지는 현상은?
㉮ 경화능 ㉯ 잔류응력
㉰ 질량효과 ㉱ 노치효과
✓ 일반적으로 탄소강은 질량효과가 크며, 니켈, 크롬, 망간, 몰리브덴 등을 함유한 특수강은 임계속도가 낮으므로 질량 효과도 작다.

01.㉰ 02.㉯ 03.㉯ 04.㉮ 05.㉰

06 열간가공이 쉽고 다듬질 표면이 아름다우며 특히 용접성이 좋고 고온강도가 큰 장점을 갖고 있어 각종 축, 기어, 강력볼트, 암, 레버 등에 사용하는 것으로 기호표시를 SCM으로 하는 강은?

㉮ 니켈-크롬강
㉯ 니켈-크롬-몰리브덴강
㉰ 크롬-몰리브덴강
㉱ 크롬-망간-규소강

✓ ㉮ 니켈강에 크롬을 첨가시킨 강으로 강도를 요하는 봉재, 판재, 파이프 및 여러 단조품, 기계동력 축, 기어, 캠, 피스톤, 핀 등에 사용
㉯ 니켈-크롬강에 몰리브덴을 첨가한 강으로 구조용 합금강 중에서 가장 우수한 강이며, 크랭크 축, 커넥팅 로드 등의 소재로 사용

07 탄소강의 가공에 있어서 고온가공의 장점 중 틀린 것은?

㉮ 강괴 중의 기공이 압착된다.
㉯ 결정립이 미세화되어 강의 성질을 개선시킬 수 있다.
㉰ 편석에 의한 불균일 부분이 확산되어서 균일한 재질을 얻을 수 있다.
㉱ 상온가공에 비해 큰 힘으로 가공도를 높일 수 있다.

✓ 고온가공은 재결정 온도 이상에서 가공하는 것으로 장점으로는 ㉮, ㉯, ㉰항 이외에도 상온 가공에 비해 적은 힘으로도 가공도를 높일 수 있다.

08 24산 3줄 유니파이 보통 나사의 리드는 몇 mm인가?

㉮ 1.175
㉯ 2.175
㉰ 3.175
㉱ 4.175

✓ 먼저 피치(산과 산의 거리)는 1″(인치) 내에 24산이 있으므로 25.4/24에서 피치는 약 1.0588mm이고, 리드=줄수×피치이므로 3×1.0588≒3.175mm가 된다.

09 단면적이 100mm^2인 강재에 300N의 전단하중이 작용할 때 전단응력(N/mm^2)은?

㉮ 1
㉯ 2
㉰ 3
㉱ 4

✓ 전단응력$(\tau) = \dfrac{\text{전단하중}(F)}{\text{단면적}(b \times l)} = \dfrac{300}{100} = 3[\text{N/mm}^2]$

10 주로 강도만을 필요로 하는 리벳이음으로서 철교, 선박, 차량 등에 사용하는 리벳은?

㉮ 용기용 리벳
㉯ 보일러용 리벳
㉰ 코킹
㉱ 구조용 리벳

✓ ㉮ 강도보다는 이음의 기밀을 필요로 하는 리벳으로 물탱크, 저압 탱크 등에 사용
㉯ 압력을 견딜 수 있는 동시에 강도와 기밀을 필요로 하는 리벳이음으로 보일러, 고압탱크 등에 사용
㉰ 리베팅한 후 리벳 머리의 주위 또는 강판의 가장자리를 정으로 때려 그 부분을 밀착시켜 틈을 없애는 작업으로 보일러용 리벳을 한 후에 주로 실시한다.

11 평판 모양의 쐐기를 이용하여 인장력이나 압축력을 받는 2개의 축을 연결하는 결합용 기계요소는?

㉮ 코터 ㉯ 커플링
㉰ 아이 볼트 ㉱ 테이퍼 키

✓ 코터는 한쪽 기울기와 양쪽 기울기가 있고 가공이 쉬운 한쪽 기울기가 더 많이 사용되며 주로 피스톤 로드, 커넥팅 로드의 결합에 이용된다.

12 회전운동을 하는 드럼이 안쪽에 있고 바깥에서 양쪽 대칭으로 드럼을 밀어붙여 마찰력이 발생하도록 한 브레이크는?

㉮ 블록 브레이크
㉯ 밴드 브레이크
㉰ 드럼 브레이크
㉱ 캘리퍼형 원판브레이크

✓ 원판 브레이크에는 캘리퍼형과 클러치형이 있으며, 클러치형은 축방향 하중에 의하여 발생하는 마찰력으로 제동하는 브레이크이다.

13 평 벨트 전동과 비교한 V 벨트 전동의 특징이 아닌 것은?

㉮ 고속운전이 가능하다.
㉯ 미끄럼이 적고 속도비가 크다.
㉰ 바로걸기와 엇걸기 모두 가능하다.
㉱ 접촉 면적이 넓으므로 큰 동력을 전달한다.

✓ V 벨트 전동의 특징은 ㉮, ㉯, ㉱항 이외에 평 벨트같이 벗겨지는 일이 없고, 이음매가 없어 운전이 조용하고, 충격이 완화되며, 설치면적도 적고 편리하다. 하지만 엇걸기는 불가능하다.

14 키의 종류 중 페더 키(feather key)라고도 하며, 회전력의 전달과 동시에 축 방향으로 보스를 이동시킬 필요가 있을 때 사용되는 것은?

㉮ 미끄럼 키 ㉯ 반달 키
㉰ 새들 키 ㉱ 접선 키

✓ ㉮ 페더 키는 안내 키 또는 미끄럼 키(슬라이딩 키)라고도 한다.
㉯ 축에 반달 모양의 홈을 만들어 반달 모양으로 가공된 키를 끼워 사용하는 키로 우드러프 키라고도 한다.
㉰ 안장키라고도 하며 축에는 홈을 파지 않고 보스에만 파서 홈 속에 키를 박고 사용하는 키이다.
㉱ 축의 접선 방향에 설치하는 키로 1/40~1/50의 기울기를 가진 2개의 키를 한 쌍으로 주로 전달 토크가 큰 축에 주로 사용한다.

15 동력 전달용 기계요소가 아닌 것은?

㉮ 기어 ㉯ 체인
㉰ 마찰차 ㉱ 유압 댐퍼

✓ 유압 댐퍼는 진동이나 충격을 완화시켜주는 장치이다.

11.㉮ 12.㉱ 13.㉰ 14.㉮ 15.㉱

16 줄무늬 방향의 기호와 그에 대한 설명으로 틀린 것은?

㉮ C : 가공으로 생긴 컷의 줄무늬가 기호를 기입한 면의 중심에 거의 동심원 모양
㉯ R : 가공으로 생긴 컷의 줄무늬가 기호를 기입한 면의 중심에 대하여 거의 동심원 모양
㉰ M : 가공으로 생긴 컷의 줄무늬 방향이 기호를 기입한 그림의 투영면에 평행
㉱ X : 가공으로 생긴 컷의 줄무늬 방향이 기호를 기입한 그림의 투영면에 비스듬하게 2방향으로 교차

✓ M은 가공에 의한 커터의 줄무늬가 여러 방향으로 교차 또는 무방향의 모양을 나타낸다.

17 절단된 면을 다른 부분과 구분하기 위하여 가는 실선으로 규칙적으로 줄을 늘어놓은 선들의 명칭은?

㉮ 기준선   ㉯ 파단선
㉰ 피치선   ㉱ 해칭선

✓ ㉮ 가는 1점 쇄선으로 표시한다.
㉯ 불규칙한 파형의 가는 실선 또는 지그재그 선으로 표시한다.
㉰ 가는 1점 쇄선으로 표시한다.

18 다음과 같은 도면에서 $BOX100$으로 표현된 치수 표시가 의미하는 것은?

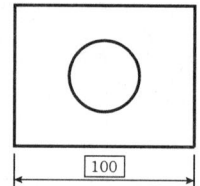

㉮ 정사각형의 변을 표시
㉯ 평면도를 표시
㉰ 이론적으로 정확한 치수 표시
㉱ 참고 치수 표시

✓ ㉮ □, ㉯ ▱, ㉱ (100)으로 표시한다.

19 스퍼기어의 도면에서 항목표에 기입해야 하는 사항으로 가장 거리가 먼 것은?

㉮ 치형   ㉯ 모듈
㉰ 압력각   ㉱ 리드

✓ 항목표에는 ㉮, ㉯, ㉰항 이외에도 잇수, 피치원 지름, 전위량, 전체 이높이, 이두께 등을 기재한다.

20 그림과 같은 입체도에서 화살표 방향이 정면일 경우 평면도로 가장 적합한 것은?

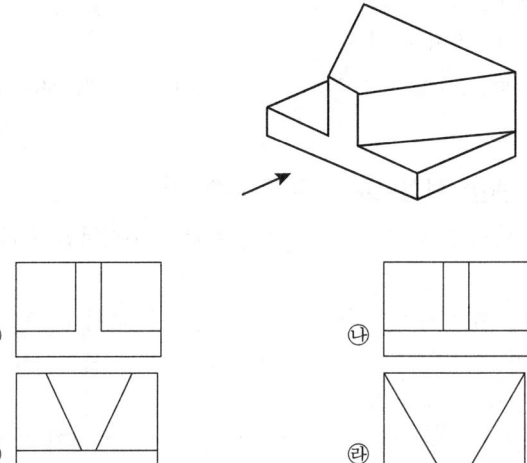

21 φ50 H7/g6으로 표시된 끼워맞춤 기호 중 "g6"에서 "6"이 뜻하는 것은?
㉮ 공차의 등급
㉯ 끼워맞춤의 종류
㉰ 공차역의 위치
㉱ 아래 치수 허용차

✓ H7은 구멍의 치수공차, g6은 구멍의 치수공차에서 6은 공차의 등급으로 5급과 6급 등이 있다.

22 최대 실체 공차 방식의 적용을 표시하는 방법으로 옳지 못한 것은?

㉮ | ⊕ | φ0.04Ⓜ | A |
㉯ | ⊕ | φ0.04 | AⓂ |
㉰ | ⊕Ⓜ | φ0.04 | A |
㉱ | ⊕ | φ0.04Ⓜ | AⓂ |

✓ 최대 실체 공차 방식을 적용하는 표시 기호는 Ⓜ으로 나타낸다.
㉮항과 같이 공차붙이 형체에 적용하는 경우에는 공차값 뒤에 Ⓜ을 표시한다.
㉯항과 같이 데이텀 형체에 적용하는 경우에는 데이텀을 나타내는 문자기호 뒤에 Ⓜ을 표시한다.
㉱항과 같이 공차붙이 형체와 그 데이텀 형체의 양자에 적용하는 경우에는 공차값 뒤와 데이텀을 나타내는 문자기호 뒤에 Ⓜ을 표시한다.
㉰항과 같이 형상 기호에 Ⓜ을 표시하지는 않는다.

20.㉱ 21.㉮ 22.㉰

23 투상도법 중 제1각법과 제3각법이 속하는 투상도법은?
- ㉮ 경사투상법
- ㉯ 등각투상법
- ㉰ 정투상법
- ㉱ 다이메트릭 투상법

✓ 정투상법은 투사선이 평행하게 물체를 지나 투상면에 수직으로 닿고 투상된 물체가 투상면에 나란하기 때문에 어떤 물체의 형상도 정확하게 표현할 수 있다.

24 기계제도에서 스프링의 도시 방법에 관한 설명으로 틀린 것은?
- ㉮ 스프링의 종류 및 모양만을 간략도로 나타내는 경우에는 스프링 재료의 중심선만을 굵은 실선으로 도시한다.
- ㉯ 조립도, 설명도 등에서 코일 스프링을 도시하는 경우에는 그 단면만을 나타내어도 좋다.
- ㉰ 코일 스프링에서 양 끝을 제외한 동일 모양 부분의 일부를 생략하는 경우에는 생략하는 부분의 선지름의 중심선을 굵은 2점 쇄선으로 나타낸다.
- ㉱ 코일 스프링, 벌류트 스프링, 스파이럴 스프링 및 접시 스프링은 일반적으로 무하중 상태에서 그리며, 겹판 스프링은 일반적으로 스프링 판이 수평인 상태에서 그린다.

✓ ㉰와 같은 경우에는 가는 1점 쇄선 또는 가는 2점 쇄선으로 표시한다.

25 기하공차의 종류와 기호의 연결이 잘못된 것은?
- ㉮ ○ 진원도
- ㉯ ∥ 평행도
- ㉰ ◎ 동심도
- ㉱ ∕ 원주흔들림

✓ ㉯항은 평면도를 나타낸다.

26 공작기계를 구성하는 중요한 구비 조건이 아닌 것은?
- ㉮ 가공 능력이 클 것
- ㉯ 높은 정밀도를 가질 것
- ㉰ 내구력이 클 것
- ㉱ 기계효율이 적을 것

✓ 공작기계의 구비 조건은 ㉮, ㉯, ㉰항 이외에 기계적 효율도 높고, 조작이 쉽고, 동력의 손실이 적고, 기계적 내구력이 높아야 하며, 안전성도 높아야 한다.

27 주로 각도 측정에 사용되는 측정기는?
- ㉮ 측장기
- ㉯ 사인바
- ㉰ 직선자
- ㉱ 지침 측미기

✓ ㉮ 표준자를 이용한 길이 측정기
  ㉰ 강철자라고도 하며 길이를 측정한다.
  ㉱ 측정 범위가 1회전 미만인 비교 측정기로 길이를 측정한다.

28 밀링절삭에서 상향절삭과 하향절삭에 대한 설명으로 틀린 것은?

㉮ 공구의 회전 방향과 반대 방향으로 공작물을 이송하는 것을 하향절삭이라고 한다.
㉯ 상향절삭을 하면 면은 좋게 보이나 하향절삭보다 다듬질면은 거칠게 된다.
㉰ 하향절삭을 할 때는 백래시를 완전히 제거하여야 한다.
㉱ 상향절삭을 하게 되면 절삭날이 공작물을 들어올리는 방향으로 작용하므로 공작물의 고정이 불안하다.

✓ 상향 절삭은 공구가 상향으로 회전하고 테이블은 반대 방향으로 이송하며 가공한다.

29 다음 중 탭의 파손 원인으로 틀린 것은?

㉮ 구멍이 너무 작거나 구부러진 경우
㉯ 탭이 경사지게 들어간 경우
㉰ 너무 느리게 절삭한 경우
㉱ 막힌 구멍의 밑바닥에 탭의 선단이 닿았을 경우

✓ ㉮, ㉯, ㉱항 이외에도 탭의 지름에 적합한 핸들을 사용하지 않았을 때, 절삭유 없이 태핑 작업을 했을 경우에도 탭의 파손 원인이 된다.

30 다음 중 공구 재질이 일정할 때 공구 수명에 가장 영향을 크게 미치는 것은?

㉮ 이송량
㉯ 절삭 깊이
㉰ 절삭 속도
㉱ 공작물 두께

✓ 이송량과 절삭 깊이도 중요하지만 절삭 속도가 가장 크게 영향을 미친다.

31 마이크로미터의 나사 피치가 0.5mm이고, 심블(thimble)의 원주를 50등분하였다면 최소 측정값은 몇 mm인가?

㉮ 0.1   ㉯ 0.01
㉰ 0.001   ㉱ 0.0001

✓ 최소 측정값 = $\dfrac{\text{스핀들 나사피치}}{\text{심블의 등분수}} = \dfrac{0.5}{50} = 0.01 [\text{mm}]$

32 칩(chip)의 형태 중 유동형 칩의 발생 조건으로 틀린 것은?

㉮ 연성이 큰 재질(연강, 구리 등)을 절삭할 때
㉯ 윗면 경사각이 작은 공구로 절삭할 때
㉰ 절삭 깊이가 작을 때
㉱ 절삭 속도가 높고 절삭유를 사용하여 가공할 때

✓ 윗면 경사각이 커야 칩의 배출이 원활하여 유동형 칩이 발생하게 된다.

28.㉮ 29.㉰ 30.㉰ 31.㉯ 32.㉯

33 다음 중 선반에서 절삭 속도에 대한 설명으로 맞는 것은?

㉮ 바이트가 일감의 회전당 길이 방향으로 이동되는 거리이다.
㉯ 바이트에 대한 일감의 원둘레 또는 표면속도이다.
㉰ 일감의 회전수이다.
㉱ 바이트의 회전수이다.

✓ 절삭속도$(V) = \dfrac{\pi \times d(\text{공작물의 지름}) \times N(\text{회전수})}{1000}$ 이므로 공작물이 단위시간에 바이트의 인선을 통과하는 거리를 m/min으로 나타내므로 1분간의 표면속도 또는 발생하는 칩의 길이가 된다.

34 수평 밀링머신에서 금속을 절단하는데 사용하는 커터는?

㉮ 메탈 소   ㉯ 측면 커터
㉰ 평면 커터   ㉱ 총형 커터

✓ ㉯ 수평 밀링에서 홈가공에 사용
  ㉰ 수직 밀링에서 평면가공용 커터
  ㉱ 주로 수평 밀링에서 기어, 공구인선 홈, 기어 등을 가공할 때 사용하는 커터

35 다음 중 윤활제가 갖추어야 할 조건이 아닌 것은?

㉮ 사용 상태에서 충분한 점도가 있어야 한다.
㉯ 화학적으로 활성이며, 균질하여야 한다.
㉰ 산화나 열에 대하여 안정성이 높아야 한다.
㉱ 한계윤활상태에서 견딜 수 있는 유성이 있어야 한다.

✓ 화학적으로 불활성이며 깨끗하고 균질해야 한다.

36 연마제를 가공액과 혼합하여 가공물 표면에 압축 공기로 고압과 고속으로 분사시켜 가공물 표면과 충돌시켜 표면을 가공하는 방법은?

㉮ 래핑(lapping)
㉯ 버니싱(burnishing)
㉰ 수퍼 피니싱(super finishing)
㉱ 액체 호닝(liquid honing)

✓ ㉮ 랩과 분말 랩제를 이용하여 표면 조도를 향상시키는 가공방법으로 게이지류 가공에 많이 사용
  ㉯ 공작물의 구멍보다 다소 큰 강구를 압입하여 통과시켜 가공물의 표면을 소성변형시켜 가공하는 방법
  ㉰ 미세한 입자로 형성된 막대 모양의 숫돌을 공작물 표면에 가압하며 진동을 주어 주로 매끈한 외면을 가공하는 방법

37 다음 중 선반을 이용하여 가공하기 가장 어려운 작업은?

㉮ 원통 가공   ㉯ 나사 가공
㉰ 키 홈 가공   ㉱ 구멍 가공

✓ 키 홈은 주로 슬로터를 이용하여 가공하며, 브로칭에서도 가공할 수 있다.

33.㉯ 34.㉮ 35.㉯ 36.㉱ 37.㉰

38 소형 가공물을 한 번에 다량으로 고정하여 연삭하는 연삭기는?
- ㉮ 공구 연삭기
- ㉯ 평면 연삭기
- ㉰ 내면 연삭기
- ㉱ 외경 연삭기

✓ 평면 연삭기는 주로 마그네틱 척(자석 척)을 이용하여 공작물을 고정시키므로 한 번에 다량으로 고정하여 가공이 가능하나 고정 조가 없어 고정력이 약한 단점이 있다.

39 크고 무거워서 이동하기 곤란한 대형 공작물에 구멍을 뚫는 데 적합한 기계는?
- ㉮ 레이디얼 드릴링 머신
- ㉯ 직립 드릴링 머신
- ㉰ 탁상 드릴링 머신
- ㉱ 다축 드릴링 머신

✓ 레이디얼 드릴링 머신은 대형인 공작물을 베이스에 고정시키고, 컬럼을 중심으로 암이 회전하고 암에 설치된 주축헤드가 수평 이동하여 드릴을 필요한 위치로 이동시켜 구멍을 뚫을 수 있는 드릴 머신이다.

40 테이블의 전후 및 좌우 이송으로 원형, 윤곽가공 및 분할 작업에 적합한 밀링머신의 부속 장치는?
- ㉮ 회전 바이스
- ㉯ 회전 테이블
- ㉰ 분할대
- ㉱ 슬로팅 장치

✓ ㉮ 밀링 테이블과 수평면으로 선회시켜 각도 가공이 가능한 바이스
㉰ 밀링 테이블에 설치된 분할대 주축에 공작물을 고정시키고, 원주 분할, 각도 분할, 비틀림 홈 등의 가공에 사용하는 부속장치
㉱ 수평 밀링에서 주축의 회전을 수평에서 수직으로 변환시켜 키 홈, 스플라인, 세레이션 등의 가공에 사용되는 부속장치

41 다음은 숫돌의 표시이다. "WA 60 K m V" 중 "m"이 의미하는 것은 무엇인가?
- ㉮ 입도
- ㉯ 결합도
- ㉰ 조직
- ㉱ 결합제

✓ WA : 숫돌 입자의 종류, 60 : 입자의 크기, K : 결합도, m : 조직, V : 결합제의 종류를 나타낸다.

42 다음 선반 바이트의 공구각 중 공구의 날 끝과 일감의 마찰을 방지하기 위한 것은?
- ㉮ 경사각
- ㉯ 날끝각
- ㉰ 여유각
- ㉱ 날끝 반지름

✓ 공작물과 공구의 절삭성을 향상시키기 위한 각은 경사각이고, 공구의 날 끝과 공작물의 마찰을 감소시키기 위한 각은 여유각 이라고 한다.

43 CNC 공작기계 조작판에서 공구 교환, 주축 회전, 간단한 절삭 이송 등을 명령할 때 사용하는 반자동 운전 모드는?
- ㉮ MDI
- ㉯ JOG
- ㉰ EDIT
- ㉱ TAPE

✓ • MDI : Manual Data Input, 반자동 모드라고도 하며, 한 두 블록의 짧은 프로그램을 입력하고 바로 실행할 수 있는 모드로서 프로그램에 의한 간단한 기계조작이나 시험적 실행 시에 사용한다.
• JOG : JOG 버튼으로 공구를 수동으로 이송시킬 때 사용한다.
• EDIT : 프로그램을 수정하거나 신규로 작성할 때 사용한다.
• TAPE : 천공테이프 운전 또는 DNC 운전을 수행할 때 사용하는 모드이다.

38.㉯ 39.㉮ 40.㉯ 41.㉰ 42.㉰ 43.㉮

44 다음 중 CAM 시스템의 처리과정을 나타내었다. 옳은 것은?

㉮ 도형정의 → 곡선정의 → 곡면정의 → 공구경로생성
㉯ 곡선정의 → 곡면정의 → 도형정의 → 공구경로생성
㉰ 곡면정의 → 곡선정의 → 도형정의 → 공구경로생성
㉱ 곡선정의 → 곡면정의 → 공구경로 → 생성도형정의

✓ 도면 → 모델링(도형정의, 곡선정의, 곡면정의) → 공구경로 생성 → NC 데이터생성(포스트 프로세싱) → DNC 가공 → 검사 및 측정

45 CNC 선반 프로그래밍에서 매분당 150mm씩 공구의 이송을 나타내는 지령으로 알맞은 것은?

㉮ G98 F150   ㉯ G99 F0.15
㉰ G98 F0.15   ㉱ G99 F150

✓ G98 : 분당 이송(mm/min) 지정, G99 : 회전당 이송(mm/rev) 지정. 일반적으로 분당이송의 경우 소수점을 사용하지 않고, 회전당 이송의 경우 소수점을 사용하여 표기

46 머시닝 센터 가공 시 칩이 공구나 일감에 부착되는 경우 처리 방법으로 틀린 것은?

㉮ 고압의 압축 공기를 이용하여 불어 낸다.
㉯ 가공 중에 수시로 헝겊 등을 이용해서 닦아 낸다.
㉰ 칩이 가루로 배출되는 경우는 집진기로 흡입한다.
㉱ 많은 양의 절삭유를 공급하여 칩이 흘러내리게 한다.

✓ 가공 중에는 주축이 고속으로 회전하므로, 가공 중에 칩을 제거하는 행위는 매우 위험하다.

47 CNC 선반에서 주축속도 일정제어와 주축속도 일정제어 취소를 지령하기 위한 코드는?

㉮ G30, G31   ㉯ G90, G91
㉰ G96, G97   ㉱ G41, G42

✓ G30 : 제2원점 복귀, G31 : 생략(Skip) 기능, G90 : 절대지령(머시닝 센터), G91 : 증분지령(머시닝 센터), G96 : 절삭속도(m/min) 일정제어, G97 : 주축회전수(rpm) 일정제어, G41 : 공구인선 반지름 좌측 보정, G42 : 공구인선 반지름 우측 보정

48 다음은 머시닝 센터에서 고정 사이클을 지령하는 방법이다. G_ X_ Y_ Z_ R_ Q_ P_ F_ K_ 또는 L_ ;에서 K0 또는 L0라면 어떤 의미를 나타내는가?

㉮ 고정 사이클을 1번만 반복하라는 뜻이다.
㉯ 구멍 바닥에서 휴지시간을 갖지 말라는 뜻이다.
㉰ 구멍가공을 수행하지 말라는 뜻이다.
㉱ 초기점 복귀를 하지 말고 가공하라는 뜻이다.

✓ 고정사이클을 1회만 반복하기 위해서는 K1 또는 L1으로 표기하거나 아예 생략하면 되고, 구멍바닥에서 휴지시간을 갖지 않기 위해서는 P를 지령하지 않으면 된다. 초기점 복귀를 하지 않기 위해서는 G98 대신 G99를 사용하면 된다.

44.㉮ 45.㉮ 46.㉯ 47.㉰ 48.㉰

49 1000rpm으로 회전하는 주축에서 2회전 일시 정지 프로그램을 할 때 맞는 것은?

㉮ G04 X1.2 ;   ㉯ G04 W120 ;
㉰ G04 U1.2 ;   ㉱ G04 P120 ;

✓ 2회전 휴지에 해당하는 시간 x는 다음과 같은 비례식으로 산출할 수 있다.
$N : 2회전 = 60 : x$ 에서 $N = 1000$ 이므로 $\therefore x = \dfrac{120}{N} = \dfrac{120}{1000} ≒ 0.12$ 초
일시정지 지령은 G04로 하며, 0.12초를 word로 표현하면 P120, X0.12, U0.12 등으로 나타낼 수 있다.

50 CNC 프로그램을 작성하기 위하여 가공계획을 수립하여야 한다. 이때 고려해야 할 사항이 아닌 것은?

㉮ 가공물의 고정방법 및 필요한 치공구의 선정
㉯ 범용공작기계에서 가공할 범위 결정
㉰ 가공순서 결정
㉱ 절삭 조건의 설정

✓ 범용공작기계에서 가공할 범위를 결정하는 것은 CNC 프로그램을 작성하기 위한 가공계획이 아니라, 제품의 전체 가공계획에서 수립해야 할 사항이다.

51 CNC 선반 원호보간 프로그램에 대한 설명으로 틀린 것은?

```
G02(G03)
X(U)__ Z(W)__ R__ F__ ;
G02(G03) X(U)__ Z(W)__ I__ K__ F__ ;
```

㉮ G03 : 반시계방향 원호보간
㉯ I, K : 원호 시작점에서 끝점까지의 벡터량
㉰ X, Z : 끝점의 위치(절대지령)
㉱ R : 반지름값

✓ • I, K : 원호 시작점에서 중심점까지의 벡터량
  • F : 이송속도

52 서보기구에서 검출된 위치를 피드백하여 이를 보정하여 주는 회로는?

㉮ 비교 회로   ㉯ 정보처리 회로
㉰ 연산 회로   ㉱ 개방 회로

✓ 서보기구에서 위치검출기를 통하여 검출된 위치를 피드백하여 보정해주는 회로는 비교회로이다. 테이블에 직접 위치검출기를 부착하여 보정해주는 폐쇄회로 방식이 정밀가공에 유리하다.

53 CNC 선반에서 제2원점으로 복귀하는 준비기능은?

㉮ G27   ㉯ G28
㉰ G29   ㉱ G30

✓ G27 : 원점복귀 확인, G28 : 원점복귀, G29 : 원점으로부터 복귀, G30 : 제2(3,4)원점 복귀

49.㉱ 50.㉯ 51.㉯ 52.㉮ 53.㉱

54 머시닝 센터에서 지름 10mm인 엔드밀을 사용하여 외측 가공 후 측정값이 φ62.0mm가 되었다. 가공 치수를 φ61.5mm로 가공하려면 보정값을 얼마로 수정하여야 하는가?(단, 최초 보정은 5.0으로 반지름 값을 사용하는 머시닝 센터이다.)

㉠ 4.5　　　　　　　　㉡ 4.75
㉢ 5.5　　　　　　　　㉣ 5.75

✓ 수정 보정값=기존보정값-(측정값-가공 희망 치수)/2

55 CNC 선반에서 공구보정 번호 4번을 선택하여, 2번 공구를 사용하려고 할 때 공구지령으로 옳은 것은?

㉠ T0402　　　　　　　㉡ T4020
㉢ T0204　　　　　　　㉣ T2040

✓ CNC 선반에서 공구지령은 T□□△△와 같이 네자리로 지령하는데, □□는 공구번호를 의미하고, △△는 공구보정번호를 나타낸다.

56 다음 중 CNC 선반에서 절대지령(absolute)으로만 프로그래밍한 것은?

㉠ G00 U10. Z10. ;
㉡ G00 X10. W10. ;
㉢ G00 U10. W10. ;
㉣ G00 X10. Z10. ;

✓ CNC 선반에서 절대지령은 X, Z 등의 좌표어를 사용하고, 증분지령은 U, W 등의 좌표어를 사용한다.

57 작업상 안전수칙과 가장 거리가 먼 것은?

㉠ 연삭기의 커버가 없는 것은 사용을 금한다.
㉡ 드릴 작업 시 작은 일감은 손으로 잡고 한다.
㉢ 프레스 작업 시 형틀에 손이 닿지 않도록 한다.
㉣ 용접 전에는 반드시 소화기를 준비한다.

✓ 드릴 작업 시 일감은 바이스에 고정하거나 고정구를 이용하여 고정시키고 가공하여야 한다.

58 CNC 선반에서 바깥지름 거친 가공 프로그램에 대한 설명으로 옳은 것은?

```
N32 G71 U2.0 R0.5 ;
N34 G71 P36 Q48 U0.4 W0.1 F0.25 ;
N36 G00 X30.0 ;
```

㉠ Z축 방향의 1회 절입량은 2mm이다.
㉡ Z축 방향의 도피량은 0.5mm이다.
㉢ 고정 사이클 시작 번호는 N36이다.
㉣ Z축 방향의 다듬질 여유는 0.4mm이다.

✓ G71(내·외경 황삭 사이클) 각 주소의 기능은 다음과 같다.

> G71 Ud Rr ;
> G71 Pp Qq Uu Ww Ff :

Ud : X축 1회 절입량, Rr : 도피량, Pp : 사이클 시작 블록번호, Qq : 사이클 종료 블록번호, Uu : X축 방향 정삭여유, Ww : Z축 방향 정삭 여유, Ff : 이송속도

59 CNC 선반에서 안전을 고려하여 프로그램을 테스트할 때 축 이동을 하지 않게 하기 위해 사용하는 조작판은?

㉮ 옵쇼날 프로그램 스톱(Optional Program Stop)
㉯ 머신 록(Machine Lock)
㉰ 옵쇼날 블록 스킵(Optional Block Skip)
㉱ 싱글 블록(Single Block)

✓
- Optional Stop : 프로그램에 지령된 M01을 선택적으로 정지하는 스위치이다.
- Machine Lock : 프로그램의 오류를 확인하기 위해 공구가 움직이지 않도록 이송기능만 정지시키는 기능이다.
- Optional Block Skip : 프로그램에서 '/' 가 기입되어 있는 블록을 무시하고 지나간다.
- Single Block : 단품 가공의 경우, 안전한 가공을 위해서 프로그램을 한 블록씩 실행하여 가공하는 기능이다.

60 몇 개의 단어(Word)가 모여 CNC 기계가 동작하도록 하는 하나의 지령단위를 무엇이라고 하는가?

㉮ 주소(Address)
㉯ 데이터(Data)
㉰ 전개번호(Sequence number)
㉱ 지령절(Block)

✓
- Address : 알파벳 대문자를 사용하며, 각각의 기능마다 Address가 다르다. data와 합쳐져 Word를 구성한다.
- data : 수치를 의미하고, Address와 합쳐져 Word를 구성한다.
- Sequence number : 블록번호를 의미하고, 0~9999를 사용할 수 있으며, 생략하는 것이 일반적이다.
- Block : CNC 공작기계가 한 번의 동작을 하는 데 필요한 정보가 담겨져 있는 지령절을 의미하고 EOB로 마친다.

2013년 5회 필기
컴퓨터응용선반기능사

01 다음 중 로크웰 경도를 표시하는 기호는?
① HBS
② HS
③ HV
④ HRC

✓ 경도시험은 다음과 같이 분류한다.
㉮ 압입자를 이용한 방법 : 브리넬 경도(HB), 로크웰 경도(HRB, HRC), 비커스 경도(HV), 마이어 경도 등
㉯ 반발을 이용한 방법 : 쇼어 경도(HS) 등이 있다.

02 형상기억합금의 종류에 해당되지 않는 것은?
① 니켈-티타늄계 합금
② 구리-알루미늄-니켈계 합금
③ 니켈-티타늄-구리계 합금
④ 니켈-크롬-철계 합금

✓ 대표적인 형상기억합금으로는 ①, ②, ③항 이외에도 티타늄-니켈-철계 등이 있다.

03 열가소성 수지가 아닌 재료는?
① 멜라민 수지
② 초산비닐 수지
③ 폴리에틸렌 수지
④ 폴리염화비닐 수지

✓ 열가소성 수지로는 폴리에틸렌(PE), 폴리프로필렌(PP), 폴리염화비닐(PVC), 폴리스티렌(PS), 폴리카보네이트(PC), 폴리아미드(PA), 아크릴, 플루오르 등이 있으며, 열경화성 수지로는 페놀(PF), 에폭시(EP), 멜라민, 실리콘, 폴리에스테르(PET), 폴리우레탄 등이 있다.

04 베릴륨 청동 합금에 대한 설명으로 옳지 않은 것은?
① 구리에 2~3%의 Be을 첨가한 석출경화성 합금이다.
② 피로한도, 내열성, 내식성이 우수하다.
③ 베어링, 고급 스프링 재료에 이용된다.
④ B가공이 쉽게 되고 가격이 싸다.

✓ 베릴륨 청동의 특징은 ①, ②, ③항 이외에도 구리합금 중에서 가장 높은 경도와 강도를 가져, 가공하기 어려운 점과 값이 비싸고 산화하기 쉬운 단점도 있다.

05 주철의 성장 원인 중 틀린 것은?
① 펄라이트 조직 중의 Fe_3C 분해에 따른 흑연화
② 페라이트 조직 중의 Si의 산화
③ A_1 변태의 반복과정에서 오는 체적변화에 기인되는 미세한 균열의 발생
④ 흡수된 가스의 팽창에 따른 부피의 감소

✓ 주철의 성장은 ①, ②, ③항 이외에도 A, 변태점 이상의 온도에서 장시간 방치하거나 다시 되풀이하여 가열하면 그 부피가 증가되는 성질이 있다.

150 01.④ 02.④ 03.① 04.④ 05.④

06 Al-Cu-Mg-Mn의 합금으로 시효경화 처리한 대표적인 알루미늄 합금은?

① 두랄루민　　　② Y-합금
③ 코비탈륨　　　④ 로우엑스 합금

✓ 두랄루민의 표준 성분은 Cu(4.0%)-Mg(0.5%)-Mn(0.5%), 나머지는 Al인 고강도 알루미늄 합금으로 항공기의 주요 구조 재료나 리벳 등에 사용된다.

07 다이캐스팅용 합금의 성질로서 우선적으로 요구되는 것은?

① 유동성　　　② 절삭성
③ 내산성　　　④ 내식성

✓ 다이캐스팅 합금은 아연 합금의 대표적인 합금으로 알루미늄이 가장 중요한 합금 원소로 강도와 경도의 증가와 더불어 유동성을 개선한다.

08 스프링에서 스프링 상수(k)값의 단위로 옳은 것은?

① N　　　② N/mm
③ N/mm²　　　④ mm

✓ 스프링 상수는 단위 길이의 변위를 일으키는 데 필요한 하중값으로
스프링 상수(k) = $\dfrac{하중(N)}{변위(mm)}$ 이므로, 스프링 상수의 단위는 N/mm가 된다.

09 다음 ISO 규격 나사 중에서 미터 보통 나사를 기호로 나타내는 것은?

① Tr　　　② R
③ M　　　④ S

✓ ① 미터 사다리꼴 나사, ② 관용 테이퍼 수나사, ④ 미니어처 나사를 나타낸다.

10 분할 핀에 관한 설명이 아닌 것은?

① 테이퍼 핀의 일종이다.
② 너트의 풀림을 방지하는 데 사용된다.
③ 핀 한쪽 끝이 두 갈래로 되어 있다.
④ 축에 끼워진 부품의 빠짐을 방지하는 데 사용된다.

✓ 테이퍼 핀은 보통 1/50의 테이퍼를 가진 핀이다.

11 하중 3000N이 작용할 때, 정사각형 단면에 응력 30N/cm²이 발생했다면 정사각형 단면 한 변의 길이는 몇 mm인가?

① 10　　　② 22
③ 100　　　④ 200

✓ 응력(σ) = $\dfrac{하중(P)}{단면적(A)}$ 에서 $A = a \times a$이므로, 한 변의 길이 $a = \sqrt{\dfrac{P}{\sigma}} = \sqrt{\dfrac{3000}{30}} = 10[cm] = 100[mm]$

06.①　07.①　08.②　09.③　10.①　11.③

12 축이음 설계 시 고려사항으로 틀린 것은?

① 충분한 강도가 있을 것
② 진동에 강할 것
③ 비틀림 각의 제한을 받지 않을 것
④ 부식에 강할 것

✓ 축의 설계 시 고려할 사항은 ①, ②, ④항 이외에도 응력집중, 변형, 열응력, 열팽창 등을 고려해야 하며, 특히 변형에서는 확실한 전동을 요하는 축은 비틀림 각에 제한을 받게 된다. 축의 비틀림 각이 크게 되면 기계적 불균형이 생기므로 축의 비틀림 각에 제한을 하여 설계하여야 한다.

13 모듈이 m인 표준 스퍼기어(미터식)에서 총 이 높이는?

① 1.25m　　② 1.5708m
③ 2.25m　　④ 3.2504m

✓ 총 이 높이는 이끝 높이와 이뿌리 높이를 합한 크기를 말하며, 표준 스퍼기어 설계에서 이끝 높이는 1m, 이뿌리 높이 1.25m 이상, 총 이 높이는 2.25m 이상이다.

14 레이디얼 볼 베어링 번호 6200의 안지름은?

① 10mm　　② 12mm
③ 15mm　　④ 17mm

✓ 6200에서 첫 번째 숫자인 6은 형식번호, 두 번째 숫자인 2는 치수 기호를 나타내고, 셋째 넷째 숫자인 00이 안지름을 나타내는 숫자이다. 안지름이 20mm 이내는 00=10mm, 01=12mm, 02=15mm, 03=17mm, 04=20mm이다. 또한 안지름이 20mm 이상은 안지름 숫자에 5를 곱한 수(예 : 06=30mm, 09=45mm, 20=100mm)가 안지름 치수가 된다.

15 3줄 나사, 피치가 4mm인 수나사를 1/10 회전시키면 축방향으로 이동하는 거리는 몇 mm인가?

① 0.1　　② 0.4　　③ 0.6　　④ 1.2

✓ 리드(L)=줄수(n)×피치(P)=3×4=12mm에서, 1/10회전이므로 1.2mm가 된다.

16 그림과 같은 입체도의 화살표 방향 투상이 정면일 때 우측면도로 가장 적합한 것은?

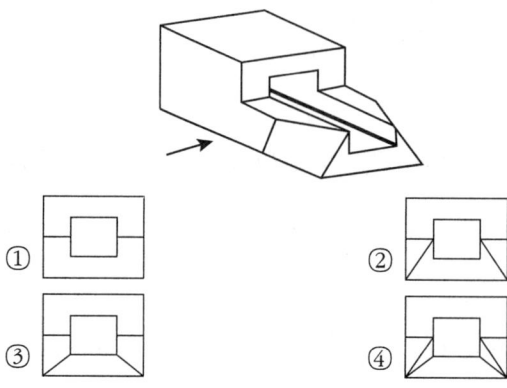

17 다음 중 긴 쪽 방향으로 절단하여 단면도로 나타내기에 가장 적합한 것은?

① 리브 ② 기어의 이
③ 하우징 ④ 볼트

✓ 리브, 바퀴의 암, 기어의 이, 축, 핀, 볼트, 작은 나사, 리벳, 키 등은 길이 방향으로 절단하면 도면을 이해하는 데 지장을 주므로 길이 방향으로 절단하면 안 된다.

18 그림과 같은 육각 볼트를 제도할 때 옳지 않은 설명은?

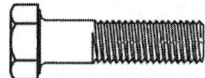

① 볼트 머리의 외형선은 굵은 실선으로 그린다.
② 나사의 골지름을 나타내는 선은 가는 실선으로 그린다.
③ 나사의 피치원 지름선은 가는 2점 쇄선으로 그린다.
④ 완전 나사부와 불완전 나사부의 경계선은 굵은 실선으로 그린다.

✓ 나사의 피치원 지름선은 그리지 않는다.

19 다음 중 기하공차 도시와 관련하여 이론적으로 정확한 치수를 나타낸 것으로 옳은 것은?

① "50" ② (50) ③ 50 ④ 50

✓ 이론적으로 정확한 치수는 ③과 같이 치수 수치를 테두리로 둘러싸서 표시한다. 참고로 ②번과 같은 ( )의 치수는 참고 치수를 나타낸다.

20 그림과 같은 면의 지시기호 의미로 가장 적합한 설명은?

① 제거 가공을 필요로 한다는 것을 지시하는 경우
② 제거 가공을 허락하지 않는 것을 지시하는 경우
③ 제거 가공을 자유롭게 하도록 지시하는 경우
④ 특별히 규정하지 않는다는 것을 지시하는 경우

✓ 제거 가공을 허락하지 않는 것을 지시하는 경우에는 그림과 같이 면의 지시 기호의 내접하는 원을 그려서 사용한다.

21 도면을 마이크로필름으로 촬영하거나 복사하고자 할 때 도면의 위치 결정에 편리하도록 도면에 나타내야 하는 것은?

① 비교눈금 ② 중심마크
③ 도면구역 ④ 표제란

✓ 마이크로 필름이란 도면, 문서 등을 축소 촬영하여 도면관리의 도구로 이용되는 고도로 정밀한 미소 사진상을 말한다.

22 다음과 같은 부품란에 대한 설명 중 틀린 것은?

품번	품 명	재질	수량	중량	비고
	세트 스크류	SM30C	4		M4×0.7
3	커넥팅 로드	SF440A			
2	육각 너트	SM30C			3×18
1	실린더	GC200			

① 실린더의 재질은 회주철이다.
② 육각 너트의 재질은 탄소공구강이다.
③ 커넥팅 로드는 탄소강 단강품이며 최저 인장강도가 $440N/mm^2$이다.
④ 세트 스크류는 호칭지름이 4mm이고, 피치 0.7mm인 미터나사이다.

✓ 재질이 SM30C란 기계구조용 탄소강재(SM)로 탄소의 함유량이 0.3%(30C)임을 나타낸다.

23 베어링이 "6203ZZ"라 표시되어 있을 경우 다음 중 알 수 없는 것은?

① 베어링 계열
② 베어링 안지름
③ 실드 사양
④ 정밀도 등급

✓ 6203ZZ에서 62는 베어링의 계열 기호, 03은 베어링의 안지름, ZZ는 실드 기호로 양쪽 실드 붙이를 나타낸다.

24 다음 축과 구멍의 공차치수에서 최대 틈새는?

구멍 : $\phi50^{+0.025}_{0}$ 축 : $\phi50^{-0.025}_{-0.050}$

① 0.075
② 0.050
③ 0.025
④ 0.015

✓ 구멍의 위 치수 허용차인 50.025에서 축의 아래 치수 허용치인 49.950을 빼면 0.075가 최대 틈새가 된다.

25 기계가공 도면의 척도가 2 : 1로 나타났을 때, 실선으로 표시된 형상의 치수가 30으로 표시되었다면 가공제품의 해당부분 실제 가공치수는?

① 15mm
② 30mm
③ 60mm
④ 90mm

✓ 척도가 2:1이란 도면에 나타난 치수가 30인 경우에 도면에는 2배인 60으로 나타낼 뿐 가공 치수는 도면에 나타난 치수로 가공해야 하므로 30은 변함이 없다.

26 절삭 공구재료의 구비 조건으로 틀린 것은?

① 고온에서 경도가 저하되지 않을 것
② 일감보다 단단하고 인성이 전혀 없을 것
③ 내마멸성이 클 것
④ 성형성이 좋고 가격이 저렴할 것

✓ 절삭 공구재료의 구비 조건은 고온 경도 유지, 내마모성과 강인성이 높은 것이 무엇보다 중요한 구비 조건이다.

27 연삭작업 시 발생하는 무딤(glazing) 현상의 발생 원인으로 거리가 먼 것은?

① 마찰에 의한 연삭 열 발생이 너무 작다.
② 연삭숫돌의 결합도가 높다.
③ 연삭숫돌의 원주 속도가 너무 빠르다.
④ 숫돌재료가 공작물 재료에 부적합하다.

✓ 무딤은 마찰에 의한 연삭 열이 매우 커서 연삭 열에 의한 연삭 결함이므로 ①항은 원인이 될 수 없고 ②, ③, ④항의 경우에 발생한다.

28 나사의 유효지름 측정방법에 해당하지 않는 것은?

① 나사마이크로미터에 의한 유효지름 측정 방법
② 삼침법에 의한 유효지름 측정 방법
③ 공구현미경에 의한 유효지름 측정 방법
④ 사인바에 의한 유효지름 측정 방법

✓ 사인바는 블록 게이지, 정반, 다이얼 게이지 등과 같이 이용하여 각도를 측정할 때 사용되는 각도 측정기이다.

29 기계공작법 중 재료에 열, 압축력, 충격력 등의 하중을 가하여, 모양을 변형시켜 제품을 만드는 가공법은?

① 접합가공법
② 절삭가공법
③ 소성가공법
④ 분말야금법

✓ 소성 가공법은 단조, 압연, 인발, 압출, 프레스 가공, 판금 가공 등이 있다.

30 그림의 마이크로미터가 지시하는 측정값은?

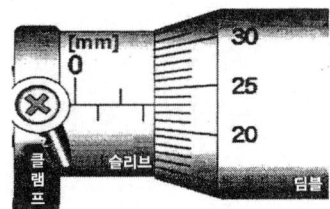

① 1.23mm
② 1.53mm
③ 1.73mm
④ 2.23mm

✓ 마이크로미터 눈금 읽는 방법은 먼저 심블의 끝면이 나타내는 슬리브의 눈금을 읽고, 둘째로 슬리브 기선이 나타내는 심블의 눈금을 읽으므로 1.73mm가 된다.

27.① 28.④ 29.③ 30.③

31 표와 같은 회전수를 가진 밀링머신에서 커터의 지름 120mm이고, 한 날당 이송이 0.2mm, 커터의 날수 8개인 초경 절삭공구를 사용하여 절삭하고자 한다. 이때 절삭속도를 약 150m/min로 하고자 할 때 적합한 회전수는?

회전 (rpm)	1450	1050	780	540
	390	290	190	135

① 1050rpm
② 780rpm
③ 540rpm
④ 390rpm

✓ 회전수$(n) = \dfrac{1000 \times V(\text{절삭속도})}{\pi \times d(\text{커터의 지름})} = \dfrac{1000 \times 150}{\pi \times 120} = 398[\text{rpm}]$ 이 나오므로 가장 근접한 390rpm이 가장 적합한 회전수가 된다.

32 볼트자리가 평면이 아니거나 구멍과 직각이 되지 않을 때 행하는 작업은?

① 카운터 보링
② 카운터 싱킹
③ 스폿 페이싱
④ 보링

✓ ① 둥근 머리 볼트의 머리를 공작물에 들어가게 하기 위해 카운터 보어라는 공구를 이용하여 자리를 파는 작업
② 접시 머리 볼트의 머리를 공작물에 들어가게 하기 위해 카운터 싱크라는 공구를 이용하여 자리를 파는 작업
④ 드릴로 뚫은 구멍을 보링 바 등을 이용하여 구멍을 원하는 모양으로 더 넓히는 작업

33 그림에서와 같이 ϕ를 전단각, α를 윗면 경사각이라 할 때 α가 커지면 일반적으로 어떤 현상이 발생하는가?

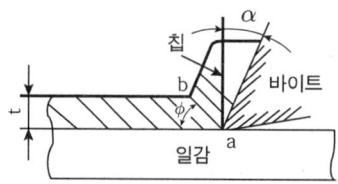

① 칩은 두껍고 짧아지며, 절삭저항이 커진다.
② 칩은 두껍고 짧아지며, 절삭저항이 작아진다.
③ 칩은 얇고 길어지며, 절삭저항이 커진다.
④ 칩은 얇고 길어지며, 절삭저항이 작아진다.

✓ 윗면 경사각이 커지면 절삭 저항이 작아지면서 칩은 얇고, 유동형 칩과 같이 길어진다.

34 작은 지름의 일감에 수나사를 가공할 때 사용하는 공구는?

① 리머
② 다이스
③ 정
④ 탭

✓ ① 드릴로 뚫은 구멍을 매끄럽게 다듬는 공구
③ 해머와 같이 일감에 타격을 주어 깎아내거나 절단 시에 사용하는 공구
④ 암나사를 가공할 때 사용하는 공구

35 대형이며 중량의 가공물을 가공하기 위한 밀링 머신으로 플레이너와 비슷한 구조로 되어 있으며, 플레이너의 공구대를 밀링 헤드로 바꾸어 장착함으로써 플레이너보다 효율적이고, 강력한 중절삭이 가능한 밀링 머신은?

① 만능 밀링머신(Universal Milling Machine)
② 생산형 밀링머신(Production Milling Machine)
③ 모방 밀링머신(Copy Milling Machine)
④ 플레이너형 밀링머신(Planer Milling Machine)

✓ ① 수평 밀링머신과 유사하나 새들 위에 테이블이 선회할 수 있는 선회대가 있어 비틀린 홈, 경사진 면 등의 가공에 용이한 밀링
② 대량 생산을 목적으로 테이블의 상하이송은 하지 않고, 좌우로 이송하며 가공하며 베드형 밀링머신이라고도 한다.
③ 모방 장치를 이용하여 단조, 프레스, 주조형 금형 등의 복잡한 형상을 능률적으로 가공하는 밀링이다.

36 윤활제의 급유방법 중 마찰면이 넓거나 시동되는 횟수가 많을 때 사용하며 저속 및 중속 축의 급유에 주로 사용되는 방법은?

① 강제 급유방법
② 적하 급유방법
③ 오일링 급유방법
④ 패드 급유방법

✓ ① 순환 펌프를 이용하여 급유하는 방법으로 고속회전 시에 효과적인 급유방법
③ 축보다 큰 링이 축에 걸쳐져 회전하며 오일 통에서 링으로 급유하는 방법으로 고속 주축에 균등한 급유로 적당한 급유방법
④ 무명이나 털 등을 섞어 만든 패드 일부를 오일 통에 담가 저널의 아랫면에 모세관 현상으로 급유하는 방법

37 선반의 테이퍼 구멍 안에 부속품을 설치하여 가공물 지지, 센터드릴 가공, 드릴 가공 등을 하거나 중심축의 편위를 조정하여 테이퍼 절삭에 사용하는 부분은?

① 심압대
② 베드
③ 왕복대
④ 주축대

✓ 선반의 심압대의 심압축 구멍은 모스 테이퍼(MT)로 되어 있어 센터를 이용하여 가공물 지지
드릴 척과 드릴 슬리브를 이용하여 센터드릴, 드릴 등으로 드릴링 가공
심압대를 편위시켜 적은 각도의 테이퍼 가공 등으로 사용된다.

38 강성이 크고 강력한 연삭기 및 연삭 숫돌이 개발되어 나타난 연삭가공 방법으로 연삭작업에서 한 번에 연삭 깊이를 크게 하여 가공하는 방식은?

① 경면 연삭(Mirror Grinding)
② 고속 연삭(High Speed Grinding)
③ 자기 연삭(Magnetic Grinding)
④ 크리프 피드 연삭(Creep Feed Grinding)

✓ 크리프 피드 연삭은 한 번에 재료를 많이 제거하고자 하는 것이 목적인 연삭법으로 일반 연삭보다 연삭 깊이는 약 1~6mm 정도까지, 이송속도는 더 작게 하고, 숫돌은 결합도가 연한 것으로 하여 연삭한 제품의 표면정도 보다는 빠른 시간 안에 재료를 많이 제거하는 것이 목적인 방식이다.

35.④ 36.② 37.① 38.④

39 다음 중 분할대를 이용한 분할법의 종류가 아닌 것은?
① 직접 분할 방법   ② 단식 분할 방법
③ 복식 분할 방법   ④ 차동 분할 방법
✓ 분할법에는 직접 분할, 단식분할, 차동 분할이 있다.

40 래핑의 일반적인 특징으로 잘못된 것은?
① 가공면이 매끈한 경면을 얻을 수 있다.
② 가공면은 내식 내마모성이 좋다.
③ 작업 방법은 간단하나 대량생산이 어렵다.
④ 정밀도가 높은 제품을 얻을 수 있다.
✓ 래핑 가공의 특징은 ①, ②, ④항 이외에도 가공이 간단하고 대량 생산이 가능하며, 평면도, 진원도, 직선도 등이 이상인 기하학적 형상을 얻을 수 있다.

41 다음 중 일반적으로 절삭 저항에 영향을 주는 요소로 가장 거리가 먼 것은?
① 절삭유의 온도   ② 절삭 면적
③ 절삭 속도   ④ 날 끝의 모양
✓ 절삭 저항에 영향을 주는 요소로는 ②, ③, ④항 이외에도 절삭 깊이, 가공물의 재질 등이 있다.

42 이송 절삭력은 그림과 같이 서로 직각으로 된 세 가지 분력으로 나누어서 생각할 수 있다. 그림에서 ①은 무슨 분력인가?

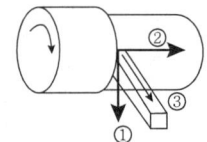

① 주분력   ② 배분력
③ 이송분력   ④ 횡분력
✓ ①은 주분력, ②는 이송분력, ③은 배분력이 되며, 분력의 크기는 주분력 : 배분력 : 이송분력=10 : (1~2) : (2~4)의 크기이다.

43 CNC 선반에서 공구인선반지름 보정을 하고자 할 때 공구보정값 입력란에 공구의 인선 반지름값과 함께 반드시 입력하여야 하는 것은?
① 공구의 길이 번호
② 공구의 가상 인선 번호
③ 공구보정값의 X 성분값
④ 공구보정값의 Z 성분값
✓ 공구인선반지름 보정을 하기 위해서는 CNC 조작 판넬상에서 해당란에 공구인선 반지름값과 가상인선 번호를 입력하여야 한다.

44 CNC 선반의 보조 장치들을 제어하는 M 코드와 그 의미가 올바르게 연결된 것은?

① M04 – 주축 정회전
② M08 – 절삭유 OFF
③ M30 – 프로그램 Rewind & Restart
④ M48 – 주축 오버라이드 무시

✓ M04 : 주축 역회전, M08 : 절삭유 ON, M30 : 프로그램 종료 및 Rewind, M48은 일반적으로 사용하지 않는 코드이다.

45 다음 중 머시닝 센터에서 X, Y, Z축에 회전하는 부가축이 아닌 것은?

① A ② B ③ C ④ D

✓ X축, Y축, Z축의 부가축은 각각의 회전축으로서 A축, B축, C축을 사용한다.

46 다음 중 CNC 공작기계를 사용할 때의 특징으로 알맞은 것은?

① 가공의 능률화와 정밀도 향상이 가능하다.
② 치공구가 다양하게 되어 공구의 수가 증가한다.
③ 작업 조건의 설정으로 숙련자의 수를 증가시킨다.
④ 다품종 소량생산보다 소품종 대량생산에 더 적합하다.

✓ CNC 공작기계는 치공구를 사용할 필요가 없으며, 작업조건의 설정으로 숙련자의 수를 줄일 수 있고, 소품종 대량 생산보다는 다품종 소량생산에 적합하다.

47 그림의 a에서 360°의 원을 가공하는 머시닝 센터 프로그램으로 옳은 것은?

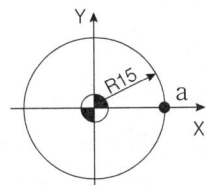

① G02 I15. F100. ;
② G02 I-15. F100. ;
③ G02 J15. F100. ;
④ G02 J-15. F100. ;

✓ G02는 시계방향 원호절삭이며, I, J, K는 시작점에서 원호 중심점까지의 상대좌표값으로 표기한다(I-15.).

48 다음 중 CNC 선반 프로그램에 관한 설명으로 틀린 것은?

① 절대지령은 X, Z 어드레스로 결정한다.
② 증분지령은 U, W 어드레스로 결정한다.
③ 절대지령과 증분지령은 한 블록에 지령할 수 없다.
④ 프로그램 작성은 절대지령과 증분지령을 혼용해서 사용할 수 있다.

✓ CNC 선반에서는 절대지령과 증분지령을 한 블록에 혼용할 수 있는데, 이러한 지령방법을 혼합지령이라고 한다. 단, 머시닝 센터에서는 혼합지령을 사용할 수 없다.

49 다음과 같이 ㉠ → ㉡까지 이동하기 위한 프로그램으로 옳은 것은?

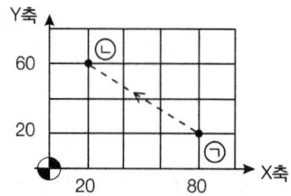

① G90 G00 X-60. Y-40. ;
② G91 G00 X20. Y60. ;
③ G90 G00 X20. Y60. ;
④ G91 G00 X60. Y-40. ;

✓ CNC 밀링에서 ㉠ → ㉡으로 이동하는 방법은 절대지령과 증분지령의 2가지가 있다.
 • 절대지령 : G90 G00 X20. Y60. ;
 • 증분지령 : G91 G00 X-60. Y40. ;

50 CNC 선반에서 나사 가공 시 이송 속도(F 코드)에 무엇을 지령해야 하는가?
① 줄수   ② 피치
③ 리드   ④ 호칭

✓ G32, G76, G92 등 나사가공에 관한 코드와 함께 사용하는 F는 나사의 리드값을 의미한다.

51 고속가공기의 장점을 설명한 것으로 틀린 것은?
① 난삭재의 가공이 가능하다.
② 절삭저항이 저하되고, 공구의 수명이 길어진다.
③ 칩이 가공열을 가지고 제거되기 때문에 공작물에 열이 남지 않는다.
④ 공구지름이 큰 것을 사용하므로, 효과적 가공이 가능하고 공구가 부러지지 않는다.

✓ 고속가공은 공구지름이 큰 것보다는 공구 지름이 작은 것으로 빠르게 가공하는 것이 특징이다.

52 다음과 같은 CNC 선반 프로그램에서 N03 블록 끝에서의 주축의 회전수는 얼마인가?

```
N01 G50 X100.0 Z100.0 S1000 T0100 M41 ;
N02 G96 S100 M03 ;
N03 G00 X10.0 Z5.0 T0101 M08 ;
```

① 100rpm   ② 1000rpm
③ 2000rpm   ④ 3183rpm

✓ N40 블록에서 V=100, d=80mm이므로, $V = \dfrac{\pi dN}{1000}$ 에 대입하여 주축 회전수를 구하면,
$N = \dfrac{1000 V}{\pi d} = \dfrac{1000 \times 100}{3.14 \times 10} \fallingdotseq 3,183 [rpm]$ 이다. 그러나 G50으로 지령된 주축최고회전수가 1000rpm이므로 N03 블록에서의 주축회전수는 3183rpm이 아니라 1000rpm이다.

53 다음 중 CNC 공작기계에서 "P/S_ALARM"이라는 메시지의 원인으로 가장 적합한 것은?

① 프로그램 알람
② 금지영역 침범 알람
③ 주축 모터 과열 알람
④ 비상정지 스위치 ON 알람

✓ 금지영역 침범 알람 : OT ALARM, 주축모터 과열 알람 : SPINDLE ALARM, 비상정지 스위치 ON 알람 : EMERGENCY STOP SWITCH ON

54 다음 중 CNC 공작기계의 안전을 위하여 기계가공을 준비하는 순서로 가장 적합한 내용은?

① 전원투입→원점복귀→프로그램 입력→공구장착 및 세팅→공구경로 확인→가공
② 전원투입→프로그램 입력→공구장착 및 세팅→공구경로 확인→원점복귀→가공
③ 전원투입→공구장착 및 세팅→프로그램 입력→공구경로 확인→원점복귀→가공
④ 전원투입→공구경로 확인→원점복귀→프로그램 입력→공구장착 및 세팅→가공

✓ 전원투입 후 가장 먼저 실행해야 할 작업은 기계원점복귀이며, 기계원점복귀를 해야만 좌표계가 확립되어 정상적인 운전이 가능해진다.

55 일반적으로 프로그램 작성자가 프로그램을 쉽게 작성하기 위하여 공작물좌표계의 원점과 일치시키는 것은?

① 기계원점
② 제2원점
③ 제3원점
④ 프로그램 원점

✓ 공작물좌표계의 원점과 프로그램의 원점을 일치시키는 것을 공작물좌표계 설정이라고 한다.

56 머시닝 센터에서 엔드밀을 사용하여 $\phi 30$을 원호가공한 후 내경을 측정한 결과 $\phi 29.96$이었다. 이때 공구경 보정값은 얼마로 수정해야 하는가?(단, 기존 보정값은 6.00mm이었다.)

① 5.94mm
② 5.98mm
③ 6.02mm
④ 6.04mm

✓ 수정 보정값=기존보정값-(가공 희망 치수-측정값)/2=6.0-(30-29.96)/2

57 CNC 공작기계에서 백래시의 오차를 줄이기 위해 사용하는 기계부품으로 가장 적합한 것은?

① 볼나사
② 리드 스크류
③ 사각나사
④ 유니파이나사

✓ 볼 스크류(나사) : 서보모터의 회전을 받아 테이블을 구동시키는 데 사용되는 나사. 점접촉 방식으로 백래시가 적고 마찰이 적어 정밀도가 매우 높다.

58 "G□□ X_ Y_ Z_ R_ Q_ P_ F_ L_"는 머시닝 센터의 고정사이클 구멍 가공 모드 지령 방법이다. 이때 P가 의미하는 것은?

① 절삭 이송 속도를 지정
② 초기점에서부터 거리를 지정
③ 고정사이클 반복 횟수를 지정
④ 구멍 바닥에서 휴지 시간을 지정

✓ X, Y : 구멍위치, Z : 구멍의 최종깊이, R : 복귀점의 Z좌표, Q : 1회 절입 깊이, P : 구멍바닥에서 휴지시간, F : 이송속도, L : 반복횟수

59 다음 중 드릴작업에 있어 안전사항에 관한 설명으로 옳지 않은 것은?

① 장갑을 끼고 작업하지 않는다.
② 드릴을 회전시킨 후에는 테이블을 조정하지 않도록 한다.
③ 얇은 판에 구멍을 뚫을 때에는 나무판을 밑에 받치고 구멍을 뚫도록 해야 한다.
④ 가공 중 드릴 끝이 마모되어 이상한 소리가 나면 공구의 이송속도를 더욱 크게 한다.

✓ 드릴 끝이 마모가 된 상황에서 계속 작업을 하면 드릴이 완전히 파손되고 가공물에도 영향을 주므로, 즉시 작업을 멈추고 드릴의 날 끝을 재연삭하여 사용하여야 한다.

60 CNC 선반에서 그림과 같이 다듬질 여유로 절삭하는 외경 황삭의 고정사이클 프로그램으로 옳은 것은?

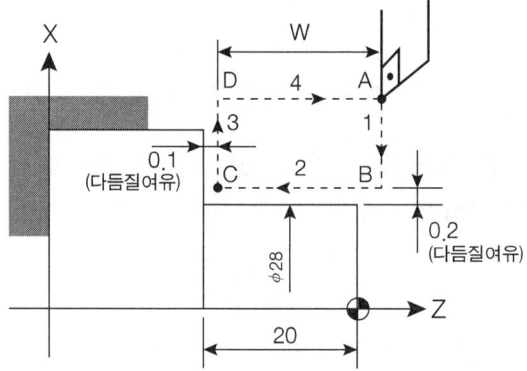

① G90 X28.2 Z-19.9 F0.2 ;
② G90 X28.4 Z-19.9 F0.2 ;
③ G90 X28.2 Z-20.1 F0.2 ;
④ G90 X28.4 Z-20.1 F0.2 ;

✓ A → B → C → D → A의 방향으로 가공이 이루어지려면 단일 고정형 절삭사이클 G90을 사용해야 한다. 다듬질 여유를 주기 위한 C지점의 X축, Z축 좌표값을 구하면 다음과 같다.
X=28+(0.2×2)=28.4, Z=-20+0.1=-19.9

2014년 1회 필기
컴퓨터응용선반기능사

01 금속재료를 고온에서 오랜 시간 외력을 걸어놓으면 시간의 경과에 따라 서서히 그 변형이 증가하는 현상은?
① 크리프   ② 스트레스
③ 스트레인   ④ 템퍼링

✓ 크리프 시험은 고온에서 시험편에 일정한 하중을 가했을 때, 시간과 변형률의 관계로부터 고온에서 재료의 특성을 결정하는 시험으로 재료의 피로 시험과 같이 중요한 시험이다.

02 황동의 연신율이 가장 클 때 아연(Zn)의 함유량은 몇 % 정도인가?
① 30   ② 40
③ 50   ④ 60

✓ 황동은 30% Zn에서 연신율이 최대이며, 35% Zn에서는 연신율은 감소하지만 인장강도가 증가하며, 40% Zn에서 최대의 인장강도를 나타낸다.

03 공구합금강을 담금질 및 뜨임 처리하여 개선되는 재질의 특성이 아닌 것은?
① 조직의 균질화   ② 경도 조절
③ 가공성 향상   ④ 취성 증가

✓ 강을 담금질하면 경도는 커지지만 인성이 저하되므로 조직을 연화시키는 목적으로 뜨임 처리를 한다. 뜨임의 효과는 ①, ②, ③항 이외에도 제일 중요한 취성을 감소(인성을 증가)시키는 효과가 있다.

04 주철의 장점이 아닌 것은?
① 압축 강도가 작다.   ② 절삭 가공이 쉽다.
③ 주조성이 우수하다.   ④ 마찰 저항이 우수하다.

✓ 주철의 특징은 내마멸성이 우수하여 마찰저항이 우수하고, 용융점이 낮아 복잡한 제품도 주조하기 쉽고, 기계가공이 쉽고 가격도 저렴하여 폭넓게 사용되고 있다.

05 구상 흑연주철을 조직에 따라 분류했을 때 이에 해당하지 않는 것은?
① 마텐자이트형   ② 페라이트형
③ 펄라이트형   ④ 시멘타이트형

✓ 구상흑연 주철의 기지 조직은 ②, ③, ④항과 불스아이형이 있으며, 강도는 펄라이트형이 가장 강인하고 페라이트형이 가장 연하며 불스아이형의 강도는 중간 정도이다.

06 절삭공구류에서 초경합금의 특성이 아닌 것은?
① 경도가 높다.   ② 마모성이 좋다.
③ 압축 강도가 높다.   ④ 고온 경도가 양호하다.

✓ 초경합금의 특징은 ①, ③, ④항 이외에 내마모성이 우수하지만 강인성이 부족하여 취성이 많은 단점이 있다.

01.① 02.① 03.④ 04.① 05.① 06.②

07 합금의 종류 중 고용융점 합금에 해당하는 것은?

① 티탄 합금   ② 텅스텐 합금
③ 마그네슘 합금   ④ 알루미늄 합금

✓ 고용융점 합금은 코발트, 몰리브덴, 텅스텐 등이며, 저용융점 합금에는 아연, 주석, 납 등이 있다.

08 지름이 50mm 축에 폭이 10mm인 성크 키를 설치했을 때, 일반적으로 전단하중만을 받을 경우 키가 파손되지 않으려면 키의 길이는 몇 mm인가?

① 25mm   ② 75mm
③ 150mm   ④ 200m

✓ 키의 높이(l) ≒ $1.5d = 1.5 \times 50 ≒ 75$[mm]

09 롤링 베어링의 내륜이 고정되는 곳은?

① 저널   ② 하우징
③ 궤도면   ④ 리테이너

✓ ② 미끄럼 베어링에서 베어링과 접촉하는 축의 부분
④ 회전체 사이에 적절한 간격을 유지해 준다.

10 모듈 5, 잇수가 40인 표준 평기어의 이끝원 지름은 몇 mm인가?

① 200mm   ② 210mm
③ 220mm   ④ 240mm

✓ 이끝원 지름(D) = $m(Z+2) = 5(40+2) = 210$[mm]

11 두 축이 평행하고 거리가 아주 가까울 때 각속도의 변동없이 토크를 전달할 경우 사용되는 커플링은?

① 고정 커플링(fixed coupling)
② 플렉시블 커플링(flexible coupling)
③ 올덤 커플링(Oldham's coupling)
④ 유니버설 커플링(universal coupling)

✓ ① 서로 연결되는 양 축의 중심선이 정확하게 일치하고 있고, 상호간에 상대운동이 없는 경우에 사용되는 축이음
② 두 축의 축선을 정확히 일치시키기 어려울 때나 진동·충격을 완화할 경우에 사용하는 축이음. 고무·가죽·스프링 등의 탄성이 풍부한 재료를 중간에 넣어 사용한다.
④ 두 축이 같은 평면 내에 있으면서 그 중심선이 어느 각도로 교차하고 있을 때 사용하는 축이음으로 유니버설 조인트 또는 훅 조인트라고도 한다.

12 기계재료의 단단한 정도를 측정하는 가장 적합한 시험법은?

① 경도시험   ② 수축시험
③ 파괴시험   ④ 굽힘시험

✓ ② 온도, 건습, 재질의 변화에 의해 생기는 재료의 수축 속도나 수축 크기를 측정하는 시험. 길이 방향에 대해 측정하는 경우가 많다.

③ 특정 하중으로 시험 물체를 파괴하여 시험 물체가 파괴에 견디는 최대 하중이나 파괴 상태 등을 조사하는 시험
④ 소정의 시험편을 규정된 내측 반경으로 규정된 각도만큼 구부려 손상, 기타의 결함이 생기는가를 조사하는 시험

13 인장응력을 구하는 식으로 옳은 것은? (단, A는 단면적, W는 인장하중이다.)

① $A \times W$
② $A + W$
③ $\dfrac{A}{W}$
④ $\dfrac{W}{A}$

✓ 재료에 인장하중이 가해질 때 생기는 응력으로
인장응력$(\sigma) = \dfrac{W}{A}$

14 다음 중 구름 베어링의 특성이 아닌 것은?

① 감쇠력이 작아 충격 흡수력이 작다.
② 축심의 변동이 작다.
③ 표준형 양산품으로 호환성이 높다.
④ 일반적으로 소음이 작다.

✓ 미끄럼 베어링에 비해 구름 베어링의 특성은 ①, ②, ③항 이외에도 추력하중을 용이하게 받으나, 폭이 작고 지름이 크며, 전동체가 있어 복잡하고, 소음이 크다.

15 자동차의 스티어링 장치, 수치제어 공작기계의 공구대, 이송장치 등에 사용되는 나사는?

① 둥근나사
② 볼나사
③ 유니파이나사
④ 미터나사

✓ 볼나사는 수나사와 암나사의 홈을 서로 맞붙여 나선형의 홈에 강구를 넣은 나사로 마찰이 작고 효율이 높다.

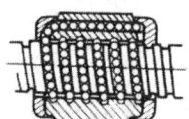

16 그림과 같은 제3각 정투상도에 가장 적합한 입체도는?

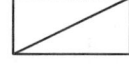

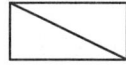

① 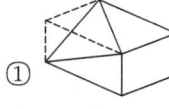 ②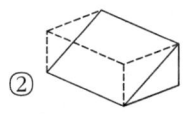

③ 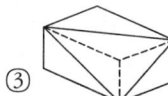 ④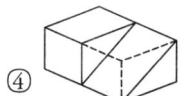

13.④ 14.④ 15.② 16.③

17 원통이나 축 등의 투상도에서 대각선을 그어서 그 면이 평면임을 나타낼 때에 사용되는 선은?

① 굵은 실선   ② 가는 파선
③ 가는 실선   ④ 굵은 1점 쇄선

✓ 면이 평면인 것을 나타낼 필요가 있을 경우에는 가는 실선으로 대각선을 그려서 나타낸다.

18 스프로킷 휠의 도시방법에 관한 내용으로 옳은 것은?

① 바깥지름은 굵은 실선으로 그린다.
② 이뿌리원은 가는 1점 쇄선으로 그린다.
③ 피치원은 가는 파선으로 그린다.
④ 요목표는 작성하지 않는다.

✓ ② 이뿌리원은 가는 실선 또는 굵은 파선으로 표시
　③ 가는 1점 쇄선으로 표시
　④ 요목표에는 톱니의 특성과 절삭에 필요한 치수를 기입한다.

19 다음 도면에 대한 설명으로 잘못된 것은?

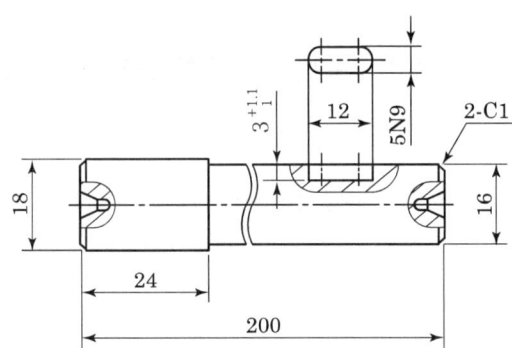

① 긴 축은 중간을 파단하여 짧게 그렸고, 치수는 실제치수를 기입하였다.
② 평행 키 홈의 깊이 부분을 회전도시 단면도로 나타내었다.
③ 평행 키 홈의 폭 부분을 국부투상도로 나타내었다.
④ 축의 양 끝을 $1 \times 45°$로 모떼기하도록 지시하였다.

✓ 키 홈의 깊이 부분을 부분 단면도로 나타내었다.

20 다음 중 나사의 표시를 옳게 나타낸 것은?

① 왼 M25×2-2줄   ② 왼 M25-2-6줄
③ 2줄 왼 M25×2-2A   ④ 왼 2줄 M25×2-6H

✓ 나사의 표시 방법은 다음과 같이 나타낸다.

나사산의 감긴 방향 → 나사산의 줄 수 → 나사의 호칭 → 나사의 등급

21 부품의 기능과 역할에 따라 틈새 또는 죔새가 생기는 끼워 맞춤은?

① 헐거운 끼워 맞춤   ② 억지 끼워 맞춤
③ 표준 끼워 맞춤   ④ 중간 끼워 맞춤

✓ ① 항상 틈새가 생기는 끼워 맞춤
② 항상 죔새가 생기는 끼워 맞춤이다.

22 표면의 결 도시기호에서 가공에 의한 컷의 줄무늬가 여러 방향으로 교차 또는 무방향으로 도시된 기호는?

①    ②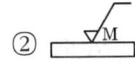
③    ④

✓ ① 면의 중심에 대하여 대략 동심원 모양
③ 면의 중심에 대하여 대략 레이디얼 모양
④ 커터의 줄무늬 방향의 기호를 기입한 그림의 투상면에 경사지고 두 방향으로 교차된 모양

23 도면에서 치수 숫자와 함께 사용되는 기호를 올바르게 연결한 것은?

① 지름 : D   ② 정사각형의 변 : ◇
③ 반지름 : R   ④ 45° 모떼기 : 45°

✓ ① φ, ② □, ④ C로 표시한다.

24 도면에서 어떤 경우에 해칭(hatching)하는가?

① 가상 부분을 표시할 경우   ② 절단 단면을 표시할 경우
③ 회전 부분을 표시할 경우   ④ 부품이 겹치는 부분을 표시할 경우

✓ 단면으로 절단된 면을 표시할 때는 45°의 경사선을 가는 실선으로 그리는 해칭, 색칠을 한 스머징으로 구분하면 알아보기 쉽다.

25 최대 실체 공차 방식의 적용을 올바르게 나타낸 것은?

① 공차 붙이 형체에 적용하는 경우 공차값 뒤에 기호 Ⓜ을 기입한다.
② 공차 붙이 형체에 적용하는 경우 공차값 앞에 기호 Ⓜ을 기입한다.
③ 공차 붙이 형체에 적용하는 경우 공차값 뒤에 기호 Ⓢ을 기입한다.
④ 공차 붙이 형체에 적용하는 경우 공차값 앞에 기호 Ⓢ을 기입한다.

✓ 또한 데이텀 형체에 적용하는 경우에는 데이텀을 나타내는 문자기호 뒤에 Ⓜ을 기입한다.

26 연삭숫돌의 자생 작용이 일어나는 순서로 올바른 것은?

① 입자의 마멸 → 생성 → 파쇄 → 탈락
② 입자의 탈락 → 마멸 → 파쇄 → 생성
③ 입자의 파쇄 → 마멸 → 생성 → 탈락
④ 입자의 마멸 → 파쇄 → 탈락 → 생성

✓ 연삭숫돌에서 절삭 날의 역할을 하는 입자는 절삭을 거듭하면서 마멸 → 파쇄 → 탈락 → 생성의 순서로, 마모된 입자는 떨어져 나가고 새로운 입자가 나타나 새로운 절삭 작용을 하는 것을 자생 작용이라 한다.

27 수평 밀링 머신에서 슬로팅 장치는 어디에 설치하는가?

① 헤드   ② 분할대
③ 새들 위   ④ 테이블 위

✓ 슬로팅 장치는 주로 수평 밀링에서 주축 헤드에 연결하여 주축의 수평 회전 운동을 수직 운동으로 변환시켜 밀링에서 내측 키 홈 등을 가공하는 부속 장치이다.

28 버니어 캘리퍼스의 측정 시 주의사항 중 잘못된 것은?

① M형 버니어 캘리퍼스로 특히 작은 구멍의 안지름을 측정할 때는 실제 치수보다 작게 측정됨을 유의해야 한다.
② 사용하기 전 각 부분을 깨끗이 닦아서 먼지, 기름 등을 제거한다.
③ 측정 시 공작물을 가능한 한 힘 있게 밀어붙여 측정한다.
④ 눈금을 읽을 때는 시차를 없애기 위해 눈금면의 직각 방향에서 읽는다.

✓ 버니어 캘리퍼스는 아베의 원리에 어긋나는 측정기이므로 너무 과한 힘으로 측정을 하면 조가 벌어져 실제 치수보다 크게 측정되고, 조가 벌어져 측정기의 정밀도를 저하시켜 수명을 단축시키게 된다.

29 다음 중 내면 연삭기 형식의 종류에 속하지 않는 것은?

① 보통형   ② 유성형
③ 센터리스형   ④ 플랜지 컷형

✓ 플랜지 컷형은 일감의 길이가 숫돌의 폭보다 좁은 면을 연삭할 때 가공하는 외경 연삭의 일종이다.

30 가늘고 긴 일감은 절삭력과 자중으로 휘거나 처짐이 일어나 정확한 치수로 깎기 어렵다. 이것을 방지하는 선반의 부속장치는 무엇인가?

① 센터   ② 방진구
③ 맨드릴   ④ 면판

✓ ① 심압대에 설치된 센터를 일감의 끝단에 있는 센터 구멍을 이용하여 일감의 흔들림을 방지하기 위한 부속품
③ 심봉이라고도 하며, 구멍과 동심인 외면을 가공하기 위한 부속품
④ 선반의 주축에 설치하며, 불규칙하고 대형인 일감을 앵글 플레이트와 클램프 등을 이용하여 고정 시에 사용하는 부속품

31 다음 중 절삭유제의 작용이 아닌 것은?

① 마찰을 줄여준다. ② 절삭성능을 높여준다.
③ 공구 수명을 연장시킨다. ④ 절삭열을 상승시킨다.

✓ 절삭유의 사용 목적은 공구와 공작물의 냉각 작용과 윤활 작용, 세척 작용이 목적이다. 따라서 냉각 작용에 의해 공구의 수명 연장, 윤활 작용에 의한 마찰 감소의 효과를 얻을 수 있다.

32 드릴에서 절삭 날의 웨브(web)가 커지면 드릴작업에 어떤 영향이 발생하는가?

① 공작물에 파고 들어갈 염려가 있다.
② 전진하지 못하게 하는 힘이 증가한다.
③ 절삭성능은 증가하나 드릴 수명이 줄어든다.
④ 절삭 저항을 감소시킨다.

✓ 드릴에서 웨브(web)는 나선 홈과 홈 사이의 좁은 단면을 이루는 폭을 말하며, 드릴의 강성을 유지하는 부분으로 자루 쪽으로 올라갈수록 폭이 두꺼워져서 강도는 증가하지만 저항이 커져 절삭이 어려워진다. 그러므로 드릴의 웨브의 폭은 항상 지름에 대해 1/8을 유지해야 가장 효과적인 절삭을 할 수가 있다.

33 다음 중 소품종 대량생산에 가장 적합한 공작기계는?

① 만능 공작기계 ② 범용 공작기계
③ 전용 공작기계 ④ 표준 공작기계

✓ ① 여러 종류의 공작기계에서 할 수 있는 가공을 1대의 공작기계에서 가능하도록 제작한 공작기계로 소량생산에 적합하다.
② 가공 기능이 다양하고, 절삭 및 이송의 범위가 넓어 다양한 제품 제작이 가능한 다종 소량 생산용 공작기계
④ 가공할 제품이 정해지지 않고 넓은 용도로 사용되며 소량 생산에 적합한 공작기계

34 절삭 속도 126m/min, 밀링커터의 날 수 8개, 지름 100mm, 1날당 이송을 0.05mm라 하면 테이블의 이송 속도는 몇 mm/min인가?

① 180.4 ② 160.4
③ 129.1 ④ 80.4

✓ F : 테이블의 이송속도, f_z : 1날당 이송, z : 커터의 날 수, n : 회전수라고 할 때

회전수$(n) = \dfrac{1000 \times V(\text{절삭속도})}{\pi \times D(\text{커터의 지름})} = \dfrac{1000 \times 126}{\pi \times 100} = 401[\text{rpm}]$

$F = f_z \times z \times n = 0.05 \times 8 \times 401 = 160.4[\text{mm/min}]$

35 절삭공구가 갖추어야 할 조건으로 틀린 것은?

① 고온경도를 가지고 있어야 한다.
② 내마멸성이 커야 한다.
③ 충격에 잘 견디어야 한다.
④ 공구보호를 위해 인성이 적어야 한다.

✓ 절삭공구의 구비 조건 중 가장 중요한 것은 고온에서 경도가 유지되고, 내마멸성이 커야 되며, 충격에 잘 견디는 강인성이 높아야 한다.

36 다음 중 선반의 주요 부분이 아닌 것은?
① 컬럼 ② 왕복대
③ 심압대 ④ 주축대

✓ 선반의 주요 구조는 ②, ③, ④번 항과 베드로 이루어져 있으며, 컬럼은 기둥을 뜻하며 밀링 등에 있는 부분이다.

37 만능 밀링에서 127개의 이를 가진 기어를 절삭하려고 할 때 가장 적당한 분할방식은?
① 차동 분할법 ② 직접 분할법
③ 단식 분할법 ④ 복식 분할법

✓ • 직접 분할법 : 분할판에 있는 24개 구멍을 이용하여 24의 약수인 24, 12, 8, 6, 4, 3, 2등분을 할 수 있는 분할법
• 단식 분할법 : 분할 크랭크와 분할판을 이용하여 분할하는 방법으로, 2~60 사이의 모든 정수, 60~120 사이의 2와 5의 배수, 120 이상의 수로서 $\frac{40}{N(등분수)}$ 에서 분할판의 구멍수가 될 수 있는 수 등이다.
• 차동 분할법 : 단식 분할을 할 수 없는 61 이상의 소수나 특수한 수의 분할을 2종 운동의 복합 운동(분할 크랭크에 의한 분할판의 회전 운동과 과부족한 만큼을 차동 변환 기어가 움직이는 운동)으로 분할하는 방법이다.

38 입도가 작고, 연한 숫돌을 작은 압력으로 가공물의 표면에 가압하면서 가공물에 이송을 주고, 동시에 숫돌에 진동을 주어 표면 거칠기를 높이는 가공 방법은?
① 슈퍼 피니싱 ② 호닝
③ 래핑 ④ 배럴 가공

✓ ① 주로 외면의 표면 정밀도를 향상시키는 가공법이다.
② 입자 막대로 제작한 혼이라는 공구가 회전운동과 축 방향의 운동을 하며 주로 내면을 다듬질하는 가공법이다.
③ 랩이라고 하는 공구와 랩제라는 미세한 연삭 입자 사이에 일감을 넣고 누르면서 상대 운동을 시켜 매끈한 거울면을 얻는 가공법이다.
④ 회전하는 배럴이라는 통 안에 공작물, 입자, 가공액, 콤파운드 등을 넣고 회전시켜 서로 부딪치며 매끈한 가공면을 얻는 가공법이다.

39 탭 작업 시 탭의 파손 원인으로 가장 적절한 것은?
① 구멍이 너무 큰 경우
② 탭이 경사지게 들어간 경우
③ 탭의 지름에 적합한 핸들을 사용한 경우
④ 구멍이 일직선인 경우

✓ 탭의 파손 원인은 ②항 이외에도 구멍이 너무 작은 경우, 무리한 힘으로 빨리 절삭할 경우, 탭의 지름에 적합하지 않은 핸들을 사용할 경우, 막힌 구멍의 밑단에 탭의 선단이 닿았을 경우, 절삭유가 없이 탭이 구멍에 너무 밀착되었을 경우 등이다.

40 연성재료를 절삭할 때 유동형 칩이 발생하는 조건으로 가장 알맞은 것은?
① 절삭 깊이가 작으며 절삭 속도가 빠를 때
② 저속 절삭으로 절삭 깊이가 클 때
③ 점성이 큰 가공물을 경사각이 작은 공구로 가공할 때
④ 주철과 같이 메진 재료를 저속으로 절삭할 때

✓ 유동형 칩이 발생되는 조건은 연성인 재료를 경사각이 크고, 절삭 깊이가 작고, 빠른 절삭 속도로 가공할 때 발생된다.

41 머시닝센터에서 φ12mm 엔드밀로 가공하려 할 때 절삭 속도가 32m/min이면 공구의 분당 회전수는 약 몇 rpm이어야 하는가?

① 약 750rpm ② 약 800rpm
③ 약 850rpm ④ 약 900rpm

✓ 회전수$(n) = \dfrac{1000 \times V(절삭속도)}{\pi \times D(공구의 지름)} = \dfrac{1000 \times 32}{\pi \times 12} ≒ 850[rpm]$

42 기포의 위치에 의하여 수평면에서 기울기를 측정하는 데 사용하는 액체식 각도 측정기는?

① 사인바 ② 수준기
③ NPL식 각도기 ④ 콤비네이션 세트

✓ ① 블록 게이지, 다이얼 인디게이터, 정반과 같이 각도를 측정하는 측정기
③ 쐐기 형상으로 밀착이 가능하며 12개 1조로 구성되어 있는 각도 게이지
④ 곧은자, 스퀘어 헤드, 센터 헤드, 분도기 등으로 구성되어 경사도 측정, 45° 측정, 높이 측정, 환봉의 중심선 금긋기, 각도 측정 등이 가능한 측정기

43 다음 중 CNC 프로그램에서 주축의 회전수를 350rpm으로 직접 지정하는 블록은?

① G50 S350 ; ② G96 S350 ;
③ G97 S350 ; ④ G99 S350 ;

✓ G50 : 주축최고회전수 지정(공작물좌표계 설정), G96 : 절삭 속도(m/min) 일정제어, G97 : 주축회전수(rpm) 일정제어, G99 : 고정사이클 R점 복귀

44 조작판의 급속 오버라이드 스위치가 그림과 같이 급속 위치 결정(G00) 동작을 실행할 경우 실제 이송 속도는 얼마인가? (단, 기계의 급속 이동 속도는 1,000mm/min이다.)

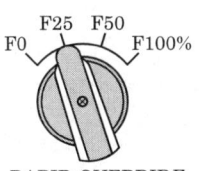

① 100mm/min ② 150mm/min
③ 200mm/min ④ 250mm/min

✓ 급속 오버라이드 스위치를 F25에 위치시킨 경우이므로 속도는 25%로 감속된다.
∴ 실제 급속 이송 속도=기계의 최대 이송 속도×25[%] = $1000 \times \dfrac{25}{100} = 250[mm/min]$

45 다음 중 나사가공 프로그램에 관한 설명으로 가장 적절하지 않은 것은?

① 주축의 회전은 G97로 지령한다.
② 이송 속도는 나사의 피치값으로 지령한다.
③ 나사의 절입 횟수는 절입표를 참조하여 여러 번 나누어 가공한다.

41.③ 42.② 43.③ 44.④ 45.②

④ 복합 고정형 나사 절삭 사이클은 G76이다.
✓ 나사가공의 이송 속도는 나사의 피치값이 아닌 나사의 리드값으로 지령한다.

46 $\phi30$ 드릴 가공에서 절삭 속도가 150m/min, 이송이 0.08mm/rev일 때, 회전수와 이송 속도(feed rate)는?

① 150rpm, 0.08mm/min
② 300rpm, 0.16mm/min
③ 1592rpm, 127.4mm/min
④ 3184rpm, 63.7mm/min

✓ $V = \dfrac{\pi d N}{1000}$ 에서 V=150, d=30mm이므로 $N = \dfrac{1000 V}{\pi d} = \dfrac{1000 \times 150}{3.14 \times 30} ≒ 1592 [rpm]$

$F = F_{rev} \times N = 0.08 \times 1592 = 127.4 [mm/min]$

(F_{rev} : 주축 1회전당 이송 속도, N : 주축회전수)

47 다음 중 지령된 블록에서만 유효한 G코드(One shot G code)가 아닌 것은?

① G04   ② G30   ③ G40   ④ G50

✓ One shot G코드는 다음과 같다.
• 공통 : G04, G10, G27, G28, G29, G30, G31, G37
• 머시닝센터 : G52, G53, G60, G92
• CNC 선반 : G50, G70, G71, G72, G73, G74, G75, G76

48 CNC 기계의 움직임을 전기적 신호로 변환하여 속도제어와 위치 검출을 하는 일종의 피드백 장치는?

① 엔코더(encoder)
② 컨트롤러(controller)
③ 서보모터(servo motor)
④ 볼 스크루(ball screw)

✓ • 엔코더 : CNC 기계에서 속도와 위치를 피드백하는 장치
• 컨트롤러 : CNC 공작기계의 대부분의 움직임을 조작하는 부분으로 조작판이라고도 함
• 서보모터 : CNC 기계에서 축을 이동시키는 데 사용되는 구동모터로서 피드백 장치를 연결하여 움직임 조절
• 볼 스크루 : 서보모터의 회전을 받아 테이블을 구동시키는 데 사용되는 나사

49 다음 프로그램에서 P_가 의미하는 것은?

```
G71 U_ R_ ;
G71 P_ Q_ U_ W_ F_ ;
```

① X축 방향의 도피량
② 고정 사이클 시작 번호
③ X축 방향의 1회 절입량
④ 고정 사이클 끝 번호

✓ G71(내·외경 황삭 사이클)의 각 주소의 기능은 다음과 같다.
U : X축 1회 절입량, R : 도피량, P : 사이클 시작 블록번호, Q : 사이클 종료 블록번호, U : X축 방향 정삭 여유, W : Z축 방향 정삭 여유, F : 이송 속도

50 다음 중 CNC 선반 작업에서 전원 투입 전에 확인해야 하는 사항과 가장 거리가 먼 것은?

① 전장(NC)박스 및 외관 상태를 점검한다.
② 공기 압력이 적당한지 점검한다.
③ 윤활유의 급유 탱크를 점검한다.
④ X축, Z축의 백래시(Backlash)를 점검한다.

✓ CNC 공작기계 작업에서 전원 투입 전에 확인해야 하는 사항은 일일점검 사항으로서, 유압유·습동유·절삭유의 유량점검, 각 부의 작동 검사, 공기압의 적정성 점검 등이 해당된다.

51 다음 중 밀링 가공의 작업 안전에 관한 설명으로 틀린 것은?

① 절삭 중 작업화를 착용한다.
② 절삭 중 보안경을 착용한다.
③ 절삭 중 장갑을 착용하지 않는다.
④ 칩(chip) 제거는 절삭 중 브러시를 사용한다.

✓ 밀링에서 칩의 제거는 모든 구동을 멈춘 후에 칩 제거용 브러시를 사용하여 안전하게 제거해야 한다.

52 다음은 머시닝 센터에서 ⌀10mm 엔드밀로 ⌀50mm인 내경을 윤곽 가공하는 프로그램이다. 절삭 속도는 약 몇 m/min인가?

```
G97 S800 M03 ;
G02 I-25F300 ;
```

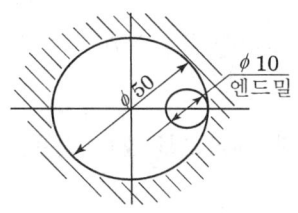

① 12.6   ② 25.1   ③ 125.7   ④ 251

✓ $V = \frac{\pi dN}{1000}$ 에서 회전체인 공구의 지름 d=50mm, N=800이므로, $V = \frac{\pi dN}{1000} = \frac{3.14 \times 10 \times 800}{1000} ≒ 25.1 [m/min]$

53 다음 중 CNC 선반에서 원호가공을 하는 데 적합하지 않은 WORD는?

① R-8.   ② I-3. K-5.
③ G02   ④ R8.

✓ G02는 시계방향(CW) 원호가공, G03은 반시계방향(CCW) 원호가공이며, 원호가공 지령은 R 또는 I, J, K 등과 함께 사용한다. R에 기호 '-'를 함께 사용하여 180° 이상의 원호를 가공할 수 있지만, CNC 선반가공에서는 180° 이상의 원호를 가공할 수 없다.

54 다음 중 CNC 공작기계에서 사용되는 좌표치의 기준으로 사용하지 않는 좌표계는?

① 고정좌표계 ② 기계좌표계
③ 공작물좌표계 ④ 구역좌표계

✓ ・기계좌표계 : 기계의 원점을 기준으로 하는 좌표계로서 공장출하 시에 파라미터에 의해 결정된다.
・공작물좌표계 : 공작물의 특정 위치에 절대 좌표계의 원점을 일치시켜 사용한다.
・구역좌표계 : 지역좌표계 또는 워크좌표계라고도 하며, G54~G59를 사용하여 각각의 작업영역별로 원점을 부여하여 사용한다.

55 다음 중 CNC 선반 프로그램과 공구보정 화면을 보고, 3번 공구의 날 끝(인선) 반경 보정 값으로 옳은 것은?

G00 X20. Z0 T0303 ;

보정번호	X축	Z축	R	T
01	0.000	0.000	0.8	3
02	2.456	4.321	0.2	2
03	5.765	7.987	0.4	3
04	.	.	.	.
05	.	.	.	.
.	.	.	.	.

① 0.2mm ② 0.4mm
③ 0.8mm ④ 3.0mm

✓ 공구보정번호 03번에서의 X축 보정은 5.765이고, Z축 보정은 7.987이며, T는 가상 인선 번호로서 인선의 방향에 따라 1~8을 사용한다. R은 공구 인선 반지름을 나타낸다.

56 다음 중 CAD/CAM 시스템에서 입·출력장치에 해당되지 않는 것은?

① 메모리 ② 프린터
③ 키보드 ④ 모니터

✓ ・입력장치 : 키보드, 마우스, 태블릿, 디지타이저, 스캐너, 조이스틱, 라이트 펜 등
・출력장치 : 플로터, 프린터, 모니터(CRT, LCD), 빔프로젝터, 하드카피장치 등

57 NC 기계 작업 중 안전사항으로 틀린 것은?

① NC 기계 주변을 정리정돈한 후 작업을 하였다.
② 작업 도중 정전이 되어 전원스위치를 내렸다.
③ 작업시간과 작업량을 높이기 위하여 작업 중 안전장치를 제거하였다.
④ 작업 공구와 측정기기는 따로 구분하여 정리하였다.

✓ 작업 효율을 높이기 위하여 안전장치를 제거하고 작업하는 경우, 자칫 큰 재해를 초래할 수 있으므로, 안전장치를 제거하지 말아야 한다.

58 다음 중 머시닝센터 프로그램에서 공구 지름 보정에 관한 설명으로 옳은 것은?
① 일반적으로 공구의 지름만큼 보정한다.
② 공구의 진행방향을 기준으로 오른쪽 보정은 G40을 사용한다.
③ 공구를 교환하기 전에 공구 지름 보정을 취소해야 한다.
④ 공구 지름 보정 취소에는 G49를 사용한다.

✓ ① 일반적으로 공구의 반지름 값만큼 보정한다.
② 공구진행방향을 기준으로 왼쪽 보정은 G41, 오른쪽 보정은 G42를 사용한다.
④ 공구 지름 보정 취소는 G40을 지령하고, G49는 공구 길이 보정 취소에 사용한다.

59 다음 보조 기능 중 "M02"를 대신하여 쓸 수 있는 것은?
① M00   ② M05
③ M09   ④ M30

✓ M02 : 프로그램 종료, M00 : 프로그램 정지, M05 : 주축정지, M09 : 절삭유 OFF, M30 : 프로그램 종료 및 재시작

60 다음 중 머시닝센터에서 공구의 길이 차를 측정하는 데 가장 적합한 것은?
① R 게이지   ② 사인 바
③ 한계 게이지   ④ 하이트 프리세터

✓ · R 게이지 : 모깎기된 형상의 원호반경을 측정하는 도구
· 사인 바 : 삼각함수 sine을 이용하여 각도를 측정하거나 임의의 각도를 설정하기 위한 도구로서, 각도의 측정 및 임의 각도 절삭에 사용
· 한계 게이지 : 치수에 주어지는 허용범위 내의 공차 안에서만 측정하도록 한계를 정한 측정도구로서 대량 부품의 적합여부를 검사할 수 있음
· 하이트 프리세터 : 공작물 좌표계 Z원점을 찾거나, 공구의 길이를 보정할 때 사용

58.③ 59.④ 60.④

2014년 2회 필기

컴퓨터응용선반기능사

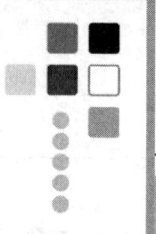

01 5~20% Zn의 황동으로 강도는 낮으나 전연성이 좋고 황금색에 가까우며 금박 대용, 황동 단추 등에 사용되는 구리 합금은?

① 톰백　　　　　　　② 문쯔메탈
③ 델타메탈　　　　　④ 주석황동

✓ ② 6 : 4 황동(35~45% Zn 황동)으로 고온가공이 용이하여 복수기용 판, 열간 단조품, 볼트, 너트, 대포 탄피 등에 사용된다.
　③ 6 : 4 황동에 1~2%의 Fe을 첨가한 황동으로 강도가 크고 내식성이 좋아 광산, 선박, 화학 기계 등에 사용된다.
　④ 7 : 3 황동에 주석을 1% 첨가한 애드미럴티 황동, 6 : 4 황동에 0.8%의 주석을 첨가한 네이벌 황동이 있으며, 탈아연 부식이 억제되고 내해수성이 강해 선박의 응축기 튜브, 열교환기 튜브, 프로펠러 축 등에 많이 사용된다.

02 비철금속 구리(Cu)가 다른 금속 재료와 비교해 우수한 것 중 틀린 것은?

① 연하고 전연성이 좋아 가공하기 쉽다.
② 전기 및 열전도율이 낮다.
③ 아름다운 색을 띠고 있다.
④ 구리합금은 철강 재료에 비하여 내식성이 좋다.

✓ 구리의 특징은 ①, ③, ④항 이외에도 기계적 성질도 향상시키며 무엇보다도 전기 및 열전도율이 높다.

03 철과 탄소는 약 6.68% 탄소에서 탄화철이라는 화합물을 만드는데 이 탄소강의 표준조직은 무엇인가?

① 펄라이트　　　　　② 오스테나이트
③ 시멘타이트　　　　④ 소르바이트

✓ 탄소강의 표준조직은 강을 단련한 후 변태온도 이상으로 가열하여 공랭시켜 불림 처리시킨 조직으로 페라이트, 펄라이트, 시멘타이트 등이 있다. 이 중 페라이트 조직은 강자성체이고, 담금질 열처리에 의해 경화되지 않으며, 펄라이트 조직은 담금질에 의해 경화되고 페라이트에 비해 훨씬 강하고 경하다.

04 강의 표면경화법으로 금속 표면에 탄소(C)를 침입 고용시키는 방법은?

① 질화법　　　　　　② 침탄법
③ 화염경화법　　　　④ 숏피닝

✓ ① 강 표면에 질소를 침투시켜 질화하는 방법으로 가스질화법, 액체질화법, 연질화법 등이 있다.
　③ 탄소강 표면에 산소-아세틸렌 화염으로 가열 후 물에 급랭시켜 담금질하는 방법
　④ 소재 표면에 강이나 주철로 된 작은 입자들(숏, shot)을 고속으로 분사시켜 가공경화에 의하여 표면의 경도를 높이는 경화법

05 열처리란 탄소강을 기본으로 하는 철강에서 매우 중요한 작업이다. 열처리의 특성을 잘못 설명한 것은?

① 내부의 응력과 변형을 감소시킨다.
② 표면을 연화시키는 등의 성질을 변화시킨다.
③ 기계적 성질을 향상시킨다.

④ 강의 전기적/자기적 성질을 향상시킨다.

✓ 열처리란 강을 적당한 온도에서 가열, 냉각 등의 조작에 의해 필요한 성질을 부여하는 작업으로, 기본적으로 표면을 경화시키는 작업이다.

06 일반구조용 압연강재의 KS 기호는?
① SS330
② SM400A
③ SM45C
④ SNC415

✓ SS330은 일반구조용 압연강재로 인장강도가 330MPa 이상의 성질을 가진 강을 말한다. 또한 SM45C는 탄소(C)의 함유량이 0.45% 이하인 기계구조용 탄소강재를 나타낸다.

07 다음 중 플라스틱 재료로서 동일 중량으로 기계적 강도가 강철보다 강력한 재질은?
① 글라스 섬유
② 폴리카보네이트
③ 나일론
④ FRP

✓ FRP는 유리 및 카본섬유로 강화한 플라스틱계 복합재료(Fiber Reinforced Plastics)로 경량·내식성·성형성 등이 뛰어난 고성능·고기능성 재료이다. 가볍고 단단하여 소형 어선 등 다양하게 사용되고 있다.

08 스퍼 기어에서 Z는 잇수(개)이고, P가 지름피치(인치)일 때 피치원 지름(D, mm)을 구하는 공식은?

① $D = \dfrac{PZ}{25.4}$
② $D = \dfrac{25.4}{PZ}$
③ $D = \dfrac{P}{25.4Z}$
④ $D = \dfrac{25.4Z}{P}$

✓ 서로 맞물리는 기어에 있어서 회전 접촉하는 접촉점을 피치점이라 하고 피치점에서의 가상의 원을 피치원이라 한다.

09 다음 벨트 중에서 인장강도가 대단히 크고 수명이 가장 긴 벨트는?
① 가죽 벨트
② 강철 벨트
③ 고무 벨트
④ 섬유 벨트

✓ ① 쇠 가죽 또는 물소 가죽으로 만든 벨트로, 고온, 고습에 잘 견디고 마찰 계수도 커서 일반적으로 널리 사용되고 한 겹 벨트, 2겹 벨트, 3겹 벨트가 있다.
③ 면포에 고무를 침투하게 하고 이것을 여러 장 겹치게 하여 붙여서 만든 벨트로 습기에 강하지만 열이나 기름에는 약해 긴 시간 동안 운전할 경우에는 늘어날 수도 있다. 값이 저렴하여 많이 사용하고 있다.
④ 삼베, 무명, 모직 등으로 만들며, 가죽 벨트에 비해 내열성이 크고 인장강도가 크지만 유연성이 없어 미끄러짐이 크므로 전동효율이 낮다.

10 축이음 기계요소 중 플렉시블 커플링에 속하는 것은?
① 올덤 커플링
② 셀러 커플링
③ 클램프 커플링
④ 마찰 원통 커플링

✓ 고정 커플링 중 원통 커플링에는 ②, ③, ④항 이외에 머프 커플링, 반중첩 커플링, 확장 테이퍼 링 커플링 등이 있다.

06.① 07.④ 08.④ 09.② 10.①

11 스프링의 길이가 100mm인 한 끝을 고정하고, 다른 끝에 무게 40N의 추를 달았더니 스프링의 전체 길이가 120mm로 늘어났을 때 스프링 상수는 몇 N/mm인가?

① 8 ② 4 ③ 2 ④ 1

✓ 스프링 상수$(k) = \dfrac{하중(W)}{변위량(\delta)} = \dfrac{40}{120-100} = 2$

12 왕복운동 기관에서 직선운동과 회전운동을 상호 전달할 수 있는 축은?

① 직선 축 ② 크랭크 축
③ 중공 축 ④ 플렉시블 축

✓ 대표적인 크랭크 축은 자동차 엔진에서 피스톤의 왕복 운동을 회전 운동의 형태로 바꾸어 출력시킨다.

13 회전체의 균형을 좋게 하거나 너트를 외부에 돌출시키지 않으려고 할 때 주로 사용하는 너트는?

① 캡 너트 ② 둥근 너트
③ 육각 너트 ④ 와셔붙이 너트

✓ ① 너트의 한쪽 부분을 막아 유체 등이 흘러 나오는 것을 방지한 너트
③ 육각 기둥의 모양을 가진 너트로 가장 일반적으로 많이 사용하는 너트
④ 육각의 대각선 거리보다 지름이 작은 자리면이 있는 너트

14 큰 토크를 전달시키기 위해 같은 모양의 키 홈을 등 간격으로 파서 축과 보스를 잘 미끄러질 수 있도록 만든 기계요소는?

① 코터 ② 묻힘 키
③ 스플라인 ④ 테이퍼 키

✓ ① 한쪽 또는 양쪽에 기울기를 갖는 평판 모양의 쐐기로서 인장력이나 압축력을 받는 2개의 축을 연결하는 결합용 기계요소이다.
② 성크 키라고도 하며, 가장 널리 사용되는 일반적인 키로 축과 보스의 양쪽에 모두 키 홈을 판다.
④ 성크 키에 1/100 정도의 경사를 붙인 키

15 재료의 안전성을 고려하여 허용할 수 있는 최대응력을 무엇이라 하는가?

① 주 응력 ② 사용 응력
③ 수직 응력 ④ 허용 응력

✓ 기계나 구조물을 실제로 사용할 때 각 부분에 생기는 응력을 사용 응력이라 한다.

16 다음 중 분할핀의 호칭 지름에 해당하는 것은?

① 분할 핀 구멍의 지름 ② 분할 상태의 핀의 단면지름
③ 분할 핀의 길이 ④ 분할 상태의 두께

✓ 분할핀은 기계의 부품을 고정하거나 부품의 위치를 결정하는 용도로 사용되고 접촉면의 미끄럼 방지나 나사의 풀림 방지용으로 사용되며 용도에 따라 평행 핀, 테이퍼 핀, 슬롯 테이퍼 핀, 분할 핀 등이 있다.

17 끼워 맞춤 방식에서 구멍의 치수가 축의 치수보다 큰 경우 그 치수의 차를 무엇이라고 하는가?

① 위치수 공차 ② 죔새
③ 틈새 ④ 허용차

✓ 죔새는 구멍의 치수가 축의 치수보다 작을 경우를 말한다.

18 미터 사다리꼴 나사에서 나사의 호칭 지름인 것은?

① 수나사의 골지름 ② 수나사의 유효지름
③ 암나사의 유효지름 ④ 수나사의 바깥지름

✓ 미터 나사는 일반적으로 수나사의 바깥지름으로 호칭을 표시하고, 인치 나사는 1인치당 산의 수로 표시한다.

19 오른쪽 그림과 같이 절단면에 색칠한 것을 무엇이라고 하는가?

 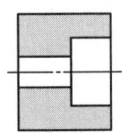

① 해칭 ② 단면 ③ 투상 ④ 스머징

✓ 왼쪽의 그림과 같이 가는 실선으로 45° 경사로 단면을 표시한 것을 해칭이라 하고, 오른쪽 그림과 같이 색칠한 것을 스머징이라고 한다.

20 그림의 치수 기입 방법 중 옳게 나타난 것을 모두 고른 것은?

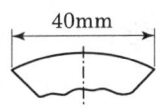 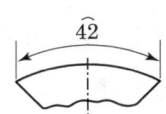

㉮ 현의 치수 기입 ㉯ 호의 치수 기입

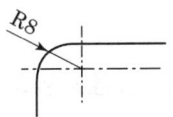 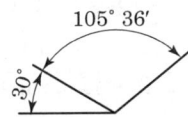

㉰ 반지름의 치수 기입 ㉱ 각도의 치수 기입

① ㉮, ㉯, ㉰, ㉱ ② ㉯, ㉰, ㉱
③ ㉮, ㉯, ㉰ ④ ㉯, ㉰

✓ 현의 치수 기입 방법에서 mm를 생략 안 한 것이 잘못된 기입 방법이다.

17.③ 18.④ 19.④ 20.②

21 가공에 의한 컷의 줄무늬가 기호를 기입한 면의 중심에 대하여 거의 동심원 모양인 경우의 기호는?

① C ② M ③ R ④ X

✓ ② 가공에 의한 커터의 줄무늬가 여러 방향으로 교차 또는 무방향
③ 면의 중심에 대하여 대략 레이디얼 모양
④ 커터의 줄무늬 방향의 기호를 기입한 그림의 투상면에 경사지고 두 방향으로 교차된 모양

22 기하공차의 종류별 기호가 잘못 연결된 것은?

① 평면도 : ▱ ② 원통도 : ○
③ 위치도 : ⌖ ④ 진직도 : —

✓ ②번항의 기호는 진원도를 나타내는 기호이다.

23 그림과 같은 입체도에서 화살표 방향에서 본 것을 정면도로 하여 3각법으로 투상한 것으로 가장 적합한 것은?

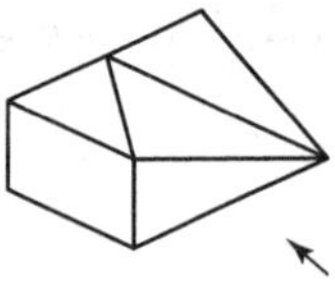

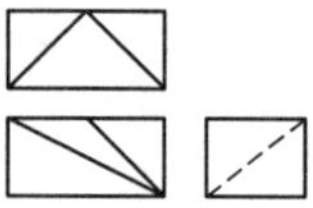

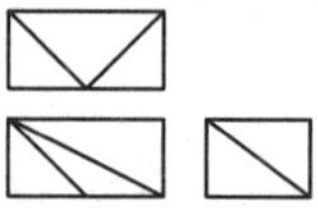

24 베어링 기호가 "F684C2P6"으로 나타나 있을 때 "68"이 나타내는 뜻은?

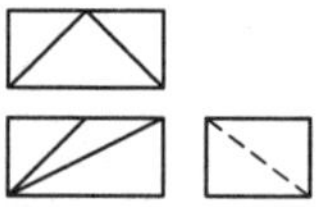

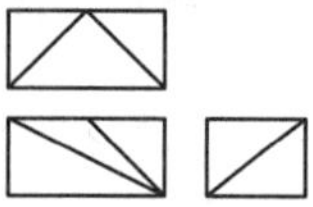

① 안지름 번호 ② 베어링 계열 기호
③ 궤도륜 모양 기호 ④ 정밀도 등급 기호

✓ 68 : 계열 번호, 4 : 안지름 번호, C2 : 내부 틈새 기호, P6 : 등급 기호를 나타낸다.

25 투상면이 어느 각도를 가지고 있기 때문에 그 실형을 도시하기 위하여 그림과 같이 나타내는 투상법의 명칭은?

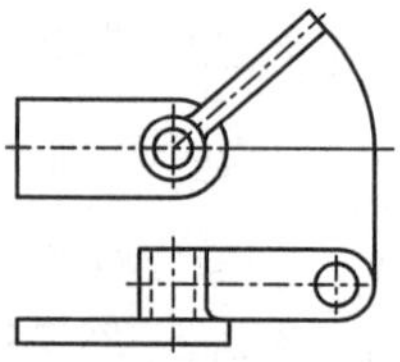

① 보조 투상도
② 부분 투상도
③ 회전 투상도
④ 국부 투상도

✓ 각도를 가지고 있는 물체의 실제 모양을 나타내기 위해서 그 부분을 회전해서 실제 모양을 나타내는 투상도법을 회전 투상도라 한다.

21.① 22.② 23.③ 24.② 25.③

26 일반 드릴에 대한 설명으로 틀린 것은?

① 사심(dead center)은 드릴 날 끝에서 만나는 부분이다.
② 표준 드릴의 날끝각은 118°이다.
③ 마진(margin)은 드릴을 안내하는 역할을 한다.
④ 드릴의 지름이 13mm 이상의 것은 곧은 자루 형태이다.

✓ 트위스트 드릴은 일반적으로 13mm 이하는 직선 자루, 13mm 이상은 테이퍼 자루로 되어 있다.

27 래핑 가공에 대한 설명으로 옳지 않은 것은?

① 래핑은 랩이라고 하는 공구와 다듬질하려고 하는 공작물 사이에 랩제를 넣고 공작물을 누르며 상대운동을 시켜 다듬질하는 가공법을 말한다.
② 래핑 방식으로는 습식 래핑과 건식 래핑이 있다.
③ 랩은 공작물 재료보다 경도가 낮아야 공작물에 흠집이나 상처를 일으키지 않는다.
④ 건식 래핑은 절삭량이 많고 다듬면은 광택이 적어 일반적으로 초기 래핑작업에 많이 사용한다.

✓ 래핑에서 건식 래핑은 절삭유가 없이 정밀한 가공면을 얻는 다듬질 가공법이며, 습식 래핑은 절삭유와 같이 거친 래핑을 하는 가공법이다.

28 연삭기의 연삭 방식 중 외경 연삭의 방법에 해당하지 않는 것은?

① 유성형
② 테이블 왕복형
③ 숫돌대 왕복형
④ 플랜지 컷형

✓ 유성형은 플래니터리(planetary)형이라고도 하며, 공작물을 고정하고 숫돌대가 자전 및 공전을 하며 대형 공작물의 내면 연삭에 적합한 연삭 방식이다.

29 밀링 머신에서 테이블의 이송 속도를 나타내는 식은? (단, f : 테이블의 이송 속도(mm/min), f_z : 커터 날 1개마다의 이송(mm), z : 커터의 날수, n : 커터의 회전수(rpm))

① $f = f_z \times z \times n$
② $f = \dfrac{f_z \times z \times n}{1000}$
③ $f = \dfrac{f_z \times z}{n}$
④ $f = \dfrac{1000}{f_z \times z \times n}$

✓ 테이블의 이송 속도는 가공물과 커터의 재질, 절삭 깊이, 절삭 폭, 절삭 동력, 절삭 속도, 회전수 등을 고려하여 적절하게 선택하여야 한다.

30 밀링 커터의 주요 공구각 중에서 공구와 공작물이 서로 접촉하여 마찰이 일어나는 것을 방지하는 역할을 하는 것은?

① 여유각
② 경사각
③ 날끝각
④ 비틀림각

✓ 모든 공구의 공구각 중에서 경사각은 절삭성을 향상시키기 위하여 주는 각이고, 여유각은 마찰을 감소시키기 위하여 주어지는 각이다.

26.④ 27.④ 28.① 29.① 30.①

31 다음 중 정밀입자에 의하여 가공하는 기계는?
① 밀링 머신 ② 보링 머신
③ 래핑 머신 ④ 와이어 컷 방전 가공기
✓ 래핑은 랩이라고 하는 공구와 랩제라는 미세한 연삭 입자 사이에 일감을 넣고 누르면서 상대 운동을 시켜 매끈한 거울면을 얻는 가공법이다.

32 밀링 머신의 주요 구성 요소로 틀린 것은?
① 니(knee) ② 컬럼(column)
③ 테이블(table) ④ 맨드릴(mandrel)
✓ 맨드릴은 심봉이라고도 하며, 공작물의 구멍과 외면을 동심으로 가공하기 위한 선반의 부속품이다.

33 다음과 같은 연삭숫돌 표시 기호 중 밑줄 친 K가 뜻하는 것은?

$$WA \cdot 60 \cdot \underline{K} \cdot 5 \cdot V$$

① 숫돌입자 ② 조직
③ 결합도   ④ 결합제
✓ WA : 숫돌입자, 60 : 입도, K : 결합도, 5(M) : 조직, V : 결합제를 나타낸다.

34 다음 가공물의 테이퍼값은 얼마인가?

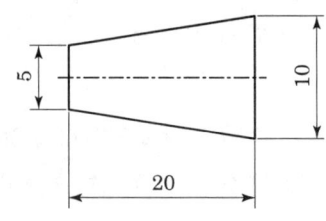

① 0.25 ② 0.5 ③ 1.5 ④ 2

✓ 테이퍼값 $\dfrac{1}{X} = \dfrac{D-d}{l} = \dfrac{10-5}{20} = \dfrac{5}{20} = 0.25$

35 구성인선(built-up edge)의 방지대책으로 틀린 것은?
① 경사각(rake angle)을 크게 할 것
② 절삭 깊이를 크게 할 것
③ 윤활성이 좋은 절삭유를 사용할 것
④ 절삭 속도를 크게 할 것
✓ 구성인선을 방지하기 위해서는 ①, ③, ④번 항 이외에도 절삭 깊이를 0.5mm 이하로 작게 하고 이송을 크게 해야 한다.

36 다음 중 비교측정기에 해당하는 것은?

① 버니어 캘리퍼스 ② 마이크로미터
③ 다이얼 게이지 ④ 하이트 게이지

✓ 다이얼 게이지는 주로 정반 위에서 기준값인 블록 게이지와 공작물과의 측정값의 차로 실제 값을 얻어내는 비교측정기로 많이 사용된다.

37 다음 중 일반적으로 각도 측정에 사용되는 측정기는?

① 사인 바(sine bar)
② 공기 마이크로미터(air micrometer)
③ 하이트 게이지(height gauge)
④ 다이얼 게이지(dial gauge)

✓ ① 블록 게이지, 정반, 다이얼 인디게이터를 이용하여 각도를 측정하는 측정기
② 공기의 흐름을 확대 기구로 하여 비접촉하며 길이를 측정하는 측정기
③ 주로 정반 위에서 높이를 측정, 제품에 금긋기 작업 등에 사용되는 측정기
④ 두께, 바깥지름, 형상 등을 측정하는 측정기

38 선반의 종류 중 볼트, 작은 나사 등을 능률적으로 가공하기 위하여 보통 선반의 심압대 대신에 회전 공구대를 설치하여 여러 가지 절삭공구를 공정에 맞게 설치한 선반은?

① 자동선반(automatic lathe)
② 터릿선반(turret lathe)
③ 모방선반(copying lathe)
④ 정면선반(face lathe)

✓ ① 캠이나 유압을 이용하여 자동화한 선반으로 볼트, 핀, 자동차 부품 등을 대량 생산하기에 적합한 선반
③ 공구대를 형판에 따라 움직이게 하여 형판과 같은 모양의 제품을 가공할 수 있는 선반
④ 스윙을 크게 하고 심압대를 제거하여 베드의 길이를 짧게 하며 지름이 크고 길이가 짧은 제품 가공에 적합한 선반

39 주로 대형 공작물이 테이블 위에 고정되어 수평 왕복운동을 하고 바이트를 공작물의 운동 방향과 직각 방향으로 이송시켜서 평면, 수직면, 홈, 경사면 등을 가공하는 공작기계는?

① 플레이너 ② 호빙 머신
③ 보링 머신 ④ 슬로터

✓ ② 호브라는 공구를 이용하여 일감과 같이 상대 운동을 하며 기어를 가공하는 기어 절삭기
③ 공구에 회전 운동, 일감의 이송 운동으로 드릴링, 리밍, 보링, 태핑, 단면 가공, 밀링 가공 등을 하는 공작기계
④ 램에 설치된 바이트가 상하 왕복 운동을 하며 키 홈, 내접 기어, 스플라인 구멍 등을 가공하는 공작기계

40 선반에서 양 센터 작업을 할 때, 주축의 회전력을 가공물에 전달하기 위해 사용하는 부속품은?

① 연동척과 단동척
② 돌림판과 돌리개
③ 면판과 클램프
④ 고정 방진구와 이동 방진구

① 공작물을 직접 고정시키는 부속품
② 양 센터 작업 시 돌림판은 주축에 고정시키고, 공작물과 연결시킨 돌리개를 돌림판과 연결하여 공작물에 회전력을 주어 가공하는 부속품
③ 주축에 면판을 고정시키고, 앵글 플레이트와 클램프, 무게 중심 추 등을 이용하여, 불규칙하고 대형인 공작물 가공에 적합한 부속품
④ 공작물의 길이가 지름에 비해 길어서 처짐과 진동 등으로 가공이 어려울 때 사용되는 부속품으로 고정과 이동 방진구가 있다.

41 절삭 공구를 재연삭하거나 새로운 절삭공구로 바꾸기 위한 공구수명 판정기준으로 거리가 먼 것은?

① 가공면에 광택이 있는 색조 또는 반점이 생길 때
② 공구 인선의 마모가 일정량에 달했을 때
③ 완성치수의 변화량이 일정량에 달했을 때
④ 주철과 같은 메진 재료를 저속으로 절삭했을 시 균열형 칩이 발생할 때

✓ 공구의 수명 판정 기준은 ①, ②, ③항 이외에도 절삭저항의 이송분력과 배분력이 급격히 증가했을 때, 절삭 저항의 주분력이 절삭을 시작했을 때와 비교하여 일정량이 증가할 경우 등이다.

42 수용성 절삭유제의 특징에 관한 설명으로 옳은 것은?

① 윤활성은 좋으나 냉각성이 적어 경절삭용으로 사용한다.
② 윤활성과 냉각성이 떨어져 잘 사용되지 않고 있다.
③ 점성이 낮고 비열이 커서 냉각효과가 크다.
④ 광유에 비눗물을 첨가하여 사용하며 비교적 냉각효과가 크다.

✓ 수용성 절삭유제의 가장 큰 장점은 냉각성이 우수한 것이고, 이에 따라 윤활성은 떨어져 마찰 감소 효과는 나쁘다는 것이다.

43 근래에 생산되는 대형 정밀 CNC 고속가공기에 주로 사용되며 모터에서 속도를 검출하고, 테이블에 리니어 스케일을 부착하여 위치를 피드백하는 서보기구 방식은?

① 개방회로 방식 ② 반폐쇄회로 방식
③ 폐쇄회로 방식 ④ 복합회로 방식

✓ ① 개방회로 : 피드백장치 없이 스태핑 모터를 사용한 방식으로, 검출기가 없으므로 가공 정밀도가 좋지 않다.
② 반폐쇄회로 : 속도검출기와 위치검출기가 모터에 부착되어 있는 방식으로 스크루의 백래시, 비틀림 및 처짐, 마찰, 열변형 등에 의한 오차는 보정할 수 없다. CNC 공작기계에서 일반적으로 많이 사용하는 방식이다.
③ 폐쇄회로 : 모터에 내장된 속도검출기에서 속도를 검출하고, 테이블에 부착한 위치검출기에서 위치를 검출하여 피드백하는 방식. 정밀도를 향상시킬 수 있으며, 대형 및 고속가공기에 많이 사용되는 방식이다.
④ 복합회로 : 반폐쇄회로 방식과 폐쇄회로 방식을 결합하여 고정밀도로 제어하는 방식으로, 가격이 고가이다.

44 다음 머시닝센터 프로그램 중에서 사용된 공구길이 보정을 나타내는 준비기능(G 코드)은 어느 것인가?

```
G17 G40 G49 G80 ;
G91 G28 Z0. ;
     G28 X0. Y0. ;
G90 G92 X400. Y250. Z500. ;
T01 M06 ;
G00 X-15. Y-15. S1000 M03 ;
G43 Z50. H01 ;
     Z3. ;
G01 Z-5. F100 M08 ;
G41 X0. D11 ;
```

① G40　　② G41　　③ G43　　④ G91

✓ G40 : 공구지름 보정 취소, G41 : 공구지름 보정 왼쪽, G42 : 공구지름 보정 오른쪽, G43 : 공구 길이 보정+, G91 : 증분지령

45 그림은 CNC 선반 프로그램에서 P1에서 P2로 진행하는 블록을 나타낸 것이다. ( ) 안에 알맞은 명령어는?

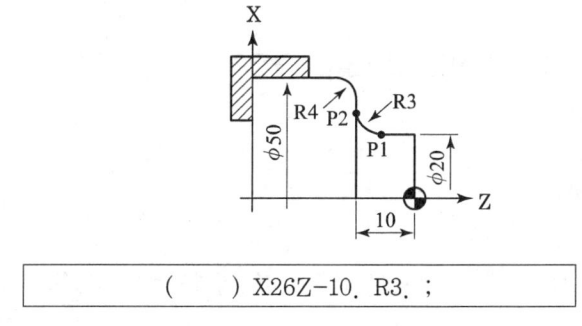

( ) X26Z-10. R3. ;

① G01　　② G02　　③ G03　　④ G04

✓ G01 : 직선절삭, G02 : 원호절삭(시계방향), G03 : 원호절삭(반시계방향), G04 : 일시정지.
P1 → P2로 가공하는 방향은 시계방향 원호절삭에 해당한다.

46 다음 중 CNC 공작기계 사용 시 비경제적인 작업은?

① 작업이 단순하고, 수량이 1~2개인 수리용 부품
② 항공기 부품과 같이 정밀한 부품
③ 곡면이 많이 포함되어 있는 부품
④ 다품종이며 로트당 생산수량이 비교적 적은 부품

✓ 작업이 단순하고 수량이 적은 경우에는 범용공작기계를 사용하는 것이 효율적이다.

47 다음 중 드릴가공에서 휴지기능을 이용하여 바닥면을 다듬질하는 기능은?

① 머신 록　　② 싱글블록
③ 오프셋　　④ 드웰

✓ ① 머신 록 : CNC 공작기계에서 구동축의 동작을 정지한 채로 프로그램을 구동시키는 기능
② 싱글블록 : CNC 공작기계에서 프로그램 구동 시 한 블록씩 지령하는 기능
④ 드웰(Dwell) : 이송만 일시적으로 정지하는 기능으로 홈가공이나 드릴가공에 사용된다.

48 CNC 선반에서 복합형 고정사이클 G76을 사용하여 나사가공을 하려고 한다. G76에 사용되는 X의 값은 무엇을 의미하는가?

① 골지름 ② 바깥지름
③ 안지름 ④ 유효지름

✓ G76 P_ Q_ R_ ;
G76 X_ Z_ P_ Q_ R_ F_ ;
P : 다듬질 횟수, 면취량, 나사의 각도
Q : 최소절입량
R : 다듬질 여유량
X, Z : 나사 끝지점 좌표(X값은 나사의 골지름을 의미함)
P : 나사산 높이(반지름 지령)
Q : 첫 번째 절입량(반지름 지령)
R : 테이퍼 나사 절삭 시 나사 끝지점 X값과 나사 시작점 X값의 거리
F : 이송속도(나사의 리드)

49 다음 중 CNC 공작기계 운전 중의 안전사항으로 틀린 것은?

① 가공 중에는 측정을 하지 않는다.
② 일감은 견고하게 고정시킨다.
③ 가공 중에 칩을 손으로 제거한다.
④ 옆사람과 잡담을 하지 않는다.

✓ 칩을 제거하기 위해서는 반드시 주축의 회전을 정지시킨 상태에서 칩 제거기를 이용하여 제거하여야 한다.

50 다음은 CNC 프로그램의 일부분이다. 여기에서 L4가 의미하는 것으로 가장 올바른 것은?

N0034 M98 P2345 L4 ;

① 보조프로그램 호출번호 명령이 4번임을 뜻한다.
② 보조프로그램의 반복 횟수를 4회 실행하라는 뜻이다.
③ 나사가공프로그램에서 나사의 리드가 4mm임을 뜻한다.
④ 보조프로그램 호출 후 다른 보조프로그램을 4번 호출한다는 뜻이다.

✓ M98 : 보조프로그램 호출, M99 : 보조프로그램 종료
◇ M98 P△△△△ L□□□□
• △△△△ : 보조프로그램 번호
• □□□□ : 반복횟수

51 다음 중 선반 작업에서 방호조치로 적합하지 않은 것은?

① 긴 일감 가공 시 덮개를 부착한다.
② 작업 중 급정지를 위해 역회전 스위치를 설치한다.

48.① 49.③ 50.② 51.②

③ 칩이 짧게 끊어지도록 칩브레이커를 둔 바이트를 사용한다.
④ 칩이나 절삭유 등의 비산으로부터 보호를 위해 이동용 실드를 설치한다.
✓ 급정지를 위해 역회전 스위치를 사용하면 모터에 무리가 생겨 모터의 수명 단축을 유발한다.

52 1대의 컴퓨터에서 여러 대의 CNC 공작기계에 데이터를 분배하여 전송함으로써 동시에 직접 제어, 운전할 수 있는 방식을 무엇이라 하는가?
① DNC   ② CAM   ③ FA   ④ FMS

✓ ① DNC(Distributed numerical control) : CAD/CAM 시스템과 CNC 기계를 근거리 통신망으로 연결하여 1대의 컴퓨터에서 여러 대의 CNC 공작기계에 데이터를 분배 전송함으로써 운전할 수 있는 방식
② CAM : Computer Aided Manufacture
③ FA : Factory Automation, 공장자동화
④ FMS(Flexible manufacturing system) : CNC 공작기계, 핸들링 로봇, APC, ATC, 자동이송공급 장치, 자동화 창고 등을 갖추고 있는 제조공정을 중앙 컴퓨터에서 제어하는 생산시스템으로 유연하게 대처할 수 있어서 다품종 소량 생산에 적합함

53 CNC 선반에서 $\phi52$ 부분을 가공하고, 측정한 결과 $\phi51.97$이었다. 기존의 X축 보정값이 0.002라면 보정값을 얼마로 수정해야 $\phi52$로 가공되는가?
① 0.002   ② 0.028   ③ 0.03   ④ 0.032

✓ 수정 보정값=(지령값-측정값)+기존 보정값=(52-51.97)+0.002=0.032

54 다음 중 CNC 공작기계의 점검 시 매일 실시하여야 하는 사항과 가장 거리가 먼 것은?
① ATC 작동점검   ② 주축의 회전점검
③ 기계정도검사   ④ 습동유 공급상태 점검

✓ 각 부의 작동 검사, 유압유·습동유·절삭유 등의 유량점검 등은 매일 점검 사항이다.

55 다음 중 CNC 선반에서 G96(주축속도일정제어)의 설명으로 옳은 것은?
① 공작물의 직경에 관계없이 회전수는 일정하다.
② 공작물 직경에 관계없이 가공 중 원주속도는 일정하다.
③ 절삭 시 공구가 공작물 직경이 감소하는 방향으로 진행하면 주축의 회전수도 감소한다.
④ 나사가공이나 홈 가공 시 많이 이용한다.

✓ G97(주축회전수 일정제어, rpm)은 공작물 직경에 관계없이 회전수가 일정하고, G96(절삭 속도 일정제어, m/min)은 공작물의 직경에 관계없이 가공 중 원주속도는 일정하지만, 회전수는 공작물 직경이 커짐에 따라 감소한다.

56 다음 중 CNC 공작기계에서 이송속도(Feed Speed)에 대한 설명으로 틀린 것은?
① CNC 선반의 경우 가공물이 1회전할 때 공구의 가로방향 이송을 주로 사용한다.
② CNC 선반의 경우 회전당 이송인 G98이 전원공급 시 설정된다.
③ 날이 2개 이상인 공구를 사용하는 머시닝센터의 경우 분당이송을 주로 사용한다.
④ 머시닝센터의 경우 분당 이송거리는 "날당 이송거리×공구의 날수×회전수"로 계산된다.

52.① 53.④ 54.③ 55.② 56.②

✓ · CNC 선반 이송속도 지정 : G98(분당이송, mm/min), G99(회전당 이송, mm/rev, 주로 사용하는 방식)
· 머시닝센터 이송속도 지정 : G94(분당이송, mm/min, 주로 사용하는 방식), G95(회전당 이송, mm/rev)
· CNC 선반의 경우에는 G98이, 머시닝센터의 경우에는 G94가 전원공급 시 기본 설정된다.

57 다음 머시닝센터 가공용 CNC 프로그램에서 G80의 의미는?

> N10 G80 G40 G49

① 공구경 보정 취소 ② 위치결정 취소
③ 공구길이 보정 취소 ④ 고정사이클 취소

✓ G80 : 고정사이클 취소, G40 : 공구경 보정 취소, G49 : 공구길이 보정 취소

58 ⌀50mm SM20C 재질의 가공물을 CNC 선반에서 작업할 때 절삭 속도가 80m/min이라면, 적절한 스핀들의 회전수는 약 얼마인가?

① 510rpm ② 1,020rpm
③ 1,600rpm ④ 2,040rpm

✓ $V = \dfrac{\pi d N}{1000}$ 에서 V=80m/min, d=50mm이므로, $N = \dfrac{1000\,V}{\pi d} = \dfrac{1000 \times 80}{3.14 \times 50} ≒ 510[\text{rpm}]$

59 그림에서 단면절삭 고정사이클을 이용한 프로그램의 준비기능은?

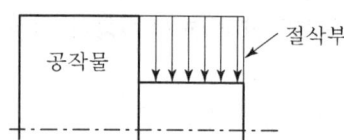

① G76 ② G90 ③ G92 ④ G94

✓ G76 : 나사절삭사이클, G90 : 내・외경 절삭사이클(단일고정형), G92 : 나사절삭사이클(단일고정형), G94 : 단면절삭사이클(단일고정형)

60 다음 중 CNC 선반 프로그래밍에서 소수점을 사용할 수 있는 어드레스로 구성된 것은?

① X, U, R, F ② W, I, K, P
③ Z, G, D, Q ④ P, X, N, E

✓ CNC 프로그램에서 소수점 사용이 가능한 어드레스는 X, Y, Z, U, W, I, J, K, R, Q, F 등이 있다.

2014년 4회 필기

컴퓨터응용선반기능사

01 탄소강에 함유된 5대 원소는?
① 황, 망간, 탄소, 규소, 인
② 탄소, 규소, 인, 망간, 니켈
③ 규소, 탄소, 니켈, 크롬, 인
④ 인, 규소, 황, 망간, 텅스텐
✓ 탄소강에는 탄소(C) 이외에 망간(Mn), 규소(Si), 인(P), 황(S), 구리(Cu) 등이 포함되어 있다.

02 황이 함유된 탄소강의 적열취성을 감소시키기 위해 첨가하는 원소는?
① 망간　　　　　② 규소
③ 구리　　　　　④ 인
✓ 적열취성이란 탄소강이 300℃ 이상이 되면 크리프 한도가 급격히 감소되고, 400~500℃에서 충격치가 최소로 되는데 이때를 적열범위라고 하고 가공하면 균열이 생기기 쉬운 성질을 말하며, 망간을 첨가하여 적열취성을 방지시킨다.

03 내열성과 내마모성이 크고 온도가 600℃ 정도까지 열을 주어도 연화되지 않는 특징이 있으며, 대표적인 것으로 텅스텐(18%), 크롬(4%), 바나듐(1%)으로 조성된 강은?
① 합금공구강　　　　　② 다이스강
③ 고속도공구강　　　　④ 탄소공구강
✓ W(18%) : Cr(4%) : V(1%)를 함유한 고속도강을 표준 고속도강이라 한다.

04 초경공구와 비교한 세라믹 공구의 장점 중 옳지 않은 것은?
① 고속 절삭 가공성이 우수하다.
② 고온 경도가 높다.
③ 내마멸성이 높다.
④ 충격강도가 높다.
✓ 세라믹 공구의 가장 큰 특징은 초경공구에 비해 ①, ②, ③항이 월등히 우수하지만 충격에 약해 주로 비철금속류의 가공에 많이 쓰인다.

05 내열용 알루미늄합금 중에 Y합금의 성분은?
① 구리, 납, 아연, 주석
② 구리, 니켈, 망간, 주석
③ 구리, 알루미늄, 납, 아연
④ 구리, 알루미늄, 니켈, 마그네슘
✓ Y합금의 표준 성분은 구리(4%), 니켈(2%), 마그네슘(1.5%)을 갖춘 것이다.

01.① 02.① 03.③ 04.④ 05.④

06 항공기 재료로 가장 적합한 것은 무엇인가?
① 파인 세라믹　　　② 복합 조직강
③ 고강도 저합금강　④ 초두랄루민
✓ 초두랄루민은 고강도 알루미늄 합금으로 표준성분이 구리(4.5%), 마그네슘(1.5%), 망간(0.6%)이며 나머지는 알루미늄이다.

07 마텐자이트와 베이나이트의 혼합조직으로 M_s와 M_f점 사이의 열욕에 담금질하여 과냉 오스테나이트의 변태가 완료할 때까지 항온 유지한 후에 꺼내어 공랭하는 열처리는 무엇인가?
① 오스템퍼(Austemper)　　② 마템퍼(Martemper)
③ 마퀜칭(Marquenching)　④ 패턴팅(Patenting)
✓ 항온 변태처리. 오스템퍼 및 마템퍼 등은 항온의 높고 낮음에 따라 구별하여 이름붙인 항온 처리 또는 TTT 처리를 말한다.

08 유니버설 조인트의 허용 축 각도는 몇 도(°) 이내인가?
① 10°　　② 20°
③ 30°　　④ 60°
✓ 유니버설 조인트는 훅 조인트라고도 하며 두 축이 만나는 각이 수시로 변화하는 경우에 사용되는 커플링으로 두 축이 만나는 축각은 원활한 전동을 위하여 30° 이하로 제한한다.

09 기어의 잇수가 40개이고, 피치원의 지름이 320mm일 때 모듈의 값은?
① 4　　② 6
③ 8　　④ 12
✓ 모듈$(m) = \dfrac{\text{피치원 지름}\,P(\text{mm})}{\text{잇수}\,z(\text{개})} = \dfrac{320}{40} = 8$

10 깊은 홈 볼베어링의 호칭번호가 6208일 때 안지름은 얼마인가?
① 10mm　　② 20mm
③ 30mm　　④ 40mm
✓ 6208에서 안지름을 나타내는 기호는 08이며, 20mm 이상은 5로 나눈 수를 안지름으로 나타내므로, 08×5=40mm이다.

11 하중의 작용 상태에 따른 분류에서 재료의 축선 방향으로 늘어나게 하려는 하중은?
① 굽힘하중　　② 전단하중
③ 인장하중　　④ 압축하중
✓ ① 재료를 구부려 휘어지게 하는 형태의 하중
　② 재료를 자르는 것과 같은 형태의 하중
　④ 재료의 축선 방향으로 재료를 누르는 하중

12 스프링의 용도에 대한 설명 중 틀린 것은?

① 힘의 측정에 사용된다.
② 마찰력 증가에 이용한다.
③ 일정한 압력을 가할 때 사용한다.
④ 에너지를 저축하여 동력원으로 작동시킨다.

✓ ① 측정용 스프링으로 저울 등에 쓰인다.
③ 완충용 스프링으로 자동차의 현가장치, 방진 스프링 등에 쓰인다.
④ 에너지를 축적하는 것으로 시계의 태엽, 총의 방아쇠 스프링 등이 있다.

13 길이가 1m이고 지름이 30mm인 둥근 막대에 30,000N의 인장하중을 작용하면 얼마 정도 늘어나는가? (단, 세로탄성계수는 $2.1 \times 10^5 N/mm^2$이다.)

① 0.102mm   ② 0.202mm
③ 0.302mm   ④ 0.402mm

✓ 응력$(\sigma) = \dfrac{하중(P)}{단면적(A)}$ 에서 $A = \dfrac{\pi d^2}{4} = \dfrac{3.14 \times 30^2}{4} = 706.5[mm^2]$

그러므로 $\sigma = \dfrac{P}{A} = \dfrac{30,000}{706.5} = 42.46[N/mm^2]$

탄성계수$(E) = \dfrac{\sigma}{변형률(\varepsilon)}$ 에서 $\varepsilon = \dfrac{\sigma}{E} = \dfrac{42.46}{2.1 \times 10^5} = 0.000202$

$\varepsilon = \dfrac{늘어난 길이(\Delta l)}{원래 길이(l)}$ 에서 $\Delta l = 0.000202 \times 1,000 = 0.202[mm]$

14 나사에 대한 설명으로 틀린 것은?

① 나사산의 모양에 따라 삼각, 사각, 둥근 것 등으로 분류한다.
② 체결용 나사는 기계 부품의 접합 또는 위치 조정에 사용된다.
③ 나사를 1회전하여 축 방향으로 이동한 거리를 "리드"라 한다.
④ 힘을 전달하거나 물체를 움직이게 할 목적으로 사용하는 나사는 주로 삼각나사이다.

✓ ④항과 같은 경우에 사용되는 나사에는 사각나사, 사다리꼴 나사, 톱니나사, 볼나사 등이 있다.

15 양쪽 끝 모두 수나사로 되어 있으며, 한쪽 끝에 상대쪽에 암나사를 만들어 미리 반영구적으로 나사 박음하고, 다른 쪽 끝에 너트를 끼워 죄도록 하는 볼트는 무엇인가?

① 스테이 볼트   ② 아이 볼트
③ 탭 볼트   ④ 스터드 볼트

✓ ① 두 물체 사이의 거리를 일정하게 유지시키면서 결합하는 데 사용하며 간격유지 볼트라고도 한다.
② 볼트의 머리부에 핀을 끼울 구멍이 있어 자주 탈착하는 뚜껑의 결합에 사용된다.
③ 관통볼트를 사용하기 어려울 때 결합하려는 상대쪽에 암나사를 내고, 머리붙이 볼트를 조여 부품을 결합하는 볼트

16 나사를 "M12"로만 표시하였을 경우 설명으로 틀린 것은?

① 2줄 나사인데 표시하지 않고 생략되었다.
② 오른나사인데 표시하지 않고 생략되었다.

③ 미터 나사이고 피치는 생략되었다.
④ 나사의 등급이 생략되었다.
✓ 두줄나사의 경우에는 표시를 생략할 수 없다.

17 다음 그림의 설명 중 맞는 것은?

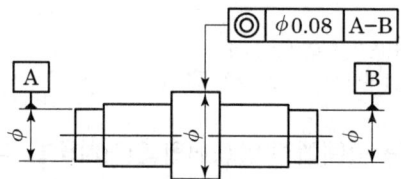

① 지시선의 화살표로 나타낸 축선은 데이텀의 축 직선 A-B를 축선으로 하는 지름 0.08mm인 원통 안에 있어야 한다.
② 지시선의 화살표로 나타내는 원통면의 반지름 방향의 흔들림은 데이텀 축직선 A-B에 관하여 1회전시켰을 때, 데이텀 축직선에 수직한 임의의 측정면 위에서 0.08mm를 초과해서는 안 된다.
③ 지시선의 화살표로 나타내는 면은 데이텀 축직선 A-B에 대하여 평행하고 또한 화살표 방향으로 0.08mm만큼 떨어진 두 개의 평면 사이에 있어야 한다.
④ 대상으로 하고 있는 면은 동일 평면 위에서 0.08mm만큼 떨어진 2개의 동심원 사이에 있어야 한다.
✓ 동축도(◎)는 데이텀 축 직선과 동일 직선 위에 있어야 할 축선의 데이텀 축 직선으로부터의 어긋남의 크기를 측정한다.

18 재료가 최대 크기일 경우에 형태가 한계 크기가 되는 고려된 형태의 상태, 즉 구멍의 경우 최소 지름과 축의 경우 최대 지름이 되는 상태를 무엇이라고 하는가?
① 최대 재료 조건(MMC)　② 한계 재료 조건(UMC)
③ 최소 재료 조건(LMC)　④ 일반 재료 조건(NMC)

19 기하 공차 기호 중 동축도를 나타내는 기호는?
① ▱　② ○　③ ⌭　④ ◎
✓ ① 평면도, ② 진원도, ③ 원통도를 나타내는 기하공차이다.

20 다음 치수와 병용되는 기호 중 잘못된 것은?
① R5　② C5　③ ◇5　④ φ5
✓ ① 반지름, ② 모따기, ④ 지름을 나타내는 기호로 사용된다.

21 표면의 결 도시방법에서 어떤 제작공정 도면에 이미 제거가공 또는 다른 방법으로 얻어진 전(前) 가공의 상태를 그대로 남겨두는 것만을 지시하는 기호는?

① ∀ ② ᴺ∀ ③ ∀(○) ④ ∇

✓ ④항의 경우에는 제거 가공을 필요로 함을 지시하는 기호이다.

22 다음 그림에서 화살표 방향을 정면도로 하였을 때 좌측면도로 맞는 것은?

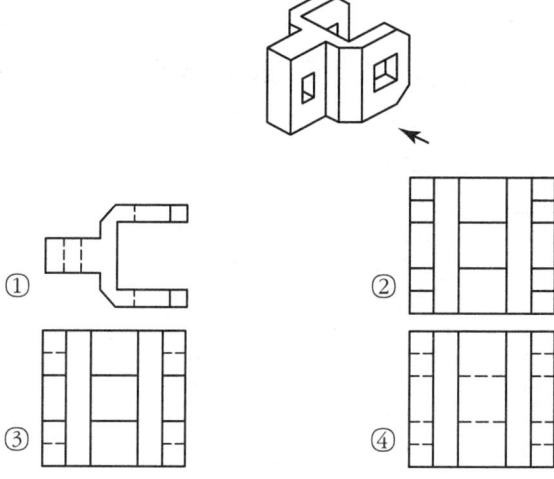

23 아래 도면에서 ㉮~㉲의 선의 명칭이 모두 올바르게 짝지어진 것은?

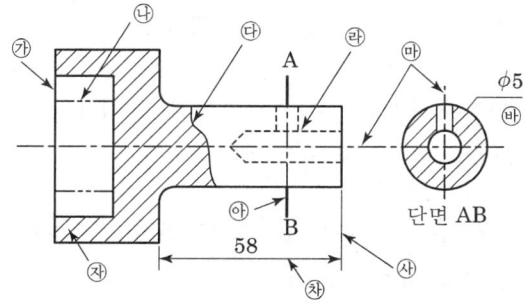

㉠ 가상선	㉡ 기준선	㉢ 파단선
㉣ 중심선	㉤ 숨은선	㉥ 수준면선
㉦ 지시선	㉧ 치수선	㉨ 치수보조선
㉩ 외형선	㉪ 해칭선	㉫ 절단선

21.③ 22.④ 23.②

① ㉮-㉴, ㉯-㉴, ㉰-㉠, ㉱-㉢, ㉲-㉣
② ㉮-㉴, ㉯-㉠, ㉰-㉡, ㉱-㉢, ㉲-㉣
③ ㉮-㉤, ㉯-㉴, ㉰-㉡, ㉱-㉢, ㉲-㉣
④ ㉮-㉴, ㉯-㉠, ㉰-㉡, ㉱-㉥, ㉲-㉢

24 인벌류트 치형을 가진 표준 스퍼기어의 전체의 높이는 다음 중 어떤 값이 되는가?
① "모듈"의 크기와 동일하다.
② "2.25×모듈"의 값이 된다.
③ "π×모듈"의 값이 된다.
④ "잇수×모듈"의 값이 된다.

25 다음과 같은 단면도를 나타내고 있는 절단선 위치가 가장 올바른 것은?

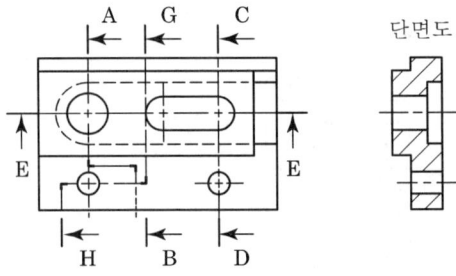

① 단면 A-B
② 단면 C-D
③ 단면 E-F
④ 단면 G-H

26 밀링가공에서 생산성을 향상시키기 위한 절삭 속도의 선정방법으로 적합하지 않은 것은?
① 밀링커터의 수명을 길게 유지하기 위해서는 절삭 속도를 약간 낮게 설정한다.
② 가공물의 경도, 강도, 인성 등의 기계적 성질을 고려한다.
③ 거친 가공에서는 절삭 속도는 빠르게, 이송은 느리게, 절삭 깊이는 작게 한다.
④ 커터의 날이 빠르게 마모되거나 손상되는 현상이 발생하면, 절삭 속도를 감소시킨다.
✓ 거친 가공에서는 절삭 속도와 이송을 느리게, 절삭 깊이는 크게 한다.

27 지름이 작은 가공물이나 각 봉재를 가공할 때 편리하며, 보통선반에서는 주축 테이퍼 구멍에 슬리브를 끼우고 여기에 척을 끼워 사용하는 것은?
① 단동 척
② 연동 척
③ 콜릿 척
④ 마그네틱 척
✓ ① 4개의 조가 각각 움직이며 불규칙한 공작물의 고정에 편리하며 강력한 고정이 가능하나 숙련이 필요하다.
② 3개의 조가 중심을 기준으로 동시에 움직이며 6각, 원형의 공작물 고정에 용이하며 숙련이 필요없다.
④ 조가 없이 자력의 힘만으로 공작물을 고정하므로 얇은 공작물 고정에 용이하며 고정력이 약해 경절삭용이다.

28 사인 바(sine bar)에 의한 각도 측정에서 필요하지 않은 것은?
① 블록 게이지 ② 다이얼 게이지
③ 버니어 캘리퍼스 ④ 정반
✓ 사인 바는 정반, 블록 게이지, 다이얼 게이지와 같이 각도를 측정하는 측정기

29 구성인선의 방지 방법이 아닌 것은?
① 절삭 깊이를 크게 한다.
② 경사각을 크게 한다.
③ 윤활성이 있는 절삭유제를 사용한다.
④ 절삭 속도를 크게 한다.
✓ 구성인선을 방지하는 방법으로는 ②, ③, ④항 이외에도 절삭 깊이를 작게 하고, 날 끝을 예리하게 사용한다.

30 기계가공에서 절삭유제의 사용 목적이 아닌 것은?
① 공작물을 냉각시킨다.
② 절삭열에 의한 정밀도 저하를 방지한다.
③ 공작물의 부식을 증가시킨다.
④ 공구의 경도 저하를 방지한다.
✓ 절삭유제의 사용 목적은 냉각작용, 윤활작용, 세척작용이며, 기름 성분에 의해 부식을 억제시킬 수도 있다.

31 가공할 구멍이 드릴 작업할 수 있는 것에 비하여 훨씬 포신 가공 등에 적합한 보링 머신은 무엇인가?
① 보통 보링 머신 ② 정밀 보링 머신
③ 지그 보링 머신 ④ 코어 보링 머신
✓ ① 가장 일반적인 보링 머신으로 수평식과 수직식이 있다.
② 고속회전과 정밀 이송이 가능하여 진직도, 진원도 등이 우수한 제품 생산이 가능하다.
③ 정밀도가 높은 공작물, 각종 지그, 정밀한 구멍 가공 등에 사용된다.

32 드릴에 의해 뚫린 구멍은 보통 진원도 및 내면의 다듬질 정도가 양호하지 못하므로, 구멍의 내면을 정밀하게 다듬질하는 가공은 무엇인가?
① 줄 가공 ② 탭 가공
③ 리머 가공 ④ 다이스 가공
✓ 리머 가공은 리머라는 공구를 이용하여 구멍 내면의 정밀도와 표면 거칠기를 향상시키는 가공이다.

33 숫돌입자의 기호 중 경도가 가장 낮은 것은?
① A ② WA
③ C ④ GC
✓ 숫돌의 경도는 GC > C > WA > A의 순서로 높다.

컴퓨터응용선반기능사

34 센터, 척 등을 사용하지 않고 가공물의 표면을 조정하는 조정숫돌과 지지대를 이용하여 가공물을 연삭하는 기계는 무엇인가?

① 외경 연삭기　　② 내면 연삭기
③ 공구 연삭기　　④ 센터리스 연삭기

✓ 센터리스 연삭기는 센터가 없는 연삭기로 지지대와 조정 숫돌로 가공물을 지지하고 이송은 조정 숫돌의 각도로 조절하며 가늘고 긴 일감 가공의 대량 생산에 적합한 연삭기이다.

35 밀링머신의 부속품이나 부속 장치가 아닌 것은?

① 분할대　　② 맨드릴
③ 회전 테이블　　④ 슬로팅 장치

✓ 맨드릴(심봉)은 선반에서 내경과 원주가 동일한 동심원의 제품 생산에 사용되는 부속품이다.

36 Al_2O_3 분말 약 70%에 TiC 또는 TiN 분말을 30% 정도 혼합하여 수소 분위기 속에서 소결하여 제작한 절삭공구의 재료는 무엇인가?

① 다이아몬드　　② 서멧
③ 고속도강　　④ 초경합금

✓ 서멧 공구는 강력 절삭에는 적합하지 않지만, 고속에서 저속까지 사용범위가 넓고 공구의 마모도 적고 구성인선도 거의 발생하지 않아 공구수명이 긴 공구이다.

37 선반의 주요 구성 부분에 해당되지 않은 것은?

① 주축대　　② 베드
③ 왕복대　　④ 테이블

✓ 선반은 주축대, 심압대, 왕복대, 베드, 다리, 이송기구 등으로 구성되어 있다.

38 보통선반의 이송 단위로 가장 올바른 것은?

① 1분당 이송(mm/min)　　② 1회전당 이송(mm/rev)
③ 1왕복당 이송(mm/stroke)　　④ 1회전당 왕복(stroke/rev)

✓ 이송이란 공작물의 1회전당 바이트가 이동한 거리를 말하며 mm/rev의 단위로 나타낸다.

39 화학밀링(화학절삭)의 일반적인 특징으로 거리가 먼 것은 무엇인가?

① 공구비가 절감된다.
② 가공 속도가 빠르다.
③ 가공 깊이에 제한을 받는다.
④ 가공 변질층이 적다.

✓ 화학밀링은 가공물 표면에서 가공이 필요하지 않은 부분은 내식성 피막을 하고 가공할 부분만을 가공하는 절삭으로 ①, ③, ④항 이외에 가공 속도가 느리고 표면거칠기가 떨어지는 특징이 있으며, 대량 생산, 넓은 면의 가공, 복잡한 형상, 얇은 가공물 등의 가공이 용이하다.

34.④　35.②　36.②　37.④　38.②　39.②

40 공작기계를 가공능률에 따라 분류할 때 전용 공작 기계에 속하는 것은?

① 플레이너 ② 드릴링 머신
③ 트랜스퍼 머신 ④ 밀링 머신

✓ 트랜스퍼 머신이란 드릴링, 밀링 장치 등 많은 장치로 구성된 전용 공작 기계로 크랭크 축, 실린더 블록 등을 가공하는 데 사용된다.

41 마이크로미터에서 나사의 피치가 0.5mm, 딤블의 원주눈금이 50등분되어 있다면 최소 측정값은 얼마인가?

① 0.001mm ② 0.01mm
③ 0.05mm ④ 0.50mm

✓ 최소 측정값 $(C) = \dfrac{\text{피치}(p)}{\text{등분수}(n)} = \dfrac{0.5}{50} = 0.01\text{mm}$

42 수평 밀링머신의 플레인 커터 작업에서 상향 절삭의 특징으로 틀린 것은?

① 칩이 날의 절삭을 방해하지 않는다.
② 하향 절삭에 비하여 커터의 수명이 짧다.
③ 절삭된 칩이 가공된 면 위에 쌓인다.
④ 이송기구의 백래시가 제거된다.

✓ 상향 밀링(올려깎기)에서는 절삭 칩이 날을 방해하지 않고 절삭된 칩이 가공된 면에 쌓이지 않으므로 절삭열에 의한 치수 정밀도의 변화가 적으나, 하향 밀링(내려깎기)에서는 가공된 면 위로 칩이 쌓이므로 절삭열로 인해 치수정밀도가 불량해질 염려가 있다.

43 다음 중 밀링 작업 시 안전사항으로 잘못된 것은?

① 회전하는 커터에 손을 대지 않는다.
② 절삭 중에는 면장갑을 착용하지 않는다.
③ 칩을 제거할 때에는 장갑을 끼고 손으로 한다.
④ 가공을 할 때에는 보안경을 착용하여 눈을 보호한다.

✓ 칩을 제거 시에는 반드시 칩 제거 솔로 제거를 하여야 하며 장갑 낀 손으로 회전하는 공구에 접근하는 것은 안전에 크게 위배된다.

44 다음 중 CNC 프로그램으로 틀린 지령 블록은?

① N20 G00 X20.0 Y30.0 ;
② N30 G01 X80.0 F200 ;
③ N40 G03 G42 X100.0 Y50.0 R20.0 ;
④ N50 G01 Y150.0 ;

✓ G41(공구지름좌측보정)과 G42(공구지름우측보정)는 G02(원호절삭 CW) 또는 G03(원호절삭 CCW)과 함께 지령하면 알람이 발생한다. 또한 머시닝센터에서 G41과 G42는 반드시 지름보정번호(D)와 함께 사용해야 한다.

45 다음 중 CNC 선반 작업 시 안전 및 유의사항으로 틀린 것은?
① 마이크로미터로 측정 시 0점 조정을 확인한다.
② 원호 가공된 면의 측정은 반지름 게이지를 사용한다.
③ 절삭 칩의 제거는 브러시나 청소용 솔을 사용한다.
④ 원호 가공은 이송속도를 빠르게 하여 진동의 발생을 방지한다.
✓ 원호 가공, 코너 가공 등은 직선 가공에 비하여 이송속도를 낮추어야만 진동을 방지할 수 있다.

46 다음은 머시닝센터에서 가공되는 프로그램의 일부이다. 가공에 사용되는 공구가 2날, $\phi 30$ 엔드밀인 경우 이론적인 날당 이송 속도(mm/날)는 약 얼마인가?

```
G43 Z-5.0 H03 S700 M03 ;
G01 X10.0 Y20.0 F150 M08 ;
```

① 0.09　　② 0.11
③ 0.43　　④ 2.33

✓ $F = F_z \times Z \times N$ (여기서, F : 이송속도, F_z : 날당 이송속도, Z : 공구날 수, N : 주축회전수)

$F_z = \dfrac{F}{(Z \times N)} = \dfrac{150}{(2 \times 700)} \fallingdotseq 0.11$

47 다음 중 수치제어 가공에서 프로그래밍의 순서를 가장 올바르게 나열한 것은?
① 부품도면 → 가공순서 결정 → 프로세스 시트 작성 → 프로그램 입력 및 확인
② 부품도면 → 프로세스 시트 작성 → 프로그램 입력 → 가공순서 결정
③ 프로그램 입력 → 부품도면 → 가공순서 결정 → 프로세스 시트 작성
④ 프로그램 입력 → 공정 설정 → 부품도면 → 프로세스 시트 작성

✓ CNC 공작기계에서 DATA 흐름은 다음과 같다.
도면 → CNC 프로그램 작성(가공순서 결정 → 프로세스 시트 작성 → 프로그램 입력) → 정보처리회로(지령펄스열) → 서보기구(서보구동) → 기계본체(동작) → 가공물(절삭)

48 CNC 공작기계의 운전 시 일상 점검사항이 아닌 것은?
① 각종 계기의 상태확인
② 가공할 재료의 성분 분석
③ 공기압이나 유압상태 확인
④ 공구의 파손이나 마모상태 확인

✓ 각종 계기의 상태, 습동유 분비 상태, 유압유의 유량, 축이동의 이상유무, 공기압의 적정성, 공구의 상태 등은 매일 점검 사항이다.

49 다음 중 프로그램의 정지, 절삭유의 ON/OFF 등 기계 각 부위에 대한 지령을 수행하는 기능은?

① 공구기능
② 보조기능
③ 준비기능
④ 주축기능

✓ ① 공구기능(T) : 공구를 선택하는 기능(CNC 선반에서는 보정하는 기능도 포함)
② 보조기능(M) : 기계의 각종 기능을 수행하는 데 필요한 보조장치의 ON/OFF를 수행하는 기능
③ 준비기능(G) : 제어장치의 기능을 동작기 위한 준비를 하는 기능
④ 주축기능(S) : 주축회전수를 지령하는 기능

50 CNC 선반 작업 시 공구를 0.5초 정지(Dwell)시키려고 할 때의 지령 방법으로 옳은 것은?

① G04 X5.0 ;
② G04 U5.0 ;
③ G04 P500 ;
④ G04 W500 ;

✓ 일시정지기능(G04)은 시간을 나타내는 어드레스 P, U, X 등과 함께 사용한다. U와 X는 소수점 이하 3자리까지 유효하며, P는 소수점을 사용할 수 없다. 1초의 표기는 U와 X는 1.0으로 표기하고, P는 1000으로 표기한다.

51 CNC 공작기계에서 공작물에 대한 공구의 위치를 그에 대응하는 수치정보로 지령하는 제어를 무엇이라 하는가?

① NC(Numerical Control)
② DNC(Direct Numerical Control)
③ FMS(Flexible Manufacturing System)
④ CIMS(Computer Integrated Manufacturing System)

✓ · CNC(Computerized Numerical Control) : 컴퓨터를 내장한 수치제어
· DNC(Distributed numerical control) : CAD/CAM 시스템과 CNC 기계를 근거리 통신망으로 연결하여 1대의 컴퓨터에서 여러 대의 CNC 공작기계에 데이터를 분배 전송함으로써 운전할 수 있는 방식
· FMS(Flexible manufacturing system) : CNC 공작기계, 핸들링 로봇, APC, ATC, 자동이송공급 장치, 자동화 창고 등을 갖추고 있는 제조공정을 중앙 컴퓨터에서 제어하는 생산시스템으로 유연하게 대처할 수 있어서 다품종 소량 생산에 적합함
· FMC(Flexible manufacturing cell) : 공작물 자동공급탈착장치, 자동 공구교환 장치, 자동측정 감시 보정장치를 갖추고 있어 소수의 작업자만으로 무인운전으로 요구하는 부품을 당해 장치 안에서 가공할 수 있는 기계
· CIMS(Computer integrated manufacturing system) : 사업계획과 지원, 제품설계, 공정계획, 가공공정계획, 작업창 모니터 시스템, 공정 자동화 등의 모든 계획기능과 실행계획을 컴퓨터에 의하여 통합관리하는 시스템

52 2축 이상을 동시에 급속 이송시킬 경우 각 축이 독립적인 급송이송 속도로 위치 결정되며, 지령된 위치까지 도달한 축부터 순서대로 정지하는 위치 결정 방법은 무엇인가?

① 보간형 위치결정
② 비보간형 위치결정
③ 직선형 위치결정
④ 비직선형 위치결정

✓ ③ 직선형 위치 결정 : 2축 이상의 동시 급송 이송 시 두 축이 종점까지 동시적으로 정지하는 위치결정방법
④ 비직선형 위치 결정 : 2축 이상의 동시 급송 이송 시 각 축이 독립적인 급송이송 후에 지령된 위치까지 도달한 축부터 순차적으로 정지하는 위치결정방법

53 다음은 CNC 선반의 1줄 나사 가공 프로그램이다. 프로그램에 사용된 나사의 피치를 나타내는 것은?

```
G28 U0W0. ;
G50 X150. Z150. T0700 ;
G97 S600 M03 ;
G00 X36. Z3. T0707 M08 ;
G92 X31.2 Z-20. F2. ;
X30.7 ;
```

① 31.2 ② 20.
③ 3.   ④ 2.

✓ G92 : 나사절삭사이클, X와 Z : 나사가공 끝점 좌표, F : 나사의 리드
나사의 리드=나사의 줄 수×나사의 피치

54 머시닝센터에서 "공구길이 (-)보정"에 해당하는 것은?

① G41 ② G42
③ G43 ④ G44

✓ G40 : 공구지름 보정 취소, G41 : 공구지름 보정 왼쪽, G42 : 공구지름 보정 오른쪽, G43 : 공구 길이 보정+, G44 : 공구길이 보정-

55 다음과 같은 CNC 선반 프로그램에 대한 설명으로 틀린 것은?

```
G74 R0.4 ;
G74 Z-60.0 Q15000 F0.2 ;
```

① F0.2는 이송속도이다.
② Q15000은 X방향의 이동량이다.
③ R0.4는 1스텝 가공 후 도피량이다.
④ G74는 팩 드릴링 사이클이다.

✓ G74 : Z방향 홈가공·팩드릴 사이클, R : 도피량, Z : 구멍의 최종깊이, Q : 1회 절입량, F : 이송속도

56 다음 CNC 선반 프로그램에서 바이트가 현재 외경을 20mm로 가공하고 있다면 이때의 주축회전수는 몇 rpm인가?

```
G50 X150.0 Z250.0 S1500 T0100 ;
G96 S150 M03 ;
```

① 250   ② 1,500
③ 2,387 ④ 2,500

✓ $V = \dfrac{\pi d N}{1000}$ 에서 V=150, d=20mm이므로 지름 20mm 지점에서의 주축 회전수를 구하면
$N = \dfrac{1000\,V}{\pi d} = \dfrac{1000 \times 150}{3.14 \times 20} ≒ 2387$이다. 그러나 G50으로 지령된 주축최고회전수가 1500rpm이므로 지름 20mm 지점에서의 주축회전수는 2287rpm이 아니라 1500rpm이다.

57 CNC 선반에서 지름을 50mm로 가공한 후 측정한 결과 지름이 49.98mm였다. 기존의 보정값이 0.004라면 수정해야 할 보정값은 얼마인가?

① 0.02 ② 0.04
③ 0.024 ④ 0.048

✓ 수정 보정값=(지령값-측정값)+기존 보정값=(50-49.98)+0.004=0.024

58 다음 중 CNC 선반에 사용되는 각 워드에 대한 설명으로 틀린 것은?

① G00 : 위치 결정(급속 이송)
② G28 : 자동 원점 복귀
③ G42 : 공구 인선 반지름 보정 취소
④ G98 : 분당 이송속도 지정

✓ G42 : 공구 인선 반지름 오른쪽 보정

59 CNC 선반에서 원호보간 시 원호의 내각이 180°를 초과하면 지령할 수 없는 기능은?

① R ② K
③ I ④ J

✓ R은 180° 초과 시 '-' 부호를 병행하여 사용할 수 있지만, CNC 선반에서는 구조적으로 180° 이상의 원호가공을 수행할 수 없다.

60 프로그램 작성자가 프로그램을 쉽게 작성하기 위하여 공작물 임의의 점을 원점으로 정해 명령의 기준점이 되도록 한 좌표계는?

① 절대좌표계 ② 기계좌표계
③ 상대좌표계 ④ 잔여좌표계

✓ ・절대좌표계 : 프로그램을 작성할 때 프로그램 원점을 기준으로 하는 좌표계
・기계좌표계 : 기계의 원점을 기준으로 하는 좌표계로서 공장출하 시에 파라미터에 의해 결정된다.
・상대좌표계 : 사용자 편의대로 사용할 수 있는 임의 좌표계로서 공구세팅이나 공작물좌표계 설정 시에 편의에 따라 사용할 수 있다.
・잔여이동좌표계 : 자동실행 중에 현재 실행 중인 블록의 나머지 이동 거리를 표시한다.

2014년 5회 필기
컴퓨터응용선반기능사

01 구리 4%, 마그네슘 0.5%, 망간 0.5%, 나머지가 알루미늄인 고강도 알루미늄 합금은?
① 실루민 ② 두랄루민
③ 라우탈 ④ 로엑스
✓ ① 알루미늄-규소계 합금, ③ 다이캐스팅용(알루미늄-구리-규소계) 합금, ④ 내열용 알루미늄 합금이다.

02 니켈강을 가공 후 공기 중에 방치하여도 담금질 효과를 나타내는 현상은 무엇인가?
① 질량 효과 ② 자경성
③ 시기 균열 ④ 가공 경화
✓ ① 질량의 대소에 따라 담금질 효과가 다른 현상
③ 주물의 주조 변형, 상온 가공에 의한 변형, 열처리로 인한 변형 등에 의하여 시일이 경과함에 따라서 자연히 균열이 생기는 것
④ 금속은 가공하여 변형시키면 단단해지며 그 굳기는 변형의 정도에 따라 커지지만 어느 가공도 이상에서는 일정한 현상

03 킬드강에는 어떤 결함이 주로 생기는가?
① 편석 증가 ② 내부에 기포
③ 외부에 기포 ④ 상부 중앙에 수축공
✓ 킬드강은 기포 및 편석은 없으나 표면에 헤어 크랙이 생기기 쉬우며, 상부에 수축공이 생기므로 이러한 부분은 응고 후에 10~20%를 잘라내야 한다.

04 내식용 Al 합금이 아닌 것은?
① 알민(Almin)
② 알드레이(Aldrey)
③ 하이드로날륨(hydronalium)
④ 코비탈륨(cobitalium)
✓ ④ 다이캐스팅용 알루미늄 합금인 Y합금의 일종으로 티탄(Ti)과 크롬(Cr)을 각각 0.2% 정도씩 첨가한 것으로 결정(結晶)이 미세하다.

05 주철의 성질을 가장 올바르게 설명한 것은?
① 탄소의 함유량이 2.0% 이하이다.
② 인장강도가 강에 비하여 크다.
③ 소성변형이 잘 된다.
④ 주조성이 우수하다.
✓ 주철은 ㉠ 탄소의 함유량이 2.5~4.5%를 함유하고 있다.
㉡ 취성이 크기 때문에 강에 비해 강도가 낮다.
㉢ 취성이 많아 소성 변형도 어렵다.

01.② 02.② 03.④ 04.④ 05.④

06 공구재료의 필요조건이 아닌 것은?
① 열처리가 쉬울 것
② 내마멸성이 작을 것
③ 강인성이 클 것
④ 고온 경도가 클 것

✓ 공구재료의 필요 구비 조건은 ①, ③, ④항 이외에도 내마멸성이 적고, 가격이 저렴하며, 구입이 간단해야 한다.

07 합금주철에서 0.2~1.5% 첨가로 흑연화를 방지하고 탄화물을 안정시키는 원소는 무엇인가?
① Cr
② Ti
③ Ni
④ Mo

✓ 합금주철에서 ② 강한 탈산제이고 흑연화를 촉진시킨다. ③ 흑연화를 촉진, ④ 흑연을 미세화하여 강도, 경도, 내마모성을 증가시키는 역할을 한다.

08 나사의 용어 중 리드에 대한 설명으로 맞는 것은?
① 1회전 시 작용되는 토크
② 1회전 시 이동한 거리
③ 나사산과 나사산의 거리
④ 1회전 시 원주의 길이

✓ 리드란 나사를 1회전 시 축방향으로 이동한 거리로, 리드(L)=나사의 줄수(n)×피치(p)의 관계식과 같이 한 줄 나사의 경우에는 피치와 리드가 같으며, 두 줄 나사의 경우에는 피치의 두 배, 세 줄 나사는 세 배만큼 이동하게 된다.

09 볼트와 볼트 구멍 사이에 틈새가 있어 전단응력과 휨 응력이 동시에 발생하는 현상을 방지하기 위한 가장 올바른 방법은?
① 와셔를 사용한다.
② 로크너트를 사용한다.
③ 멈춤 나사를 사용한다.
④ 링이나 봉을 끼워 사용한다.

✓ ①, ②, ③항의 경우에는 볼트와 너트의 풀림을 방지하는 방법이다.

10 축의 설계 시 고려해야 할 사항으로 거리가 먼 것은?
① 강도
② 제동장치
③ 부식
④ 변형

✓ 축의 설계 시 고려되는 사항은 ①, ③, ④항 이외에도 응력 집중, 진동, 열응력, 열팽창 등을 고려해야 한다.

11 3줄 나사에서 피치가 2mm일 때 나사를 6회전시키면 이동하는 거리는 몇 mm인가?
① 6
② 12
③ 18
④ 36

✓ 리드(L)=줄수(n)×피치(p)=3×2=6mm×6회전=36[mm]

12 볼트의 머리와 중간재 사이 또는 너트와 중간재 사이에 사용하여 충격을 흡수하는 작용을 하는 것은?

① 와셔 스프링　　　② 토션바
③ 벌류트 스프링　　④ 코일 스프링

　✓ ② 원형봉에 비틀림 모멘트를 가하면 비틀림 변형이 생기는 원리를 이용한 스프링
　　 ③ 태엽 스프링을 축방향으로 감아 올려 사용하는 것으로 오토바이 자체 완충용으로 쓰인다.
　　 ④ 일반적인 스프링으로 하중 방향에 따라 압축과 인장 코일 스프링으로 분류된다.

13 사용 기능에 따라 분류한 기계요소에서 직접전동 기계요소는?

① 마찰차　　　② 로프
③ 체인　　　　④ 벨트

　✓ 직접 전동 기계요소로는 마찰차, 기어, 캠 등이 있으며, ②, ③, ④항은 간접 전동 기계요소이다.

14 웜 기어의 특징으로 가장 거리가 먼 것은?

① 큰 감속비를 얻을 수 있다.
② 중심거리에 오차가 있을 때는 마멸이 심하다.
③ 소음이 작고 역회전 방지를 할 수 있다.
④ 웜 휠의 정밀측정이 쉽다.

　✓ 웜 기어는 두 축이 서로 직각이면서 같은 평면 위에 있지 않은 축에 동력을 전달하는 것으로 수나사 모양인 웜과 웜에 물리는 헬리컬 기어 모양의 이를 갖는 웜 휠로 구성되며 한 쌍의 조합을 웜 기어라고 한다.

15 한 변의 길이가 20mm인 정사각형 단면에 4kN의 압축하중이 작용할 때 내부에 발생하는 압축응력은 얼마인가?

① 10N/mm^2　　　② 20N/mm^2
③ 100N/mm^2　　④ 200N/mm^2

　✓ 압축응력$(\sigma) = \dfrac{압축력(P)}{면적(A)} = \dfrac{4,000}{20^2} = 10[\text{N/mm}^2]$

16 주로 대칭인 물체의 중심선을 기준으로 내부 모양과 외부 모양을 동시에 표시하는 단면도는?

① 온 단면도　　　② 부분 단면도
③ 한쪽 단면도　　④ 회전도시 단면도

　✓ ① 물체 전체를 둘로 절단해서 그림 전체를 단면으로 나타낸 것으로 전 단면도라고도 한다.
　　 ② 일부분만 잘라내고 필요한 내부 모양을 그리기 위한 방법
　　 ④ 핸들이나 바퀴 등의 암, 림, 리브, 훅, 축 등의 절단 단면의 모양을 90°로 회전시켜서 투상도의 안이나 밖에 그리는 것이다.

17 기계제도에서 "C5" 기호를 나타내는 방법으로 옳은 것은?

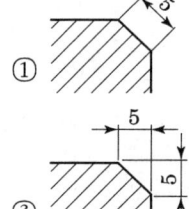

18 기계가공 표면의 결 대상면을 지시하는 기호 중 제거가공을 허락하지 않는 것을 지시하고자 할 때 사용하는 기호는?

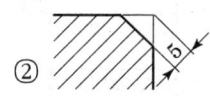

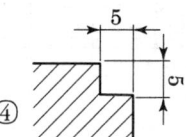

✓ ① 대상면의 지시 기호
③ 특별히 가공 방법을 지시할 필요가 있는 경우에 사용된다.

19 KS 재료기호가 "STC"일 경우 이 재료는?
① 냉간 압연 강판 ② 크롬 강재
③ 탄소 주강품 ④ 탄소 공구강 강재

✓ ① SPC, ② SCr, ③ SC로 표시한다.

20 기하공차 기입 틀에서 B가 의미하는 것은?

| // | 0.008 | B |

① 데이텀 ② 공차 등급
③ 공차 기호 ④ 기준 치수

21 그림과 같은 정면도와 우측면도에 가장 적합한 평면도는?

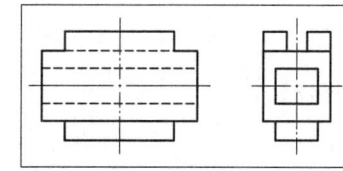

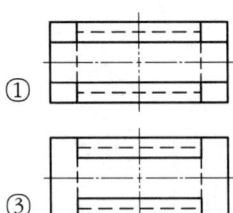
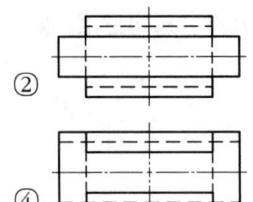

22 스퍼기어를 그리는 방법에 대한 설명으로 올바른 것은?
① 잇봉우리원은 가는 실선으로 그린다.
② 피치원은 가는 2점 쇄선으로 그린다.
③ 이골원은 가는 파선으로 나타낸다.
④ 축에 직각인 방향에서 본 단면도일 경우 이골의 선은 굵은 실선으로 그린다.
✓ ① 잇봉우리원(이끝원)은 굵은 실선
② 피치원은 가는 1점 쇄선
③ 이골원(이뿌리원)은 가는 실선, 굵은 실선, 또는 완전히 생략하기도 한다.

23 나사의 도시법에 대한 설명으로 틀린 것은?
① 수나사의 바깥지름, 암나사의 안지름은 굵은 실선으로 한다.
② 완전나사부와 불완전 나사부의 경계선은 굵은 실선으로 한다.
③ 수나사, 암나사의 골 및 불완전 나사부의 골을 표시하는 선은 굵은 실선으로 한다.
④ 수나사와 암나사가 조립된 부분은 항상 수나사가 암나사를 감춘 상태에서 표시한다.
✓ 수나사, 암나사의 골 및 불완전 나사부의 골을 표시하는 선은 가는 실선으로 처리한다.

24 치수공차의 범위가 가장 큰 치수는?
① $50^{+0.05}_{-0.03}$ ② $60^{+0.03}_{+0.01}$
③ $70^{-0.02}_{-0.05}$ ④ 80 ± 0.02
✓ 각각의 공차 범위는 ① 0.08, ② 0.02, ③ 0.03, ④ 0.04이다.

25 도면에서 2종류 이상의 선이 같은 장소에 겹칠 때 다음 중 가장 우선하는 것은?
① 절단선   ② 숨은선
③ 중심선   ④ 무게 중심선

26 연삭숫돌의 결합제의 구비 조건이 아닌 것은?
① 입자 간에 기공이 없어야 한다.
② 균일한 조직으로 필요한 형상과 크기로 가공할 수 있어야 한다.
③ 고속회전에서도 파손되지 않아야 한다.

④ 연삭열과 연삭액에 대하여 안전성이 있어야 한다.
✓ 연삭 숫돌은 숫돌 입자, 결합제, 기공으로 구성되어 있으며, 입자는 절삭 날, 결합제는 섕크(자루), 기공은 공구각 또는 칩이 빠지는 출구 역할을 한다.

27 테이퍼 자루 중 드릴에 사용되는 테이퍼는?
① 내셔널 테이퍼　　② 브라운 테이퍼
③ 모스 테이퍼　　　④ 쟈콥스 테이퍼

✓ 모스 테이퍼는 MT로 표시되며, 선반의 주축 구멍, 심압대 구멍 등의 모든 테이퍼나 드릴, 리머와 같은 공구들은 모스 테이퍼를 사용하며, 내셔널 테이퍼는 NT로 표시되며 주로 밀링의 주축 구멍과 아버에 사용되고 있다.

28 점성이 큰 재질을 작은 경사각의 공구로 절삭할 때, 절삭 깊이가 클 때 생기기 쉬운 그림과 같은 칩의 형태는?

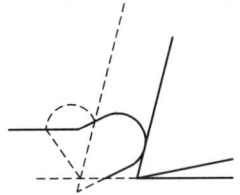

① 유동형 칩　　② 전단형 칩
③ 경작형 칩　　④ 균열형 칩

✓ 알루미늄과 같이 점성이 큰 공작물을 작은 경사각으로 절삭 깊이가 클 때 밭을 경작하는 것과 같이 골이 생기면서 뜯기는 모양으로 가공되어 뜯기형이라고도 하며, 가공면이 가장 거친 칩의 형태이다.

29 선반 가공에서 기어, 벨트 풀리 등의 소재와 같이 구멍이 뚫린 일감의 바깥 원통면이나 옆면을 가공할 때 구멍에 조립하여 센터 작업으로 사용하는 부속품은?
① 맨드릴　　② 면판
③ 방진구　　④ 돌림판

✓ 맨드릴 또는 심봉이라고 하여 선반에서 주로 양 센터 작업 시 사용하며 일감의 구멍 내면에 맨드릴을 장착하여 회전을 주며 외면을 가공 시에 내면과 동심의 면을 가공하므로 기어와 풀리 등의 가공에 많이 사용된다.

30 절삭을 목적으로 하는 금속 공작기계에 해당하지 않는 것은?
① 밀링 가공　　② 연삭 가공
③ 프레스 가공　④ 선반 가공

✓ 절삭 가공은 칩을 발생시키는 가공으로 선반, 밀링, 연삭, 브로칭, 줄작업, 셰이퍼, 슬로터, 플레이너, 드릴링, 보링, 호빙, 기계 톱 작업 등이 있으며, 비절삭 가공은 칩의 발생이 없이 가공을 하는 작업으로 주조, 단조, 압연, 프레스, 인발, 압출, 판금, 용접, 전조, 방전 가공, 초음파 가공, 버니싱, 전해 연마 등이 있다.

31 밀링 가공의 일감 고정 방법으로 적당하지 않은 것은?

① 바이스는 항상 평행도를 유지하도록 한다.
② 바이스를 고정할 때 테이블 윗면이 손상되지 않도록 주의한다.
③ 가공된 면을 직접 고정해서는 안 된다.
④ 바이스 핸들은 항상 바이스에 부착되어 있어야 한다.

✓ 바이스 핸들은 공작물의 고정 시에만 필요하므로 고정이 끝나면 바이스에서 분리시켜 필요 시에만 부착하여 사용되어야 하며, 가공 시에도 부착되어 있으면 가공 시에 발생되는 떨림 등에 의해 안전사고의 발생 원인이 될 수 있다.

32 CNC 선반에 사용되는 세라믹 공구의 주성분은?

① 알루미나   ② 티타늄
③ 산화나트륨   ④ 서멧

✓ 세라믹 공구는 산화알루미나(Al_2O_3)의 미분말을 주성분으로 Mg, Si 등의 산화물을 소결하여 사용되는 절삭 공구로 초경합금에 비해 인성은 떨어지지만 고온 경도가 높고 내마모성이 높아 높은 절삭 속도로의 가공이 가능한 절삭공구재료이다.

33 일반적인 버니어 캘리퍼스로 측정할 수 없는 것은?

① 나사의 유효지름
② 지름이 30mm인 둥근 봉의 바깥지름
③ 지름이 35mm인 파이프의 안지름
④ 두께가 10mm인 철판의 두께

✓ 버니어 캘리퍼스는 외측, 내측, 깊이, 단차(계단)측정이 가능한 측정기이나, 나사의 유효 지름은 나사 마이크로미터, 공구 투영기, 공구 현미경, 삼점법 등에 의해 구할 수가 있다.

34 드릴을 재연삭할 경우 틀린 것은?

① 절삭날이 중심선과 이루는 날끝 반각을 같게 한다.
② 절삭날의 여유각을 일감의 재질에 맞게 한다.
③ 절삭날의 길이를 좌우 같게 한다.
④ 드릴의 날끝각 검사는 드릴 게이지를 사용한다.

✓ 드릴 게이지는 하나의 얇은 강판에 작은 치수의 구멍에서부터 큰 치수의 구멍까지 여러 가지 치수의 구멍이 뚫어져 있어 드릴의 치수(지름) 등을 검사하는 데 사용하는 게이지이다.

35 레이저 가공은 가공물에 레이저 빛을 쏘이면 순간적으로 일부분이 가열되어, 용해되거나 증발되는 원리이다. 가공에 사용되는 레이저 종류가 아닌 것은?

① 기체 레이저   ② 반도체 레이저
③ 고체 레이저   ④ 지그 레이저

✓ 레이저의 종류로는 ①, ②, ③항 이외에 액체 레이저 등이 있다.

36 선반 가공의 경우 절삭 속도가 100m/min이고, 공작물 지름이 50mm일 경우 회전수는 약 몇 rpm으로 하여야 하는가?

① 526　　　　　　　② 534
③ 625　　　　　　　④ 637

✓ 절삭속도$(V) = \dfrac{\pi \times D \times M}{1,000}$ 에서 회전수$(N) = \dfrac{1,000 \times V}{\pi \times D} = \dfrac{1,000 \times 100}{3.14 \times 50} = 637[\text{rpm}]$

37 방전가공에 대한 일반적인 특징으로 틀린 것은?

① 전기 도체이면 쉽게 가공할 수 있다.
② 전극은 구리나 흑연 등을 사용한다.
③ 방전가공 시 양극보다 음극의 소모가 크다.
④ 공작물은 양극, 공구는 음극으로 한다.

✓ 음극보다는 양극의 소모가 크므로, 공작물을 양극으로 하고, 공구로 사용되는 전극을 음극으로 한다.

38 센터리스 연삭의 장점 중 거리가 먼 것은?

① 숙련을 요구하지 않는다.
② 가늘고 긴 가공물의 연삭에 적합하다.
③ 중공의 가공물을 연삭할 때 편리하다.
④ 대형이나 중량물의 연삭이 가능하다.

✓ 센터리스 연삭기는 센터가 없이 가공하는 연삭기로 가늘고 긴 공작물의 대량 연삭에 적합한 연삭기이다.

39 고속회전에 베어링의 냉각효과를 원할 때, 경제적인 방법으로 대형기계에 자동 급유되도록 순환펌프를 이용하여 급유하는 방법은?

① 강제 급유법　　　　② 분무 급유법
③ 오일링 급유법　　　④ 적하 급유법

✓ ② 압축공기를 이용하여 액체 상태의 기름을 분무시켜 고속 연삭기, 고속 드릴, 고속 베어링 등의 급유에 많이 사용된다.
③ 축보다 큰 링이 축에 걸쳐져 회전하며 오일 통에서 링으로 급유하는 방식으로 고속 주축에 급유를 균등하게 할 목적으로 사용된다.
④ 마찰면이 넓거나 시동되는 횟수가 많을 때 저속 및 중속 축의 급유에 사용된다.

40 각도를 측정할 수 없는 측정기는?

① 사인 바　　　　　　② 수준기
③ 콤비네이션 세트　　④ 와이어 게이지

✓ 와이어 게이지는 와이어(철사)나 가는 드릴 등의 지름을 재는 데 사용하는 게이지이다.

36.④　37.③　38.④　39.①　40.④

41 선반에서 새들과 에이프런으로 구성되어 있는 부분은?
① 베드 ② 주축대
③ 왕복대 ④ 심압대
✓ 선반에서 왕복대는 새들, 가로 이송대, 세로 이송대, 복식 공구대, 에이프런 등으로 구성되어 있다.

42 일반적인 방법으로 밀링 머신에서 가공할 수 없는 것은?
① 테이퍼 축 가공 ② 평면 가공
③ 홈 가공 ④ 기어 가공
✓ 테이퍼 축 가공은 일반적으로 선반에서 가공이 가능하다.

43 CNC 공작기계에서 작업 전 일상적인 점검사항과 가장 거리가 먼 것은?
① 적정 유압압력 확인
② 습동유 잔유량 확인
③ 파라미터 이상 유무 확인
④ 공작물 고정 및 공구 클램핑 확인
✓ 유압유·습동유·절삭유 등의 유량점검, 공구의 상태, 각 부의 작동 검사, 공기압의 적정성 점검 등은 매일 점검 사항이다.

44 머시닝센터에서 G84는 탭(Tap) 공구를 이용한 탭가공 고정 사이클이다. G99 G84 X10. Y10. Z-30. R3. F_ ;에서 F는 몇 mm/min을 주어야 하는가? (단, 주축회전수는 240rpm이고, 피치는 1.5mm이다.)
① 160 ② 240
③ 360 ④ 480
✓ 주축회전수(n)는 240rpm, 나사의 리드(L)는 1.5이므로, 이송속도 F=n×L=240×1.5=360[mm/min]

45 다음 프로그램의 지령이 뜻하는 것은?

> G17 G02 X40Y40. R40. Z20. F85 ;

① 위치 결정 ② 직선 보간
③ 원호 보간 ④ 헬리컬 보간
✓ G02(원호절삭 CCW)가 X, Y좌표값뿐만 아니라 Z좌표값을 동반하는 것은 원호보간을 하면서 공구가 Z축 방향으로 내려오면서 가공되는 것을 의미하기 때문에 보기의 프로그램은 헬리컬 보간을 의미한다.

46 다음 중 보조 기능(M 기능)에 대한 설명으로 틀린 것은?
① M02-프로그램 종료 ② M03-주축 정회전
③ M05-주축 정지 ④ M09-절삭유 공급 시작
✓ M09 : 절삭유 OFF

47 CNC 선반의 나사 가공 프로그램에서 두 번째(2회째) 절입 시 나사의 골지름은?

```
G28 U0W0 ;
G50 X200. Z200. T0500 ;
G97 S500 M03 ;
G00 X37. Z3. T0505 M08 ;
G92 X34.3 Z-20. F1.5 ;
    X33.9 ;
    X33.62 ;
    ;
```

① X37.   ② X34.3
③ X33.9   ④ X33.62

✓ G92 : 나사가공 사이클, X와 Z : 나사가공 끝점 좌표, F : 나사의 리드, G92는 단일고정형 나사가공 사이클이기 때문에 G92 지령 첫 번째 블록의 X좌표값은 1회 절입 시의 나사의 골지름을 의미하고, 두 번째 블록의 X좌표값은 2회 절입 시의 나사의 골지름을 의미한다.

48 다음 중 CNC 선반 프로그램에서 이송과 관련된 준비기능과 그 단위가 올바르게 연결된 것은?

① G98 : mm/min, G99 : mm/rev
② G98 : mm/rev, G99 : mm/min
③ G98 : mm/rev, G99 : mm/rev
④ G98 : mm/min, G99 : mm/min

✓ G98 : 분당 이송(mm/min) 지정, G99 : 회전당 이송(mm/rev) 지정

49 다음 CNC 선반 프로그램에서 φ15mm인 지점을 가공 시 주축의 회전수는 몇 rpm인가?

```
N10 G50 X150Z200. S1500 T0500 ;
N20 G96 S130 M03 ;
```

① 130   ② 759
③ 1,500   ④ 2,759

✓ $V = \dfrac{\pi dN}{1000}$ 에서 V=130, d=15mm이므로, 지름 15mm 지점에서의 주축 회전수를 구하면
$N = \dfrac{1000 V}{\pi d} = \dfrac{1000 \times 130}{3.14 \times 15} ≒ 2759$ 이다. 그러나 G50으로 지령된 주축최고회전수가 1500rpm이므로 지름 15mm 지점에서의 주축회전수는 2759rpm이 아니라 1500rpm이다.

50 다음 중 좌표치의 지령방법에서 현재의 공구위치를 기준으로 움직일 방향의 좌표치를 입력하는 방식은?

① 증분지령 방식   ② 절대지령 방식
③ 혼합지령 방식   ④ 구역지령 방식

✓ · G90(절대지령) : 프로그램 원점을 기준으로 좌표계를 입력하는 방식
· G91(증분지령) : 현재의 공구위치를 기준으로 다음의 좌표값을 입력하는 방식
· 혼합지령 : 증분지령과 절대지령을 혼합하여 지령하는 방식으로, CNC 선반에서만 가능하다.

51 다음 중 CNC 공작기계 운전 중 **충돌위험**이 발생할 때 가장 신속하게 취하여야 할 조치는?
① 전원반의 전기회로를 점검한다.
② 조작반의 비상스위치를 누른다.
③ 패널에 있는 메인 스위치를 차단한다.
④ CNC 공작기계의 전원스위치를 차단한다.

✓ 공작기계 운전 중에 충돌위험이나 사고의 위험이 발생할 때는 가장 쉽고 가까이 있는 차단스위치를 눌러야 하는데, 비상정지(Emergency Stop) 스위치가 가장 빠르고 쉽게 조작할 수 있는 버튼이다.

52 다음 중 도면의 점 B에서 점 A로 절삭하려 할 때의 프로그램 좌표값으로 틀린 것은?

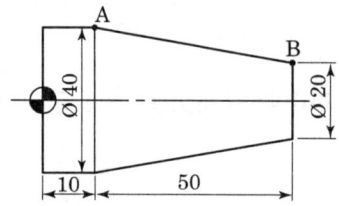

① G01 X40. Z50. F0.2 ;
② G01 U20. W-50. F0.2 ;
③ G01 U20. Z10. F0.2 ;
④ G01 X40. W-50. F0.2 ;

✓ B → A 경로는 다음의 4가지로 프로그램을 작성할 수 있다.
· 절대지령 : G01 X40. Z10. F0.2 ;
· 증분지령 : G01 U20. W-50. F0.2 ;
· 혼합지령 I : G01 X40. W-50. F0.2 ;
· 혼합지령 II : G01 U20. Z10. F0.2 ;

53 CAD/CAM 시스템용 입력장치에서 좌표를 지정하는 역할을 하는 장치를 무엇이라 하는가?
① 버튼(button)   ② 로케이터(locator)
③ 셀렉터(selector)   ④ 밸류에이터(valuator)

54 다음 중 연삭 작업할 때의 유의사항으로 가장 적절하지 않은 것은?
① 연삭숫돌은 사용하기 전에 반드시 결함 유무를 확인해야 한다.
② 연삭숫돌 드레싱은 한 달에 한 번씩 정기적으로 해야 한다.
③ 안전을 위하여 일정 시간 공회전을 한 뒤 작업을 한다.
④ 작업을 할 때에는 분진이 심하므로 마스크와 보안경을 착용한다.

✓ 연삭 숫돌의 드레싱은 자생작용과는 상관없이 숫돌에 눈메움이나 무딤 현상이 발생하면 연삭성이 저하되므로 본래의 형태로 드레서를 이용하여 숫돌을 수정하는 방법이므로 숫돌 표면의 상태에 따라 수시로 드레싱을 하여야 한다.

55 다음 중 CNC 공작기계에서 사용하는 서보기구의 제어방식이 아닌 것은?

① 개방회로 방식　② 스텝회로 방식
③ 폐쇄회로 방식　④ 반폐쇄회로 방식

✓ CNC 공작기계의 서보기구에는 개방회로 방식, 반폐쇄회로 방식, 폐쇄회로 방식, 복합회로 방식 등이 사용된다.

56 다음 중 수치제어 공작기계에서 Z축에 덧붙이는 축(부가 축)의 이동 명령에 사용되는 주소(address)는?

① M(축)　② A(축)
③ B(축)　④ C(축)

✓ ・CNC 공작기계의 기본축 : X, Y, Z
　・CNC 공작기계의 부가축 : A(X축 부가축), B(Y축 부가축), C(Z축 부가축)

57 머시닝센터에서 공구길이 보정취소와 공구지름 보정취소를 의미하는 준비기능으로 옳은 것은?

① G49, G40　② G41, G49
③ G40, G43　④ G41, G80

✓ G40 : 공구지름 보정 취소, G41 : 공구지름 보정 왼쪽, G42 : 공구지름 보정 오른쪽, G43 : 공구길이 보정+, G44 : 공구길이 보정-, G49 : 공구길이 보정 취소

58 다음과 같은 CNC 선반에서의 나사가공 프로그램에서 [ ] 안의 내용으로 알맞은 것은?

```
    ⋮
G76 P010060 Q50 R30 ;
G76 X13.62 Z-32.5 P1190 Q350 F[   ] ;
    ⋮
```

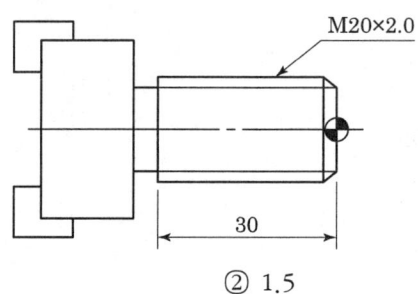
M20×2.0
30

① 1.0　② 1.5
③ 2.0　④ 2.5

✓ G76 P_ Q_ R_ ;

```
G76 X_ Z_ P_ Q_ R_ F_ ;
P : 다듬질 횟수, 면취량, 나사의 각도
Q : 최소절입량
R : 다듬질 여유량
X, Z : 나사 끝지점 좌표
P : 나사산 높이(반지름 지령)
Q : 첫 번째 절입량(반지름 지령)
R : 테이퍼 나사 절삭 시 나사끝지점 X값과 나사시작점 X값의 거리
F : 이송속도(나사의 리드)
```

59 다음 설명에 해당하는 좌표계는?

> 도면을 보고 프로그램을 작성할 때에 절대좌표계의 기준이 되는 점으로서, 프로그램 원점이라고도 한다.

① 공작물좌표계   ② 기계좌표계
③ 극좌표계   ④ 상대좌표계

✓ • 공작물좌표계 : 공작물의 특정위치에 절대좌표계의 원점을 일치시켜 사용한다. 이때의 기준점을 공작물 원점 또는 프로그램 원점이라고 한다.
• 기계좌표계 : 기계의 원점을 기준으로 하는 좌표계로서 공장출하 시에 파라미터에 의해 결정된다.
• 극좌표계 : 각도와 거리로 위치를 나타낸다.
• 상대좌표계 : CNC 공작기계에서는 임의로 사용할 수 있는 좌표계로서 공구세팅이나 공작물좌표계 설정 시에 편의에 따라 사용할 수 있다.

60 CNC 선반의 나사 가공 사이클 프로그램에서 [보기 1]의 "D", [보기 2] N51 블록의 "Q"가 의미하는 것은?

```
[보기 1]
    G76 X_ Z_ I_ K_ D_ F_ A_ P_ ;
[보기 2]
    N50 G76 P_ Q_ R_ ;
    N51 G76 X_ Z_ P_ Q_ R_ F_ ;
```

① 나사의 끝점
② 나사산의 높이
③ 첫 번째 절입 깊이
④ 나사의 시작점에서 끝점까지의 거리

✓
```
G76 X_ Z_ I_ K_ D_ F_ A_ P_ ;
X, Z : 나사 끝지점 좌표
I : 나사 끝점 X와 시작점 X값의 거리(반지름지령)
K : 나사산 높이(반지름지령)
F : 이송속도(나사의 리드)
D : 첫 번째 절입량(반지름지령)
A : 나사의 각도
P : 절삭방법
```

```
G76 P_ Q_ R_ ;
G76 X_ Z_ P_ Q_ R_ F_ ;
```
P : 다듬질 횟수, 면취량, 나사의 각도
Q : 최소절입량
R : 다듬질 여유량
X, Z : 나사 끝지점 좌표
P : 나사산 높이(반지름 지령)
Q : 첫 번째 절입량(반지름 지령)
R : 테이퍼 나사 절삭 시 나사끝지점 X값과 나사시작점 X값의 거리
F : 이송속도(나사의 리드)

2015년 1회 필기
컴퓨터응용선반기능사

01 고용체에서 공간격자의 종류가 아닌 것은?
① 치환형   ② 침입형
③ 규칙 격자형   ④ 면심 입방 격자형

✓ 면심 입방 격자형은 공업용 금속의 결정 구조 중에서 일반적으로 볼 수 있는 단위 격자로서 체심 입방 격자형과 조밀 육방 격자형 등 세 종류가 있다.

02 가단주철의 종류에 해당하지 않는 것은?
① 흑심 가단주철   ② 백심 가단주철
③ 오스테나이트 가단주철   ④ 펄라이트 가단주철

✓ 가단주철은 주철의 결점인 취성을 개선하기 위하여 먼저 백주철의 주물을 만들고 이것을 장시간 열처리하여 탄소의 상태를 분해 또는 소실시켜 인성 또는 연성을 증가시킨 주철로서 ①, ②, ④항의 종류가 있다.

03 주철의 여러 성질을 개선하기 위하여 합금주철에 첨가하는 특수원소 중 크롬(Cr)이 미치는 영향이 아닌 것은?
① 경도를 증가시킨다.   ② 흑연화를 촉진시킨다.
③ 탄화물을 안정시킨다.   ④ 내열성과 내식성을 향상시킨다.

✓ 크롬은 니켈(Ni)이나 규소(Si)와는 반대로 흑연화를 저해시킨다.

04 비자성체로서 Cr과 Ni를 함유하며 일반적으로 18-8 스테인리스강이라 부르는 것은?
① 페라이트계 스테인리스강
② 오스테나이트계 스테인리스강
③ 마텐자이트계 스테인리스강
④ 펄라이트계 스테인리스강

✓ 크롬계(Cr 18%) 스테인리스강에 Ni 8%를 첨가한 오스테나이트계로 내식성이 매우 높아 화학공업, 건축, 자동차, 의료기기, 가구, 식기 등에 많이 쓰인다.

05 탄소강의 경도를 높이기 위하여 실시하는 열처리는?
① 불림   ② 풀림   ③ 담금질   ④ 뜨임

✓ ① 노멀라이징(normalizing)이라고 하며, 재료를 표준조직으로 만들기 위한 작업으로 가공 후 담금질 처리 시 변형을 줄이기 위한 작업으로 내부응력 제거, 기계적, 물리적 성질의 개선, 조직을 표준화시킨다.
② 어닐링(annealing)이라고 하며, 탄소강을 연화시킬 목적으로 적당한 온도까지 가열하여 어느 정도 유지한 다음 서서히 냉각시켜 재료의 연화, 잔류 응력 제거, 절삭성 향상 등을 목적으로 한다.
④ 템퍼링(tempering)이라고 하며, 담금질한 강을 400℃ 정도 이하로 가열한 후 공기 중에서 서서히 냉각시키는 조작으로, 취성이 많은 담금질한 강을 연화시키는 열처리이다.

06 다이캐스팅 알루미늄 합금으로 요구되는 성질 중 틀린 것은?
① 유동성이 좋을 것   ② 금형에 대한 점착성이 좋을 것

③ 열간 취성이 적을 것   ④ 응고수축에 대한 용탕 보급성이 좋을 것

✓ 다이캐스팅 시합금에는 알코아, 라우탈, 실루민, Y합금 등이 있으며, 요구되는 성질은 ①, ③, ④항 이외에도 금형에 대한 점착성(달라붙는 성질)이 나빠야 한다.

07 8~12% Sn에 1~2% Zn의 구리합금으로 밸브, 콕, 기어, 베어링, 부시 등에 사용되는 합금은?

① 코르손 합금   ② 베릴륨 합금
③ 포금   ④ 규소 청동

✓ ① Cu-Ni-Si계 특수 청동으로 C합금이라고도 하며, 통신선, 전화선 등에 사용된다.
② 티탄 청동에 베릴륨(Be)이나 은(Ag)을 첨가하여 베릴륨 청동 정도의 높은 인장 강도를 얻는 합금으로 구리-티타늄-벨릴륨합금(CTB 합금)으로도 불린다.
④ 규소(Si)를 4% 이하 함유한 구리 합금으로 내식성, 용접성이 좋으며, 화학 공업용 재료로 이용된다.

08 미터나사에 관한 설명으로 틀린 것은?

① 기호는 M으로 표기한다.
② 나사산의 각도는 55°이다.
③ 나사의 지름 및 피치를 mm로 표시한다.
④ 부품의 결합 및 위치의 조정 등에 사용된다.

✓ 미터나사의 각도는 60°이다.

09 브레이크 드럼에서 브레이크 블록에 수직으로 밀어붙이는 힘이 1000N이고 마찰계수가 0.45일 때 드럼의 접선방향 제동력은 몇 N인가?

① 150   ② 250   ③ 350   ④ 450

✓ 제동력(P)=마찰계수(μ)×수직하중(Q)=0.45×1,000=450N

10 축 방향으로 인장하중만을 받는 수나사의 바깥지름(d)과 볼트재료의 허용인장응력(σ_a) 및 인장하중(W)과의 관계가 옳은 것은? (단, 일반적으로 지름 3mm 이상인 미터나사이다.)

① $d = \sqrt{\dfrac{2W}{\sigma_a}}$ ② $d = \sqrt{\dfrac{3W}{8\sigma_a}}$

③ $d = \sqrt{\dfrac{8W}{3\sigma_a}}$ ④ $d = \sqrt{\dfrac{10W}{3\sigma_a}}$

✓ 축 하중과 비틀림을 동시에 받을 때는 ③번 식으로 구한다.

11 전단하중에 대한 설명으로 옳은 것은?

① 재료를 축 방향으로 잡아당기도록 작용하는 하중이다.
② 재료를 축 방향으로 누르도록 작용하는 하중이다.
③ 재료를 가로 방향으로 자르도록 작용하는 하중이다.
④ 재료가 비틀어지도록 작용하는 하중이다.

07.③   08.②   09.④   10.①   11.③

✓ ① 인장 하중, ② 압축 하중, ④ 비틀림 하중이다.

12 기어 전동의 특징에 대한 설명으로 가장 거리가 먼 것은?

① 큰 동력을 전달한다.
② 큰 감속을 할 수 있다.
③ 넓은 설치장소가 필요하다.
④ 소음과 진동이 발생한다.

✓ 기어 전동의 특징은
 ① 전동이 확실하고 큰 동력을 전달할 수 있다.
 ② 회전비가 정확하고 큰 감속비를 얻을 수 있다.
 ③ 전동효율이 높다.(95~99%)
 ④ 충격을 흡수하는 성질이 약하므로 소음과 진동이 발생한다.

13 지름 D_1=200mm, D_2=300mm의 내접 마찰차에서 그 중심거리는 몇 mm인가?

① 50 ② 100 ③ 125 ④ 250

✓ 중심거리$(L) = \dfrac{D_2 - D_1}{2} = \dfrac{300 - 200}{2} = 50\text{mm}$
여기서, 외접마찰차의 경우에는 $D_2 + D_1$으로 계산한다.

14 베어링 호칭번호가 6205인 레이디얼 볼 베어링의 안지름은?

① 5mm ② 25mm ③ 62mm ④ 205mm

✓ 6205에서 6 : 형식번호로서 단열 깊은 홈 베어링을 나타내며, 2 : 치수 기호로 경하중용을 나타내며, 05 : 안지름 기호로 숫자에 5의 수를 곱한 것이 안지름이므로 05×5=25mm이다. 단, 안지름이 20mm 이상 500mm 이하의 경우이며 20mm 이하는 지름이 지정되어 있다.

15 평 벨트의 이음방법 중 효율이 가장 높은 것은?

① 이음쇠 이음   ② 가죽 끈 이음
③ 관자 볼트 이음 ④ 접착제 이음

✓ 평벨트의 이음 효율은 ① 40~70%, ② 40~50%, ④ 75~90%, 철사 이음이 60% 정도이다.

16 치수공차와 기하공차 사이의 호환성을 위한 규칙을 정한 것으로서 생산비용을 줄이는 데 유용한 공차 방식은?

① 형상 공차 방식   ② 최대 허용 공차 방식
③ 최대 한계 공차 방식 ④ 최대 실체 공차 방식

✓ 최대 실체 공차 방식은 Ⓜ으로 표시하며, 약자로는 MMS(Maximum Material Size)로 나타낸다.

12.③ 13.① 14.② 15.④ 16.④

17 다음 그림의 물체에서 화살표 방향을 정면도로 정투상하였을 때 투상도의 명칭과 투상도가 바르게 연결된 것은?

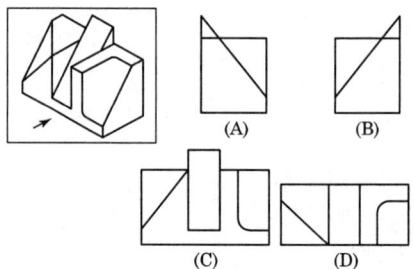

① (A) : 우측면도
② (B) : 좌측면도
③ (C) : 정면도
④ (D) : 저면도

✓ 정투상도에서 3각법은 눈과 물체 사이에 투상면을 두어야 하므로 눈 → 투상면 → 물체의 관계가 이루어지며, 1각법은 눈과 투상면 사이에 물체를 두어야 하므로 눈 → 물체 → 투상면의 관계가 되어야 한다.

18 기계가공 도면에서 기계가공 방법 기호 중 줄 다듬질 가공기호는?

① FJ ② FP ③ FF ④ JF

✓ ①, ②, ④항과 같은 가공 방법 기호는 없고, P : 평삭(플레이너) 가공, SH : 형삭(셰이퍼) 가공, BR : 브로칭 가공, FR : 리머 가공, GBL : 벨트연삭 가공, GH : 호닝 가공, FL : 랩 다듬질 가공 등이 있다.

19 기계제도에 사용하는 선의 분류에서 가는 실선의 용도가 아닌 것은?

① 치수선
② 치수 보조선
③ 지시선
④ 숨은선

✓ 숨은선은 가는 파선 또는 굵은 파선으로 표시한다.

20 조립한 상태에서의 치수의 허용한계 기입이 "85 H6/g5"인 경우 해석으로 틀린 것은?

① 축 기준식 끼워맞춤이다.
② 85는 축과 구멍의 기준 치수이다.
③ 85H6의 구멍과 85g5의 축을 끼워맞춤한 것이다.
④ H6과 g5의 6과 5는 구멍과 축의 IT 기본 공차의 등급을 말한다.

✓ 축 기준식은 축의 위 치수 허용차가 "0"인 끼워맞춤 방식이고, 구멍 기준식은 아래 치수 허용차가 "0"인 끼워맞춤 방식인데, H6=+022이므로 구멍 기준식 끼워맞춤이다.

21 스퍼 기어의 도시법에서 잇봉우리원을 표시하는 선의 종류는?

① 가는 1점 쇄선
② 가는 실선
③ 굵은 실선
④ 굵은 2점 쇄선

✓ 잇봉우리원(이끝원)은 굵은 실선, 피치원은 가는 1점 쇄선, 이뿌리원은 가는 실선 또는 굵은 실선으로 그리거나 완전히 생략하기도 한다.

22 그림과 같은 단면도의 명칭은?

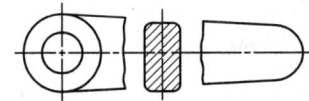

① 온단면도　　② 회전도시 단면도
③ 부분 단면도　④ 한쪽 단면도

✓ ① 물체 전체를 둘로 절단해서 그림 전체를 단면으로 나타내는 방법
② 핸들, 암, 림, 훅, 리브, 각강, 형강 등의 절단한 단면의 모양을 90°로 회전시켜 투상도의 안이나 밖에 그리는 방법
③ 일부분을 잘라내고 필요한 내부 모양을 그리기 위한 방법
④ 주로 대칭인 물체의 중심선을 기준으로 내부 모양과 외부 모양을 동시에 표시하는 방법

23 다음 도면에서 "A" 치수는 얼마인가?

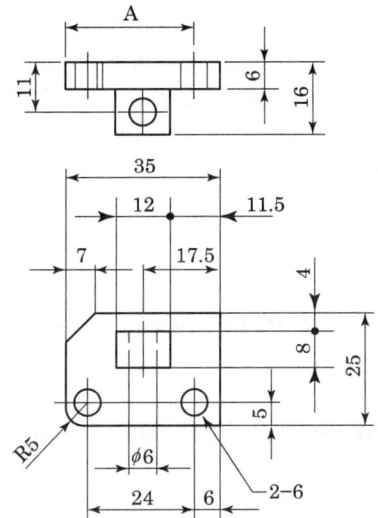

① 17.5　② 23.5　③ 24　④ 29

✓ 전체 폭의 치수가 35에서 아랫부분의 치수인 24와 모서리 부분이 R5이므로 24+5=29이다.

24 다음의 기호는 어떤 밸브를 나타낸 것인가?

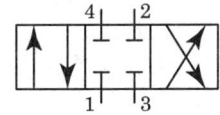

① 4포트 3위치 전환밸브　② 4포트 4위치 전환밸브
③ 3포트 3위치 전환밸브　④ 3포트 4위치 전환밸브

25 다음 중 각도 치수의 허용한계 기입 방법으로 잘못된 것은?

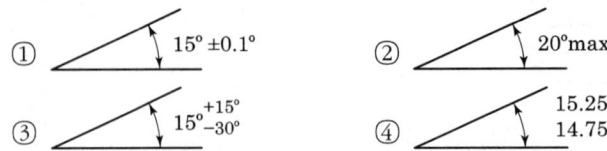

✓ 각도의 허용 한계 기입은 수치로 나타내어야 한다.

26 밀링 머신에서 상향 절삭과 비교한 하향 절삭의 특징으로 옳은 것은?
① 이송 나사의 백래시는 큰 영향이 없다.
② 기계의 강성이 낮아도 무방하다.
③ 절삭 날에 마찰이 적어 수명이 길다.
④ 표면 거칠기가 상향 절삭보다 거칠다.

✓ 하향절삭(내려깎기)의 장점은 날의 마모가 적어 수명이 길고, 일감 고정이 간편하며, 가공 시야가 좋고, 가공면이 깨끗하다. 하지만 단점은 기계에 무리를 주고 동력 소비가 크며, 커터 날의 파손이 많으며, 절삭열에 의한 치수 정밀도가 저하되며, 백래시(튀틈) 제거 장치가 필요하다.

27 보링 작업에서 가장 많이 쓰이는 절삭 공구는?
① 바이트   ② 리머
③ 정면 커터   ④ 탭

✓ 보링 작업에서는 ①, ②, ③, ④항 모두 사용하고 있지만 주로 사용하는 절삭 공구는 보링 헤드에 연결시켜 사용하는 바이트이다.

28 선반 가공의 경우 절삭 속도가 120m/min이고 공작물의 지름이 60mm일 경우, 회전수는 약 몇 rpm인가?
① 637   ② 1637   ③ 64   ④ 164

✓ 절삭속도 : V(m/min), 회전수 : N(rpm), 공작물의 지름 : D(mm)일 때
$V = \dfrac{\pi DN}{1,000}$ 에서 $N = \dfrac{1,000\,V}{\pi D} = \dfrac{1,000 \times 120}{3.14 \times 60} ≒ 637 \text{rpm}$

29 연삭조건에 따른 입도의 선정 방법에서 고운 입도의 연삭숫돌을 선정하는 경우는?
① 절삭 깊이와 이송량이 클 때
② 다듬질 연삭 및 공구를 연삭할 때
③ 숫돌과 가공물의 접촉 면적이 클 때
④ 연하고 연성이 있는 재료를 연삭할 때

✓ ①, ③, ④ 거친 입도의 숫돌 사용

30 일반적으로 래핑유로 사용하지 않는 것은?
① 경유   ② 휘발유   ③ 올리브유   ④ 물

✓ 래핑유로는 ①, ③, ④항 이외에도 석유, 광물유, 종유, 식물성 유 등을 사용하지만 휘발유는 휘발성이 강해 사용이 불가하다.

31 기차 바퀴와 같이 지름이 크고, 길이가 짧은 공작물을 절삭하기에 가장 적합한 공작기계는?
① 탁상 선반   ② 수직 선반
③ 터릿 선반   ④ 정면 선반

✓ ① 작업대 위에 설치하는 소형 선반으로 시계 부품, 재봉틀 부품 등의 가공에 사용하는 선반
② 대형의 공작물이나 불규칙한 공작물을 가공하기 편리하도록 척을 지면 위에 수직으로 설치하여 공작물의 착·탈을 편리하게 한 선반
③ 심압대 대신에 터릿으로 불리는 회전 공구대를 설치하여 간단한 부품을 대량 생산하기에 적합한 선반

32 공기 마이크로미터를 원리에 따라 분류할 경우 이에 속하지 않는 것은?
① 유량식   ② 배압식   ③ 유속식   ④ 전기식

✓ 공기 마이크로미터의 종류는 ①, ②, ③항 이외에도 진공식이 있다.

33 4개의 조가 각각 단독으로 움직일 수 있으므로 불규칙한 모양의 일감을 고정하는 데 편리한 척은?
① 단동척   ② 연동척
③ 콜릿척   ④ 마그네틱척

✓ ② 3개의 조가 동시에 규칙적으로 움직이며 일정한 일감 고정에 편리한 척
③ 스프링 작용에 의해 주로 소형인 제품을 쉽게 고정하는 척으로 주로 터릿 선반에서 많이 사용되고 있다.
④ 전자력을 이용하여 얇은 판, 링과 같은 일감에 변형을 주지 않고 고정시켜 가공하는 자성체 척으로 조가 없어 고정력이 약한 척이다.

34 절삭공구의 옆면과 가공물의 마찰에 의하여 절삭공구의 옆면이 평행하게 마모되는 것은?
① 크레이터 마모   ② 치핑
③ 플랭크 마모   ④ 온도 파손

✓ ① 절삭 공구의 윗면이 칩의 마찰로 인해 마모가 발생하는 경사면의 마모
② 바이트의 날 끝이 미세하게 파손되는 현상이다.

35 가늘고 긴 공작물을 센터나 척을 사용하여 지지하지 않고, 원통형 공작물의 바깥지름 및 안지름을 연삭하는 것은?
① 척 연삭   ② 공구 연삭
③ 수직 평면 연삭   ④ 센터리스 연삭

✓ 센터리스 연삭은 공작물의 고정에 척을 사용하지 않고 절삭을 하는 연삭 숫돌과 공구에 고정과 회전을 주는 조정 숫돌을 이용해서 일감을 가공하는 연삭기이다.

36 다듬질면의 평면도를 측정하는 데 사용되는 측정기는 무엇인가?
① 옵티컬 플랫 ② 한계 게이지
③ 공기 마이크로미터 ④ 사인바

✓ ② 통과측은 통과, 정지측은 정지하는 한계를 이용하여 대량 측정에 적합한 측정기
③ 공기의 흐름을 확대 기구로 나타내어 길이를 측정하는 비교 측정기
④ 정반 위에서 블록 게이지, 다이얼 게이지를 이용하여 각도를 측정하는 측정기

37 공구 날 끝의 구성인선 발생을 방지하는 절삭조건으로 틀린 것은?
① 절삭 깊이를 작게 한다.
② 절삭 속도를 가능한 한 빠르게 한다.
③ 윤활성이 좋은 절삭 유제를 사용한다.
④ 경사각을 작게 한다.

✓ 구성인선의 방지 조건은 ①, ②, ③항 이외에도 경사각을 크게 한다.

38 밀링 공작기계에서 스핀들의 회전 운동을 수직 왕복 운동으로 변환시켜주는 부속 장치는?
① 수직 밀링 장치 ② 슬로팅 장치
③ 만능 밀링 장치 ④ 래크 밀링 장치

✓ ① 수평 또는 만능 밀링에서 주축의 회전을 수직으로 변환시키는 장치로 정면커터, 엔드밀 등을 고정시켜 수직 밀링에서의 가공을 할 수 있게 만든 부속 장치이다.
③ 수평 및 만능 밀링에서 헬리컬 가공, 금형 가공에 많이 사용되는 부속 장치
④ 수평 및 만능 밀링에서 기어 변환 장치 등을 이용하여 래크 기어를 가공할 수 있게 한 부속 장치

39 선반가공에서 이동식 방진구를 사용할 때 어느 부분에 설치하는가?
① 심압대 ② 에이프런
③ 왕복대의 새들 ④ 베드

✓ 이동식 방진구는 새들에 고정시켜 바이트의 움직임에 따라 이동하며 가공하고, 고정식 방진구는 베드면에 고정시켜 바이트의 이동과 상관없이 사용하는 방진구이다.

40 주철과 같이 메진 재료를 저속으로 절삭할 때 발생하는 칩의 형태는 어느 것인가?
① 전단형 칩 ② 경작형 칩
③ 균열형 칩 ④ 유동형 칩

✓ ① 연성인 재료를 절삭 깊이가 크고 경사각이 작은 바이트로 가공 시 발생하는 칩
② 점성이 많은 Al, Pb 등과 같은 일감 가공 시에 발생하는 칩으로 열단형이라고도 한다.
④ 연성인 재료를 빠른 절삭 속도, 작은 절삭 깊이, 큰 경사각의 바이트로 가공 시에 연속된 칩이 발생하는 형으로 가장 이상적인 칩의 형태이다.

41 일반적인 윤활방법의 종류가 아닌 것은?

① 유체 윤활 ② 경계 윤활
③ 극압 윤활 ④ 공압 윤활

✓ ① 완전 윤활이라고 하며, 유막에 의하여 슬라이딩면이 유막에 의해 완전히 분리되어 균형을 이루게 되는 윤활의 상태
② 불완전 윤활이라고도 하며, 유체 윤활 상태에서 하중이 증가하거나 윤활제의 온도가 상승하여 점도가 떨어지면서 유막으로는 하중을 지탱할 수 없는 상태
③ 고체 윤활이라고도 하며, 경계 윤활에서 하중이 더욱 증가하여 마찰 온도가 높아지면 유막으로는 하중을 지탱하지 못하고 유막이 파괴되어 슬라이딩면이 접촉된 상태의 윤활

42 드릴로 뚫은 구멍의 내면을 매끈하고 정밀하게 다듬질하는 가공법은?

① 리머 가공 ② 탭 가공
③ 줄 가공   ④ 다이스 가공

✓ ② 구멍 내면에 탭을 이용하여 암나사를 만드는 작업
③ 줄을 이용하여 일감을 원하는 모양으로 다듬질하는 작업으로 줄 다듬질이라고도 한다.
④ 다이스를 이용하여 수나사를 만드는 작업

43 다음 중 밀링 가공 시 작업안전에 대한 설명으로 틀린 것은?

① 작업 중에는 긴급 상황이라도 손으로 주축을 정지시키지 않는다.
② 안전화, 보안경 등 작업 안전에 필요한 보호구 등을 반드시 착용한다.
③ 스핀들이 저속 회전 중이라도 변속기어를 조작해서는 안 된다.
④ 가공물의 고정은 반드시 주축이 회전 중에 실시하여야 한다.

✓ 가공물의 고정은 반드시 주축이 정지된 상태에서 실시하여야 한다.

44 다음 중 머시닝센터의 드릴작업 프로그램에서 사용되지 않는 어드레스는? (단, G81을 사용하는 것으로 가정한다.)

① X   ② Z   ③ Q   ④ F

✓ G81 드릴 사이클의 프로그램 형식은 다음과 같다.
G81 X_ Y_ Z_ R_ F_
이때, X_ Y_ 는 드릴의 위치좌표를 의미하고, Z는 드릴의 최종깊이를 나타내야 하며, R은 R점의 Z좌표값을, F는 이송속도를 지령해야 한다.

45 다음 중 CNC 선반에서 증분지령 어드레스는?

① V, X   ② Z, W   ③ X, Z   ④ U, W

✓ • 절대지령 어드레스 : X, Z
• 증분지령 어드레스 : U, W

46 다음 중 CNC 프로그램에서 보조기능에 대한 설명으로 틀린 것은?

① M02는 "프로그램의 정지"를 의미한다.
② M03은 "주축의 역회전"을 의미한다.
③ M05는 "주축의 정지"를 의미한다.
④ M08은 "절삭유 ON(공급)"을 의미한다.

✓ M03 : 주축 정회전, M04 : 주축 역회전, M09 : 절삭유 OFF

47 다음 중 가상 날 끝(nose.R) 방향을 결정하는 요소는?

① 공구의 출발 위치
② 공구의 형상이나 방향
③ 공구 날 끝 반지름의 크기
④ 공구의 보정 방향과 정밀도

✓ 가상인선의 방향은 공구의 형상과 방향에 따라 1~8의 숫자를 사용하여 구분한다.

48 다음 중 DNC의 장점으로 볼 수 없는 것은?

① 유연성과 높은 계산 능력을 가지고 있다.
② 천공테이프를 사용하므로 전송 속도가 빠르다.
③ CNC 프로그램들을 컴퓨터 파일로 저장할 수 있다.
④ 공장에서 생산성과 관련되는 데이터를 수집하고 일괄 처리할 수 있다.

✓ DNC(Distributed Numerical Control) : CAD/CAM 시스템과 CNC 기계를 근거리 통신망으로 연결하여 1대의 컴퓨터에서 여러 대의 CNC 공작기계에 데이터를 분배 전송함으로써 운전할 수 있는 방식

49 다음 중 머시닝센터에서 "공작물좌표계 설정과 선택"을 할 때 사용할 수 없는 준비기능은?

① G50   ② G54   ③ G59   ④ G92

✓ G50 : 공작물좌표계 설정(CNC선반), G54 : 작업(Work)좌표계 1번 선택, G59 : 작업(Work) 좌표계 6번 선택, G92 : 공작물좌표계 설정(머시닝센터)

50 다음 중 CNC 공작기계의 안전에 관한 사항으로 틀린 것은?

① 절삭 가공 시 절삭 조건을 알맞게 설정한다.
② 공정도와 공구 세팅 시트를 작성 후 검토하고 입력한다.
③ 공구경로 확인은 보조기능(M기능)이 작동(ON)된 상태에서 한다.
④ 기계 가동 전에 비상 정지 버튼의 위치를 반드시 확인한다.

✓ 보조기능은 CNC 공작기계의 보조장치들을 제어하는 기능으로 프로그램 정지, 주축회전 및 정지, 공구교환, 절삭유 ON·OFF 등의 기능이 있다. 따라서 공구경로만을 확인할 경우에는 보조기능을 작동(OFF)시키지 않은 상태에서 수행하는 것이 안전하다.

51 다음 중 간단한 프로그램을 편집과 동시에 시험적으로 실행할 때 사용하는 모드 선택 스위치로 가장 적합한 것은?

① 반자동 운전(MDI)
② 자동운전(AUTO)
③ 수동 이송(JOG)
④ 이송 정지(FEED HOLD)

✓ • MDI : 한두 블록의 짧은 프로그램을 입력하고 바로 실행할 때 사용하며, 주로 프로그램에 의한 간단한 기계조작이나 시험적 실행에 사용한다.
• AUTO : 작성된 프로그램을 자동운전할 때 사용한다.
• JOG : JOG 버튼으로 공구를 수동으로 이송시킬 때 사용한다.
• FEED HOLD : 자동가공 중에 일시적으로 운전을 중지하고자 할 때, 이송만을 정지하는 조작버튼이다.

52 다음 중 머시닝센터 프로그램에서 G17 평면의 원호 보간에 대한 설명으로 틀린 것은?

① R은 원호 반지름값이다.
② R과 I, J는 함께 명령할 수 있다.
③ I, J값이 0이라면 생략할 수 있다.
④ I는 원호 시작점에서 중심점까지 X축 벡터값이다.

✓ 원호 보간(G02, G03)은 원호 반지름값(R)이나 원호 벡터값(I, J, K)과 함께 사용할 수 있다. 다만, 원호 반지름값과 원호 벡터값을 한 블록에 함께 사용할 수는 없다.

53 다음과 같은 선반 도면에서 지름지정으로 C점의 위치 데이터로 옳은 것은?

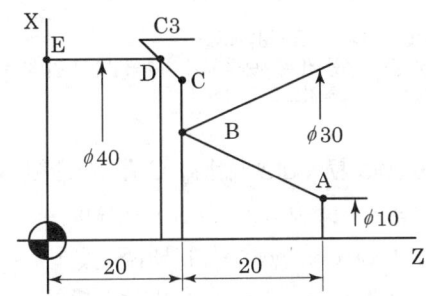

① X34. Z20.
② X37. Z20.
③ X36. Z20.
④ X33. Z20.

✓ CNC 선반의 X축 방향 좌표는 지름 치수로 표기한다. 따라서, C지점의 X축 방향 좌표는 D지점의 X좌표값에서 C3(모떼기 3mm)를 2배한 값을 감산하여 계산한다.
40-(3×2)=34

54 다음 중 CNC 공작기계의 제어 방법이 아닌 것은?

① 직접 제어방식
② 개방회로 제어방식
③ 폐쇄회로 제어방식
④ 하이브리드 제어방식

✓ CNC 공작기계 서보기구 제어방식으로 개방회로 방식, 반폐쇄회로 방식, 폐쇄회로 방식, 복합회로 방식 등이 사용된다.

51.① 52.② 53.① 54.①

55 다음 중 자동 모드(AUTO MODE)와 반자동 모드(MDI MODE)에서 모두 실행 가능한 복합형 고정 사이클 준비기능(G-코드)으로 틀린 것은?

① G76　　② G75　　③ G74　　④ G73

✓ G76 : 복합형 나사절삭 사이클, G75 : 내·외경 펙절삭 사이클, G73 : 형상반복 사이클, G74 : Z방향 홈가공·펙드릴 사이클. 이 중에서 G73은 시작블록과 종료블록을 지령하여 사이클 가공이 이루어지기 때문에 한두 줄만의 명령 지령으로 이루어지는 반자동(MDI) MODE에서 사용하는 것은 불가능하다.

56 공작물이 도면과 같이 가공되도록 프로그램 원점과 공작물의 한 점을 일치시킨 좌표계를 무엇이라 하는가?

① 구역좌표계　　② 도면좌표계
③ 공작물좌표계　　④ 기계좌표계

✓ • 구역좌표계(Local Coordinate System) : 프로그램 좌표계를 기준으로 프로그램 안에서 새로 만든 좌표계
• 도면좌표계 : 프로그램을 작성할 때 도면상에서 특정지점을 원점으로 하는 좌표계
• 공작물좌표계 : 공작물의 특정위치에 절대좌표계의 원점을 일치시켜 사용
• 기계좌표계 : 기계의 원점을 기준으로 하는 좌표계로서 공장출하 시에 파라미터에 의해 결정됨

57 다음 중 머시닝센터에서 준비기능인 G44 공구길이 보정으로 옳은 것은? (단, 1번 공구길이는 64mm, 2번 공구길이는 127mm이며, 기준공구는 1번 공구이다.)

① 63　　② -63　　③ 127　　④ -127

✓ • G43 : 공구길이보정+, G44 : 공구길이보정-
• G44(공구길이보정-)를 사용할 경우, 사용공구가 기준공구보다 긴 경우에는 '-' 보정값으로 입력하고, 사용공구가 기준공구보다 짧은 경우에는 '+' 보정값으로 입력한다.

58 다음 중 FMC(Flexible Manufacturing Cell)에 관한 설명으로 틀린 것은?

① FMS의 특징을 살려 소규모화한 가공시스템이다.
② ATC(Automatic Tool Changer)가 장착되어 있다.
③ APC(Automatic Pallet Changer)가 장착되어 있다.
④ 여러 대의 CNC 공작기계를 무인 운전하기 위한 시스템이다.

✓ • FMC(Flexible manufacturing cell) : 공작물 자동공급탈착장치(APC), 자동 공구교환 장치(ATC), 자동측정 감시 보정장치를 갖추고 있어 소수의 작업자만으로 무인운전으로 요구하는 부품을 당해 장치 안에서 가공할 수 있는 기계장치
• FMS(Flexible manufacturing system) : CNC 공작기계, 핸들링 로봇, APC, ATC, 자동이송공급 장치, 자동화 창고 등을 갖추고 있는 제조공정을 중앙 컴퓨터에서 제어하는 생산시스템으로 유연하게 대처할 수 있어서 다품종 소량 생산에 적합함

59 CNC 선반에서 G32 코드를 사용하여 피치가 1.5mm인 2줄 나사를 가공할 때 이송 F의 값은?

① F1.5　　② F2.0
③ F3.0　　④ F4.5

✓ 나사가공을 할 때 나사의 리드는 일회전당 나사의 이송을 의미하므로 이것을 1회전당 이송속도(F)로 사용할 수 있다. 또한 2줄나사의 경우, 나사의 리드=나사의 피치×2이다. 따라서, F=1.5×2=3.0[mm/rev]

60 CNC 선반 프로그램에서 다음과 같은 내용이고 공작물의 직경이 50mm일 때 주축의 회전수는 약 얼마인가?

> G96 S150 M03 ;

① 650rpm ② 800rpm
③ 955rpm ④ 1100rpm

✓ $V = \dfrac{\pi dN}{1000}$ 에서 V=150, d=50mm이므로
$N = \dfrac{1000\,V}{\pi d} = \dfrac{1000 \times 150}{3.14 \times 50} ≒ 955.4\text{rpm}$

2015년 2회 필기
컴퓨터응용선반기능사

01 황동의 합금 원소는 무엇인가?
① Cu - Sn ② Cu - Zn
③ Cu - Al ④ Cu - Ni

✓ 황동은 구리(Cu)와 아연(Zn)의 2원 합금으로 아연을 30% 또는 40% 함유함에 따라 7·3 황동, 6·4 황동이라 불리며, 구리에 비하여 주조성, 가공성, 내식성이 좋고 아름답기 때문에 자동차 부품, 탄피 가공재 등에 많이 쓰인다.

02 초경합금에 대한 설명 중 틀린 것은?
① 경도가 HRC 50 이하로 낮다.
② 고온경도 및 강도가 양호하다.
③ 내마모성과 압축강도가 높다.
④ 사용목적, 용도에 따라 재질의 종류가 다양하다.

✓ ① 초경합금은 경도가 HRC 80 정도로 높다.
②, ③, ④항의 장점도 있지만 강인성이 적어 취성이 많은 것이 단점이다.

03 특수강에 포함되는 특수원소의 주요 역할 중 틀린 것은?
① 변태속도의 변화 ② 기계적, 물리적 성질의 개선
③ 소성 가공성의 개량 ④ 탈산, 탈황의 방지

✓ 특수강은 탄소강에 Ni, Cr, Mo, W, Al, Si, Mn 등의 원소를 한 가지 이상 첨가하여 특수한 성질을 부여한 합금강으로 강 중에서 특수원소의 주요 역할은 ①, ②, ③항 이외에도 오스테나이트의 입자 조정, 황 등의 해로운 원소 제거 등이 있다.

04 다이캐스팅용 알루미늄(Al)합금이 갖추어야 할 성질로 틀린 것은?
① 유동성이 좋을 것
② 열간취성이 적을 것
③ 금형에 대한 점착성이 좋을 것
④ 응고수축에 대한 용탕 보급성이 좋을 것

✓ 다이캐스팅 Al합금에는 알코아, 라우탈, 실루민, Y합금 등이 있으며, 요구되는 성질은 ①, ②, ④항 이외에도 금형에 대한 점착성(달라붙는 성질)이 나빠야 한다.

05 열처리 방법 및 목적으로 틀린 것은?
① 불림-소재를 일정온도에 가열 후 공랭시킨다.
② 풀림-재질을 단단하고 균일하게 한다.
③ 담금질-급랭시켜 재질을 경화시킨다.
④ 뜨임-담금질된 것에 인성을 부여한다.

✓ 풀림은 일정 온도에서 일정 시간 가열 후 비교적 느린 속도로 냉각시키는 조작으로 강의 경도가 낮아져 연화되고, 조직이 균일화, 미세화, 표준화가 되며, 가스 및 분출물의 방출과 확산을 일으키고, 내부 응력을 저하시키는 효과가 있다.

01.② 02.① 03.④ 04.③ 05.②

06 금속의 결정구조에서 체심입방격자의 금속으로만 이루어진 것은?

① Au, Pb, Ni ② Zn, Ti, Mg
③ Sb, Ag, Sn ④ Ba, V, Mo

✓ 면심 입방 격자 : Au, Ag, Al, Ca, Cu, Ni, Pb, γ철 등
체심 입방 격자 : Ba, V, Cr, Mo, Li, Na, W, α철, δ철 등
조밀 육방 격자 : Cd, Be, Co, Mg, Zn 등이 속한다.

07 경질이고 내열성이 있는 열경화성 수지로서 전기기구, 기어 및 프로펠러 등에 사용되는 것은?

① 아크릴수지 ② 페놀수지
③ 스티렌수지 ④ 폴리에틸렌

✓ ① 투명성이 좋고 탄성이 크며 변색이 안 되며 단단하고 인성이 있어 보안경, 방탄, 투명 케이스, 천장 유리, 위생용품 등에 사용된다.
③ 스티롤 수지라고도 하며, 플라스틱 중에서 가장 가공하기 쉬운 것으로, 높은 굴절률을 가진다. 또 투명하고 빛깔이 아름다우며 단단한 성형품이 되고, 전기절연 재료로도 뛰어나다.
④ 무색 투명하고 내수성, 전기 절연성, 내산, 내알카리성이 우수하여 브러시, 장난감, 농공용 배관, 수도관, 전선 피복재, 필름 등으로 사용한다.

08 가장 널리 쓰이는 키(key)로 축과 보스 양쪽에 키 홈을 파서 동력을 전달하는 것은?

① 성크 키 ② 반달 키
③ 접선 키 ④ 원뿔 키

✓ ① 묻힘 키라고도 한다.
② 축에 반달모양의 홈을 만들어 반달 모양의 키를 끼워 사용하며, 테이퍼 축에 회전체를 결합할 때, 고속회전, 저토크의 축에 많이 사용
③ 축의 접선 방향으로 1/100의 기울기를 가진 2개의 키를 한 쌍으로 하여 사용하며 큰 회전력 전달에 적합
④ 축과 보스와의 사이에 2~3곳을 축 방향으로 쪼갠 원뿔을 때려 박아 헐거움 없이 고정할 수 있다.

09 길이 100cm의 봉이 압축력을 받고 3mm만큼 줄어들었다. 이때, 압축 변형률은 얼마인가?

① 0.001 ② 0.003 ③ 0.005 ④ 0.007

✓ 원래의 길이 : L, 변형된 길이 : L' 일 때
변형률 $= \dfrac{L-L'}{L} = \dfrac{1000-997}{1000} = 0.003$

10 물체의 일정 부분에 걸쳐 균일하게 분포하여 작용하는 하중은?

① 집중하중 ② 분포하중
③ 반복하중 ④ 교번하중

✓ ① 물체의 한 점에 집중하여 작용하는 하중
③ 반복하여 작용하는 하중으로 진폭이 일정하고 주기가 규칙적인 하중
④ 하중의 크기와 방향이 충격 없이 주기적으로 변화하는 하중

06.④ 07.② 08.① 09.② 10.②

11 볼나사의 단점이 아닌 것은?
① 자동체결이 곤란하다.   ② 피치를 작게 하는 데 한계가 있다.
③ 너트의 크기가 크다.   ④ 나사의 효율이 떨어진다.
✓ 볼나사의 특징은 ①, ②, ③항 이외에도 나사의 효율이 좋고, 백래시를 제거할 수 있고, 높은 정밀도를 유지하지만, 고속회전 시 소음이 발생하며, 가격이 비싸다.

12 각속도(ω, rad/s)를 구하는 식 중 옳은 것은? (단, N : 회전수(rpm), H : 전달마력(PS)이다.)
① $\omega=(2\pi N)/60$ ② $\omega=60/(2\pi N)$
③ $\omega=(2\pi N)/(60H)$ ④ $\omega=(60H)/(2\pi N)$

13 외접하고 있는 원통마찰차의 지름이 각각 240mm, 360mm일 때, 마찰차의 중심 거리는?
① 60mm   ② 300mm
③ 400mm   ④ 600mm
✓ 중심거리(C)= $\dfrac{D_A+D_B}{2}$ = $\dfrac{360+240}{2}$ =300mm
내접인 경우에는 $C=\dfrac{D_A-D_B}{2}$ 로 구한다.

14 국제단위계(SI)의 기본단위에 해당되지 않는 것은?
① 길이 : m   ② 질량 : kg
③ 광도 : mol   ④ 열역학 온도 : K
✓ SI 단위계에서 기본 단위는 ①, ②, ④항 이외에도 시간 : s, 전류 : A, 물질량 : mol, 광도 : cd 등이 있다.

15 축을 설계할 때 고려하지 않아도 되는 것은?
① 축의 강도   ② 피로 충격
③ 응력 집중의 영향   ④ 축의 표면조도
✓ 축의 설계 시에는 ①, ②, ③항 이외에도 변형, 진동, 열응력, 열팽창 부식, 표면 거칠기 등도 고려되어야 한다.

16 다음 중 표면의 결 도시 기호에서 각 항목이 설명하는 것으로 틀린 것은?

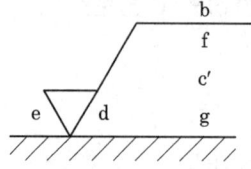

① d : 줄무늬 방향의 기호   ② b : 컷오프값
③ c' : 기준길이 · 평가길이   ④ g : 표면 파상도
✓ b : 가공 방법, e : 다듬질 여유, f : 중심선 표면 거칠기 이외의 표면 거칠기값을 나타낸다.

17 도면의 표제란에 제3각법 투상을 나타내는 기호로 옳은 것은?

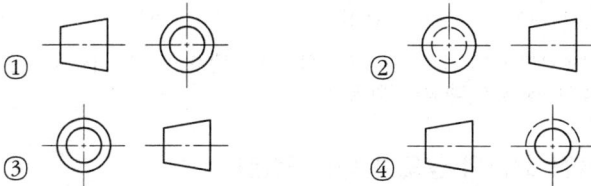

✓ 제3각법은 눈→투상면→물체의 관계가 이루어지며, 제1각법은 눈→물체→투상면의 관계가 나타난다. 따라서 제3각법은 좌측면도는 정면도의 좌측에, 제1각법은 정면도의 우측에 좌측면도를 나타내므로 ① : 제1각법, ③ : 제3각법이다.

18 여러 개의 관련되는 치수에 허용 한계를 지시하는 경우로 틀린 것은?
① 누진 치수 기입은 가격 제한이 있거나 다른 산업 분야에서 특별히 필요한 경우에 사용해도 된다.
② 병렬 치수 기입 방법 또는 누진 치수 기입 방법에서 기입하는 치수 공차는 다른 치수 공차에 영향을 주지 않는다.
③ 직렬 치수 기입 방법으로 치수를 기입할 때에는 치수 공차가 누적된다.
④ 직렬 치수 기입 방법은 공차의 누적이 기능에 관계가 있을 경우에 사용하는 것이 좋다.

✓ 직렬 치수 기입은 철골 구조물의 설계 도면에 주로 사용한다.

19 3각법으로 정투상한 보기와 같은 정면도와 평면도에 적합한 우측면도는?

(보기)

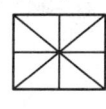

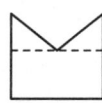

① 　② 　③ 　④

20 기어의 도시 방법 중 선의 사용 방법으로 틀린 것은?
① 잇봉우리원(이끝원)은 굵은 실선으로 그린다.
② 피치원은 가는 2점 쇄선으로 그린다.
③ 이골원(이뿌리원)은 가는 실선으로 그린다.
④ 잇줄 방향은 통상 3개의 가는 실선으로 그린다.

✓ ② 피치원은 가는 1점 쇄선으로 그린다.

21 ISO 규격에 있는 미터 사다리꼴 나사의 표시 기호는?
① Tr　　② M　　③ UNC　　④ R

✓ ② 미터 나사, ③ 유니파이 보통나사, ④ 관용 테이퍼 수나사를 나타내며, 또한 UNF : 유니파이 가는 나사, G : 관용 평행 나사, Rc : 관용 테이퍼 암나사, Rp : 관용 테이퍼 평행 암나사 등이 있다.

22 기계가공 도면에 사용되는 가는 1점 쇄선의 용도가 아닌 것은?
① 중심선　　② 기준선
③ 피치선　　④ 해칭선

✓ 해칭선은 가는 실선을 규칙적으로 늘어놓은 형상으로 나타낸다.

23 데이텀을 지시하는 문자기호를 공차기입틀 안에 기입할 때의 설명으로 틀린 것은?
① 1개를 설정하는 데이텀은 1개의 문자기호로 나타낸다.
② 2개의 공통 데이텀을 설정할 때는 2개의 문자기호를 하이픈(-)으로 연결한다.
③ 여러 개의 데이텀을 지정할 때는 우선순위가 높은 것을 오른쪽에서 왼쪽으로 각각 다른 구획에 기입한다.
④ 2개 이상의 데이텀을 지정할 때, 우선순위가 없을 경우는 문자 기호를 같은 구획 내에 나란히 기입한다.

✓ ③ 데이텀에 우선순위를 지정할 때에는 우선순위가 높은 순서로 왼쪽에서 오른쪽으로 문자 기호를 각각 다른 구획에 기입한다.

24 관용 테이퍼 나사 종류 중 테이퍼 수나사 R에 대해서만 사용하는 3/4인치 평행 암나사를 표시하는 KS 나사 표시 기호는?
① PT 3/4　　② RP 3/4
③ PF 3/4　　④ RC 3/4

✓ ① 관용 테이퍼 테이퍼 나사, ③ 관용 평행 나사, ④ 관용 테이퍼 테이퍼 암나사를 나타낸다.

25 축과 구멍의 끼워맞춤에서 축의 치수는 $\phi 50^{-0.012}_{-0.028}$, 구멍의 치수는 $\phi 50^{+0.025}_{0}$일 경우 최소 틈새는 몇 mm인가?
① 0.053　　② 0.037　　③ 0.028　　④ 0.012

✓ 구멍의 최소 크기는 50.000, 축의 최대 크기는 49.988이므로 최소 틈새는 50.000-49.988 = 0.012가 된다.

26 알루미나(Al_2O_3) 분말에 규소(Si) 및 마그네슘(Mg) 등의 산화물을 첨가하여 소결시킨 것으로, 고온에서 경도가 높고 내마멸성이 좋으나 충격에 약한 공구재료는?
① 초경합금　　② 주조경질합금
③ 합금공구강　　④ 세라믹

✓ ① W, C를 주성분으로 Co를 결합제로 소결하여 제작하며 내마모성과 고온 경도 유지는 좋으나 강인성이 적어 잘 깨진다.
② 스텔라이트라고도 하며, C, Co, W, Cr을 주성분으로 용융상태에서 주형에 주입하여 성형하며 취성이 많아 단조가 불가능

하며 고온 경도와 내마모성은 우수하다.
③ 탄소강에 Cr, Ni, W, Mo, Co, Mn 등을 1~2종 첨가한 합금강으로 탄소강에 비해 절삭성이 우수하다.

27 결합도가 높은 숫돌을 선정한 기준으로 틀린 것은?
① 연질 가공물을 연삭 때
② 연삭 깊이가 작을 때
③ 접촉 면적이 작을 때
④ 가공면의 표면이 치밀할 때

✓ 결합도가 높은 숫돌은 ①, ②, ③항 이외에도 거친 가공물을 연삭할 때, 숫돌의 원주 속도가 적고, 일감의 원주 속도가 클 때 사용한다. 따라서 결합도가 낮은 숫돌을 사용할 경우에는 높은 숫돌과 반대의 조건이 된다.

28 센터리스 연삭의 장점에 대한 설명으로 거리가 먼 것은?
① 센터가 필요하지 않아 센터구멍을 가공할 필요가 없다.
② 연삭 여유가 작아도 된다.
③ 대형 공작물의 연삭에 적합하다.
④ 가늘고 긴 공작물의 연삭에 적합하다.

✓ 센터리스 연삭기는 일감 지지가 연삭 숫돌과 조정 숫돌로써 이루어지므로 대형보다는 소형 공작물 가공에 적합하며, 홈이 있는 공작물 가공에도 부적합하다.

29 일반적으로 공구의 회전 운동과 가공물의 직선 운동에 의하여 가공하는 공작기계는?
① 선반
② 셰이퍼
③ 슬로터
④ 밀링머신

✓ ① 공작물의 회전 운동과 공구의 직선운동, ②, ③ 공작물과 공구의 직선 운동을 한다.

30 깊은 구멍가공에 가장 적합한 드릴링 머신은?
① 다두 드릴링 머신
② 레이디얼 드릴링 머신
③ 직립 드릴링 머신
④ 심공 드릴링 머신

✓ ① 드릴 헤드가 여러 개 있어 작업 순서에 맞게 공구를 설치하여 여러 공정이 필요한 공작물의 대량 생산에 적합한 드릴 머신
② 대형 공작물 가공에 편리하게 주축 헤드를 움직이며 구멍을 뚫을 수 있는 구조로 되어 있다.
③ 탁상 드릴보다 대형이며, 정역 장치가 있고, 자동 이송이 가능한 드릴 머신

31 선반에서 테이퍼 가공을 하는 방법으로 틀린 것은?
① 심압대의 편위에 의한 방법
② 맨드릴을 편위시키는 방법
③ 복식 공구대를 선회시켜 가공하는 방법
④ 테이퍼 절삭장치에 의한 방법

✓ 맨드릴은 심봉이라고도 하며 선반에서 구멍이 있는 공작물의 구멍과 동심인 외면을 가공하고자 할 때 공작물 구멍에 고정시키는 부속품이다.

27.④ 28.③ 29.④ 30.④ 31.②

32 다이얼 게이지에 대한 설명으로 틀린 것은?

① 소형이고 가벼워서 취급이 쉽다.
② 외경, 내경, 깊이 등의 측정이 가능하다.
③ 연속된 변위량의 측정이 가능하다.
④ 어태치먼트의 사용방법에 따라 측정 범위가 넓어진다.

✓ 다이얼 게이지는 측정자의 직선 또는 원호 운동을 기계적으로 확대하여 그 움직임을 지침의 회전변위로 변화시켜 눈금을 읽는 길이 측정기로 특징은 ①, ③, ④항 이외에도 읽음 오차가 작고, 다원측정(많은 개소를 동시에 측정)이 가능하나, 외경, 내경, 깊이(두께), 각종 형상 측정 등은 부속품을 이용해서 측정이 가능하다.

33 절삭공구 재료의 구비 조건으로 틀린 것은?

① 마찰계수가 클 것
② 고온경도가 클 것
③ 인성이 클 것
④ 내마모성이 클 것

✓ 절삭 공구의 구비 조건으로는 ②, ③, ④항 이외에도 성형이 쉽고, 가격이 저렴해야 한다.

34 다수의 절삭 날을 일직선상에 배치한 공구를 사용해서 공작물 구멍의 내면이나 표면을 여러 가지 모양으로 절삭하는 공작기계는?

① 브로칭 머신
② 슈퍼 피니싱
③ 호빙머신
④ 슬로터

✓ ② 회전하는 일감 표면에 막대형 고운 연삭 입자로 된 공구를 작은 압력으로 누르며 진동을 주어 매끄러운 가공면을 얻는 가공으로 주로 외경 가공에 쓰인다.
③ 호브라는 기어 절삭 공구를 이용하여 기어를 가공하는 절삭 기계
④ 램에 설치된 바이트가 상하 왕복운동, 일감의 좌우, 전후, 회전 등에 의해 주로 키 홈 등을 가공하는 기계

35 선반의 주요 구성 부분이 아닌 것은?

① 주축대
② 회전 테이블
③ 심압대
④ 왕복대

✓ 회전 테이블은 밀링, 슬로터 등에서 원주를 분할할 때 사용되는 부속품이다.

36 밀링머신에서 분할대를 이용하여 분할하는 방법이 아닌 것은?

① 직접 분할 방법
② 차동 분할 방법
③ 단식 분할 방법
④ 복합 분할 방법

✓ 밀링에서 일감을 분할하는 방법은 직접 분할, 단식 분할, 차동 분할, 각도 분할 등이 있다.

37 이동식 방진구는 선반의 어느 부위에 설치하는가?

① 주축
② 베드
③ 왕복대
④ 심압대

✓ 이동 방진구는 선반의 왕복대에 설치하여 왕복대의 이동에 따라 이동하고 가늘고 긴 일감을 지지하기 위해 사용하며, 고정 방진구는 베드에 고정시켜 일감을 지지하며 센터 지지가 불가능한 큰 일감의 지지에 사용된다.

38 줄의 크기 표시방법으로 가장 적합한 것은?
① 줄 눈의 크기를 호칭치수로 한다.
② 줄 폭의 크기를 호칭치수로 한다.
③ 줄 단면적의 크기를 호칭치수로 한다.
④ 자루 부분을 제외한 줄의 전체 길이를 호칭치수로 한다.
✓ 줄의 크기 표시는 ④항과 또는 줄의 어깨에서 줄날 끝까지의 길이로 표시한다.

39 선반가공에서 외경을 절삭할 경우, 절삭가공 길이 100mm를 1회 가공하려고 한다. 회전수 1000rpm, 이송속도 0.15mm/rev이면 가공시간은 약 몇 분(mm)인가?
① 0.5   ② 0.67   ③ 1.33   ④ 1.48

✓ T : 가공시간(분), N : 회전수(rpm), s : 이송(mm/rev), l : 일감의 길이(mm)일 때
$T = \dfrac{l}{Ns} = \dfrac{100}{1000 \times 0.15} ≒ 0.67분$

40 그림에서 정반면과 사인바의 윗면이 이루는 각(sinθ)을 구하는 식은?

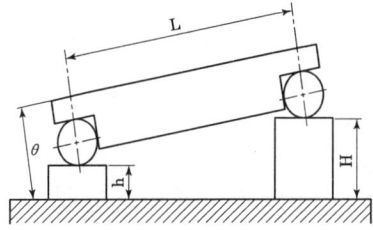

① $\sin\theta = \dfrac{H-h}{L}$ ② $\sin\theta = \dfrac{H+h}{L}$
③ $\sin\theta = \dfrac{L-h}{H}$ ④ $\sin\theta = \dfrac{L-H}{h}$

✓ 사인바를 이용한 각도 측정에는 정반 위에서 사인바, 블록 게이지, 다이얼 게이지를 이용하여 ①항의 관계식에 의해 각도를 구하는 방법이다. 여기서 H, h=블록 게이지의 높이, L=사인바의 롤러 간의 거리를 나타낸다.

41 다음 재질 중 밀링커터의 절삭속도를 가장 빠르게 할 수 있는 것은?
① 주철   ② 황동
③ 저탄소강   ④ 고탄소강
✓ 재질이 연할수록 절삭 속도를 높일 수 있으므로 ②〉③〉④〉①의 순서로 높일 수 있다.

42 선반가공에서 바이트를 구조에 따라 분류할 때 틀린 것은?
① 단체 바이트   ② 팁 바이트
③ 클램프 바이트 ④ 분리 바이트
✓ ① 완성 바이트라고도 하며, 날과 자루가 동일 재질이고 날 부분을 단조하여 사용한다.
② 절삭날이 되는 팁을 자루에 용접하여 사용하는 바이트

③ 팁을 자루에 클램프 또는 핀으로 고정하여 사용
※ 빗 바이트 : 바이트 홀더에 빗(Bit)을 볼트로 고정하여 사용한다.

43 머시닝센터의 고정 사이클 중 G코드와 그 용도가 잘못 연결된 것은?
① G76-정밀보링 사이클
② G81-드릴링 사이클
③ G83-보링 사이클
④ G84-태핑 사이클

✓ G76 : 정밀보링사이클, G81 : 드릴사이클, G83 : 심공드릴사이클, G84 : 태핑사이클

44 다음 중 CNC 선반에서 다음과 같은 공구 보정 화면에 관한 설명으로 틀린 것은?

공구 보정번호	X 축	Z 축	R	T
01	0.000	0.000	0.8	3
02	0.457	1.321	0.2	2
03	2.765	2.987	0.4	3
04	1.256	−1.234	.	8
05	.	.	.	.
.				

① X축 : X축 보정량
② R : 공구 날 끝 반경
③ Z축 : Z축 보정량
④ T : 사용 공구 번호

✓ T는 가상인선 번호로서 인선의 방향에 따라 1~8을 사용한다.

45 다음 중 선반 작업 시 안전사항으로 올바르지 못한 것은?
① 칩이나 절삭유의 비산 방지를 위하여 플라스틱 덮개를 부착한다.
② 절삭 가공을 할 때에는 반드시 보안경을 착용하여 눈을 보호한다.
③ 절삭 작업을 할 때에는 칩에 손을 베이지 않도록 장갑을 착용한다.
④ 척이 회전하는 도중에 소재가 튀어나오지 않도록 확실히 고정한다.

✓ 선반 작업 시 장갑을 착용하는 것은 신체가 회전축에 빨려 휘감길 수 있는 매우 위험한 행동이다.

46 CNC 선반은 크게 "기계본체 부분"과 "CNC 장치 부분"으로 구성되는데 다음 중 "CNC 장치 부분"에 해당하는 것은?
① 공구대
② 위치검출기
③ 척(chuck)
④ 헤드스톡

✓ 공구대, 척, 헤드스톡 등은 기계본체 부분에 해당하며, 위치검출기, 정보처리회로, 조작반 등은 CNC 장치 부분에 해당한다.

47 다음 중 그림과 같은 원호보간 지령을 I, J를 사용하여 표현한 것으로 옳은 것은?

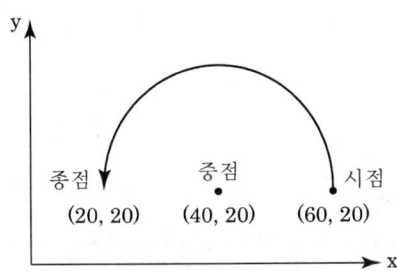

① G03 X20.0 Y20.0 I-20.0 ;
② G03 X20.0 Y20.0 I-20.0 J-20.0 ;
③ G03 X20.0 Y20.0 J-20.0 ;
④ G03 X20.0 Y20.0 I20.0 ;

✓ I, J, K는 원호의 시작점에서 중심점까지의 상대값을 벡터로 표시한 값(I는 X축 성분, J는 Y축 성분, K는 Z축 성분)을 사용한다.

48 다음 중 일반적으로 NC 가공계획에 포함되지 않는 것은?

① 사용 기계 선정 ② 가공할 공구 선정
③ 프로그램의 수정 및 편집 ④ 공작물 고정 방법 및 치공구 선정

✓ 프로그램 작성은 NC 가공계획에 포함되지 않는다.

49 CNC 선반의 준비기능 중 단일형 고정 사이클로만 짝지어진 것은?

① G28, G75 ② G90, G94
③ G50, G76 ④ G98, G74

✓ CNC 선반에서 단일형 고정사이클에는 G90, G92, G94 등이 있다.

50 다음 중 머시닝센터 프로그램에서 "F400"이 의미하는 것은?

```
G94 G91 G01 X100. F400 ;
```

① 0.4mm/rev ② 400mm/min
③ 400mm/rev ④ 0.4mm/min

✓ 머시닝센터에서 이송속도 단위는 mm/min을 사용하고, CNC 선반에서 이송속도 단위는 mm/rev을 사용한다.

51 다음 중 CNC 공작기계의 매일 점검사항으로 볼 수 없는 것은?

① 각 부의 유량점검 ② 각 부의 작동점검
③ 각 부의 압력점검 ④ 각 부의 필터점검

✓ 외관점검, 유량점검, 압력점검, 각 부의 작동 검사 등은 매일 점검사항이고, 각 부의 필터점검, 각 부의 팬모터 점검, 그리스 주입, 백래시 보정 등은 매월 점검사항이며, 레벨 점검, 기계정도 검사, 절연상태 점검 등은 매년 점검사항이다.

52 홈 가공이나 드릴 가공을 할 때 일시적으로 공구를 정지시키는 기능(휴지기능)의 CNC 용어를 무엇이라 하는가?

① 드웰(Dwell)
② 드라이 런(Dry run)
③ 프로그램 정지(Program Stop)
④ 옵셔널 블록 스킵(Optional Block Skip)

- ✓ 드웰(Dwell) : 이송만 일시적으로 정지하는 기능으로 홈가공이나 드릴가공에 사용된다.
- 드라이 런(Dry run) : 프로그램으로 지령된 이송속도를 무시하고 기계상에 정해져 있는 이송속도를 사용한다.
- 프로그램 정지(Program Stop) : M00, 프로그램을 정지하는 기능이다.
- 옵셔널 블록 스킵(Optional Block Skip) : 프로그램에서 '/' 가 기입되어 있는 블록을 무시하고 지나간다.

53 다음 중 CAD/CAM 시스템의 NC 인터페이스 과정으로 옳은 것은?

① 파트 프로그램 → NC 데이터 → 포스트 프로세싱 → CL 데이터
② 파트 프로그램 → CL 데이터 → 포스트 프로세싱 → NC 데이터
③ 포스트 프로세싱 → 파트 프로그램 → CL 데이터 → NC 데이터
④ 포스트 프로세싱 → 파트 프로그램 → NC 데이터 → CL 데이터

- ✓ 파트 프로그램 : 어떤 부품을 가공하기 위해서 수치 제어 공작 기계의 작업을 계획하고, 이것을 실현하기 위해 작성된 프로그램
- NC 데이터 : 가공을 위한 최종 data
- 포스트 프로세싱 : CL data를 입력하여, NC 데이터를 만드는 과정
- CL 데이터(Cutter Location Data) : CAM 시스템에 의해 구해진 공구 경로의 데이터

54 다음 중 CNC 공작기계에서 속도와 위치를 피드백하는 장치는?

① 서보 모터
② 컨트롤러
③ 주축 모터
④ 인코더

- ✓ 서보모터 : CNC 기계에서 축을 이동시키는 데 사용되는 구동모터로서 피드백 장치를 연결하여 움직임 조절
- 컨트롤러 : CNC 공작기계의 대부분의 움직임을 조작하는 부분으로 조작판이라고도 함
- 인코더 : CNC 기계에서 속도와 위치를 피드백하는 장치

55 다음 중 CNC 선반 프로그램에서 기계원점복귀 체크 기능은?

① G27　　② G28　　③ G29　　④ G30

✓ G27 : 원점복귀 확인, G28 : 원점복귀, G29 : 원점으로부터 복귀, G30 : 제2(3, 4)원점복귀

56 다음 중 CNC 선반 작업 시 안전사항으로 옳지 않은 것은?

① 고정 사이클 가공 시에 공구 경로에 유의한다.
② 칩이 공작물이나 척에 감기지 않도록 주의한다.
③ 가공 상태를 확인하기 위하여 안전문을 열어 놓고 조심하면서 가공한다.
④ 고정 사이클로 가공 시 첫 번째 블록까지는 공작물과 충돌 예방을 위하여 Single Block으로 가공한다.

✓ 안전문을 열어 놓고 가공하는 것은 매우 위험하며, 가공상태는 안전문을 닫은 채로 안전창을 통해서 확인해야 한다.

57 다음 중 보조기능에서 선택적 프로그램 정지(optional stop)에 해당되는 것은?

① M00   ② M01   ③ M05   ④ M06

✓ M00 : 프로그램 정지, M01 : 선택적 프로그램 정지, M05 : 주축정지, M06 : 공구교환

58 다음 중 CNC 공작기계에서 주축의 속도를 일정하게 제어하는 명령어는?

① G96   ② G97   ③ G98   ④ G99

✓ G96 : 절삭속도(m/min) 일정제어, G97 : 주축회전수(rpm) 일정제어, G98 : 분당 이송(mm/min) 지정, G99 : 회전당 이송(mm/rev) 지정

59 다음 중 머시닝센터에서 공작물 좌표계 X, Y 원점을 찾는 방법이 아닌 것은?

① 엔드밀을 이용하는 방법
② 터치 센서를 이용하는 방법
③ 인디케이터를 이용하는 방법
④ 하이트 프리세터를 이용하는 방법

✓ 머시닝센터에서 공작물좌표계의 설정 방법으로 엔드밀, 터치센서, 인디케이터, 하이트 프리세터 등을 이용하는 방법이 사용된다.

60 다음 중 CNC 선반에서 M20×1.5의 암나사를 가공하고자 할 때 가공할 안지름(mm)으로 가장 적합한 것은?

① 23.0   ② 21.5   ③ 18.5   ④ 17.0

✓ 암나사가공 구멍 지름=나사의 호칭지름-나사의 피치=20-1.5=18.5

57.② 58.① 59.④ 60.③

2015년 4회 필기
컴퓨터응용선반기능사

01 다음 중 알루미늄 합금이 아닌 것은?
① Y 합금 ② 실루민
③ 톰백(tombac) ④ 로엑스(Lo-Ex) 합금
✓ 톰백은 황동의 종류로 5~20%의 Zn을 첨가한 것으로 금색에 가까워 금박 대용으로 사용하며 화폐, 메달 등에 사용된다.

02 공구용으로 사용되는 비금속 재료로 초내열성 재료, 내마멸성 및 내열성이 높은 세라믹과 강한 금속의 분말을 배열 소결하여 만든 것은?
① 다이아몬드 ② 고속도강
③ 서멧 ④ 석영
✓ 소결합금으로 제작되는 공구강은 서멧을 포함하여, 초경합금(소결경질 합금), 세라믹 등이 있다.

03 베어링으로 사용되는 구리계 합금으로 거리가 먼 것은?
① 켈밋(kelmet) ② 연청동(lead bronze)
③ 문쯔 메탈(muntz metal) ④ 알루미늄 청동(Al bronze)
✓ 베어링에 사용되는 구리합금에는 70% Cu-30% Pb합금인 켈밋이 있고, 연청동, 알루미늄 청동, 포금, 인청동 등이 있다.

04 고속도 공구강 강재의 표준형으로 널리 사용되고 있는 18-4-1형에서 텅스텐 함유량은?
① 1% ② 4% ③ 18% ④ 23%
✓ 표준고속도강(18-4-1)에서 18=W, 4=Cr, 1=V의 함유량을 나타낸다.

05 마우러 조직도에 대한 설명으로 옳은 것은?
① 탄소와 규소량에 따른 주철의 조직 관계를 표시한 것
② 탄소와 흑연량에 따른 주철의 조직 관계를 표시한 것
③ 규소와 망간량에 따른 주철의 조직 관계를 표시한 것
④ 규소와 Fe_3C량에 따른 주철의 조직 관계를 표시한 것
✓ 마우러 조직도는 1,400℃에서 용융된 주철을 1,250℃에서 75mm의 건조 성형에 주입한 주물의 시편으로 측정

06 열처리의 방법 중 강을 경화시킬 목적으로 실시하는 열처리는?
① 담금질 ② 뜨임
③ 불림 ④ 풀림
✓ ② 담금질하여 취성이 많은 강에게 인성을 부여하기 위하여 A_1변태점 이하의 일정 온도로 가열하는 조작
③ 강의 가공조직을 균일화, 결정립의 미세화, 기계적 성질의 향상을 목적으로 실시하는 조작
④ 일정 온도에서 일정 시간 가열 후 서서히 냉각시키는 조작으로 강의 경도를 낮춰 연화시키고, 조직의 균일화, 미세화, 표준화가 되며, 내부 응력을 저하시키는 효과를 얻는 조작

01.③ 02.③ 03.③ 04.③ 05.① 06.①

07 탄소 공구강의 구비 조건으로 거리가 먼 것은?

① 내마모성이 클 것
② 저온에서의 경도가 클 것
③ 가공 및 열처리성이 양호할 것
④ 강인성 및 내충격성이 우수할 것

✓ 탄소 공구강의 구비 조건으로는 ①, ③, ④항 이외에도 상온 및 경도가 크고, 가격도 저렴해야 한다.

08 축에 키(key) 홈을 가공하지 않고 사용하는 것은?

① 묻힘(sunk) 키   ② 안장(saddle) 키
③ 반달 키   ④ 스플라인

✓ 안장 키는 보스에만 기울기 1/100의 테이퍼진 키 홈을 만들어서 때려 박아 사용하며 축에 키 홈이 없어 강도 저하가 없지만 미끄러지기 쉬워 큰 힘을 전달하는 데는 부적합하다.

09 피치 4mm인 3줄 나사를 1회전시켰을 때의 리드는 얼마인가?

① 6mm   ② 12mm   ③ 16mm   ④ 18mm

✓ 리드(Lead) : 1회전당 축 방향으로 이동한 거리
리드(L)=줄수(n)×피치(p)=3×4=12mm

10 볼트 너트의 풀림 방지 방법 중 틀린 것은?

① 로크 너트에 의한 방법
② 스프링 와셔에 의한 방법
③ 플라스틱 플러그에 의한 방법
④ 아이 볼트에 의한 방법

✓ 아이 볼트는 머리부에 핀을 끼울 구멍이 있어 자주 탈착하는 뚜껑의 결함에 사용되는 볼트이다.

11 전달마력 30kW, 회전수 200rpm인 전동축에서 토크 T는 약 몇 N·m인가?

① 107   ② 146   ③ 1070   ④ 1430

✓ 토크$(T) = 9550\dfrac{\text{전달동력}(P)}{\text{회전수}(n)} = 9550\dfrac{30}{200} ≒ 1.430\text{N} \cdot \text{m}$

12 벨트전동에 관한 설명으로 틀린 것은?

① 벨트풀리에 벨트를 감는 방식은 크로스벨트 방식과 오픈벨트 방식이 있다.
② 오픈벨트 방식에서는 양 벨트 풀리가 반대 방향으로 회전한다.
③ 벨트가 원동차에 들어가는 측을 인(긴)장측이라 한다.
④ 벨트가 원동차로부터 풀려 나오는 측을 이완측이라 한다.

✓ 평 벨트를 거는 방법으로는 회전 방향이 같은 평행 걸기(open belting)와 회전 방향이 반대인 십자 걸기(cross belting)가 있다.

07.② 08.② 09.② 10.④ 11.④ 12.②

13 표점거리 110mm, 지름 20mm의 인장시편에 최대하중 50kN이 작용하여 늘어난 길이 Δl =22mm일 때, 연신율은?

① 10%　　　② 15%　　　③ 20%　　　④ 25%

✓ 연신율$(\varepsilon) = \dfrac{\text{연신된 길이}(\Delta l)}{\text{표점 거리}} \times 100 = \dfrac{22}{110} \times 100 = 20\%$

14 원주에 톱니형상의 이가 달려 있으며 폴(pawl)과 결합하여 한쪽 방향으로 간헐적인 회전운동을 주고 역회전을 방지하기 위하여 사용되는 것은?

① 래칫 휠　　　② 플라이 휠
③ 원심 브레이크　　　④ 자동하중 브레이크

✓ ② 회전 속도를 고르게 하기 위하여 크랭크축에 장치하는 바퀴. 무겁고 큰 바퀴로, 같은 속도로 회전 운동을 계속하려는 힘이 크다. 이 성질을 이용하여 크랭크축의 회전을 고르고 원활하게 한다.
③ 호이스트의 드럼 속도가 설정 한계를 초과하면 브레이크로 작용하는 안전장치
④ 크레인에서 매달린 하중을 내리려고 하는 경우에 그것이 중력에 의해 가속되어 빠른 속도가 되지 않도록 자동적으로 제동이 걸리도록 되어 있는 브레이크

15 기어에서 이(tooth)의 간섭을 막는 방법으로 틀린 것은?

① 이의 높이를 높인다.
② 압력각을 증가시킨다.
③ 치형의 이끝면을 깎아낸다.
④ 피니언의 반경 방향의 이뿌리면을 파낸다.

✓ 이의 간섭이란 인벌류트 기어에 있어서 잇수가 적을 때나 잇수 비가 클 때, 압력각이 작을 때, 유효 이 높이가 클 때에 한쪽의 이끝이 상대의 이뿌리에 닿아서 회전할 수 없게 되는 현상을 말한다.

16 구멍과 축의 기호에서 최대 허용치수가 기준치수와 일치하는 기호는?

① H　　　② h　　　③ G　　　④ g

17 기하공차 기호에서 자세공차를 나타내는 것은?

① ─　　　② ○　　　③ ◎　　　④ ∠

✓ ① 진직도, ② 진원도, ③ 동심도, ④ 경사도를 나타낸다.
모양 공차 : 진직도, 평면도, 진원도, 원통도, 선의 윤곽도, 면의 윤곽도
자세 공차 : 평행도, 직각도, 경사도
위치 공차 : 위치도, 동심도(동축도), 대칭도
흔들림 공차 : 원주 흔들림, 온 흔들림 등이 해당된다.

18 제도에 있어서 치수 기입 요소로 틀린 것은?

① 치수선　　　② 치수 숫자
③ 가공 기호　　　④ 치수 보조선

✓ 치수 기입의 구성 요소로는 치수선, 치수 보조선, 지시선, 인출선, 치수 숫자 등이 있으며, ③ 가공 기호는 특수한 요구 사항에 해당된다.

19 줄무늬 방향 기호 중에서 가공에 의한 커터의 줄무늬가 기호를 기입한 면의 중심에 대하여 대략 동심원 모양일 때 기입하는 기호는?

① =   ② X   ③ M   ④ C

✓ ① 가공에 의한 커터의 줄무늬 방향이 기호를 기입한 그림의 투상면에 평행일 때 표시
② 가공에 의한 커터의 줄무늬 방향이 기호를 기입한 그림의 투상면에 경사지고 두 방향으로 교차를 표시
③ 가공에 의한 커터의 줄무늬가 여러 방향으로 교차 또는 무방향을 표시한다.

20 스프링의 제도에 관한 설명으로 틀린 것은?

① 코일 스프링의 종류와 모양만을 간략도로 나타내는 경우에는 재료의 중심선만을 굵은 실선으로 도시한다.
② 코일 부분의 양끝을 제외한 동일 모양 부분의 일부를 생략할 때는 생략한 부분의 선지름의 중심선을 굵은 2점 쇄선으로 도시한다.
③ 코일 스프링은 일반적으로 무하중인 상태로 그리고 겹판스프링은 일반적으로 스프링판이 수평인 상태에서 그린다.
④ 그림 안에 기입하기 힘든 사항은 요목표에 표시한다.

✓ 코일 부분을 생략할 때는 생략한 부분을 가는 1점 쇄선 또는 가는 2점 쇄선으로 표시한다.

21 보기 도면은 제3각 정투상도로 그려진 정면도와 평면도이다. 우측면도로 가장 적합한 것은?

(보기)

① ② ③ ④

✓ ④ 좌측면도를 나타낸다.

22 KS의 부문별 기호로 옳은 것은?

① KS A - 기계   ② KS B - 전기
③ KS C - 토건   ④ KS D - 금속

✓ ① A 기본, ② B 기계, ③ C 전기를 나타내며, E : 광산, F : 토건, G : 일용품, H : 식료품 등을 나타낸다.

23 KS 나사 표시 방법에서 G 3/4 A로 기입된 기호의 올바른 해독은?

① 가스용 암나사로 인치 단위이다.
② 가스용 수나사로 인치 단위이다.

③ 관용 평행 수나사로 등급이 A급이다.
④ 관용 테이퍼 암나사로 등급이 A급이다.
✓ G : 관용 평행 나사, 3/4 : 호칭 지름(3/4″), A : 등급을 나타낸다.

24 도면의 표현 방법 중에서 스머징(smudging)을 하는 이유는 어떤 경우인가?
① 물체의 표면이 거친 경우
② 물체의 단면을 나타내는 경우
③ 물체의 표면을 열처리하고자 하는 경우
④ 물체의 특정부위를 비파괴 검사하고자 하는 경우
✓ 스머징과 해칭을 하는 이유는 단면으로 나타낸 것을 분명하게 할 필요가 있을 때 사용한다. 해칭은 단면부에 45°의 가는 실선을 2~3mm 간격으로 경사선을 그은 것이고, 스머징은 외형선 안쪽의 일부 또는 전부를 색칠하는 것이다.

25 기어의 제도에서 모듈(m)과 잇수(z)를 알고 있을 때, 피치원의 지름(d)을 구하는 식은?
① $d = \dfrac{m}{z}$
② $d = \dfrac{z}{m}$
③ $d = \dfrac{1}{2}mz$
④ $d = mz$
✓ 모듈$(m) = \dfrac{d}{z(잇수)}$ 에서, 피치원 지름$(d) = mz$가 된다.

26 비교측정에 사용되는 측정기기는?
① 투영
② 마이크로미터
③ 다이얼 게이지
④ 버니어 캘리퍼스
✓ ① 형상 측정기, ②, ④ 직접 측정기이다.

27 밀링 분할대의 종류가 아닌 것은?
① 신시내티형
② 브라운 샤프트형
③ 모르스형
④ 밀워키형
✓ 밀링 분할대는 분할판의 구멍수의 배치에 따라 ①, ②, ④항의 세 가지가 있다.

28 주철과 같은 메진 재료를 저속으로 절삭할 때, 주로 생기는 칩으로서 가공면이 좋지 않은 것은?
① 유동형 칩
② 전단형 칩
③ 열단형 칩
④ 균열형 칩
✓ ① 칩이 흐르듯이 연속적으로 발생되는 형태로 연성이 풍부한 재료를 가공하는 바이트의 절삭 속도와 경사각이 크고, 절삭 깊이가 작을 때 발생한다.
② 칩이 끊어지는 모양으로 발생되는 형태로, 연성이 풍부한 재료를 가공하는 바이트의 절삭 속도와 경사각이 작고, 절삭 깊이가 클 때 발생한다.
③ 칩이 뜯어먹는 식으로 발생되어 경작형, 뜯기형이라고도 하며, 점성이 풍부한 재료를 가공 시에 발생한다.

29 밀링머신의 부속 장치가 아닌 것은?
① 분할대   ② 회전테이블
③ 슬로팅 장치   ④ 면판

✓ ④항의 면판은 선반의 부속품으로 불규칙하고 대형의 일감을 고정 시에 사용되는 부속품이다.

30 200mm×200mm×40mm인 알루미늄판을 ϕ20mm인 밀링커터를 사용하여 가공하고자 한다. 이때, 절삭속도가 62.8m/min이면 밀링의 회전수는 약 몇 rpm인가?
① 1000   ② 1200   ③ 1400   ④ 2000

✓ V : 절삭속도(m/min), d : 커터의 지름(mm), N : 주축의 회전수(rpm)일 때
$$N = \frac{1000V}{\pi d} = \frac{1000 \times 62.8}{\pi \times 20} = 1000 \text{rpm}$$

31 경유, 머신오일, 스핀들 오일, 석유 또는 혼합유로 윤활성은 좋으나 냉각성이 적어 경절삭에 주로 사용되는 절삭유제는?
① 수용성 절삭유   ② 지방질유
③ 광유   ④ 유화유

✓ ① 화학 처리된 광물성유를 물과 혼합하여 사용하며 점성과 비열이 낮아 냉각효과는 우수하여 고속 절삭과 연삭유로 많이 사용되나, 윤활 작용은 떨어진다.
② 동물성, 식물성, 어유 등을 포함하며, 점도가 높아 윤활 작용은 우수하나 냉각성이 나쁘다.
④ 광물성유에 비눗물을 첨가하여 유화시킨 것으로 냉각 작용은 비교적 크고 윤활 작용도 있어 널리 사용된다.

32 센터리스 연삭기에 대한 설명으로 틀린 것은?
① 연속작업을 할 수 있어 대량생산에 적합하다.
② 중공의 원통을 연삭하는 데 편리하다.
③ 대형 중량물도 연삭할 수 있다.
④ 연삭 여유가 작아도 된다.

✓ 센터리스 연삭기에는 센터가 없어 중량물을 지지하기에 한계가 있어 소형 공작물 가공에 적합하다.

33 탭의 파손 원인에 대한 설명으로 거리가 먼 것은?
① 탭이 경사지게 들어간 경우
② 나사구멍이 너무 크게 가공된 경우
③ 막힌 구멍의 밑바닥에 탭의 선단이 닿았을 경우
④ 탭의 지름에 적합한 핸들을 사용하지 않는 경우

✓ 탭의 파손 원인은 ①, ③, ④항 이외에도 나사 구멍이 너무 작게 가공되었을 경우에도 파손의 원인이 된다.

34 일반적으로 나사의 피치 측정에 사용되는 측정기기는?
① 오토 콜리메이터   ② 옵티컬 플랫
③ 공구 현미경   ④ 사인 바

29.④ 30.① 31.③ 32.③ 33.② 34.③

✓ ① 진직도, 미세 각도 측정기, ② 평면도 측정기, ④ 각도 측정기이다.

35 보통 선반에서 왕복대의 구성 부분이 아닌 것은?
① 에이프런   ② 새들
③ 공구대   ④ 베드

✓ ④번 항의 베드는 왕복대를 받쳐 주는 역할을 하며, 왕복대가 베드의 안내면을 따라 좌우로 이송할 수 있는 안내 역할을 한다.

36 선반 작업에서 칩이 연속적으로 흘러나오게 될 때, 칩을 짧게 끊어 주는 것은?
① 칩 커터   ② 칩 세팅
③ 칩 브레이커   ④ 칩 그라인딩

✓ 유동형 칩은 이상적인 칩의 형태이지만 가공 중에 칩이 공작물에 휘말려 가공면과 바이트의 날 끝을 상하게 하며, 작업자의 안전 위협 등을 발생시키므로 칩이 인위적으로 짧게 끊어지도록 바이트 날 끝에 설치한 것을 칩 브레이커라고 한다.

37 미세하고 비교적 연한 숫돌입자를 공작물의 표면에 적은 압력으로 접촉시키면서, 매끈하고 고정밀도의 표면으로 일감을 다듬는 가공법은?
① 호닝   ② 래핑
③ 슈퍼 피니싱   ④ 전해 연삭

✓ ① 막대형 숫돌을 방사형으로 부착한 공구(혼)를 회전 및 직선 왕복 운동에 의해 매끈한 내면을 다듬는 가공 방법
② 가공물과 랩판 사이에 랩제(미세한 연삭 입자)를 넣고 가공물에 압력을 가하며 상대 운동을 시켜 거울면과 같은 가공면을 얻는 가공 방법
④ 숫돌을 필요한 형상으로 만들어 접촉에 의해 초경합금과 같은 경질의 가공물, 연질의 가공물 등을 변형 없이 가공하는 방법

38 수평 밀링머신과 비교한 수직 밀링머신에 관한 설명으로 틀린 것은?
① 공구는 주로 정면 밀링커터와 엔드밀을 사용한다.
② 평면가공이나 홈 가공, T홈 가공, 더브테일 등을 주로 가공한다.
③ 주축헤드는 고정형, 상하 이동형, 경사형 등이 있다.
④ 공구는 아버를 이용하여 고정한다.

✓ 수직 밀링에서 사용되는 공구 중, 엔드밀, 더브테일 커터, T-커터 등은 어댑터와 콜릿에 의해 고정시켜 가공한다.

39 절삭공구 수명에 영향을 주는 요소 중 고속도강의 경사각은 몇 도(°) 이상 되면 강도가 부족하여 치핑(chipping)의 원인이 되는가?
① 20° 이상   ② 25° 이상
③ 30° 이상   ④ 35° 이상

✓ 고속도강의 경사각은 30°를 기준으로 각도가 크면 강성이 부족하여 날끝이 파손되는 치핑이 발생되어 공구 수명을 단축시키지만, 30° 이하가 되면 강도는 커지지만 절삭성이 떨어져서 구성인선의 발생 원인이 되는 문제가 있어 절삭 조건을 잘 선택해야 한다.

40 밀링 절삭방법에서 상향 절삭과 비교한 하향 절삭에 대한 설명으로 틀린 것은?
① 날 자리의 길이가 짧아 커터의 마모가 적다.
② 절삭된 칩이 이미 가공된 면 위에 쌓인다.
③ 이송기구의 백래시가 자연히 제거된다.
④ 커터 날이 공작물을 누르며 절삭하므로 공작물 고정이 용이하다.

✓ 하향 절삭(내려깎기)의 특징은 ①, ②, ④항 이외에도 가공면이 깨끗하지만, 백래시 제거 장치가 필요하고, 기계에 무리를 주며, 동력 소비가 크고, 절삭 날의 파손이 많다.

41 다음 공작기계 중에서 주로 기어를 가공하는 기계는?
① 선반 ② 플레이너
③ 슬로터 ④ 호빙머신

✓ 호빙머신은 호브(hob)라는 공구를 이용하고 공구와 공작물의 창성 운동에 의해 기어를 전문적으로 가공하는 기계이다.

42 주로 일감의 평면을 가공하며 기둥의 수에 따라 쌍주식과 단주식으로 구분하는 공작기계는?
① 셰이퍼 ② 슬로터
③ 플레이너 ④ 브로칭 머신

✓ ① 직선 왕복 운동을 하는 램에 공구(바이트)를 설치하여 작은 평면 가공에 쓰인다.
② 상하 왕복 운동을 하는 램에 설치된 공구가 주로 키(key)의 내면 홈 가공에 쓰인다.
④ 브로치라는 공구가 상하 왕복 운동을 하며 주로 내면의 스플라인 홈, 다각형의 홈 등을 가공하는 기계이다.

43 다음 중 머시닝센터의 G코드 일람표에서 원점복귀 명령과 관련이 없는 코드는?
① G27 ② G28 ③ G29 ④ G30

✓ G27 : 원점복귀 확인, G28 : 원점복귀, G29 : 원점으로부터 복귀, G30 : 제2(3, 4)원점복귀

44 CNC 선반에서 1000rpm으로 회전하는 스핀들에서 2회전 드웰을 프로그래밍하려면 몇 초 간 정지 지령을 사용하여야 하는가?
① 0.06초 ② 0.12초 ③ 0.18초 ④ 0.24초

✓ 2회전 드웰에 해당하는 시간 x는 다음과 같은 비례식으로 산출할 수 있다.
$N : 2회전=60 : x$에서 $N=1000$이므로 $\therefore x = \dfrac{2 \times 60}{N} = \dfrac{120}{1000} ≒ 0.12초$

45 NC 기계의 테이블을 직선운동으로 만드는 나사로서 정밀도가 높고 백래시가 거의 없는 것은?
① 볼 스크루 ② 사다리꼴 스크루
③ 삼각 스크루 ④ 관용평행 스크루

✓ 볼 스크루는 서보모터의 회전을 받아 테이블을 구동시키는 데 사용되는 나사를 말하는 것이다. 점접촉 방식으로 백래시가 적고 마찰이 적어 정밀도가 매우 높다.

46 다음 중 CNC 기계가공 중에 지켜야 할 안전 및 유의사항으로 틀린 것은?

① CNC 선반 작업 중에는 문을 닫는다.
② 항상 비상정지 버튼의 위치를 확인한다.
③ 머시닝센터에서 공작물은 가능한 한 깊게 고정한다.
④ 머시닝센터에서 엔드밀은 되도록 길게 나오도록 고정한다.

✓ 공구는 작업에 지장이 없는 한, 되도록 짧게 물려야만 절삭 시 발생하는 진동을 줄여 효율적인 가공을 할 수 있다.

47 그림과 같이 프로그램의 원점이 주어져 있을 경우 A점의 좌표로 옳은 것은?

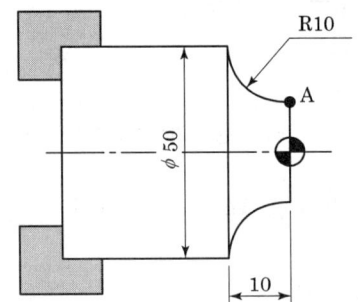

① X40. Z10.
② X10. Z50.
③ X50. Z-10.
④ X30. Z0.

✓ CNC 선반에서 축방향은 Z축, 지름 방향은 X축으로 하며, X축 좌표값은 반지름이 아닌 지름치수를 사용한다. 따라서 A지점의 Z좌표값은 '0', X좌표값은 '50-(10×2)=30' 이다.

48 머시닝센터에서 프로그램 원점을 기준으로 직교좌표계의 좌표값을 입력하는 절대지령의 준비기능은?

① G90
② G91
③ G92
④ G89

✓ G90 : 절대지령, G91 : 증분지령, G92 : 공작물좌표계 설정, G89 : 보링사이클

49 CAM 시스템에서 CL(Cutting Location) 데이터를 공작기계가 이해할 수 있는 NC 코드로 변환하는 작업을 무엇이라 하는가?

① 포스트 프로세싱
② 포스트 모델링
③ CAM 모델링
④ 인 프로세싱

✓ 포스트 프로세싱 : CL data를 입력하여, NC 데이터를 만드는 과정

50 그림은 머시닝센터의 가공용 도면이다. 다음 중 절대명령에 의한 이동지령을 올바르게 나타낸 것은?

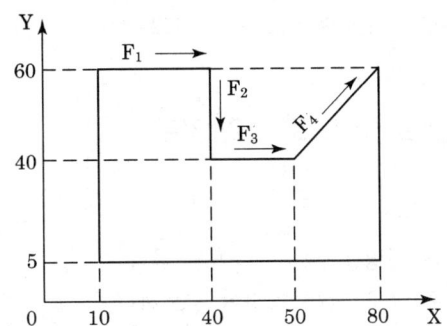

① F₁ : G90 G01 X40. Y60. F100 ;
② F₂ : G91 G01 X40. Y40. F100 ;
③ F₃ : G90 G01 X10. Y0 F100 ;
④ F₄ : G91 G01 X30. Y60. F100 ;

✓ G90 : 절대지령, G91: 증분지령, 좌표값은 종점값으로 표기한다.

51 다음 중 선반에서 나사작업 시의 안전 및 유의사항으로 적절하지 않은 것은?
① 나사의 피치에 맞게 기어 변환 레버를 조정한다.
② 나사 절삭 중에 주축을 역회전시킬 때에는 바이트를 일감에서 일정거리를 떨어지게 한다.
③ 나사를 절삭할 때에는 절삭유를 충분히 공급해 준다.
④ 나사 절삭이 끝났을 때에는 반드시 하프너트를 고정시켜 놓아야 한다.

✓ 나사 절삭이 끝나면 하프너트를 풀어 놓아야 왕복대를 원활하게 움직일 수 있다.

52 다음 중 주 또는 보조 프로그램의 종료를 표시하는 보조기능이 아닌 것은?
① M02   ② M05   ③ M30   ④ M99

✓ M02 : 프로그램 종료, M05 : 주축 정지, M30 : 프로그램 종료 및 재시작, M99 : 보조프로그램 종료

53 다음 그림은 절대 좌표계를 사용하여 A(10,20)에서 B(25,5)으로 시계방향 270° 원호가공을 하려고 한다. 머시닝센터 가공 프로그램으로 올바르게 명령한 것은?

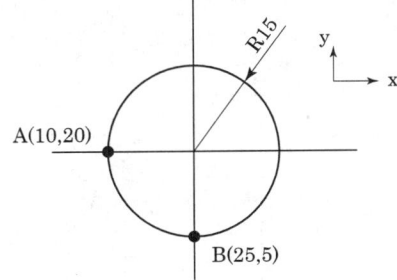

① G02 X25. Y5. R15. ;   ② G03 X25. Y5. R15. ;
③ G02 X25. Y5. R-15. ; ④ G03 S25. Y5. R-15. ;

✓ 머시닝센터에서 A → B로 가공하는 원호방향은 시계방향(G02)이고, 종점의 좌표는 'X25. Y5.'이며, 원호값 R은 180° 이상이므로 '-'로 표기한다.

54 다음 중 공구 날끝 반경 보정에 관한 설명으로 틀린 것은?
① G41은 공구 날끝 좌측 보정이다.
② G40은 공구 날끝 반경 보정 취소이다.
③ 공구 날끝 반경 보정은 G02, G03 지령블록에서 하여야 한다.
④ 테이퍼 가공 및 원호 가공의 경우 공구 날끝 보정이 필요하다.
✓ 공구 날끝 반경 보정은 G00, G01 지령 블록에서 하는 것이 좋다.

55 CNC 선반에서 프로그램과 같이 가공을 할 때 주축의 최고회전수로 옳은 것은?

```
G50 X50. Z30. S1800 T0200 ;
G96 S314 M03 ;
```

① 314rpm   ② 1000rpm   ③ 1800rpm   ④ 2000rpm
✓ G50 : 주축최고회전수 지정

56 다음 중 머시닝센터의 부속 장치에 해당하지 않는 것은?
① 칩처리장치   ② 자동공구교환장치
③ 자동일감교환장치   ④ 좌표계 자동설정장치
✓ 머시닝센터의 부속 장치로는 칩처리장치, 자동공구교환장치(ATC), 자동일감교환장치(APC), 자동공구측정장치 등이 있다.

57 다음 중 머시닝센터 프로그램에서 공구길이 보정 취소 G코드에 해당하는 것은?
① G43   ② G44   ③ G49   ④ G30
✓ G43 : 공구길이보정+, G44 : 공구길이보정-, G49 : 공구길이보정 취소, G30 : 제2원점 복귀

58 다음 중 CNC 선반에서 도면의 P1에서 P2로 직선 절삭하는 프로그램의 지령이 잘못된 것은?

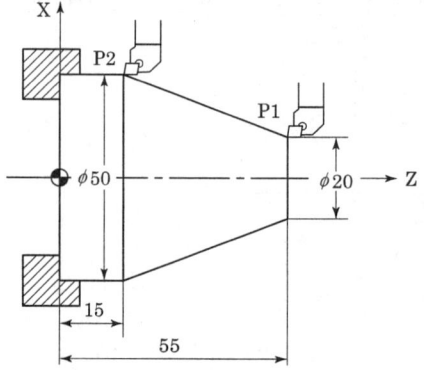

① G01 X50. Z15. F0.2 ;

② G01 U50. Z15. F0.2 ;
③ G01 X50. W-40. F0.2 ;
④ G01 U30. Z15. F0.2 ;

✓ P1 → P2 경로는 다음의 4가지로 프로그램을 작성할 수 있다.
- 절대지령   G01 X50. Z15. F0.2 ;
- 증분지령   G01 U30. W-40. F0.2 ;
- 혼합지령 I   G01 X50. W-40. F0.2 ;
- 혼합지령 II G01 U30. Z15. F0.2 ;

59 다음 중 CNC 선반 프로그램에서 복합형 고정사이클인 G71에 대한 설명으로 틀린 것은?

① G71 사이클을 시작하는 최초의 블록에서는 Z를 지정할 수 있다.
② G71은 황삭 사이클이지만 정삭 여유를 지령하지 않으면 완성치수로 가공할 수 있다.
③ 고정사이클 지령 최후의 블록에는 자동 면취 지령을 할 수 없다.
④ 고정사이클 실행 도중에 보조 프로그램 지령은 할 수 없다.

✓ G71은 '내·외경 황삭 사이클' 이므로 최초의 블록에서는 X를 지정할 수 있다.

60 다음 중 CNC 공작기계가 자동운전 도중 충돌 또는 오작동이 발생하였을 경우의 조치사항으로 가장 적절하지 않은 것은?

① 화면상의 경보(alarm) 내용을 확인한 후 원인을 찾는다.
② 강제로 모터를 구동시켜 프로그램을 실행시킨다.
③ 프로그램의 이상 유무를 하나씩 확인하며 원인을 찾는다.
④ 비상정지 버튼을 누른 후 원인을 찾는다.

✓ CNC 공작기계가 충돌 또는 오작동이 발생하였을 경우에는 모든 구동모터를 정지시키고 안전한 상태에서 오작동의 원인을 찾아야 한다.

2015년 5회 필기
컴퓨터응용선반기능사

01 다음 중 청동의 합금 원소는?
① Cu+Fe   ② Cu+Sn
③ Cu+Zn   ④ Cu+Mg
✓ 청동은 구리(Cu)와 주석(Sn)의 합금이지만 황동 이외의 구리합금을 모두 말한다.

02 탄소공구강의 단점을 보강하기 위해 Cr, W, Mn, Ni, V 등을 첨가하여 경도, 절삭성, 주조성을 개선한 강은?
① 주조경질합금   ② 초경합금
③ 합금공구강   ④ 스테인리스강
✓ ① Co-Cr-W-C를 주성분으로 스텔라이트라고도 하며, 고온절삭이 가능하나 주조로 제작된 특성상, 충격에 약한 공구강
② W-C-Tic-Tac 등을 소결하여 제작하는 공구강
④ Cr을 이용한 대표적인 내식강

03 수기가공에서 사용하는 줄, 쇠톱 날, 정 등의 절삭가공용 공구에 가장 적합한 금속재료는?
① 주강   ② 스프링강
③ 탄소공구강   ④ 쾌삭강
✓ 탄소공구강은 열처리가 쉽고 가격이 저렴하여, 줄, 톱날, 정, 펀치 등에 쓰인다.

04 일반적인 합성수지의 공통된 성질로 가장 거리가 먼 것은?
① 가볍다.   ② 착색이 자유롭다.
③ 전기절연성이 좋다.   ④ 열에 강하다.
✓ 합성수지는 금속에 비해 내열성은 떨어지나, ①, ②, ③항 이외에도 가격이 저렴하고, 성형 등이 쉽다.

05 철-탄소계 상태도에서 공정 주철은?
① 4.3% C   ② 2.1% C
③ 1.3% C   ④ 0.86% C
✓ 아공정 주철 : 2.11~4.30% C, 과공정 주철 : 4.30~6.67% C 정도이다.

06 다음 비철 재료 중 비중이 가장 가벼운 것은?
① Cu   ② Ni
③ Al   ④ Mg
✓ ① 8.93, ② 8.90, ③ 2.69, ④ 1.74의 비중을 갖고 있다.

01.② 02.③ 03.③ 04.④ 05.① 06.④

07 탄소강에 첨가하는 합금원소와 특성과의 관계가 틀린 것은?
① Ni - 인성 증가
② Cr - 내식성 향상
③ Si - 전자기적 특성 개선
④ Mo - 뜨임취성 촉진

✓ Mo의 특성은 담금질 깊이를 깊게 한다.

08 나사의 피치가 일정할 때 리드(lead)가 가장 큰 것은?
① 4줄 나사
② 3줄 나사
③ 2줄 나사
④ 1줄 나사

✓ 리드(lead)=피치×줄 수이므로 같은 피치라도 줄 수가 많으면 리드가 커진다.

09 직접전동 기계요소인 홈 마찰차에서 홈의 각도(2α)는?
① $2\alpha=10°\sim 20°$
② $2\alpha=20°\sim 30°$
③ $2\alpha=30°\sim 40°$
④ $2\alpha=40°\sim 50°$

✓ 홈 마찰차는 마찰차의 둘레에 쐐기 모양의 V홈 홈이 파여져 서로 물리게 한 것으로 큰 회전력을 얻을 수 있다. 또한 홈의 각도는 $2\alpha=30°\sim 40°$, 피치는 10mm 전후이며, 홈의 수는 대개 5개 정도이다.

10 2kN의 짐을 들어올리는 데 필요한 볼트의 바깥지름은 몇 mm 이상이어야 하는가? (단, 볼트 재료의 허용인장응력은 400N/cm²이다.)
① 20.2
② 31.6
③ 36.5
④ 42.2

✓ 응력$(\sigma)=\dfrac{\text{하중}(P)}{\text{면적}(A)}$에서 $A=\dfrac{\pi(\text{골지름})d_1^2}{4}$이므로

$\sigma=\dfrac{2000N}{\dfrac{\pi d_1^2}{4}}=\dfrac{8000N}{\pi d_1^2}$에서 $400(\text{N/cm}^2)=\dfrac{8000\text{N}}{\pi d_1^2}$

$d_1=\sqrt{\dfrac{8000}{\pi\times 400}}=2.523\text{cm}$, $d_2(\text{바깥지름})\times 0.8=d_1$

$\therefore d_2=\dfrac{d_1}{0.8}≒31.6\text{mm}$

11 나사의 기호 표시가 틀린 것은?
① 미터계 사다리꼴나사 : TM
② 인치계 사다리꼴나사 : WTC
③ 유니파이 보통 나사 : UNC
④ 유니파이 가는 나사 : UNF

✓ ① Tr, ② TW로 표시한다.

12 베어링의 호칭번호가 6308일 때 베어링의 안지름은 몇 mm인가?
① 35
② 40
③ 45
④ 50

✓ 6(첫번째 숫자) : 형식 번호, 3(두번째 숫자) : 치수번호를 뜻하고, 08(세번째, 네 번째 숫자) : 안지름을 나타낸다. 여기서 08이란 03 이상은 5를 곱한 숫자가 안지름이 된다. 따라서 08×5=40mm가 된다.

13 테이퍼 핀의 테이퍼값과 호칭 지름을 나타내는 부분은?
① 1/100, 큰 부분의 지름   ② 1/100, 작은 부분의 지름
③ 1/50, 큰 부분의 지름   ④ 1/50, 작은 부분의 지름
✓ 핀의 호칭 지름은 항상 작은 지름을 호칭 지름으로 한다.

14 원통형 코일의 스프링 지수가 9이고, 코일의 평균 지름이 180mm이면 소선의 지름은 몇 mm인가?
① 9   ② 18   ③ 20   ④ 27
✓ 스프링지수(C)= $\dfrac{\text{코일의 평균지름}(D)}{\text{소선의 지름}(d)}$ 에서 $d = \dfrac{D}{C} = \dfrac{180}{9} = 20\text{mm}$

15 간헐운동(intermittent motion)을 제공하기 위해서 사용되는 기어는?
① 베벨 기어   ② 헬리컬 기어
③ 웜 기어   ④ 제네바 기어
✓ 간헐운동이란 원동차가 회전하면 핀이 종동차의 홈에 점차적으로 맞물려 간헐적으로 하는 운동을 말하며 제네바 기어가 대표적이며 투영기나 인쇄기 등에 많이 쓰인다.

16 미터 가는 나사의 호칭 표시 "M8×1"에서 "1"이 뜻하는 것은?
① 나사산의 줄 수   ② 나사의 호칭지름
③ 나사의 피치   ④ 나사의 등급
✓ M8은 미터나사(M)의 호칭 지름이 8mm를 뜻하며, 피치가 1mm임을 나타낸다.

17 그림과 같은 도면에서 A, B, C, D선과 선의 용도에 의한 명칭이 틀린 것은?

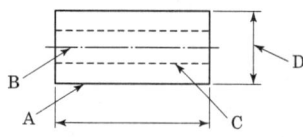

① A : 외형선   ② B : 중심선
③ C : 숨은선   ④ D : 치수 보조선
✓ ④ 치수선을 나타낸다.

18 기어 제도에 관한 설명으로 틀린 것은?
① 피치원은 가는 실선으로 그린다.
② 잇봉우리원은 굵은 실선으로 그린다.
③ 잇줄 방향은 통상 3개의 가는 실선으로 표시한다.

④ 축에 직각인 방향으로 단면 도시할 경우 이골의 선은 굵은 실선으로 그린다.
✓ ① 피치원은 가는 1점 쇄선으로 그린다.

19 다음 기하공차 도시기호에서 "Ⓜ"이 의미하는 것은?

| ⊕ | Φ0.04 | AⓂ |

① 위치도에 최소 실체 공차방식을 적용한다.
② 데이텀 형체에 최대 실체 공차방식을 적용한다.
③ φ0.04mm의 공차값에 최소 실체 공차방식을 적용한다.
④ φ0.04mm의 공차값에 최대 실체 공차방식을 적용한다.
✓ 데이텀 형체에 적용하는 경우에는 데이텀을 나타내는 문자기호(A) 뒤에 최대실체공차방식인 Ⓜ을 표시한다.

20 도면에서의 치수 배치 방법에 해당하지 않는 것은?
① 직렬 치수 기입법   ② 누진 치수 기입법
③ 좌표 치수 기입법   ④ 상대 치수 기입법
✓ 치수배치방법으로는 ①, ②, ③항 이외에 병렬치수기입법 등이 있다.

21 축의 치수가 $\phi 300^{-0.05}_{-0.20}$, 구멍의 치수가 $\phi 300^{+0.15}_{0}$인 끼워맞춤에서 최소틈새는?
① 0   ② 0.05   ③ 0.15   ④ 0.20
✓ 최소 틈새=구멍의 최소(아래) 허용치수-축의 최대(위) 허용치수=300-299.95=0.05

22 코일 스프링의 제도 방법으로 틀린 것은?
① 코일 스프링의 정면도에서 나선모양 부분은 직선으로 나타내서는 안 된다.
② 코일 스프링은 일반적으로 하중이 걸린 상태에서 도시하지는 않는다.
③ 스프링의 모양만을 간략도로 나타내는 경우에는 스프링 재료의 중심선만을 굵은 실선으로 그린다.
④ 코일 부분의 양끝을 제외한 동일 모양 부분의 일부를 생략할 때는 선지름의 중심선을 가는 1점 쇄선으로 나타낸다.
✓ 코일 스프링의 정면도에서 나선모양 부분은 직선으로 나타낸다.

23 그림과 같은 입체도에서 화살표 방향을 정면도로 하였을 때 우측면도로 올바른 것은?

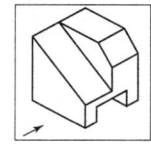

24 정면, 평면, 측면을 하나의 투상면 위에서 동시에 볼 수 있도록 두 개의 옆면 모서리가 수평선에 30°가 되고 3개의 축 간 각도가 120°가 되는 투상도는?
① 등각 투상도 ② 정면 투상도
③ 입체 투상도 ④ 부등각 투상도
✓ 등각을 이루는 세 개의 모서리를 등각축이라고 한다.

25 표면의 결 도시방법에서 가공으로 생긴 커터의 줄무늬가 여러 방향일 때 사용하는 기호는?
① X ② R ③ C ④ M
✓ ① X는 투상면에 경사지고 두 방향으로 교차
② R은 한 면의 중심에 대하여 대략 레이디얼 방향
③ C는 면의 중심에 대하여 대략 동심원 모양이다.

26 주로 수직 밀링에서 사용하는 커터로 바깥지름과 정면에 절삭 날이 있으며, 밀링 커터 축에 수직인 평면을 가공할 때 편리한 커터는?
① 정면 밀링커터 ② 슬래브 밀링커터
③ T홈 밀링커터 ④ 측면 밀링커터
✓ ② 수평 밀링에서 넓은 평면 가공용 커터
③ 수직 밀링에서 T홈 가공에 사용되는 커터
④ 수평 밀링에서 홈 등을 가공하는 커터

27 그림과 같이 작은 나사나 볼트의 머리를 공작물에 묻히게 하기 위하여, 단이 있는 구멍 뚫기를 하는 작업은?

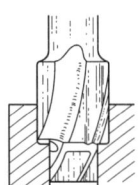

① 카운터 보링 ② 카운터 싱킹
③ 스폿 페이싱 ④ 리밍
✓ ① 둥근머리 볼트의 머리부를 가공하는 공구로 카운터 보어라고 한다.
② 카운터 싱크라는 공구로 접시머리 볼트의 머리부를 가공하는 작업
③ 볼트, 너트 등이 닿는 부분이 울퉁불퉁할 때 표면을 매끄럽게 하여 고정력을 증가시키기 위한 작업
④ 리머를 이용하여, 드릴 가공면을 매끄럽게 가공하기 위한 작업

28 공구의 마멸형태 중에서 주철과 같이 메짐이 있는 재료를 절삭할 때 생기는 것은?

① 경사면 마멸 ② 여유면 마멸
③ 치핑(chipping) ④ 확산 마멸

✓ ① 크레이터 마모라고도 하며, 칩이 빠져나갈 때 경사면에서 발생하는 마찰에 의한 마모
② 프랭크 마모라고도 하며, 공작물과 공구의 여유면 사이에서 마찰에 의한 공구 마모
③ 선반 작업 시 바이트 날 끝의 미세한 일부분이 탈락하는 공구의 마모

29 가공물의 회전운동과 절삭공구의 직선운동에 의하여 내·외경 및 나사가공 등을 하는 가공 방법은?

① 밀링작업 ② 연삭작업 ③ 선반작업 ④ 드릴작업

✓ ① 가공물의 전후, 상하, 좌우운동, 공구의 회전운동에 의해 주로 평면을 가공하는 기계
② 연삭숫돌의 고속 회전운동에 의해 표면을 매끄럽게 가공하는 기계
④ 가공물의 고정운동, 공구의 회전과 상하 직선운동에 의해 구멍을 뚫는 기계

30 선반 왕복대의 구성 요소로 거리가 먼 것은?

① 공구대 ② 새들 ③ 에이프런 ④ 베드

✓ 선반에서 왕복대는 ①, ②, ③ 등으로 구성되어 있으며, 베드의 안내면을 타고 슬라이딩 운동을 하며 일감을 가공하는 구성 요소이다.

31 선반에서 가늘고 긴 공작물은 절삭력과 자중에 의하여 휘거나 처짐이 일어나기 쉬워 정확한 치수로 가공하기 어렵다. 이와 같은 처짐이나 휨을 방지하는 부속 장치는?

① 면판 ② 돌림판과 돌리개
③ 맨드릴 ④ 방진구

✓ ① 불규칙한 형상의 가공물을 앵글 플레이트, 클램프 등을 이용하여 일감을 고정 시 사용되는 선반의 부속품
② 돌림판은 주축에 고정, 공작물을 돌리개에 고정시켜서 돌림판에 걸어 회전시켜, 주로 양 센터로 공작물을 가공하는 데 사용되는 부속품
③ 심봉이라고도 하며, 공작물 구멍과 동심인 외면을 가공할 때 사용되는 부속품
④ 이동 방진구는 왕복대에 설치, 고정 방진구는 베드에 설치하여 공작물의 휨, 처짐 등을 방지하고자 사용되는 부속품

32 밀링 작업 시 공작물을 고정할 때 사용되는 부속 장치로 틀린 것은?

① 마그네트 척 ② 수평 바이스
③ 앵글 플레이트 ④ 공구대

✓ 공구대는 공구를 고정하는 장치이다.

33 납, 주석, 알루미늄 등의 연한 금속이나 얇은 판금의 가장자리를 다듬질할 때, 가장 적합한 것은?

① 단목 ② 귀목 ③ 복목 ④ 파목

✓ ② 펀치나 정으로 날 눈을 하나씩 파서 일으킨 것으로 나무, 가죽, 베이클라이트 등의 비금속 가공에 적합한 줄(file)이다.
③ 줄눈이 상목(윗날)과 하목(아랫날)으로 교차되어 있어 다듬질용으로 사용된다.

28.② 29.③ 30.④ 31.④ 32.④ 33.①

④ 물결모양으로 날을 세운 것으로 알루미늄, 플라스틱, 납, 목재 등에 사용된다.

34 주축의 회전운동을 직선 왕복운동으로 변화시키고, 바이트를 사용하여 가공물의 안지름에 키(key)홈, 스플라인, 세레이션 등을 가공할 수 있는 밀링 부속 장치는?
① 분할대   ② 슬로팅 장치
③ 수직 밀링 장치   ④ 래크 절삭 장치
✓ ① 원주를 분할하기 위해 밀링 테이블 위에 설치하여 가공한다.
③ 수평 밀링에서 주축의 수평 회전 운동을 수직 회전으로 변환시켜 가공하는 부속 장치
④ 만능 밀링, 테이블에 설치된 래크 장치 등을 이용하여 기어를 가공하는 부속 장치

35 구성인선의 방지대책으로 틀린 것은?
① 절삭 깊이를 작게 할 것   ② 절삭 속도를 크게 할 것
③ 경사각을 작게 할 것   ④ 절삭공구의 인선을 예리하게 할 것
✓ 구성인선(빌트 업 에지)의 방지 대책으로는 ①, ②, ④항과 경사각을 크게 하고 절삭유제를 사용하면 방지할 수 있다.

36 시준기와 망원경을 조합한 것으로 미소 각도를 측정하는 광학적 측정기는?
① 오토 콜리메이터   ② 콤비네이션 세트
③ 사인 바   ④ 측장기
✓ ② 자(scale), 분도기, 스퀘어 헤드, 수준기, 각도기 등으로 구성되어 각도 측정, 금긋기 작업도 가능한 측정기
③ 정반, 블록 게이지, 다이얼 게이지와 같이 각도를 측정하는 측정기
④ 내부에 표준자, 또는 기준편을 가지고 피측정물의 길이를 직접 구하는 길이 측정기

37 재질이 연한 금속을 연삭하였을 때, 숫돌 표면의 기공에 칩이 메워져서 생기는 현상은?
① 눈 메움   ② 무딤   ③ 입자탈락   ④ 트루잉
✓ ① 로딩이라고도 한다.
② 글레이징이라고도 하며, 숫돌의 결합도가 필요 이상으로 높으면 마모된 입자가 탈락하지 않아 연삭이 둔화되는 현상
③ 숫돌의 결합도가 지나치게 낮으면 마모된 입자가 마모가 되기도 전에 탈락하는 현상
④ 연삭하려는 부품의 형상으로 숫돌을 성형시켜, 변화된 숫돌을 바르게 고치는 가공

38 고속 주축에 균등하게 급유하기 위한 방법은?
① 핸드 급유   ② 담금 급유
③ 오일링 급유   ④ 분패드 급유
✓ ① 작업자가 급유 위치에 직접 급유하는 방법
② 마찰 부분 전체가 윤활유 속에 잠기도록 하여 급유하는 방법
④ 패드 일부를 오일 통에 담가 저널의 아랫면에 모세관 현상으로 급유하는 방법이다.

39 회전하는 통 속에 가공물, 숫돌입자, 가공액, 콤파운드 등을 함께 넣고 회전시켜 서로 부딪치며 가공되어 매끈한 가공면을 얻는 가공법은?
① 롤러 가공   ② 배럴 가공

260 34.② 35.③ 36.① 37.① 38.③ 39.②

③ 숏피닝 가공   ④ 버니싱 가공

✓ ① 절삭 공구의 이송 자국, 뜯긴 자국 등을 롤러를 이용하여 매끈하게 가공하는 방법
③ 숏(쇳 조각)을 압축공기나 원심력을 이용하여 일감 표면에 분사시켜 일감 표면을 다듬질하는 가공 방법
④ 1차로 가공된 일감의 안지름보다 다소 큰 강철 볼을 압입하여 통과시켜, 가공표면을 소성변형시키며 가공하는 방법

40 센터리스 연삭기에 대한 설명 중 틀린 것은?
① 가늘고 긴 가공물의 연삭에 적합하다.
② 가공물을 연속적으로 가공할 수 있다.
③ 조정숫돌과 지지대를 이용하여 가공물을 연삭한다.
④ 가공물 고정은 센터, 척, 자석 척 등을 이용한다.

✓ 센터리스 연삭기는 센터가 없이 일감을 가공하는 연삭기로 주로 소형인 원통형 일감을 연삭 숫돌과 조절 숫돌 사이에서 회전과 이송을 하며, 가공하는 연삭기이다.

41 측정의 종류에서 비교측정 방법을 이용한 측정기는?
① 전기 마이크로미터   ② 버니어 캘리퍼스
③ 측장기   ④ 사인 바

✓ ②, ③ 직접 측정기, ④ 간접 측정기에 속한다.

42 테이퍼를 심압대 편위에 의한 방법으로 절삭할 때, 테이퍼 양끝 지름 중 큰 지름이 12mm, 작은 지름이 8mm, 테이퍼 부분의 길이 80mm, 공작물 전체 길이 200mm라 하면 심압대의 편위량 e(mm)는?
① 4   ② 5   ③ 6   ④ 7

✓ 심압대의 편위량$(e) = \dfrac{(D-d)L}{2l} = \dfrac{(12-8)200}{2 \times 80} = 5mm$

43 보조 프로그램을 호출하는 보조기능(M)으로 옳은 것은?
① M02   ② M30   ③ M98   ④ M99

✓ M02 : 프로그램 종료, M30 : 프로그램 종료 및 재시작, M98 : 보조프로그램 호출, M99 : 보조프로그램 종료

44 보정화면에 X축 보정치가 0.1의 값이 입력된 상태에서 외경을 φ60으로 모의가공을 한 후 측정을 한 결과, φ59.54가 나왔을 경우 X축 보정치를 얼마로 입력해야 하는가?
① 0.56   ② 0.46   ③ 0.36   ④ 0.3

✓ 수정 보정값=(지령값-측정값)+기존 보정값=60-59.54+0.1=0.56

40.④   41.①   42.②   43.③   44.①

45 밀링작업 중에 지켜야 할 안전사항으로 틀린 것은?
① 기계 가동 중에 자리를 이탈하지 않는다.
② 테이블 위에 공구나 측정기 등을 올려놓지 않는다.
③ 가공물은 기계를 정지한 상태에서 견고하게 고정한다.
④ 주축속도를 변속시킬 때는 반드시 주축이 회전 중에 변환한다.
✓ 주축속도를 변속시킬 때는 반드시 주축이 정지 중에 변환하여야 한다.

46 반폐쇄회로 방식의 NC기계가 운동하는 과정에서 오는 운동손실(Lost motion)에 해당되지 않은 것은?
① 스크루의 백래시 오차   ② 비틀림 및 처짐의 오차
③ 열변형에 의한 오차   ④ 고강도에 의한 오차
✓ NC 공작기계의 운동손실 오차는 스크루의 백래시, 비틀림 및 처짐, 열변형 등에 의하여 발생한다.

47 CAD/CAM 시스템의 적용 시 장점에 대한 설명으로 가장 거리가 먼 것은?
① 생산성 향상   ② 품질관리 용이
③ 관리비용의 증대   ④ 설계 및 제조시간 단축
✓ CAD/CAM 시스템을 적용하면 생산성 향상, 품질관리의 강화, 설계 및 제조시간의 단축, 표준화 데이터 구축 용이 등의 효과를 기대할 수 있다.

48 다음 그림의 머시닝센터의 원호 가공 경로를 나타낸 것으로 옳은 것은?

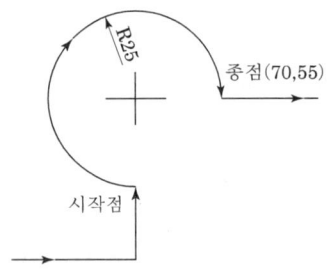

① G90 G02 X70. Y55. R25.
② G90 G03 X70. Y55. R25.
③ G90 G02 X70. Y55. R-25.
④ G90 G03 X70. Y55. R-25.
✓ 가공원호방향은 G02(CW)이고, 종점의 좌표값은 'X70. Y55.' 이며, 또 180° 이상의 원호가공에는 R에 기호 '-' 를 함께 사용한다.

49 CNC 선반 프로그램 G70 P20 Q200 F0.2 ; 에서 P20의 의미는?
① 정삭가공 지령절의 첫 번째 전개번호
② 황삭가공 지령절의 첫 번째 전개번호

③ 정삭가공 지령절의 마지막 전개번호
④ 황삭가공 지령절의 마지막 전개번호

✓ G70(정삭사이클)
• P_ : 다듬절삭 지령절의 첫 번째 전개번호
• Q_ : 다듬절삭 지령절의 마지막 전개번호

50 머시닝센터에서 공구의 길이를 측정하고자 할 때, 가장 적합한 기구는?

① 다이얼 게이지 ② 블록 게이지
③ 하이트 게이지 ④ 툴 프리세터

✓ 툴 프리세터는 공구의 길이를 측정하는 도구로서, 머시닝센터에서 공구보정값을 산출하는 데 사용한다.

51 다음의 프로그램에서 절삭속도(m/min)를 일정하게 유지시켜 주는 기능을 나타낸 블록은?

```
N01 G50 X250.0 Z250.0 S2000 ;
N02 G96 S150 M03 ;
N03 G00 X70.0 Z0.0 ;
N04 G01 X-1.0 F0.2 ;
N05 G97 S700 ;
N06     X0.0 Z-10.0 ;
```

① N01 ② N02 ③ N03 ④ N04

✓ G96 : 절삭속도(m/min) 일정제어

52 다음 중 NC의 어드레스와 그에 따른 기능을 설명한 것으로 틀린 것은?

① F : 이송기능 ② G : 준비기능
③ M : 주축기능 ④ T : 공구기능

✓ F : 이송기능, G : 준비기능, M : 보조기능, T : 공구기능, S : 주축기능

53 머시닝센터 작업 시 안전 및 유의사항으로 틀린 것은?

① 기계원점 복귀는 급속이송으로 한다.
② 가공하기 전에 공구경로 확인을 반드시 한다.
③ 공구 교환 시 ATC의 작동 영역에 접근하지 않는다.
④ 항상 비상 정지 버튼을 작동시킬 수 있도록 준비한다.

✓ 기계원점 복귀는 급속이송으로 수행할 수도 있으나 기계좌표계의 확립을 위해서 저속으로 복귀하는 것이 좋다.

54 CNC 공작기계에서 사용되는 좌표계 중 사용자가 임의로 변경해서는 안 되는 좌표계는?

① 공작물좌표계 ② 기계좌표계
③ 지역좌표계 ④ 상대좌표계

50.④ 51.② 52.③ 53.① 54.②

- **공작물좌표계** : 공작물의 특정위치에 절대좌표계의 원점을 일치시켜 사용한다.
- **기계좌표계** : 기계의 원점을 기준으로 하는 좌표계로서 공장출하 시에 파라미터에 의해 결정된다.
- **상대좌표계** : 사용자 편의대로 사용할 수 있는 임의 좌표계로서 공구세팅이나 공작물좌표계 설정 시에 편의에 따라 사용할 수 있다.

55 다음 그림에서 B→A로 절삭할 때의 CNC 선반 프로그램으로 옳은 것은?

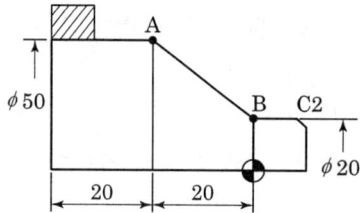

① G01 U30. W-20. ;
② G01 X50. Z20. ;
③ G01 U50. Z-20. ;
④ G01 U30. W20. ;

✓ B → A 경로는 다음의 4가지로 프로그램을 작성할 수 있다.
- 절대지령 G01 X50. Z-20. ;
- 증분지령 G01 U30. W-20. ;
- 혼합지령Ⅰ G01 U30. Z-20. ;
- 혼합지령Ⅱ G01 U30. Z-20. ;

56 머시닝센터에서 기준공구(T01번)의 길이가 80mm이고, 또 다른 공구(T02번)의 길이는 120mm이다. G43을 사용하여 길이보정을 사용할 때 T02번 공구의 보정량은?

① 40   ② -40   ③ 120   ④ -120

✓ G43은 공구 길이+보정이므로, 기준공구보다 긴 공구의 경우 기준공구와의 차이값을 +로 표기하여 보정한다.

57 1.5초 동안 일시정지(G04) 기능의 명령으로 틀린 것은?

① G04 U1.5 ;
② G04 X1.5 ;
③ G04 P1.5 ;
④ G04 P1500 ;

✓ X, U, P는 G04(드웰)와 함께 사용하는 시간을 나타내는 어드레스이며, X와 U는 소수점을 사용하고, P는 소수점을 사용할 수 없다.

58 CNC 선반에서 작업 안전사항이 아닌 것은?

① 문이 열린 상태에서 작업을 하면 경보가 발생하도록 한다.
② 척에 공작물을 클램핑할 경우에는 장갑을 끼고 작업하지 않는다.
③ 가공상태를 볼 수 있도록 문(Door)에 일반 투명유리를 설치한다.
④ 작업 중 타인은 프로그램을 수정하지 못하도록 옵션을 건다.

✓ 가공상태를 볼 수 있는 안전창은 반드시 강화유리나, 강화플라스틱을 사용하여야 한다.

59 CNC 선반 단일 고정 사이클 프로그램에서 I(R)는 어떤 절삭기능인가?

$$G90\_\_ X\_\_ I(R)\_\_ F\_\_ ;$$

① 원호 가공 ② 직선 절삭
③ 테이퍼 절삭 ④ 나사 가공

✓ G90 : 내·외경 절삭사이클(단일고정형)

60 다음 중 CNC 선반에서 증분지령으로만 프로그래밍한 것은?

① G01 X20. Z-20. ;
② G01 U20. W-20. ;
③ G01 X20. W-20. ;
④ G01 U20. Z-20. ;

✓ CNC 선반에서 증분지령 어드레스는 U, W이다.

2016년 1회 필기
컴퓨터응용선반기능사

01 접착제, 껌, 전기 절연재료에 이용되는 플라스틱 종류는?
① 폴리초산비닐계 ② 셀룰로오스계
③ 아크릴계 ④ 불소계

✓ 폴리초산비닐계 플라스틱은 상온에서 고무와 비슷한 탄성을 나타내며, 무색, 무취, 무독하고 접착성과 투명성이 있어 접착제, 도료, 성형재, 껌원료 등에 쓰인다.

02 다음 중 표면 경화법의 종류가 아닌 것은?
① 침탄법 ② 질화법
③ 고주파 경화법 ④ 심랭 처리법

✓ 심랭 처리는 담금질 후 경도 증가, 시효변형 등을 방지하기 위한 처리이다.

03 금속이 탄성한계를 초과한 힘을 받고도 파괴되지 않고 늘어나서 소성변형이 되는 성질은?
① 연성 ② 취성
③ 경도 ④ 강도

✓ ② : 물체가 외력을 받았을 때, 소성변형을 거의 보이지 않고 파괴되는 성질
③, ④ : 단단하고 강한 정도

04 주철의 결점인 여리고 약한 인성을 개선하기 위하여 먼저 백주철의 주물을 만들고, 이것을 장시간 열처리하여 탄소의 상태를 분해 또는 소실시켜 인성 또는 연성을 증가시킨 주철은?
① 보통 주철 ② 합금 주철
③ 고급 주철 ④ 가단 주철

✓ 가단 주철은 처리 방법에 따라 파단면에 흰색을 나타내는 백심 가단 주철과 표면은 탈탄되어 있으나 내부는 시멘타이트가 흑연화되었을 뿐 파단면이 검게 보이는 흑심 가단 주철, 입상 펄라이트 조직으로 된 펄라이트 가단 주철이 있다.

05 주철의 특성에 대한 설명으로 틀린 것은?
① 주조성이 우수하다. ② 내마모성이 우수하다.
③ 강보다 인성이 크다. ④ 인장강도보다 압축강도가 크다.

✓ 주철의 가장 큰 단점은 강보다 인성이 월등히 작아 취성이 크다는 것이다.

06 Cu와 Pb 합금으로 항공기 및 자동차의 베어링 메탈로 사용되는 것은?
① 양은(nickel silver) ② 켈밋(kelmet)
③ 배빗 메탈(babbit metal) ④ 애드미럴티 포금(admiralty gun metal)

✓ ① : 동과 니켈, 아연을 조합한 합금으로 은백색의 장식품 및 정밀기계용으로도 사용
③ : 열전도성이 좋고, 기계적 성질로서의 내마모성도 우수하기 때문에 베어링의 라이닝재로 사용
④ : 구리 합금. Cu-Sn계, 혹은 Cu-Sn-Zn계 합금으로 주조성이 좋으며 강도, 내식성이 풍부하다. 베어링, 증기용 파이프 부품, 선박 부품 등의 주조에 널리 사용

01. ① 02. ④ 03. ① 04. ④ 05. ③ 06. ②

07 주조용 알루미늄 합금이 아닌 것은?
① Al-Cu계
② Al-Si계
③ Al-Zn-Mg계
④ Al-Cu-Si계

✓ 주조용 알루미늄 합금으로는 ①, ②, ④항 이외에도 내열용 Al합금, 다이캐스팅용 Al합금 등이 있다.

08 교차하는 두 축의 운동을 전달하기 위하여 원추형으로 만든 기어는?
① 스퍼 기어
② 헬리컬 기어
③ 웜 기어
④ 베벨 기어

✓ 교차하는 2축 사이에 톱니바퀴. 치차의 모양에 따라 직선 베벨기어, 스파이럴 베벨기어, 헬리컬 베벨기어, 제롤 베벨기어 등의 종류가 있다.

09 다음 중 전동용 기계요소에 해당하는 것은?
① 볼트와 너트
② 리벳
③ 체인
④ 핀

✓ ①, ②, ④항은 키, 코터, 스플라인, 용접 등과 같이 결합용 기계요소에 해당된다.

10 나사의 피치와 리드가 같다면 몇 줄 나사에 해당이 되는가?
① 1줄 나사
② 2줄 나사
③ 3줄 나사
④ 4줄 나사

✓ 나사의 리드(L)는 축을 중심으로 한바퀴 회전할 때 축방향으로 이동한 거리로 L=(줄수)n×(피치)P로 나타낸다. 따라서 L=1×P=1줄 나사가 된다.

11 나사가 축을 중심으로 한 바퀴 회전할 때 축방향으로 이동한 거리는?
① 피치
② 리드
③ 리드각
④ 백래시

✓ 리드(Lead)란 나사가 축을 중심으로 한 바퀴 회전할 때 축방향으로 이동한 거리를 나타낸다.

12 압축코일스프링에서 코일의 평균지름이 50mm, 감김수가 10회, 스프링 지수가 5일 때, 스프링 재료의 지름은 약 몇 mm인가?
① 5
② 10
③ 15
④ 20

✓ d : 스프링 재료의 지름(mm), D : 코일의 평균지름(mm)
스프링 지수(C)=$\frac{D}{d}$에서 D=50mm, C=5이므로 $5=\frac{50}{d}$이므로 $d=\frac{50}{5}=10$
∴ d=10mm

13 축의 원주에 많은 키를 깎은 것으로 큰 토크를 전달시킬 수 있고, 내구력이 크며 보스와의 중심축을 정확하게 맞출 수 있는 것은?

① 성크 키   ② 반달 키
③ 접선 키   ④ 스플라인

✓ 축으로부터 직접 여러 줄의 키(key)를 절삭하여, 축과 보스(boss)가 슬라이딩 운동을 할 수 있도록 한 것으로 큰 동력 전달용으로 사용되며, 종류로는 각형 스플라인과 인벌류트 스플라인이 있으며, 줄수는 6, 8, 10이 보통이다.

14 인장시험에서 시험편의 절단부 단면적이 $14mm^2$이고, 시험 전 시험편의 초기단면적이 $20mm^2$일 때 단면수축률은?

① 70%   ② 80%
③ 30%   ④ 20%

✓ 단면수축률 = $\dfrac{단면적\ 변화량}{초기\ 단면적} \times 100 = \dfrac{20-14}{20} \times 100 = 30\%$

15 롤러 체인에 대한 설명으로 잘못된 것은?

① 롤러 링크와 판 링크를 서로 교대로 하여 연속적으로 연결한 것을 말한다.
② 링크의 수가 짝수이면 간단히 결합되지만, 홀수이면 오프셋 링크를 사용하여 연결한다.
③ 조립 시에는 체인에 초기장력을 가하여 스프로킷 휠과 조립한다.
④ 체인의 링크를 잇는 핀과 핀 사이의 거리를 피치라고 한다.

✓ 롤러 체인을 조립 시에는 이음매 중의 하나는 코킹을 하지 않고 스플릿 핀이나 스프링 클립을 이용하여 연결한다. 롤러가 자유로이 회전하기 때문에 마찰이 적으며, 자전거나 오토바이에서 흔히 볼 수 있는 구동용 체인이다.

16 대칭형인 대상물을 외형도의 절반과 온단면도의 절반을 조합하여 나타낸 단면도는?

① 한쪽 단면도   ② 계단 단면도
③ 부분 단면도   ④ 회전 단면도

✓ 한쪽 단면도는 반쪽 단면도라고도 한다.

17 기어를 제도할 때 가는 1점 쇄선으로 나타내는 것은?

① 이골원   ② 피치원
③ 잇봉우리원   ④ 잇줄 방향

✓ ① 이골원(이뿌리원) : 가는 실선, 굵은 실선, 또는 생략 가능
③ 잇봉우리원(이끝원) : 굵은 실선
④ 잇줄 방향 : 3개의 가는 실선으로 표시한다.

13. ④   14. ③   15. ③   16. ①   17. ②

18 그림과 같이 축에 가공되어 있는 키 홈의 형상을 투상한 투상도의 명칭으로 가장 적합한 것은?

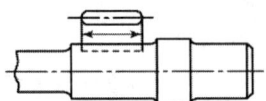

① 회전 투상도　　② 국부 투상도
③ 부분 확대도　　④ 대칭 투상도

✓ 국부 투상도는 대상 물체의 홈이나 구멍 등을 도시하여 알기 쉽게 그리는 투상도이다.

19 감속기 하우징의 기름 주입구 나사가 PF 1/2 - A로 표시되어 있을 때 이 나사는?
① 관용 평행나사, A급
② 관용 평행나사, 바깥지름 1/2인치
③ 관용 테이퍼나사, A급
④ 관용 테이퍼나사, 바깥지름 1/2인치

✓ PF : 관용 평행나사, 1/2 : 나사의 호칭 지름, A : 나사의 등급을 나타낸다.

20 제3각법에 대한 설명 중 틀린 것은?
① 물체를 제3면각 공간에 놓고 투상하는 방법이다.
② 눈 → 물체 → 투상면의 순서로 투상도를 얻는다.
③ 정면도의 우측에는 우측면도가 위치한다.
④ KS에서는 특별한 경우를 제외하고는 제3각법으로 투상하는 것을 원칙으로 하고 있다.

✓ 눈 → 물체 → 투상면의 순서는 제1각법, 눈 → 투상면 → 물체의 순서는 제3각법이다.

21 치수와 같이 사용될 수 없는 치수 보조기호는?
① t　　　　　　② φ
③ ▱　　　　　④ □

✓ ① : 판의 두께, ② : 지름, ④ : 정사각의 변에 대한 보조 기호이다.

22 기하 공차의 종류 중 모양 공차에 해당하는 것은?
① 평행도 공차　　② 동심도 공차
③ 원주 흔들림 공차　　④ 원통도 공차

✓ 모양 공차 : 진직도, 평면도, 진원도, 원통도, 선의 윤곽도, 면의 윤곽도
자세 공차 : 평행도, 직각도, 경사도
위치 공차 : 위치도, 동축도(동심도), 대칭도
흔들림 공차 : 원주 흔들림, 온 흔들림 등이 있다.

23 그림과 같은 정면도와 좌측면도에 가장 적합한 평면도는?

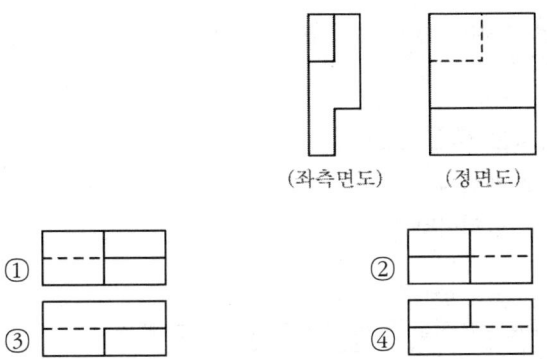

24 치수 $\phi 24^{+\,0.041}_{+\,0.020}$의 IT 공차 등급은? (단, 아래의 도표를 참고하시오.)

구분	등급	IT 5급	IT 6급	IT 7급	IT 8급
초과	이하	기본공차(μm)			
10	18	8	11	18	27
18	30	9	13	21	33
30	50	11	16	25	39

① 5급 ② 6급
③ 7급 ④ 8급

✓ $\phi 24^{+\,0.041}_{+\,0.020}$에서 $\phi 24$이므로 18 초과 30 이하에 해당이 되고, 공차의 크기가 0.041에서 0.020이므로 21(μm)dp에 해당되므로 IT 7급이 된다.

25 그림과 같은 표면 줄무늬 방향기호의 설명으로 옳은 것은?

① 가공으로 생긴 선이 방사상
② 가공으로 생긴 선이 거의 동심원
③ 가공으로 생긴 선이 두 방향으로 교차
④ 가공으로 생긴 선이 여러 방향

✓ M은 가공으로 생긴 선이 여러 방향을 나타내는 줄무늬 방향 기호이다.

26 탭 작업 중 탭의 파손 원인으로 거리가 먼 것은?
① 탭이 경사지게 들어간 경우
② 탭이 구멍 바닥에 부딪혔을 경우

23. ④ 24. ③ 25. ④ 26. ③

③ 탭이 소재보다 경도가 높은 경우
④ 구멍이 너무 작거나 구부러진 경우
✓ 탭의 파손 원인은 ①, ②, ④항 이외에도 무리한 힘으로 태핑 작업을 할 경우, 탭의 지름에 적당하지 않은 큰 탭 핸들을 사용할 경우, 탭보다 소재가 너무 경도가 높은 경우 등이 있다.

27 다음 중 진원도를 측정할 때 가장 적당한 측정기는?
① 게이지 블록　　　　② 한계 게이지
③ 다이얼 게이지　　　④ 오토 콜리미터
✓ ① : 길이 측정에 기준이 되는 게이지
② : 제품의 합격 여부를 통과측과 정지측의 통과 여부로 측정하는 게이지
③ : 여러 가지 게이지를 이용하여 외측, 깊이, 두께, 각종 형상, 진원도 등을 측정할 수 있는 게이지
④ : 정반 위에서 반사경에 의해 미세한 각도 측정, 진직도 등을 측정하는 광학 측정기이다.

28 선반의 주축에 대한 설명으로 틀린 것은?
① 합금강(Ni-Cr강)을 사용하여 제작한다.
② 무게를 감소시키기 위하여 속이 빈 축으로 한다.
③ 끝부분은 쟈콥스 테이퍼(jacobs taper) 구멍으로 되어 있다.
④ 주축 회전 속도의 변환은 보통 계단식 변속으로 등비 급수 속도열을 이용한다.
✓ 주축 끝부분은 모스 테이퍼(M.T) 구멍으로 되어 있다.

29 아래 그림은 절삭저항의 3분력을 나타내고 있다. P점에 해당되는 분력은?

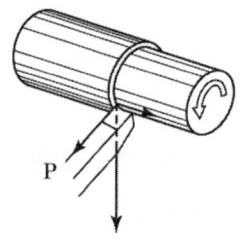

① 배분력　　　　　　② 주분력
③ 횡분력　　　　　　④ 이송분력
✓ 공작물의 회전 방향과 관계되는 주분력, 공작물의 이송방향과 반대되는 이송(횡) 분력, 절삭 깊이의 반대 방향에 발생되는 배분력이 있으며, 분력의 크기는 주분력 > 배분력 > 이송분력의 순서이다.

30 선반가공에서 방진구의 주된 사용 목적으로 가장 적합한 것은?
① 소재의 중심을 잡기 위해 사용한다.
② 소재의 회전을 원활하게 하기 위해 사용한다.
③ 척에 소재의 고정을 단단히 하기 위해 사용한다.
④ 지름이 작고 길이가 긴 소재를 가공할 때 소재의 휨이나 떨림을 방지하기 위해 사용한다.

27. ③　28. ③　29. ①　30. ④

✓ 방진구는 이동 방진구와 고정 방진구가 있으며, 고정 방진구는 베드에 고정시켜서 사용한다.
이동 방진구는 왕복대에 고정시켜 일감의 이송과 같이 움직이며 일감을 지지하는 데 사용되는 부속품이다.

31 다음 중 나사의 유효지름을 측정할 때 가장 정밀도가 높은 직접측정법은?

① 삼침법에 의한 측정
② 투영기에 의한 측정
③ 공구현미경에 의한 측정
④ 나사 마이크로미터에 의한 측정

✓ 나사의 유효지름 측정 방법에는 ①, ②, ③, ④항 모두 가능하지만 침(핀) 3개와 마이크로미터를 이용하여 산술식으로 측정하는 삼침법에 의한 측정이 가장 정밀도가 높다.

32 절삭공구에 치핑이 발생하는 원인으로 가장 거리가 먼 것은?

① 충격에 약한 절삭공구를 사용할 때
② 절삭공구 인선에 강한 충격을 받을 경우
③ 절삭공구 인선에 절삭저항의 변화가 큰 경우
④ 고속도강같이 점성이 큰 재질의 절삭공구를 사용할 경우

✓ 치핑이란 절삭 날의 미세한 일부분이 충격이나 저항에 의해 파손되는 현상을 말한다.

33 빌트업 에지(built-up edge)의 발생을 감소시키기 위한 방법으로 옳은 것은?

① 날끝을 둔하게 한다.
② 절삭 깊이를 크게 한다.
③ 절삭 속도를 느리게 한다.
④ 공구의 경사각을 크게 한다.

✓ 빌트업 에지(구성인선)란 절삭 날 끝에 칩이 융착되어 발생 → 성장 → 균열 → 탈락을 하면서 공구의 날 끝도 칩의 융착물과 같이 탈락을 하며 공구의 수명을 단축시키게 하는 현상이다.

34 다음 측정기 중 스크라이버(scriber)를 사용하여 금긋기 작업을 할 수 있는 것은?

① 한계 게이지   ② 마이크로미터
③ 다이얼 게이지   ④ 하이트 게이지

✓ 하이트 게이지는 높이를 측정하기도 하면서 금긋기 작업도 가능한 측정기이다.

35 가늘고 긴 일정한 단면 모양의 많은 날을 가진 절삭공구를 사용하여 키 홈, 스플라인 홈, 다각형의 구멍 등 외형과 내면형상을 가공하기에 적합한 절삭방법은?

① 브로칭   ② 방전 가공
③ 호빙 가공   ④ 스퍼터 에칭

✓ 많은 절삭 날을 가진 브로치(broach)라고 부르는 공구를 가지고 주로 일감 내면에 필요한 형상을 가공하는 절삭 작업을 브로칭 가공이라고 한다.

31. ① 32. ④ 33. ④ 34. ④ 35. ①

36 공작물을 테이블에 고정하고, 절삭 공구를 회전운동시키면서 적당한 이송을 주면서 평면을 가공하는 공작기계는?

① 선반
② 밀링머신
③ 보링머신
④ 드릴링머신

✓ ① 공작물은 주축에서 회전운동, 공구는 직선(좌우, 전후)운동을 하며 주로 원통형 가공을 한다.
③ 일감은 테이블 위에서 직선(좌우, 전후)운동, 공구는 회전 운동을 하며, 구멍과 구멍 간의 거리를 정밀하게 가공하고, 이미 뚫린 구멍을 넓히며 보링 가공을 하는 등, 드릴링, 태핑, 보링, 평면 등을 가공하는 기계이다.
④ 일감은 테이블 위에 고정, 공구가 주축에서 회전 및 직선(상하)운동을 하며, 드릴 등을 이용하여 일감에 구멍 등을 가공하는 기계이다.

37 일반적으로 절삭온도를 측정하는 방법이 아닌 것은?

① 방사능에 의한 방법
② 열전대에 의한 방법
③ 칩의 색깔에 의한 방법
④ 칼로리미터에 의한 방법

✓ 절삭온도를 측정하는 방법은 ②, ③, ④항 이외에도 복사 고온계에 의한 방법, 시온도료를 이용하는 방법, PBS 셀 광전지를 이용하는 방법 등이 있다.

38 성형 연삭작업을 할 때 숫돌바퀴의 형상이 균일하지 못하거나 가공물의 영향을 받아 숫돌바퀴의 형상이 변화될 때, 연삭숫돌의 외형을 수정하여 정확한 형상으로 가공하는 작업은?

① 로딩
② 드레싱
③ 트루잉
④ 그라인딩

✓ 트루잉은 사용 중에 마모 등에 의해 변형된 숫돌을 드레서 등을 이용하여 원상태로 수정하는 작업으로 트루잉 작업을 수행하면 드레싱 작업도 동시에 수행하게 되는 작업이고, 드레싱은 눈메움(로딩), 무딤(글레이징), 입자 탈락 등이 발생하였을 때 연삭 능률이 저하되므로 숫돌 표면을 드레서를 이용하여 예리한 날을 형성하게 하는 작업이다.

39 여러 가지 부속장치를 사용하여 밀링커터, 엔드밀, 드릴, 바이트, 호브, 리머 등을 연삭할 수 있으며 연삭 정밀도가 높은 연삭기는?

① 만능 공구 연삭기
② 초경 공구 연삭기
③ 특수 공구 연삭기
④ CNC 만능 연삭기

✓ 각종의 커터, 호브, 리머 등의 절삭 공구의 날만을 전문적으로 연삭할 수 있게 제작된 연삭기를 만능 공구 연삭기라고 한다.

40 소재의 피로강도 및 기계적인 성질을 개선하기 위하여 금속으로 만든 작은 덩어리를 가공물 표면에 고속으로 분사하는 가공법은?

① 숏 피닝
② 방전가공
③ 배럴가공
④ 슈퍼 피니싱

✓ 경화된 작은 쇠구슬(숏)을 일감에 고압으로 분사시켜 표면의 강도를 증가시킴으로써 피로한도를 높이는 효과를 가져오면서 기계적 성능을 향상시키는 가공법을 숏 피닝이라 한다.

41 상향절삭과 비교한 하향절삭의 특징으로 틀린 것은?

① 기계의 강성이 낮아도 무방하다.
② 상향절삭에 비하여 인선의 수명이 길다.
③ 이송나사의 백래시를 완전히 제거하여야 한다.
④ 절삭력이 하향으로 작용하여 가공물 고정이 유리하다.

✓ 하향절삭(올려 깎기)의 특징은 ②, ③, ④항 이외에도 가공 시에 충격이 있어 기계적 강성이 커야 하며, 가공 표면이 상향절삭에 비해 깨끗하다.

42 절삭속도 70m/min, 밀링 커터의 날 수 10, 커터의 지름 140mm, 1날당 이송 0.15mm로 밀링 가공할 때, 테이블의 이송속도는 약 얼마인가?

① 144m/min
② 144mm/min
③ 239m/min
④ 239mm/min

✓ 1분당 회전수$(n) = \dfrac{1,000 \times V}{\pi \times d} = \dfrac{1,000 \times 70}{\pi \times 140} = 159 \mathrm{rpm}$

테이블 이송속도(F) $= F_Z \times Z \times n = 0.15 \times 10 \times 159 \fallingdotseq 239 \mathrm{mm/mim}$

43 CNC 선반에서 1초 동안 휴지(dwell)를 주는 지령으로 틀린 것은?

① G04 U1.0
② G04 X1.0
③ G04 P1000
④ G04 W1000

✓ 일시정지기능(G04)은 시간을 나타내는 어드레스 P, U, X 등과 함께 사용한다. U와 X는 소수점 이하 3자리까지 유효하며, P는 소수점을 사용할 수 없다.

44 CNC 기계의 서보기구에서 기계적 운동상태를 전기적 신호로 바꾸는 회전 피드백 장치는?

① 엔코더
② 서미스터
③ 압력 센서
④ 초음파 센서

✓ • 서미스터 : 온도에 따라서 저항값이 현저하게 변하는 저항체. 이것을 이용하여 여러 가지 측정기와 제어기를 만드는 센서
• 압력센서 : 액체 또는 기체의 압력을 검출하고, 계측이나 제어에 사용하기 쉬운 전기신호로 변환하여 전송하는 장치
• 초음파센서 : 사람의 귀에 들리지 않을 정도로 높은 주파수(약 20kHz 이상)의 소리인 초음파가 가지고 있는 특성을 이용한 센서

45 머시닝센터에서 사용되는 자동공구 교환장치로 옳은 것은?

① APC
② AJC
③ ATC
④ AVC

✓ • APC(Automatic Pallet Changer) : 자동팰릿교환장치
• ATC(Automatic Tool Changer) : 자동공구교환장치

46 머시닝센터 프로그램에서 공작물 좌표계를 설정하는 G코드가 아닌 것은?

① G57
② G58
③ G59
④ G60

✓ 작업(Work)좌표계 : G54~G59를 사용하여 각각의 작업영역별로 원점을 부여하여 사용한다.
G60 : 한방향 위치결정

47 CNC 선반 작업을 할 때 안전 및 유의사항으로 틀린 것은?
① 프로그램을 입력할 때 소수점에 유의한다.
② 가공 중에는 안전문을 반드시 닫아야 한다.
③ 가공 중 위급한 상황에 대비하여 항상 비상정지 버튼을 누를 수 있도록 준비한다.
④ 공작물에 칩이 감길 때는 문을 열고 주축이 회전상태에 있을 때 갈고리를 이용하여 제거한다.

✓ 공작물에 칩이 감겨 계속 작업할 경우에 위험이 감지되면, 주축의 회전을 정지하고 칩 제거 전용 갈고리를 이용하여 칩을 제거해야만 한다. 또한 기계의 문을 열 때에는 전원이 자동으로 차단되어 모든 동작이 정지되어야 한다.

48 아래 프로그램의 밑줄친 부분의 의미로 맞는 것은?

G96 S1000 ;

① 1000m/sec   ② 1000m/min
③ 1000m/h   ④ 1000rpm

✓ G96 : 절삭속도(m/min) 일정제어, G97 : 주축회전수(rpm) 일정제어

49 아래 그림에서 CNC 선반 공구 인선을 보정할 때 우측 보정(G42)을 나타낸 것끼리 짝지어진 것은?

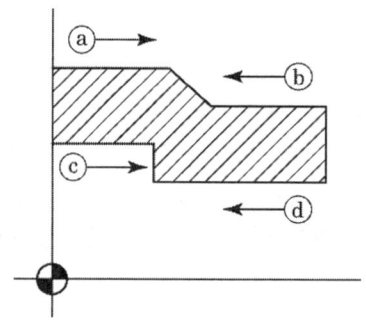

① ⓐ, ⓒ   ② ⓐ, ⓓ
③ ⓑ, ⓒ   ④ ⓑ, ⓓ

✓ 공구 인선 반경 보정에서 프로그램 진행방향을 위쪽으로 놓고 볼 때 좌측이면 G41, 우측이면 G42를 사용한다. 공구 진행방향에서 좌측(G41)은 ⓐ, ⓓ이고 우측(G42)은 ⓑ, ⓒ이다.

50 보호구를 사용할 때의 유의사항으로 틀린 것은?
① 작업에 적절한 보호구를 선정한다.
② 관리자에게만 사용방법을 알려준다.
③ 작업장에는 필요한 수량의 보호구를 비치한다.

④ 작업을 할 때에 필요한 보호구를 반드시 사용하도록 한다.

✓ 보호구는 작업장에서 근무하는 관리자, 작업자 등의 구분없이 모든 근무자가 사용방법을 숙지하고 있어야 한다.

51 수치제어선반에서 변경되는 치수만 반복하여 명령하는 단일형 고정사이클 준비기능(G-코드)이 아닌 것은?

① G90
② G92
③ G94
④ G96

✓ G90 : 내·외경절삭사이클, G92 : 나사절삭사이클, G94 : 단면절삭사이클, G96 : 절삭속도(m/min) 일정제어, G92, G90, G94는 단일형 고정사이클이다.

52 아래와 같은 CNC 선반 프로그래밍의 단일 고정형 나사절삭사이클에서 1줄 나사를 가공할 때 F 값이 의미하는 것은?

G92 X(U) Z(W) R F ;

① 리드(lead)
② 바깥지름
③ 테이퍼 값
④ Z축 좌표값

✓ G92 X(U)_ Z(W)_ R_ F_ ;
- G92 : 나사절삭사이클
- X, Z : 나사가공 끝점 좌표
- R : 테이퍼 나사 절삭 시 테이퍼 시작점 X좌표와 테이퍼 끝점 X좌표의 차이값(반경지령)
- F : 나사의 리드

53 아래 NC 프로그램에서 N20 블록을 수행할 때 주축 회전수는 몇 rpm인가?

N10 G96 S100 ;
N20 G00 X60. Z 20.;

① 361
② 451
③ 531
④ 601

✓ N10 블록에서 G96은 절삭속도(m/min)를 뜻하며 V값이 100, N20 블록에서 X60.이므로 D값이 60이다.

따라서 $V = \frac{\pi d N}{1000}$ 에서 V=100, d=60mm이므로 $N = \frac{1000 V}{\pi d} = \frac{1000 \times 100}{3.14 \times 60} ≒ 530.78$ rpm이다.

54 선과 점을 이어 단순히 면을 표현하며 뼈대로만 구성되는 모델링 기법은?

① 솔리드
② 서피스
③ 프랙털
④ 와이어프레임

✓ • 솔리드 모델(solid model) : 면, 변, 꼭짓점으로 좌표를 인식한 모델로 모델 내부 전체가 꽉 차 있는 형태로 입체를 구현하는 방식. 면을 중심으로 모델링하는 것을 개선한 것이다.
• 서피스 모델(surface model) : 도면에 표시된 곡면의 3차원 물체를 선으로 표현하는 기법으로 와이어 프레임으로 만든 모델 위에 껍질을 씌워 놓은 형태. 이때 속은 빈 공간으로 인식된다.
• 프랙털 모델(fractal model) : 삼각형과 같은 기본적인 도형을 매개점으로 하여 기초 도형들을 계속해서 이어 나가 더 복잡하고 섬세한 모델을 제작하는 방식. 기존의 모델링 방식으로는 표현하기 어려운 산이나 구름 같은 불규칙적인 대상물을 그리

는 데 유용한 기법이다.
- 와이어 프레임 모델(wire-frame model) : 점과 선 그리고 그것을 이은 뼈대로 만든 모델. 입체를 구성하는 점과 선의 정보만 있으면 복잡한 구성체라도 간단하게 형상을 그릴 수 있다. 그러나 면의 개념은 인식하지 못한다.

55 머시닝센터에서 공구교환을 지령하는 보조기능은?

① G기능 ② S기능
③ F기능 ④ M기능

✓ G : 준비기능, S : 주축기능, F : 이송기능, M : 보조기능, M06 : 공구교환

56 CNC 선반의 공구기능 T0304의 내용이 아닌 것은?

① 공구번호 03번을 지령한다.
② 공구보정번호 04번을 지령한다.
③ 공구 보정량이 X3mm이고 Z4mm이다.
④ 공구번호와 보정번호를 다르게 지령해도 관계없다.

✓ CNC 선반에서 공구지령은 T○○□□와 같이 네자리로 지령하는데, ○○는 공구번호를 의미하고, □□는 공구보정번호를 나타낸다.

57 CNC 선반에서 A에서 B로 이동할 때의 프로그램으로 맞는 것은?

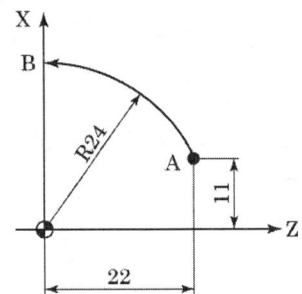

① G02 X0. Z24. I-11. K11. F0.1 ;
② G02 X0. Z24. I-22. K-11. F0.1 ;
③ G03 X48. Z0. I-11. K-22. F0.1 ;
④ G03 X48. Z0. I-22. K-22. F0.1 ;

✓ A → B의 가공은 반시계방향 원호절삭(G03)이며, 종점 B의 좌표값으로 프로그램을 작성한다. 이때 반지름값 R은 '+'로 표기(180° 이상의 원호의 경우 '-'로 표기)하고, J(또는 I)는 시작점에서 중심점까지의 벡터값을 사용한다. 따라서 다음의 4가지로 프로그램할 수 있다.
- 절대지령 : G90 G03 X0. Y24. R24. ; 또는 G90 G03 X0. Y24. J-24. ;
- 증분지령 : G91 G03 X-22. Y13. R24. ; 또는 G91 G03 X-22. Y13. J-24. ;

58 머시닝센터 프로그래밍에서 공구지름 우측보정 G-코드는?

① G40　　　　　　② G41
③ G42　　　　　　④ G43

✓ G40 : 공구 인선 반지름 보정 취소, G41 : 공구 인선 반지름 좌측 보정, G42 : 공구 인선 반지름 우측 보정, G43 : 공구 길이보정(+)

59 준비기능의 모달(modal) G-코드 설명 중 틀린 것은?

① 모달 G-코드는 그룹별로 나누어져 있다.
② 모달 G-코드 G02가 반복 지령되면 다음 블록의 G02는 생략할 수 있다.
③ 같은 그룹의 모달 G-코드를 한 블록에 지령하여 동시에 실행시킬 수 있다.
④ 모달 G-코드는 같은 그룹의 다른 G-코드가 나올 때까지 다음 블록에 영향을 준다.

✓ ③ 동일그룹의 G코드를 같은 블록 내에서 1개 이상 지령을 하면 뒤에 지령한 G-코드만 유효하게 된다.

60 머시닝센터를 이용하여 SM30C를 절삭속도 70m/min으로 가공하고자 한다. 공구는 2날-ϕ20 엔드밀을 사용하고 절삭폭과 절삭깊이를 각각 7mm씩 주었을 때, 칩 배출량은 약 몇 cm^3/min인가? (단, 날당 이송은 0.1mm이다.)

① 5.5　　　　　　② 11
③ 16.5　　　　　　④ 20

✓ $V = \dfrac{\pi dN}{1000}$ 에서

$N = \dfrac{1000\,V}{\pi d} = \dfrac{1000 \times 70}{3.14 \times 20} ≒ 1114.6\text{rpm}$

F=Fz×Z×N=0.1×2×1114.6≒223mm/min
　=22.3cm/min

칩배출량을 Q, 분당이송을 F, 절삭폭을 b, 절삭깊이를 h라 하면

∴ Q=F×b×h=22.3cm/min×0.7cm×0.7cm=10.927≒11 cm^3/min

2016년 2회 필기
컴퓨터응용선반기능사

01 다음 중 표면을 경화시키기 위한 열처리 방법이 아닌 것은?
① 풀림 ② 침탄법
③ 질화법 ④ 고주파 경화법
✓ ① 풀림은 강을 열처리한 후 일정 온도에서 일정 시간 가열 후 서냉시키며, 내부응력 등을 저하시키는 처리이다.

02 다음 중 합금공구강의 KS 재료기호는?
① SKH ② SPS
③ STS ④ GC
✓ 합금 공구강은 STS를 대표로 STD, STF 등으로도 표기된다.
①: 고속도강, ②: 스프링강, ④: 주철을 나타낸다.

03 소결 초경합금 공구강을 구성하는 탄화물이 아닌 것은?
① WC ② TiC
③ TaC ④ TMo
✓ 소결 경질합금(초경합금)은 W+C를 주성분으로 TiC, TaC를 함유하며, Co와 Ni을 소결재로 사용한다.

04 구리에 아연이 5~20% 첨가되어 전연성이 좋고 색깔이 아름다워 장식품에 많이 쓰이는 황동은?
① 포금 ② 톰백
③ 문쯔메탈 ④ 7:3 황동
✓ ①: 청동의 대표적인 것으로 Sn 8~12%를 함유한 것이다. 단조성이 좋고 강력하며, 내식성이 있어서 밸브, 코크, 기어, 베어링의 부시 등의 주물에 널리 사용된다.
③: 4・6황동이라고 하며, 적열하면 단조할 수가 있어서, 가단 황동이라고도 한다. 볼트 및 리벳 등에 사용된다.
④: 가공용 황동으로 아연을 28~30% 함유한 것으로 전연성이 크고 상온가공이 용이하여 판, 봉, 선, 관 등으로 만들어 사용한다.

05 구리에 니켈 40~50% 정도를 함유하는 합금으로서 통신기, 전열선 등의 전기저항 재료로 이용되는 것은?
① 인바 ② 엘린바
③ 콘스탄탄 ④ 모넬메탈
✓ ①: 철 63.5%에 니켈 36.5%를 첨가한 열팽창계수가 작은 합금을 말한다. 정밀기계・광학기계의 부품, 시계의 부품과 같이 온도 변화에 의해서 치수가 변하면 오차의 원인이 되는 기계에 사용된다.
②: 실용상 탄성률이 일정하고 열팽창계수도 작은 니켈합금인데 철에 36%의 니켈, 12%의 크롬을 가한다. 시계의 태엽, 계기의 스프링, 기압계용 다이어프램 등에 사용된다.
④: 강도가 높고 가공성, 용접성, 내식성이 뛰어난 우수한 재료이다.

06 강재의 크기에 따라 표면이 급랭되어 경화하기 쉬우나 중심부에 갈수록 냉각속도가 늦어져 경화량이 적어지는 현상은?

① 경화능   ② 잔류응력
③ 질량 효과   ④ 노치 효과

✓ 질량 효과는 큰 강편은 작은 것에 비하여 냉각 속도가 느리므로 담금질 효과가 작고 작은 강편은 담금질 효과가 크다.

07 Fe-C 상태도에서 온도가 낮은 것부터 일어나는 순서가 옳은 것은?

① 포정점 → A_2변태점 → 공석점 → 공정점
② 공석점 → A_2변태점 → 공정점 → 포정점
③ 공석점 → 공정점 → A_2변태점 → 포정점
④ 공정점 → 공석점 → A_2변태점 → 포정점

✓ 공석점 : 727℃, A_2 변태점 : 768℃, 공정점 : 1,148℃, 포정점 : 1,495℃

08 모듈이 2이고 잇수가 각각 36, 74개인 두 기어가 맞물려 있을 때 축 간 거리는 약 몇 mm인가?

① 100mm   ② 110mm
③ 120mm   ④ 130mm

✓ 축간거리$(C) = \dfrac{(Z_1 + Z_2)m}{2} = \dfrac{(36+74)2}{2} = 110\text{mm}$

09 축에 작용하는 비틀림 토크가 2.5kN·m이고 축의 허용전단응력이 49MPa일 때 축 지름은 약 몇 mm 이상이어야 하는가?

① 24   ② 36
③ 48   ④ 64

✓ 비틀림 토크$(T) = \tau \cdot \dfrac{\pi \cdot d^3}{16}$에서 $d^3 = \dfrac{T \cdot 16}{\pi \cdot \tau}$이 되므로

$d = \sqrt[3]{\dfrac{16 \cdot T}{\pi \cdot \tau}} = \sqrt[3]{\dfrac{16 \times 2.5 \times 10^3}{\pi \times 49 \times 10^6}} = \sqrt[3]{\dfrac{0.26}{10^3}} = 0.064\text{m} = 64\text{mm}$

10 외부 이물질이 나사의 접촉면 사이의 틈새나 볼트의 구멍으로 흘러나오는 것을 방지할 필요가 있을 때 사용하는 너트는?

① 홈붙이 너트   ② 플랜지 너트
③ 슬리브 너트   ④ 캡 너트

✓ 한쪽 면을 막아, 볼트가 관통하지 않는 모양으로 한 너트. 외관을 좋게 하거나 기밀성을 늘리기 위해 사용하는 너트

 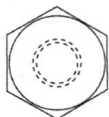

11 나사에서 리드(lead)의 정의를 가장 옳게 설명한 것은?
① 나사가 1회전했을 때 축 방향으로 이동한 거리
② 나사가 1회전했을 때 나사산상의 1점이 이동한 원주거리
③ 암나사가 2회전했을 때 축 방향으로 이동한 거리
④ 나사가 1회전했을 때 나사산상의 1점이 이동한 원주각

✓ 리드(Lead)란 나사가 축을 중심으로 한 바퀴 회전할 때 축방향으로 이동한 거리를 나타낸다.

12 다음 중 하중의 크기 및 방향이 주기적으로 변화하는 하중으로서 양진하중을 말하는 것은?
① 집중 하중   ② 분포 하중
③ 교번 하중   ④ 반복 하중

✓

하중 종류	풀이
인장 하중	작용방향으로 재료를 늘어나게 하는 하중
압축 하중	작용방향으로 재료를 누르는 하중
전단 하중	근접한 평행면에 크기가 같고 방향이 반대인 하중
굽힘 하중	재료를 굽히려고 작용하는 하중
비틀림 하중	재료가 비틀어지도록 작용하는 하중
정 하중	시간에 따라 크기와 방향이 변하지 않는 하중
동 하중	시간에 따라 크기와 방향이 변하는 하중
반복 하중	방향은 변하지 않고 연속 반복적으로 작용하는 하중
교번 하중	크기와 방향이 주기적으로 변하는 하중
충격 하중	짧은 시간에 작용하는 하중
이동 하중	이동하면서 작용하는 하중
집중 하중	재료의 한 점에 집중하여 작용하는 하중
분포 하중	일정한 범위 내에 작용하는 하중

13 리베팅이 끝난 뒤에 리벳머리의 주위 또는 강판의 가장자리를 정으로 때려 그 부분을 밀착시켜 틈을 없애는 작업은?
① 시밍   ② 코킹
③ 커플링   ④ 해머링

✓ 코킹이란 강재 사이의 틈을 완전히 제거하기가 어려우므로, 판이 겹치는 가장자리나 판을 맞댄 부분을 특수한 정으로 두드려서 틈새를 메우는(기밀 유지) 것을 말하며, 선박의 갑판이나 보트의 판자 틈을 패킹 등으로 메워서 수밀(水密)하게 하는 것도 코킹이라고 한다.

14 다음 중 축 중심에 직각방향으로 하중이 작용하는 베어링을 말하는 것은?
① 레이디얼 베어링(radial bearing)
② 스러스트 베어링(thrust bearing)
③ 원뿔 베어링(cone bearing)
④ 피벗 베어링(pivot bearing)

✓ 축 방향의 하중을 받는 베어링을 스러스트 베어링이라고 한다.

15 다음 중 자동 하중 브레이크에 속하지 않는 것은?
① 원추 브레이크 ② 웜 브레이크
③ 캠 브레이크   ④ 원심 브레이크
✓ 자동 하중 브레이크로는 ②, ③, ④항 이외에 나사 브레이크 등도 있다.

16 다음 중 밑면에서 수직한 중심선을 포함하는 평면으로 절단했을 때 단면이 사각형인 것은?
① 원뿔   ② 원기둥
③ 정사면체   ④ 사각뿔

17 기계제도에서 사용하는 다음 선 중 가는 실선으로 표시되는 선은?
① 물체의 보이지 않는 부분의 형상을 나타내는 선
② 물체에 특수한 표면처리 부분을 나타내는 선
③ 단면도를 그릴 경우에 그 절단 위치를 나타내는 선
④ 절단된 단면임을 명시하기 위한 해칭선
✓ ① : 숨은선으로 가는 파선 또는 굵은 파선으로 표시한다.
  ② : 특수 지정선으로 굵은 1점 쇄선으로 표시한다.
  ③ : 절단선으로 가는 1점 쇄선으로 끝부분 및 방향이 변하는 부분은 굵게 표시한다.
  ④ : 해칭선으로 가는 실선으로 규칙적으로 줄을 늘어놓는다.

18 헐거운 끼워 맞춤에서 구멍의 최소 허용 치수와 축의 최대 허용 치수와의 차를 무엇이라 하는가?
① 최대 틈새   ② 최소 죔새
③ 최소 틈새   ④ 최대 죔새
✓ 헐거운 끼워 맞춤이란 구멍과 축의 맞춤에서 구멍의 최소 치수보다 축의 최대 치수 쪽이 작은 경우를 말한다. 구멍과 축과의 사이에는 반드시 틈새가 있다.

19 다음 중 센터구멍의 간략도시 기호로서 옳지 않은 것은?

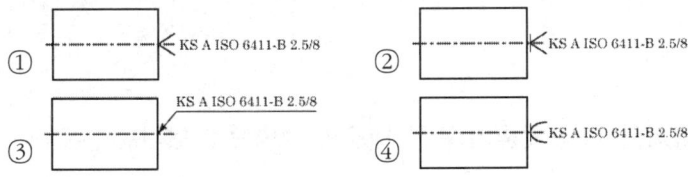

20 그림과 같은 입체의 투상도를 제3각법으로 나타낸다면 정면도로 옳은 것은?

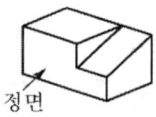

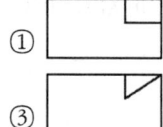 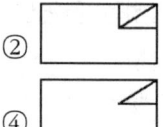

21 나사의 도시법에서 나사 각 부를 표시하는 선의 종류로 틀린 것은?
① 수나사의 바깥지름은 굵은 실선으로 그린다.
② 암나사의 안지름은 굵은 실선으로 그린다.
③ 가려서 보이지 않는 나사부는 가는 실선으로 그린다.
④ 완전 나사부와 불완전 나사부의 경계선은 굵은 실선으로 그린다.
✓ 가려서 보이지 않는 나사부는 숨은선이므로 가는 파선 또는 굵은 파선으로 표시한다.

22 치수 기입 시 사용되는 기호와 그 설명으로 틀린 것은?
① C : 45° 모떼기
② ϕ : 지름
③ SR : 구의 반지름
④ ◇ : 정사각형
✓ 정사각형은 □로 표시한다.

23 표면거칠기와 관련하여 표면 조직의 파라미터 용어와 그 기호가 잘못 연결된 것은?
① R_a : 평가된 프로파일의 산술 평균 높이
② R_q : 평가된 프로파일의 제곱 평균 평방근 높이
③ R_c : 프로파일의 평균 높이
④ R_z : 프로파일의 총 높이
✓ R_z는 10점 평균 거칠기를 나타낸다.

24 도면에서 ϕ50H7/g6로 표기된 끼워 맞춤에 관한 내용의 설명으로 틀린 것은?
① 억지 끼워 맞춤이다.
② 구멍의 치수 허용차 등급이 H7이다.
③ 축의 치수 허용차 등급이 g6이다.
④ 구멍 기준식 끼워 맞춤이다.
✓ ϕ50H7/g6에서 H7/g6는 헐거운 끼워 맞춤에 해당된다.

20. ① 21. ③ 22. ④ 23. ④ 24. ①

25 KS 기하 공차기호 중 진원도 공차기호는?
① ⌭ ② ○
③ ◎ ④ ⌖

✓ ① : 원통도, ③ : 동축도(동심도), ④ : 위치도를 나타낸다.

26 다음 중 구성인선의 임계속도에 대한 설명으로 가장 적합한 것은?
① 구성인선이 발생하기 쉬운 속도를 의미한다.
② 구성인선이 최대로 성장할 수 있는 속도를 의미한다.
③ 고속도강 절삭공구를 사용하여 저탄소강재를 120m/min으로 절삭하는 속도이다.
④ 고속도강 절삭공구를 사용하여 저탄소강재를 10~25m/min으로 절삭하는 속도이다.

✓ 구성인선의 임계속도란 구성인선이 발생하지 않는 속도로 고속도강을 이용하여 가공 시 절삭 속도가 120m/min 이상을 말한다.

27 선반에서 테이퍼를 절삭하는 방법이 아닌 것은?
① 복식 공구대에 의한 방법 ② 분할대 사용에 의한 방법
③ 심압대 편위에 의한 방법 ④ 테이퍼 절삭장치에 의한 방법

✓ 분할대는 밀링에서 일감의 각도 분할, 원주 분할 등을 할 때 사용하는 부속장치이다.

28 연삭 가공의 특징에 대한 설명으로 거리가 먼 것은?
① 가공면의 치수 정밀도가 매우 우수하다.
② 부품 생산의 첫 공정에 많이 이용되고 있다.
③ 재료가 열처리되어 단단해진 공작물의 가공에 적합하다.
④ 높은 치수 정밀도가 요구되는 부품의 가공에 적합하다.

✓ 연삭 가공은 절삭량이 많지 않은 가공법이다. 일반적으로 선반, 밀링 등에서 가공한 제품의 표면 정밀도를 연삭 숫돌이라는 공구를 이용하여 향상시키거나, 열처리한 제품을 다듬는 가공방법이다.

29 다음 중 연삭숫돌이 결합하고 있는 결합도의 세기가 가장 큰 것은?
① F ② H
③ M ④ U

✓ 결합도는 알파벳으로 A 쪽으로 가까울수록 결합도가 약한 연한 숫돌이고, Z 쪽으로 가까울수록 결합도가 단단한 숫돌이 된다. 그러므로 결합도의 세기는 F가 가장 연하고 U가 가장 강하게 된다.

30 절삭온도를 측정하는 방법에 해당하지 않는 것은?
① 열전대에 의한 방법 ② 칩의 색깔에 의한 방법
③ 칼로리미터에 의한 방법 ④ 초음파 탐지에 의한 방법

✓ 절삭온도를 측정하는 방법은 ①, ②, ③항 이외에도 복사 고온계에 의한 방법, 시온도료를 이용하는 방법, PBS 셀 광전지를 이용하는 방법 등이 있다.

25. ② 26. ③ 27. ② 28. ② 29. ④ 30. ④

31 오차의 종류에서 계기오차에 대한 설명으로 옳은 것은?

① 측정자의 눈의 위치에 따른 눈금의 읽음 값에 의해 생기는 오차
② 기계에서 발생하는 소음이나 진동 등과 같은 주위 환경에서 오는 오차
③ 측정기의 구조, 측정 압력, 측정 온도, 측정기의 마모 등에 따른 오차
④ 가늘고 긴 모양의 측정기 또는 피측정물을 정반 위에 놓으면 접촉하는 면의 형상 때문에 생기는 오차

✓ 계기오차(기기오차)는 교정 시의 오차, 측정기의 제작기술, 구조, 마찰, 마모, 기계적 변형, 기하학적 문제 등에 의해 발생하는 오차로 측정기를 정기적으로 점검하고 보정을 정확히 하면 최소화할 수 있다.

32 직경이 크고 길이가 짧은 공작물을 가공할 때, 사용하는 선반은?

① 보통 선반　　② 정면 선반
③ 탁상 선반　　④ 터릿 선반

✓ 정면 선반은 베드의 길이를 짧게, 그리고 스윙을 크게 하여 지름이 크고 길이가 짧은 공작물 가공이 용이한 선반이다.

33 인공 합성 절삭 공구재료로 고속작업이 가능하며, 난삭재료, 고속도강, 담금질강, 내열강 등의 절삭에 적합한 공구재료는?

① 서멧　　② 세라믹
③ 초경합금　　④ 입방정 질화붕소

✓ 입방정 질화붕소(CBN)는 고온 경도가 뛰어나 매우 높은 절삭 속도에 사용될 수 있으며, 인성과 열 충격 저항성이 우수하다. CBN 재종은 경도가 45HRc를 초과하는 고경도강의 선반 가공에도 광범위하게 적용되고 있다. CBN은 선삭 및 밀링 작업 모두에서 회주철의 고속 황삭에 사용될 수 있다.

34 다음 중 각도측정에 적합하지 않은 측정기는?

① 사인바　　② 수준기
③ 오토 콜리메이터　　④ 삼점식 마이크로미터

✓ 삼점식 마이크로미터는 핀(침) 3개와 마이크로미터를 이용하여 측정값을 산술식에 대입하여 가장 정확한 나사의 유효 지름을 측정하는 측정방법이다.

35 수작업으로 암나사 가공을 할 수 있는 공구는?

① 정　　② 탭
③ 다이스　　④ 스크레이퍼

✓ 수작업으로 나사를 가공하는 방법에서 암나사는 탭으로, 수나사는 다이스로 가공한다.

36 밀링작업에서 하향절삭과 비교한 상향절삭의 특징으로 옳은 것은?

① 백래시를 제거하여야 한다.
② 절삭날의 마멸이 적고 공구수명이 길다.
③ 가공할 때 충격이 있어 높은 강성이 필요하다.

31. ③　32. ②　33. ④　34. ④　35. ②　36. ④

④ 절삭력이 상향으로 작용하여 고정이 불리하다.

✓ 밀링 작업에서 상향 절삭 시 공작물을 들어올리며 가공하므로 고정을 확실히 하여야 한다.

37 전극과 가공물 사이에 전기를 통전시켜, 열에너지를 이용하여 가공물을 용융 증발시켜 가공하는 것은?

① 방전 가공 ② 초음파 가공
③ 화학적 가공 ④ 숏 피닝 가공

✓ 방전 가공은 일감과 공구 사이 방전을, 이용 재료를 조금씩 용해하면서 제거하는 가공법이다. 초경합금, 담금질강, 내열강 등의 절삭가공이 곤란한 금속을 쉽게 가공할 수 있고, 가공액으로 기름, 물, 황화유를 사용하며, 가공 전극으로는 구리, 황동, 흑연 등을 사용한다.

38 밀링에서 커터의 지름이 100mm, 한 날당 이송이 0.2mm, 커터의 날수 10개, 회전수가 478rpm일 때, 절삭속도는 약 몇 m/min인가?

① 100 ② 150
③ 200 ④ 250

✓ 절삭속도$(V) = \dfrac{\pi dn}{1,000} = \dfrac{3.14 \times 100 \times 478}{1,000} ≒ 150\text{m/min}$

39 공작기계의 기본 운동에 속하지 않는 것은?

① 이송운동 ② 절삭운동
③ 급송회전운동 ④ 위치조정운동

✓ 공작기계의 3대 기본 운동에는 절삭 운동(칩을 발생시키는 운동), 이송운동(절삭 위치로 이동하는 운동), 이송조정운동(절삭 깊이의 조정운동)이 있다.

40 주조된 구멍이나 이미 뚫은 구멍을 필요한 크기나 정밀한 치수로 넓히는 가공법은?

① 보링(boring) ② 태핑(tapping)
③ 스폿 페이싱(spot facing) ④ 카운터 보링(counter boring)

✓ ②: 암나사를 만드는 작업, ③: 너트나 볼트의 자리파기 가공, ④: 둥근 머리 볼트의 머리 부분을 일감에 묻히게 자리를 가공하는 방법

41 드릴, 탭, 호브 등의 날 여유면을 절삭할 수 있는 선반의 부속장치는?

① 이송 장치 ② 릴리빙 장치
③ 총형 바이트 장치 ④ 테이퍼 절삭 장치

✓ 릴리빙 선반이란 호브, 기어 커터 등의 여유각을 가공, 밀링 커터 탭의 공구 여유각을 가공할 때 사용되는 선반으로 릴리빙 장치가 부착된 선반이다.

42 연마제를 가공액과 혼합하여 가공물 표면에 압축공기로 고압과 고속으로 분사해 가공물 표면과 충돌시켜 표면을 가공하는 방법은?

① 래핑(lapping)　　② 버니싱(burnishing)
③ 액체 호닝(liquid honing)　　④ 슈퍼 피니싱(super finishing)

✓ 액체 호닝(liquid honing)이란 압축공기를 사용하여 연마제를 가공액과 함께 노즐을 통해 고속 분사시켜 일감 표면을 다듬는 가공법이다. 단시간에 매끈하고 광택이 없는 다듬질면을 얻을 수 있고, 피닝 효과가 있고 피로한계를 높일 수 있다. 또한, 복잡한 모양의 일감에 대해서도 간단히 다듬질할 수 있으며, 일감 표면에 잔류하는 산화피막과 거스러미를 간단히 제거할 수 있는 장점이 있다.

43 다음 중 수치제어 공작기계의 일상점검 내용으로 가장 적절하지 않은 것은?

① 습동유의 양 점검　　② 주축의 정도 점검
③ 조작판의 작동점검　　④ 비상정지 스위치 작동점검

✓ ①, ③, ④항은 일상 점검에 해당되지만 주축의 정도 검사는 주간, 월간 점검 등으로 확인한다.

44 다음 CNC 선반 프로그램에서 가공해야 될 부분의 지름이 80mm일 때, 주축의 회전수는 약 얼마인가?

```
G50 S1000 ;
G96 S120 ;
```

① 209.5rpm　　② 477.5rpm
③ 786.8rpm　　④ 1000.8rpm

✓ G96은 절삭속도 일정제어이므로 S120은 절삭속도 V=120m/min, 지름 80mm 지점에서의 주축 회전수를 구하면
$V=\dfrac{\pi dN}{1000}$ 에서 V=120, d=80mm이므로 $N=\dfrac{1000V}{\pi d}=\dfrac{1000\times 120}{3.14\times 80}≒477.5$이다.
첫 번째 블록에 지령된 주축 최고 회전수가 1000rpm(G50 : 주축 최고회전수 지정)으로 최고 회전수를 넘지 않기 때문에 지름 80mm 지점에서의 주축 회전수는 477.5rpm이다.

45 다음 CNC 선반 프로그램의 설명으로 틀린 것은?

```
G50 X150.0 Z200.0 S1300 T0100 ;
```

① G50 - 좌표계 설정
② X150.0 - X축 좌표값
③ S1300 - 주축 최고회전수
④ T0100 - 공구 보정번호 01번

✓ CNC 선반에서 공구지령은 T○○□□와 같이 네자리로 지령하는데, ○○는 공구번호를 의미하고, □□는 공구보정번호를 나타낸다. 따라서 ④ T0100은 공구번호 01번 공구보정번호 00번이다.

46 CNC 선반에서 주축의 최고 회전수를 지정해주는 프로그램으로 옳은 것은?

① G30 S700 ; ② G40 S1500 ;
③ G42 S1500 ; ④ G50 S1500 ;

✓ G30 : 제2(3, 4) 원점복귀, G40 : 공구반경보정 취소, G42 : 공구 인선 반지름 우측 보정

47 다음 그림의 A → B → C 이동지령 머시닝센터 프로그램에서 ㉠, ㉡, ㉢에 들어갈 내용으로 옳은 것은?

A → B : N01 G01 G91 ㉠ Y10. F120 ;
B → C : N02 G90 ㉡ ㉢ ;

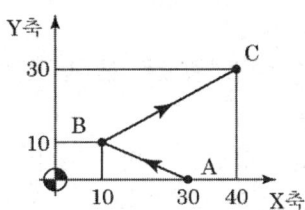

① ㉠ X10. ㉡ X30. ㉢ Y20.
② ㉠ X20. ㉡ X30. ㉢ Y30.
③ ㉠ X-20. ㉡ X30. ㉢ Y20.
④ ㉠ X-20. ㉡ X40. ㉢ Y30.

✓ 머시닝센터에서 A → B → C로 가공하는 방법은 절대지령과 증분지령의 2가지가 있다.
• 절대지령 A → B : N01 G01 G90 X10.0 Y10.0 ;
  B → C : N02 G90 X40. Y30. ;
• 증분지령 A → B : N01 G01 G91 X-20.0 Y10.0 ;
  B → C : N02 G91 X30. Y20. ;

48 CNC 선반의 원호 절삭에서 가공방향이 시계방향(CW)일 경우에 올바른 기능은?

① G00 ② G01
③ G02 ④ G03

✓ G00 : 위치 결정, G01 : 직선절삭, G02 : 시계방향 원호가공(CW), G03 : 반시계방향 원호가공(CCW)

49 다음 중 CNC 선반 가공 시 연속형 또는 불연속형 칩이 발생하는 황동이나 주철과 같이 절삭저항이 적은 재료류를 가공하기에 가장 적합한 초경공구 재질의 종류는?

① P ② M
③ K ④ S

✓ 초경공구는 탄화물 분말인 W, Ti, Ta 등을 Co나 Ni 분말과 혼합하여 고온에서 소결한 것으로 고온·고속 절삭에도 높은 경도를 유지하는 절삭공구로 강, 주강, 가단 주철 절삭용인 P계열과, 주철, 동, 알루미늄 절삭용인 K계열, 강 및 내열강, 특수 주철 절삭용인 M계열이 있으며 초미립자 초경재종으로 저속절삭에 인성이 요구되는 곳에 사용되는 UF계열이 있다.

46. ④ 47. ④ 48. ③ 49. ③

50 다음 그림에서 절삭조건 "G96 S157"로 가공할 때 A점에서의 회전수는 약 얼마인가? (단, π는 3.14로 한다.)

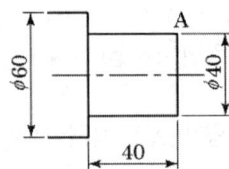

① 200rpm ② 250rpm
③ 1250rpm ④ 1500rpm

✓ G96은 절삭속도 일정제어이므로 S157은 절삭속도 V=157m/min, A점에서의 지름 40mm 지점에서의 주축 회전수를 구하면 $V=\frac{\pi dN}{1000}$ 에서 V=157, d=40mm, π=3.14이므로 $N=\frac{1000V}{\pi d}=\frac{1000\times 157}{3.14\times 40}=1250$이다.

51 와이어 컷 방전 가공기의 사용 시 주의사항으로 틀린 것은?

① 운전 중에는 전극을 만지지 않는다.
② 가공액이 바깥으로 튀어나오지 않도록 안전 커버를 설치한다.
③ 와이어의 지름이 매우 작아서 공구경의 보정을 필요로 하지 않는다.
④ 가공물의 낙하 방지를 위하여 프로그램 끝부분에 정지기능(M00)을 사용한다.

✓ 와이어 컷 방전 가공기는 정밀한 가공을 수행하는 기계이므로 와이어에 대한 공구경의 보정도 당연히 필요한 부분이다.

52 머시닝센터에서 공구 길이 보정 시 보정번호를 나타낼 때 사용하는 것은?

① A ② C
③ D ④ H

✓ D : 공구지름보정 번호, H : 공구길이보정 번호

53 서보 기구의 위치 검출 제어 방식이 아닌 것은?

① 폐쇄 회로(closed loop) 방식
② 패리티 체크(parity check) 방식
③ 복합 회로 서보(hybrid servo) 방식
④ 반폐쇄 회로(semi-closed loop) 방식

✓ • 개방회로 : 피드백장치 없이 스태핑 모터를 사용한 방식으로, 검출기가 없으므로 가공 정밀도가 좋지 않다.
• 반폐쇄회로 : 속도검출기와 위치검출기가 모터에 부착되어 있는 방식으로 스크루의 백래시, 비틀림 및 처짐, 마찰, 열변형 등에 의한 오차는 보정할 수 없다. CNC 공작기계에서 일반적으로 많이 사용하는 방식이다.
• 폐쇄회로 : 모터에 내장된 속도검출기에서 속도를 검출하고, 테이블에 부착한 위치검출기에서 위치를 검출하여 피드백하는 방식. 정밀도를 향상시킬 수 있으며, 대형 및 고속가공기에 많이 사용되는 방식이다.
• 복합회로 : 반폐쇄회로 방식과 폐쇄회로 방식을 결합하여 고정밀도로 제어하는 방식으로, 가격이 고가이다.
• 패리티 체크(parity check) : 문자(캐릭터)나 블록 중의 각 비트를 2를 법으로 하여 가산하여 가산 결과를 이전에 계산된 패리티 비트와 비교함으로써 착오가 포함되어 있는지를 조사하는 검사

54 CNC 공작기계의 정보처리회로에서 서보모터를 구동하기 위하여 출력하는 신호의 형태는?

① 문자신호 ② 위상신호
③ 펄스신호 ④ 형상신호

✓ CNC 공작기계에서 서보모터를 구동하기 위해서는 프로그램 작성자가 도면을 보고 가공경로와 가공조건 등을 CNC 프로그램으로 작성하여 입력하면 제어회로에서 처리하여 결과를 펄스(Pluse) 신호로 출력하고, 이 펄스 신호에 의하여 서보모터를 구동시킨다.

55 CNC 선반에서 그림과 같이 공작물 원점을 설정할 때 좌표계 설정으로 옳은 것은? (단, 지름지령이다.)

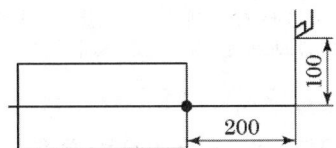

① G50 X100. Z100. ;
② G50 X100. Z200. ;
③ G50 X200. Z100. ;
④ G50 X200. Z200. ;

✓ CNC 선반에서는 공작물 좌표계 설정은 G50을 사용하며, ◆는 프로그램 좌표계의 기준점을 표시하며, 주축과 평행한 축을 Z축으로 하고, 주축과 직각인 축을 X축으로 설정한다. 따라서 그림에서 원점에서 공구가 X축으로(지름지령) +200, Z축으로 +200 위치에 있으므로 G50 X200. Z200. ;이다.

56 다음 머시닝센터의 고정 사이클 지령에서 P의 의미는?

```
G90 G99 G82 X_ Y_ Z_ R_ P_ F_ ;
```

① 매 절입량을 지정
② 탭 가공의 피치를 지정
③ 고정 사이클 반복횟수 지정
④ 구멍 바닥에서 드웰시간을 지정

✓ 머시닝센터에서 고정 사이클에 사용되는 어드레스의 의미는 다음과 같다.
G_ X_ Y_ Z_ R_ Q_ P_ F_ K_ (또는 L_) ;
- X_ Y_ : 구멍위치
- Z_ : 구멍의 최종 깊이
- R_ : R점 좌표
- Q_ : 1회 절입깊이
- P_ : Dwell 시간
- F_ : 이송속도
- K_ (또는 L_) : 반복 횟수

57 다음 중 반드시 장갑을 착용하고 작업해야 하는 것은?
① 드릴 작업 ② 밀링 작업
③ 선반 작업 ④ 용접 작업

✓ 회전기계(드릴, 밀링, 선반 등)에서 장갑을 착용하는 것은 회전하는 일감에 말릴 위험이 있으므로 절대로 착용해서는 안 된다.

58 DNC(Direct Numerical Control) 시스템의 구성 요소가 아닌 것은?
① 컴퓨터와 메모리 장치
② 공작물 장·탈착용 로봇
③ 데이터 송수신용 통신선
④ 실제 작업용 CNC 공작기계

✓ DNC(Distributed Numerical Control) : CAD/CAM 시스템과 CNC 기계를 근거리 통신망으로 연결하여 1대의 컴퓨터에서 여러 대의 CNC 공작기계에 데이터를 분배 전송함으로써 운전할 수 있는 방식. ①, ③, ④ 이외에 DNC 운영 컴퓨터, 입·출력장치 등이 필요하다.

59 CNC 프로그램에서 보조 프로그램(sub program)을 호출하는 보조기능은?
① M00 ② M09
③ M98 ④ M99

✓ M00 : 프로그램 정지, M09 : 절삭유 OFF, M98 : 보조 프로그램 호출, M99 : 보조 프로그램 종료

60 CNC 선반에서 나사절삭 시 이송기능(F)에 사용되는 숫자의 의미는?
① 리드 ② 절입각도
③ 감긴 방향 ④ 호칭 지름

✓ CNC 선반에서 이송속도 F는 회전당 이송거리(mm/rev)이며, 나사에서 1회전당 이동거리는 나사의 리드이다.

2016년 4회 필기

컴퓨터응용선반기능사

01 6-4 황동에 철 1~2%를 첨가함으로써 강도와 내식성이 향상되어 광산기계, 선박용 기계, 화학기계 등에 사용되는 특수 황동은?

① 쾌삭 메탈　　② 델타 메탈
③ 네이벌 황동　④ 애드미럴티 황동

　✓ ① : 강도를 너무 떨어뜨리지 않고 절삭하기 쉽도록 개량한 강
　　③ : Cu 62%, Zn 37%가 주성분인 6 : 4황동으로 내식성과 강도가 증가하고, 기어, 플랜지, 볼트, 축 등에 사용한다.
　　④ : Cu 70%, Zn 약 30%인 7 : 3황동으로 내식성이 풍부하여 선박용 부품, 복수기 등에 사용된다.

02 냉간 가공된 황동제품들이 공기 중의 암모니아 및 염류로 인하여 입간부식에 의한 균열이 생기는 것은?

① 저장 균열　② 냉간 균열
③ 자연 균열　④ 열간 균열

　✓ 자연 균열은 담금질 또는 담금질, 뜨임한 재료나 냉간가공 등에 의해 재료의 내부에 생긴 잔류응력 때문에 실온 부근에 방치되어 있는 사이에 발생하는 균열로 입간부식에 의해 촉진된다.

03 탄소강에 함유되는 원소 중 강도, 연신율, 충격치를 감소시키며 적열취성의 원인이 되는 것은?

① Mn　② Si
③ P　④ S

　✓ ① : 주조성과 담금질 효과를 향상시킨다.
　　② : 인장강도, 탄성한계, 경도 등을 상승시킨다.
　　③ : 강도와 경도를 증가시키고 연신율을 감소시킨다.

04 절삭 공구로 사용되는 재료가 아닌 것은?

① 페놀　② 서멧
③ 세라믹　④ 초경합금

　✓ 페놀은 합성수지·합성섬유·염료·살충제·방부제·소독제 등 화학제품원료로 사용된다.

05 탄소강에 함유된 원소 중 백점이나 헤어크랙의 원인이 되는 원소는?

① 황　② 인
③ 수소　④ 구리

　✓ ① : 강도, 인성, 경도 등을 증대시킨다.
　　② : 강도와 경도를 증가시키고 연신율을 감소시킨다.
　　④ : 강도, 경도, 내식성, 탄성한도 등을 증가시킨다.

01. ② 02. ③ 03. ④ 04. ① 05. ③

06 철강의 열처리 목적으로 틀린 것은?
① 내부의 응력과 변형을 증가시킨다.
② 강도, 연성, 내마모성 등을 향상시킨다.
③ 표면을 경화시키는 등의 성질을 변화시킨다.
④ 조직을 미세화하고 기계적 특성을 향상시킨다.
✓ 강의 열처리 목적은 ②, ③, ④항 이외에도 내부 응력과 변형을 감소시킨다.

07 상온이나 고온에서 단조성이 좋아지므로 고온가공이 용이하며 강도를 요하는 부분에 사용하는 황동은?
① 톰백   ② 6-4황동
③ 7-3황동   ④ 함석황동
✓ Cu 62%, Zn 37%가 주성분인 6 : 4황동으로 내식성과 강도가 증가하고, 기어, 플랜지, 볼트, 축 등에 사용한다.

08 미끄럼 베어링의 윤활 방법이 아닌 것은?
① 적하 급유법   ② 패드 급유법
③ 오일링 급유법   ④ 충격 급유법
✓ 미끄럼 베어링의 윤활 방법으로는 ①, ②, ③항 이외에도 그리스 윤활법 등이 있다.

09 일반 스퍼 기어와 비교한 헬리컬 기어의 특징에 대한 설명으로 틀린 것은?
① 임의의 비틀림각을 선택할 수 있어서 축 중심거리의 조절이 용이하다.
② 물림 길이가 길고 물림률이 크다.
③ 최소 잇수가 적어서 회전비를 크게 할 수가 있다.
④ 추력이 발생하지 않아서 진동과 소음이 적다.

10 8kN의 인장하중을 받는 정사각봉의 단면에 발생하는 인장응력이 5MPa이다. 이 정사각봉의 한 변의 길이는 약 몇 mm인가?
① 40   ② 60   ③ 80   ④ 100
✓ 하중=8kN, 응력=5MPa, 한 변의 길이=d에서 정사각형 면적=$d \times d = d^2$이다.
응력=$\frac{하중}{단면적}$에서 $5 \times 10^6 Pa = \frac{8 \times 10^3 N}{d^2}$이고 $d^2 = \frac{8 \times 10^3 N}{5 \times 10^6 N/m^2} = 1.6 \times 10^{-3} m^2$
∴ $d = \sqrt{1.6 \times 10^{-3} m} = 0.04m = 40mm$

11 기계의 운동에너지를 흡수하여 운동속도를 감속 또는 정지시키는 장치는?
① 기어   ② 커플링
③ 마찰차   ④ 브레이크
✓ ① : 2개 또는 그 이상의 축 사이에 회전이나 동력을 전달하는 요소
  ② : 어떤 축에서 다른 축으로 회전을 전달하기 위하여 사용되는 요소

06. ① 07. ② 08. ④ 09. ④ 10. ① 11. ④

③ : 2개의 바퀴면을 직접 접촉시켜 접촉면의 마찰력을 이용해 동력을 전달하는 요소

12 핀(pin)의 종류에 대한 설명으로 틀린 것은?
① 테이퍼 핀은 보통 1/50 정도의 테이퍼를 가지며, 축에 보스를 고정시킬 때 사용할 수 있다.
② 평행핀은 분해·조립하는 부품의 맞춤면의 관계 위치를 일정하게 할 필요가 있을 때 주로 사용된다.
③ 분할핀은 한쪽 끝이 2가닥으로 갈라진 핀으로 축에 끼워진 부품이 빠지는 것을 막는 데 사용할 수 있다.
④ 스프링 핀은 2개의 봉을 연결하기 위해 구멍에 수직으로 핀을 끼워 2개의 봉이 상대각운동을 할 수 있도록 연결한 것이다.
✓ 탄성이 있는 얇은 강판을 원통 모양으로 둥글게 말아서 핀의 반지름 방향으로 스프링 작용이 발생하게 한 핀

13 체인 전동의 일반적인 특징으로 거리가 먼 것은?
① 속도비가 일정하다.　　② 유지 및 보수가 용이하다.
③ 내열, 내유, 내습성이 강하다.　④ 진동과 소음이 없다.
✓ 체인 전동은 ①, ②, ③항과 같은 장점이 있지만 고속 전동 시 진동과 소음 발생이 쉽고 두 축이 평행한 경우에만 전동이 가능하다.

14 회전체의 균형을 좋게 하거나 너트를 외부에 돌출시키지 않으려고 할 때 주로 사용하는 너트는?
① 캡 너트　　　　② 둥근 너트
③ 육각 너트　　　④ 와셔붙이 너트
✓ ① : 너트의 한쪽을 관통하지 않도록 만든 것으로, 증기, 기름 등의 누출을 막고 외부로부터의 먼지 등의 오염물 침입을 막는 데 쓰인다.
③ : 6각 모양으로 되어 있는 가장 일반적인 너트
④ : 너트의 밑면에 넓은 원형 플랜지가 붙어 있어 볼트 구멍이 크거나 접촉면과의 접촉 면적을 크게 할 때 사용되는 너트

15 한쪽은 오른나사, 다른 한쪽은 왼나사로 되어 양끝을 서로 당기거나 밀거나 할 때 사용하는 기계요소는?
① 아이 볼트　　　② 세트 스크류
③ 플레이트 너트　④ 턴버클
✓ 한쪽의 수나사는 오른나사이고, 다른 쪽 수나사는 왼나사로 되어 있다. 암나사가 있는 부분, 즉 너트를 회전하면 2개의 수나사는 서로 접근하고, 회전을 반대로 하면 멀어진다.

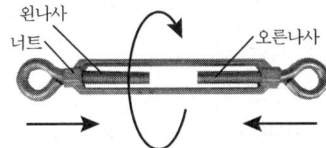
턴버클/구조

12. ④　13. ④　14. ②　15. ④

16 가공에 의한 줄무늬 방향의 기호 중 대략 동심원 모양을 나타내는 것은?

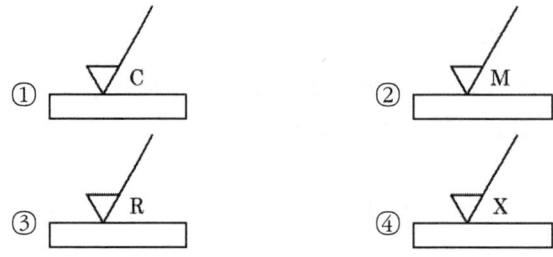

✓ ② : 여러 방향으로 교차 또는 무방향
③ : 기호를 기입한 면의 중심에 대하여 대략 레이디얼 방향
④ : 경사지고 두 방향으로 교차를 나타낸다.

17 단면도의 표시 방법에서 그림과 같이 도시하는 단면도의 종류 명칭은?

① 전단면도 ② 한쪽 단면도
③ 부분 단면도 ④ 회전 도시 단면도

✓ 회전 도시 단면도는 그림과 같이 부품의 일부를 수직한 면으로 절단하고 그 면 위에 그려진 단면도를 90도 회전하여 도면에 그린 것으로, 암, 풀리, 후크, 리브, 축 등을 투상시킬 때 많이 사용한다.

18 헐거운 끼워 맞춤에서 구멍의 최대 허용치수와 축의 최소 허용치수와의 차를 의미하는 용어는?

① 최소 틈새 ② 최대 틈새
③ 최소 죔새 ④ 최대 죔새

✓ 헐거운 끼워 맞춤이란 구멍과 축의 맞춤에서 구멍의 최소 치수보다 축의 최대 치수 쪽이 작은 경우를 말한다. 구멍과 축과의 사이에는 반드시 틈새가 있다.

19 다음과 같이 지시된 기하공차 기입 틀의 해독으로 옳은 것은?

| // | 0.07/100 | B |

① 평행도가 데이텀 B를 기준으로 지정길이 100mm에 대하여 0.07mm의 허용값을 가지는 것
② 평행도가 데이텀 B를 기준으로 지정길이 0.07mm에 대하여 100mm의 허용값을 가지는 것
③ 평행도가 데이텀 B를 기준으로 0.0007mm의 허용값을 가지는 것
④ 평행도가 데이텀 B를 기준으로 0.07~100mm의 허용값을 가지는 것

✓ // : 평행도, 0.07/100 : 지정길이 100mm에 대하여 0.07mm의 허용값, B는 기준 데이텀을 나타낸다.

20 가는 1점 쇄선의 용도로 적합하지 않은 것은?

① 도형의 중심을 표시하는 데 사용
② 중심이 이동한 중심궤적을 표시하는 데 사용
③ 위치 결정의 근거가 된다는 것을 명시할 때 사용
④ 단면의 무게 중심을 연결한 선을 표시하는 데 사용

✓ ①, ② : 중심선으로 가는 1점 쇄선을 사용한다.
③ : 기준선으로 가는 1점 쇄선을 사용한다.
④ : 무게 중심선으로 가는 2점 쇄선을 사용한다.

21 다음 치수 기입 방법 중 호의 길이로 옳은 것은?

① 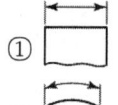   ②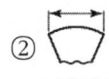
③   ④

✓ ② : 현의 치수를 나타낸다.

22 도면과 같이 위치도를 규제하기 위하여 B 치수에 이론적으로 정확한 치수를 기입한 것은?

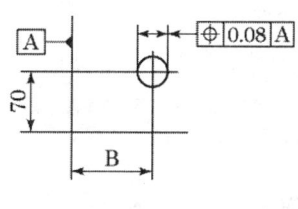

① (100)   ② <u>100</u>
③ $\overline{100}$ ④ $\boxed{100}$

23 그림과 같은 입체도를 화살표 방향에서 본 투상도로 가장 옳은 것은? (단, 해당 입체는 화살표 방향으로 볼 때 좌우대칭 구조이다.)

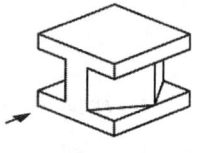

① 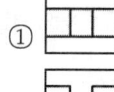   ②
③   ④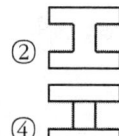

20. ④ 21. ③ 22. ④ 23. ③

24 축의 도시 방법에 관한 설명으로 옳은 것은?
① 축은 길이방향으로 온단면 도시한다.
② 길이가 긴 축은 중간을 파단하여 짧게 그릴 수 있다.
③ 축의 끝에는 모떼기를 하지 않는다.
④ 축의 키 홈을 나타낼 경우 국부 투상도로 나타내어서는 안된다.

✓ ① : 축은 길이방향은 단면 도시하지 않는다.
③ : 축의 끝에는 모떼기를 한다.
④ : 키 홈 등과 같이 나타낼 필요가 있으면 부분 단면으로 나타낸다.

25 도면에 표시된 3/8-16UNC-2A의 해석으로 옳은 것은?
① 피치는 3/8인치이다.
② 산의 수는 1인치당 16개이다.
③ 유니파이 가는 나사이다.
④ 나사부의 길이는 2인치이다.

✓ 3/8 : 나사의 호칭 지름, 16 : 산의 수는 1인치당 16개, UNC : 유니파이 보통나사, 2A : 나사의 등급을 나타낸다.

26 구동 방법에 의한 3차원 측정기의 분류가 아닌 것은?
① 래핑형　　② 수동형
③ 자동형　　④ 조이스틱형

✓ 3차원 측정기에서 구동 방법에 의한 분류에는 수동형(프로팅형), 조이스틱형, 자동형(CNC형)이 있고, 몸체 구조에 의한 분류에는 캔틸레버형, 컬럼형, 이동 브리지형, 고정 브리지형, 관절형 측정 로봇 등이 있다.

27 바깥지름 연삭기의 이송방법에 해당하지 않는 것은?
① 플런지 컷형　　② 테이블 왕복형
③ 연삭 숫돌대 왕복형　　④ 공작물 고정 유성형 연삭

✓ 외경(바깥지름) 연삭기는 구조에 따라 보통 외경 연삭기, 만능 연삭기, 센터리스 연삭기 등이 있고, 이송 방식은 테이블 왕복형, 연삭 숫돌대 왕복형, 플런지 컷형 등이 있다.

28 선반 주축대에 대한 설명으로 틀린 것은?
① 주축과 변속장치를 내장하고 있다.
② 주축 내부는 모스 테이퍼로 되어 있다.
③ 절삭저항이나 진동에 견딜 수 있는 특수강을 사용한다.
④ 주축은 강도와 경도를 높이기 위하여 중실축으로 만든다.

✓ 주축은 강도와 경도를 높이기 위하여 그리고 주축을 지지하는 베어링의 하중 감소, 긴 가공물 고정, 비틀림 등의 변형 방지 등을 이유로 중공축으로 만든다.

29 줄 작업 시 줄눈의 거친 순서에 따라 작업하는 순서로 옳은 것은?
① 세목 → 황목 → 중목　　② 중목 → 세목 → 황목

③ 황목 → 세목 → 중목   ④ 황목 → 중목 → 세목
✓ 줄 작업은 치수를 맞추기 위해 거친 눈(황삭)으로부터 시작하여 표면의 조도를 높이기 위해 고운 눈(세목)으로 마무리를 한다.

30 다음 바이트의 각도를 나타낸 그림에서 C는?

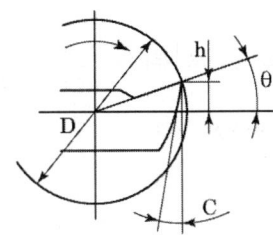

① 경사각 ② 날끝각
③ 여유각 ④ 중립각

✓ 경사각(θ)은 절삭성 향상을 위해 주어진다. 경사각이 크면 절삭성은 향상되지만 날 끝이 약해져 수명이 단축되는 단점이 있으므로 일감의 재질과 절삭 조건에 맞게 적당히 주어야 한다. C는 여유각을 나타내며, 일감과 공구의 마찰 감소를 위하여 주어진다.

31 연삭숫돌의 표시방법 순서로 옳은 것은?
① 숫돌입자의 종류 → 입도 → 결합제 → 조직 → 결합도
② 숫돌입자의 종류 → 입도 → 결합도 → 조직 → 결합제
③ 숫돌입자의 종류 → 조직 → 결합도 → 입도 → 결합제
④ 숫돌입자의 종류 → 입도 → 조직 → 결합도 → 결합제

✓ 연삭숫돌의 표시방법은 숫돌입자의 종류 → 입도 → 결합도 → 조직 → 결합제의 종류로 나타낸다.

32 절삭 공구의 구비 조건에 대한 설명으로 틀린 것은?
① 성형성이 좋고 가격이 저렴할 것
② 내마모성이 작고 마찰계수가 높을 것
③ 높은 온도에서 경도가 떨어지지 않을 것
④ 공작물보다 단단하고 적당한 인성이 있을 것

✓ 절삭 공구의 구비 조건은 ①, ③, ④항 이외에도 내마모성이 높아야 한다.

33 드릴링 머신에서 할 수 없는 작업은?
① 리밍 ② 태핑
③ 카운터 싱킹 ④ 슈퍼 피니싱

✓ 드릴링 머신에서는 드릴링, 리밍, 보링, 카운터 보링, 카운터 싱킹, 스폿 페이싱, 태핑이 기본적인 작업이다.

34 밀링머신의 규격을 나타내는 방법으로 옳은 것은?
① 밀링 본체의 크기
② 전동 마력의 크기
③ 테이블의 이송거리
④ 스핀들의 RPM 크기
✓ 밀링머신의 규격은 테이블의 이송거리(가로×세로×상하)로 나타낸다.

35 선반에서 테이퍼 절삭 방법이 아닌 것은?
① 리드 스크루에 의한 방법
② 복식 공구대에 의한 방법
③ 심압대 편위에 의한 방법
④ 테이퍼 절삭장치에 의한 방법
✓ 선반에서 테이퍼 절삭 방법에는 ②, ③, ④항의 방법이 있고, 리드 스크루는 나사를 가공하고자 할 때 사용한다.

36 윤활제의 구비 조건으로 틀린 것은?
① 열에 대해 안정성이 높아야 한다.
② 산화에 대한 안정성이 높아야 한다.
③ 온도변화에 따른 점도변화가 커야 한다.
④ 화학적으로 불활성이며 깨끗하고 균질해야 한다.
✓ 윤활제의 구비 조건은 ①, ②, ④항과 사용 상태에서 충분한 점도를 유지해야 하고, 윤활 상태에서 견딜 수 있는 유성이 있어야 한다.

37 가공 방법에 따른 공구와 공작물의 상호 운동 관계에서 공구와 공작물이 모두 직선 운동을 하는 공작 기계로 바르게 짝지어진 것은?
① 셰이퍼, 연삭기
② 밀링머신, 선반
③ 셰이퍼, 플레이너
④ 호닝머신, 래핑머신
✓ ① 셰이퍼 : 직선 운동, 연삭기 : 공구(숫돌)의 회전 운동
② 밀링 머신 : 공구(커터)의 회전 운동, 선반 : 일감의 회전 운동
③ 셰이퍼, 플레이너 : 공구와 공작물 모두 직선 운동을 하여 평삭기라고도 한다.
④ 호빙 머신 : 공구와 공작물의 회전 운동, 래핑 머신 : 직선 또는 회전 운동

38 측정자의 직선운동을 지침의 회전 운동으로 변화시켜 눈금으로 읽을 수 있는 길이 측정기는?
① 드릴 게이지
② 마이크로미터
③ 다이얼 게이지
④ 와이어 게이지
✓ ① : 드릴 직경을 측정하는 게이지
② : 길이의 변화를 나사의 회전각과 지름에 의해 확대하여 그 확대된 길이에 눈금을 붙여 작은 길이의 변화를 읽도록 한 측정기

34. ③ 35. ① 36. ③ 37. ③ 38. ③

④ : 각종 선재의 지름이나 판의 두께를 측정하는 것

39 블록게이지, 한계게이지 등의 게이지류, 렌즈, 광학용 유리 기구 등을 다듬질하는 가공법은?

① 래핑
② 호닝
③ 액체호닝
④ 평면 그라인딩

✓ 래핑은 랩제(미소 분말 입자)와 일감의 상대 운동에 의해 매끈한 거울면을 만드는 가공으로 측정기류, 광학용 등의 최종 마무리 가공법이다.

40 다음 설명에 해당하는 칩(chip)은?

> 공구가 진행함에 따라 일감이 미세한 간격으로 계속적으로 미끄럼 변형을 하여 칩이 생기며, 연속적으로 공구 윗면을 흘러 나가는 모양의 칩이다.

① 균열형 칩(crack type chip)
② 유동형 칩(flow type chip)
③ 열단형 칩(tear type chip)
④ 전단형 칩(shear type chip)

✓ ① : 취성이 많은 일감(주철류)을 가공 시에 칩이 부서지며 발생하는 칩
③ : 점성이 많은 일감(알루미늄, 납 등)을 가공 시에 뜯기듯이 발생하는 칩으로 경작형, 뜯기형이라고도 한다.
④ : 절삭 깊이가 크고 경사각이 작아 칩이 끊어지게 발생하는 형

41 직접 분할법으로 6등분을 할 때, 직접 분할판의 크랭크 회전수는?

① 1회전
② 2회전
③ 3회전
④ 4회전

✓ 직접 분할법은 직접 분할판의 24개의 구멍을 이용하여 24의 약수인 24, 12, 8, 6, 4, 3, 2등분이 가능한 분할법이다.
따라서 직접 분할판 이동 구멍수$(x) = \dfrac{24}{등분수(n)} = \dfrac{24}{6} = 4$

42 수평 밀링머신에서 밀링커터를 고정하는 곳은?

① 아버
② 컬럼
③ 바이스
④ 테이블

✓ 수평 밀링에서는 아버에 고정하고, 수직 밀링에서는 아버 또는 콜렛과 어댑터에 고정한다.

43 다음 그림에서 자동코너 R가공을 할 때 A점에서 C점까지의 가공 프로그램으로 옳은 것은?

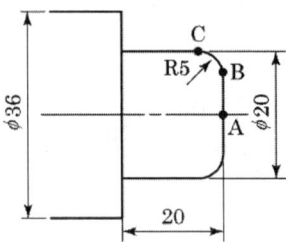

① G01 X10. R5. F0.1;   ② G01 X20. R5. F0.1;
③ G01 X10. R-5. F0.1; ④ G01 X20. R-5. F0.1;

✓ 자동코너 R : G01 {X(U)__ R±r} F__ : 지령형식 ①
　　　　　　　　{Z(W)__ R±r} F__ : 지령형식 ②
지령형식 ① X축에서 Z축 방향으로(공구이동 a → d → c)

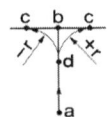 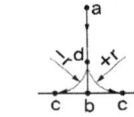

지령형식 ② Z축에서 X축 방향으로(공구이동 a → d → c)

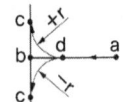 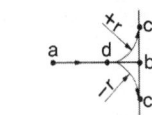

그림에서 A → C는 지령형식 ①에 해당한다.

44 머시닝센터 프로그램에서 G코드의 기능이 틀린 것은?

① G90 - 절대 명령　　② G91 - 증분 명령
③ G99 - 회전당 이송　④ G98 - 고정 사이클 초기점 복귀

✓ ③의 G99(회전당 이송(mm/rev) 지정)는 CNC 선반에서 사용되는 코드이며 머시닝에서의 G99는 고정사이클 R점 복귀이다.

45 CNC 선반에서 900rpm으로 회전하는 스핀들에 3회전 동안 이송정지를 하고자 한다. 올바른 지령으로만 짝지어진 것은?

① G04 X0.2; G04 U0.2; G04 P200;
② G04 X1.5; G04 U1.5; G04 P1500;
③ G04 X2.0; G04 U2.0; G04 P2000;
④ G04 X2.7; G04 U2.7; G04 P2700;

✓ 3회전 휴지에 해당하는 시간 x는 다음과 같은 비례식으로 산출할 수 있다.
N : 3회전=60 : x에서 N=900이므로 ∴ $x = \dfrac{180}{N} = \dfrac{180}{900} = 0.2$초
일시정지 지령은 G04로 하며, 0.18초를 word로 표현하면 P200, X0.2, U0.2 등으로 나타낼 수 있다.

46 안전한 작업자의 행동으로 볼 수 없는 것은?

① 기계 위에 공구나 재료를 올려놓지 않는다.
② 기계의 회전을 손이나 공구로 멈추지 않는다.
③ 절삭공구는 길게 장착하여 절삭 시 접촉면을 크게 한다.
④ 칩을 제거할 때는 장갑을 끼고 브러시나 칩 클리너를 사용한다.

✓ 절삭 공구의 돌출은 공구에 따라 적당한 돌출을 선택하여야 하며, 필요 이상의 돌출 시에는 공구 수명의 단축, 그리고 위험에 노출되어 안전에 위배되므로 조심하여야 한다.

47 공작기계의 핸들 대신에 구동모터를 장치하여 임의의 위치에 필요한 속도로 테이블을 이동시켜 주는 기구의 명칭은?

① 검출기구　　　　② 서보기구
③ 펀칭기구　　　　④ 인터페이스 회로

✓ 서보기구 : 기계의 제어축을 구동하는 장치로서, 테이블의 이송속도 및 위치를 제어해 주는 장치

48 CNC 선반 가공 프로그램에서 반드시 전개 번호를 사용해야 하는 G-코드는?

① G30　　　　② G32
③ G70　　　　④ G90

✓ G70(정삭사이클) P__ Q__ :
　P : 다듬절삭 지령절의 첫 번째 전개번호 Q : 다듬절삭 지령절의 마지막 전개번호
　G30 : 제2(3, 4)원점복귀, G32 : 나사가공, G90 : 내·외경 절삭사이클

49 도면을 보고 프로그램을 작성할 때 절대 좌표계의 기준이 되는 점으로서 프로그램 원점 또는 공작물 원점이라고도 하는 좌표계는?

① 기계좌표계　　　　② 상대좌표계
③ 공작물좌표계　　　④ 공구보정좌표계

✓ • 기계좌표계 : 기계의 원점을 기준으로 하는 좌표계로서 공장 출하 시에 파라미터에 의해 결정된다.
　• 상대좌표계 : 사용자 편의대로 사용할 수 있는 임의 좌표계로서 공구세팅이나 공작물좌표계 설정 시에 편의에 따라 사용할 수 있다.
　• 공작물좌표계 : 공작물의 특정위치에 절대좌표계의 원점을 일치시켜 사용한다.

50 CNC 선반에서 날끝 반지름 보정을 하지 않으면 가공치수에 영향을 주는 가공은?

① 나사 가공　　　　② 단면 가공
③ 드릴 가공　　　　④ 테이퍼 가공

✓ 공구인선 R보정 : 공구의 끝점은 공구인선 반경 R을 갖는 원이기 때문에 테이퍼 절삭이나 원호 절삭 시에 가공 치수에 많은 영향을 주게 된다. 따라서 공구 위치 오프셋만으로 보정이 되지 않는 부분을 자동적으로 보정을 해주는 것을 공구인선 R보정이라고 한다.

51 여러 대의 CNC 공작기계를 한 대의 컴퓨터에 연결해 데이터를 분배하여 전송함으로써 동시에 운전할 수 있는 방식은?

① NC ② CAD
③ CNC ④ DNC

✓ • NC(Numerical Control) : 소재에 대한 공구의 수치제어
• CAD(Computer Aided Design) : 컴퓨터를 사용해서 설계하는 시스템으로 기계, 건축, 선박, 항공 등에 활용
• CNC(Computerized Numerical Control) : 컴퓨터를 내장한 수치제어
• DNC(Distributed Numerical Control) : CAD/CAM 시스템과 CNC 기계를 근거리 통신망으로 연결하여 1대의 컴퓨터에서 여러 대의 CNC 공작기계에 데이터를 분배 전송함으로써 운전할 수 있는 방식

52 CNC 장비에서 공구장착 및 교환 시 안전을 위하여 필수적으로 점검할 사항이 아닌 것은?

① 공구 길이보정 상태를 확인하고 보정값을 삭제한다.
② 윤활유 및 공기의 압력이 규정에 적합한지 확인한다.
③ 툴 홀더의 공구 고정볼트가 견고히 고정되어 있는지 확인한다.
④ 기계의 회전부위나 작동부위에 신체접촉이 생기지 않도록 한다.

✓ ①항은 공구 장착 및 교환 시의 안전에 따른 점검 사항이 아니다.

53 CNC 선반에서 G92를 이용하여 나사가공할 때, 그림에서 나사를 절삭하는 부분에 해당하는 것은?

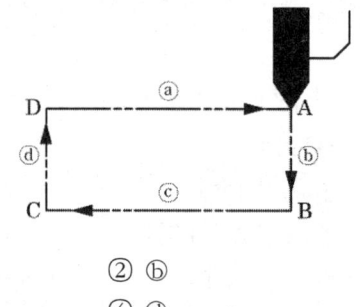

① ⓐ ② ⓑ
③ ⓒ ④ ⓓ

✓ G92 X(U)_ Z(W)_ R_ F_ ;
• G92 : 나사절삭사이클
• X, Z : 나사가공 끝점 좌표
• R : 테이퍼 나사 절삭 시 테이퍼 시작점 X좌표와 테이퍼 끝점 X좌표의 차이값(반경지령)
• F : 나사의 리드
• 공구 경로 : A(초기점) → B(가공 시작점) → C(가공 끝점) → D(X축 안전거리 후퇴)의 경로로 절삭이송은 B점에서 C점으로 이동 시에 일어난다.

54 CNC 선반에서 현재의 위치에서 다른 점을 경유하지 않고 X축만 기계원점으로 복귀하는 것은?

① G28 X0 ; ② G28 U0 ;
③ G28 W0 ; ④ G28 U100.0 ;

✓ G28 X(U)__ Z(W)__ ;
X(U), Z(W) : 원점 복귀 축 지령, 뒤의 숫자는 중간 경유점의 좌표값이 된다.(지령하지 않은 축은 원점 복귀하지 않는다.)
- G28 X0 ; → 공작물 좌표계 원점으로 이동 후 복귀
- G28 U0 ; → 현재 위치에서 X축만 원점 복귀
- G28 W0 ; → 현재 위치에서 Z축만 원점 복귀
- G28 U100.0 ; → 현재 위치에서 X축으로 100mm만큼 이동한 후 X축만 원점 복귀

55 다음 CNC 선반 프로그램에서 N50 블록에 해당되는 주축 회전수는 약 몇 rpm인가?

```
N10 G50 X150. Z150. S1800 ;
N20 T0100 ;
N30 G96 S170 M03 ;
N40 G00 X40. Z3. T0101 M08 ;
N50 G01 X35. F0.2 ;
```

① 1546 ② 1719
③ 1800 ④ 1865

✓ N30 블록에서 G96은 절삭속도 일정제어이므로 S170은 절삭속도이고 N50 블록에서 X값이 지름이 되므로 35mm 이다.
$V = \dfrac{\pi d N}{1000}$ 에서 V=170, d=35mm이므로, N50 블록에서의 주축 회전수를 구하면
$N = \dfrac{1000\,V}{\pi d} = \dfrac{1000 \times 170}{3.14 \times 35} ≒ 1546$이다.
그러나 N10 블록에 지령된 주축 최고 회전수가 1800rpm(G50 : 주축 최고 회전수 지정)으로 최고 회전수를 넘지 않기 때문에 N50 블록에서의 주축 회전수는 1546rpm이다.

56 CNC 선반 가공에서 기준 공구 인선의 좌표와 해당 공구 인선의 좌표 차이를 무엇이라 하는가?

① 공구 간섭   ② 공구 보정
③ 공구 벡터   ④ 공구 운동

✓ ② 공구 보정 : 일반적으로 공구의 Insert Tip 선단부에는 인선 R이 있으므로 테이퍼 절삭 및 원호 절삭 시 과소절삭이나 과대 절삭 부분이 발생하게 되는데 인선 R에 의해 발생하는 좌표 차이를 자동으로 보정하는 것이 공구 보정이다.

57 머시닝센터 이송에 관련된 준비기능의 설명으로 옳은 것은?

① G95는 1분당 이송량이다.
② G94는 1회전당 이송량이다.
③ G95의 값을 변화시키면 가공시간이 변한다.
④ G94의 값을 변화시키면 주축회전수가 변한다.

✓ G94 : 분당이송(mm/min), G95 : 회전당 이송(mm/rev) 두 개 값이 변하게 되면 가공시간에 영향을 준다.

58 보조기능(M-기능)에 대한 설명으로 틀린 것은?

① M00 : 프로그램 정지   ② M03 : 주축 정회전
③ M08 : 절삭유 ON   ④ M99 : 보조 프로그램 호출

55. ① 56. ② 57. ③ 58. ④

✓ M99 : 보조 프로그램 종료

59 드릴작업에 있어 안전사항에 관한 설명으로 틀린 것은?
① 장갑을 끼고 작업하지 않는다.
② 드릴을 회전시킨 후에는 테이블을 조정하지 않도록 한다.
③ 얇은 판에 구멍을 뚫을 때에는 나무판을 밑에 받치고 구멍을 뚫도록 해야 한다.
④ 가공 중 드릴 끝이 마모되어 이상한 소리가 나면 공구의 이송속도를 더욱 빠르게 한다.

✓ 드릴 끝이 마모되어 이상한 소리가 나면 공구 수명이 한계에 도달한 것이므로 재연삭을 해서 사용해야 한다.

60 머시닝센터에서 여러 개의 공작물을 한 번에 가공할 때 사용하는 좌표계 설정 준비기능 코드가 아닌 것은?
① G54　　　　　　　② G56
③ G59　　　　　　　④ G92

✓ 머시닝센터에서 사용되는 가공을 위한 좌표계에서는 다음과 같이 두 가지로 사용이 된다.
• 작업(Work)좌표계 : G54~G59를 사용하여 각각의 작업영역별로 원점을 부여하여 사용한다.
• G92(공작물좌표계) : 공작물의 원점에서 기계의 기준점(기계원점)까지의 각 축의 거리를 사용하여 지정하는 방법으로 공작물 좌표계 설정이라 한다.

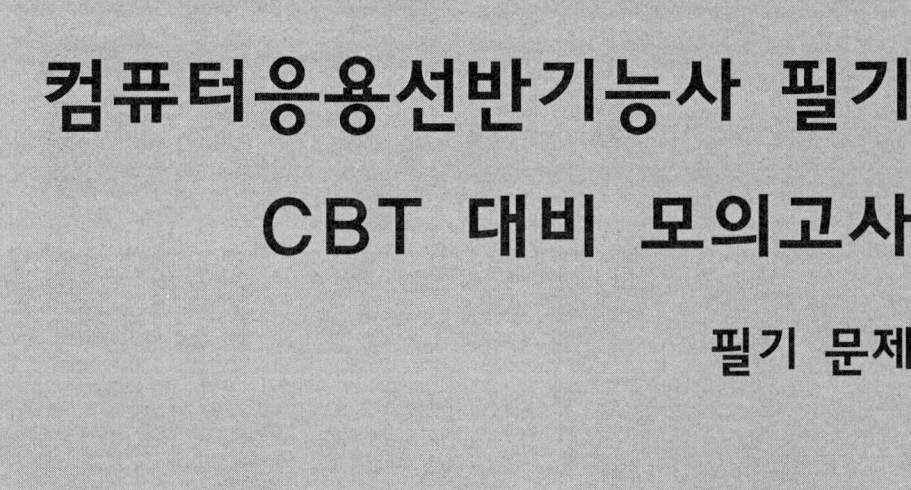

컴퓨터응용선반기능사 필기 CBT 대비 모의고사 1회

01 기계 재료에 필요한 일반적인 성질로 틀린 것은?
① 주조성, 소성, 절삭성이 좋아야 한다.
② 열처리성은 떨어지나, 표면처리가 좋아야 한다.
③ 기계적 성질, 화학적 성질이 우수해야 한다.
④ 재료의 보급과 대량 생산이 가능해야 한다.

02 베어링의 재료가 구비하여야 할 조건으로 잘못 된 것은?
① 녹아 붙지 않을 것
② 길들임이 좋을 것
③ 부식에 강할 것
④ 피로강도가 작을 것

03 재료에 상온에서 하중을 가할 때 하중이 일정하더라도 고온이 되면 시간이 경과함에 따라 변형률이 증가하는 현상을 무엇이라 하는가?
① 열응력   ② 피로한도
③ 탄성계수   ④ 크리프

04 다음 중 다이캐스팅용 알루미늄 합금의 요구되는 성질이 아닌 것은?
① 유동성이 좋을 것
② 열간 취성이 적을 것
③ 금형에 대한 점착성이 좋을 것
④ 응고수축에 대한 용탕 보급성이 좋을 것

05 다음 중 탈아연 부식현상이 가장 많이 일어나는 재료는?
① 6 : 4 황동   ② 톰백
③ 7 : 3 황동   ④ 포금

06 표준형 고속도강의 성분이 바르게 표기된 것은?
① 18% W-4% Cr-1% V
② 14% W-4% Cr-1% V
③ 18% Cr-8% Ni
④ 14% Cr-8% Ni

07 다음 재료 기호 중 탄소 함유량을 알 수 있는 것은?
① SF 340A   ② SM 30C
③ GC 200   ④ SS 400

08 코일스프링의 직경이 30mm, 소선의 직경이 5mm일 때 스프링 지수는?
① 0.17   ② 2.8
③ 6   ④ 17

09 축에 키 홈을 파지 않고 사용하는 키(key)는?
① 성크 키   ② 새들 키
③ 반달 키   ④ 스플라인

10 스퍼기어에서 Z는 이빨수, P는 지름피치(인치)일 때 피치원지름 D(mm)를 구하는 식은?

① $D = \dfrac{PZ}{25.4}$ ② $D = \dfrac{25.4}{PZ}$

③ $D = \dfrac{P}{25.4Z}$ ④ $D = \dfrac{25.4Z}{P}$

11 애크미 나사라고도 하며 나사산의 각도가 인치계에서는 29°이고, 미터계에서는 30°인 나사는?

① 사다리꼴나사 ② 미터나사
③ 유니파이나사 ④ 너클나사

12 자동차의 핸들, 전동기의 축 등에 사용되며 축과 보스에 작은 삼각치형을 만들어 축과 보스를 고정시키는 것은?

① 스플라인 축 ② 페더 키
③ 세레이션 ④ 접선 키

13 다음 브레이크 재료 중 마찰계수가 가장 큰 것은?

① 주철 ② 석면직물
③ 청동 ④ 황동

14 스프링을 연결하는 경우 직렬접속인 것은? (단, W는 하중이고 k_1, k_2, k_3는 스프링 상수이다.)

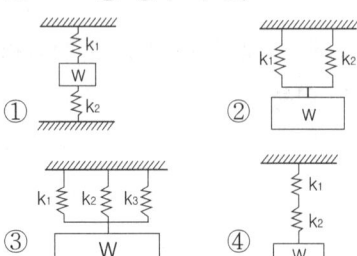

15 핀(pin)의 종류에 대한 설명으로 틀린 것은?

① 테이퍼 핀은 축에 보스를 고정시킬 때 사용하며, 테이퍼는 보통 1/50이다.
② 평행 핀은 분해·조립하는 부품의 맞춤면의 관계 위치를 항상 일정하게 할 필요가 있을 때 사용한다.
③ 분할 핀은 한쪽 끝이 2가닥으로 갈라진 핀으로 축에 끼워진 부품이 빠지는 것을 막는다.
④ 스프링 핀은 2개의 봉을 연결하기 위해 구멍에 수직으로 평행핀을 끼워 2개의 봉이 상대 각운동을 할 수 있도록 연결한 것이다.

16 다음 투상도는 각각 다른 물체의 평면도이다. 보기와 같은 정면도가 투상될 수 없는 평면도는?

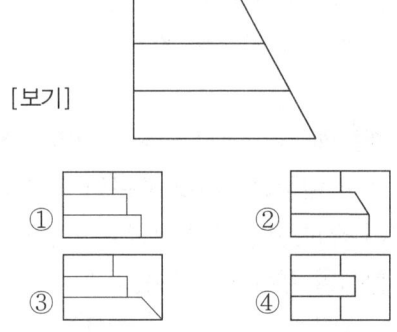

17 KS 나사의 도시법에 관한 설명 중 틀린 것은?

① 수나사의 골지름은 굵은 실선
② 불완전 나사부의 골은 가는 실선
③ 완전 나사부와 불완전 나사부의 경계는 굵은 실선
④ 암나사를 단면한 경우 암나사의 골지름은 가는 실선

18 다음 중 치수와 같이 사용될 수 없는 기호는?
① t   ② φ
③ ⊠   ④ Sφ

19 래핑 다듬질면, 슈퍼피니싱면과 같이 가공에 의한 커터의 줄무늬가 여러 방향으로 교차 또는 무방향인 기호는?
① X   ② M
③ C   ④ R

20 보기 도면의 설명으로 가장 적합한 것은?

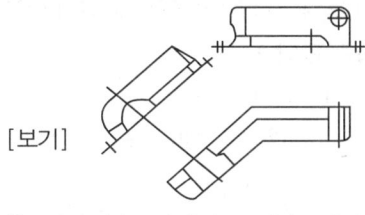

[보기]

① 경사면을 실제의 모양을 나타내고자 보조투상도로 표시하였다.
② 경사면인 구멍을 정확히 나타내고자 국부투상도로 표시하였다.
③ 경사면을 실제의 크기로 나타내고자 회전투상도로 표시하였다.
④ 경사면의 이해를 쉽게 하기 위해 우측면도를 이동하여 표시하였다.

21 보기 도면에서 품번 3의 부품명칭으로 알맞은 것은?

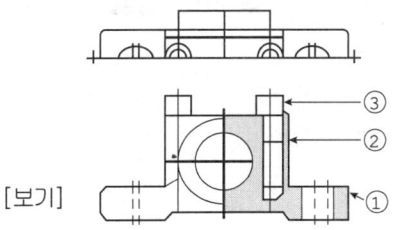

[보기]

① 육각 볼트
② 육각 구멍붙이 볼트
③ 둥근머리 나사
④ 둥근머리 작은 나사

22 가는 실선으로 도시하는 선으로만 짝지어진 것은?
① 숨은선, 중심선, 피치선
② 절단선, 가상선, 치수선
③ 지시선, 단선, 해칭선
④ 치수선, 파단선, 외형선

23 나사의 호칭이 L 2N M50 × 6H로 표시된 나사에서 2N은 무엇을 표시하는가?
① 줄수   ② 급수
③ 피치   ④ 나사방향

24 보기 도면에서 표면을 도시할 때의 지시기호 설명으로 가장 적합한 것은?

[보기]

① 제거 가공에서는 안 된다는 것을 지시하는 경우
② 제거 가공을 필요로 한다는 것을 지시하는 경우
③ 제거 가공의 필요 여부를 문제 삼지 않는 경우
④ 정밀연삭 가공을 할 필요가 없다고 지시하는 경우

25 기계제도 도면에서 치수 앞에 표시하여 치수의 의미를 정확하게 나타내는데 사용하는 기호가 아닌 것은?
① t　　　② C
③ □　　　④ △

26 연삭 숫돌바퀴의 구성 중 3대 요소에 해당하지 않는 것은?
① 숫돌입자　　② 결합제
③ 기공　　　　④ 숫돌모양

27 보통 선반에서 테이퍼 절삭방법이 아닌 것은?
① 심압대 편위에 의한 방법
② 복식 공구대에 의한 방법
③ 테이퍼 절삭장치에 의한 방법
④ 차동 분할법에 의한 방법

28 수평밀링 머신의 플레인 커터 작업에서 하향절삭(내려 깎기)의 장점으로 옳은 것은?
① 날 자리 간격이 짧고, 가공면이 깨끗하다.
② 기계에 무리를 주지 않는다.
③ 이송기구의 백래시가 자연히 제거된다.
④ 절삭 열에 의한 치수 정밀도의 변화가 작다.

29 밀링 커터의 날수 8개, 1날당 이송량 0.2mm, 주축의 회전수 1600rpm으로 밀링 가공을 할 때 이송량은 몇 mm인가?
① 40　　　② 1000
③ 2560　　④ 6400

30 WA · 60 · K · m · V로 표시한 숫돌의 각 기호 중 K가 뜻하는 것은?
① 숫돌입자　　② 결합도
③ 입도　　　　④ 조직

31 나사측정에 사용되는 측정기는?
① 오토 콜리미터　② 옵티컬 플랫
③ 사인바　　　　④ 공구 현미경

32 밀링가공에서 지름 3mm인 2날짜리 엔드밀로 공작물을 가공할 때 공구회전수 n(rpm)과 이송속도 f(mm/min)로 옳은 것은?(단, 절삭속도는 20m/min, 1개의 날당 이송은 0.08mm는 3.14로 한다.)
① n=1500, f=250　② n=2000, f=300
③ n=2123, f=340　④ n=2350, f=355

33 직사각형 단면의 긴 숫돌을 지지봉의 끝에 방사방향으로 붙여 놓은 공구를 구멍의 내면에 넣고 회전 운동과 축방향의 운동을 동시에 시켜 구멍 내면을 정밀하게 다듬질하는 정밀 입자 가공법은 어느 것인가?
① 호닝　　② 래핑
③ 보링　　④ 숏 피닝

34 센트리스 연삭기에는 이송장치가 따로 없다. 무엇이 이송을 대신해 주는가?
① 연삭숫돌　　② 공작물 지지대
③ 공작물　　　④ 조정숫돌

35 "통과측에는 모든 치수, 또는 결정량이 동시에 검사되고, 정지측에는 각 치수가 개개로 검사되어야 한다."라 하여 허용 한계 치수의 해석을 한 원리는?
① 아베의 원리
② 테일러의 원리
③ 요한슨의 원리
④ 오토콜리메이터의 원리

36 가늘고 긴 일감은 절삭력과 자중에 의하여 진동이 발생하는 데 이것을 방지하기 위한 선반의 부속품은?
① 면판   ② 방진구
③ 맨드릴   ④ 돌리개

37 숫돌바퀴의 성능을 나타내는 중요 요소가 아닌 것은?
① 숫돌입자   ② 결합도
③ 결합제   ④ 정밀도

38 구성인선(built-up edge)에 대한 설명으로 틀린 것은?
① 발생 시 표면거칠기가 불량하게 된다.
② 발생과정은 발생 → 성장 → 최대성장 → 분열 탈락 순서이다.
③ 경사각을 작게 하고 절삭속도를 크게 하여 방지할 수 있다.
④ 연성의 재료를 가공할 때 칩이 공구 선단에 융착되어 실제 절삭날의 역할을 하는 퇴적물이다.

39 경도가 가장 높고 내마멸성도 크며 또 절삭속도가 가장 큰 반면 잘 부서지는 성질이 있어 알루미늄 등과 같이 재질이 연한 공작물의 정밀 다듬질에 가장 적합한 공구 재료는?
① 초경합금   ② 다이아몬드
③ 세라믹   ④ 스텔라이트

40 원통 연삭기의 크기를 표시하는 방법이 아닌 것은?
① 테이블 위의 스윙
② 양 센터 간의 최대 거리
③ 숫돌의 크기(바깥지름×두께×안지름)
④ 테이블의 최대 이동 거리와 테이블의 크기(길이×폭)

41 주로 수직밀링에서 사용하는 커터로 바깥지름과 정면에 절삭날이 있으며 밀링 커터 축에 수직인 평면을 가공할 때 편리한 커터는?
① 정면 밀링 커터
② 슬래브 밀링 커터
③ 평면 밀링 커터
④ 측면 밀링 커터

42 다음 측정기기의 명칭 중 각도 측정에 사용되는 것은?
① 스트레이트 에지 ② 마이크로미터
③ 사인바   ④ 버니어 캘리퍼스

43 CNC 선반 프로그램에서 "G96 S250 M03 ;"을 실행하여 공작물 직경 $\phi 46$ 부분을 가공할 때 주축의 회전수는 약 몇 rpm인가?
① 58   ② 250
③ 1730   ④ 2500

44 머시닝 센터 고정 사이클에서 태핑 사이클로 적당한 G기능은?
① G81 ② G82
③ G83 ④ G84

45 CNC 공작기계의 좌표계 중에서 기계좌표계에 대한 설명으로 가장 알맞은 것은?
① 기계의 기준점으로 기계 제작자가 파라미터에 의해 정한다.
② 도면을 보고 프로그램을 작성할 때 기준이 되는 점이다.
③ 일감측정, 정확한 거리이동, 공구보정 등에 사용된다.
④ 현 위치가 좌표계의 기준이 되고 필요에 따라 위치를 0으로 지정한다.

46 다음과 같이 지령된 CNC 선반 프로그램이 있다. N02블록에서 F0.3의 의미는?

```
N01 G00 G99 X-1.5 ;
N02 G42 G01 Z0 F0.3 M08 ;
N03 X0 ;
N04 G40 U10. W-5. ;
```

① 0.3m/min ② 0.3mm/rev
③ 30mm/min ④ 300mm/rev

47 다음의 공구 보정 화면 설명으로 옳은 것은?

공구보정 정보	X축	Z축	R	T
01	0.000	0.000	0.8	3
02	2.456	4.321	0.2	2
03	5.765	7.987	0.4	3
04	2.256	-1.234	.	8
05	.	.	.	.

① 공구 보정번호 01번에서의 Z축 보정은 4.321이다.
② 공구 보정번호 02번에서의 X축 보정은 0.2이다.
③ T는 가상인선 번호로서 공구번호와 반드시 일치하도록 하여 사용한다.
④ R은 공구의 날끝 반경으로 공구 인선 반경 보정에 사용한다.

48 CNC 선반 프로그램 G50 X150.0 Z150.0 S1200 ;에서 S1200의 설명으로 옳은 것은?
① 주축의 절삭속도 = 1200m/min
② 분당 이송지정이 1200mm/min
③ 회전수 이송지정이 1200mm/rev
④ 주축의 최고회전수 = 1200rpm

49 CNC 선반 준비 기능 중 원점복귀와 관계가 없는 것은?
① G27 ② G28
③ G30 ④ G31

50 다음은 그림과 같은 구멍을 가공하는 머시닝 센터 프로그램의 일부이다. ( ) 안의 ㉠과 ㉡에 알맞은 내용은?

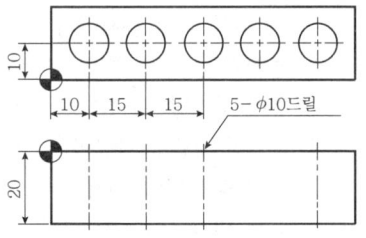

```
G97 S1200 M03
G00 G90 X10.0 Y10.0 Z10.0 G43 H05 ;
G73 G98 Z-25.0 R3.0 Q3.0 F120 ;
G91 X( ㉠ ) L( ㉡ ) ;
```

① ㉠ 15.0　㉡ 4　　② ㉠ 15.0　㉡ 5
③ ㉠ 10.0　㉡ 4　　④ ㉠ 10.0　㉡ 5

51 복합 반복 사이클 기능 중 정삭(다듬질) 가공을 나타내는 G코드는?
① G70　　② G71
③ G72　　④ G73

52 머시닝 센터에서 공구경 보정 및 공구길이 보정에 대한 G코드 설명 중 틀린 것은?
① G40 : 공구지름 우측 보정
② G41 : 공구지름 좌측 보정
③ G43 : 공구길이 보정(+)
④ G49 : 공구길이 보정 취소

53 아래 [보기]에서 N11 블록을 실행하여 공구가 이동 시 걸린 시간은?

[보기]
N10 G97 S1000 ;
N11 G99 G01 W-100. F0.2 ;

① 30초　　② 40초
③ 50초　　④ 60초

54 머시닝 센터 프로그램에서 공구와 가공물의 위치가 그림과 같을 때 공작물 좌표계 설정으로 맞는 것은?

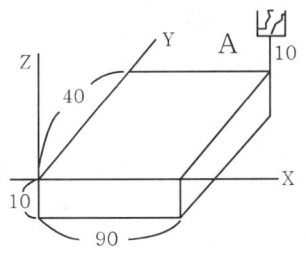

① G92 G90 X40. Y30. Z20. ;
② G92 G90 X30. Y40. Z10. ;
③ G92 G90 X-30. Y-40. Z10. ;
④ G92 G90 X-40. Y-30. Z10. ;

55 머시닝 센터에서 공구길이 보정 준비 기능과 관계없는 것은?
① G42　　② G43
③ G44　　④ G49

56 프로그램 에러(error) 경보가 발생하는 경우는?
① G04 P0.5 ;
② G00 X50000 Z2. ;
③ G01 X12.0 Z-30. F0.2 ;
④ G96 S120 ;

57 CNC 프로그램에서 "G96 S200 ;"에 대한 설명으로 맞는 것은?
① 주축은 200rpm으로 회전한다.
② 주축 속도가 200m/min이다.
③ 주축의 최고 회전수는 200rpm이다.
④ 주축의 최저 회전수는 200rpm이다.

58 머시닝 센터에서 XY평면을 지정하는 G코드는?
① G17　　② G18
③ G19　　④ G20

59 CNC 선반 프로그램에서 사용되는 보조기능에 대한 설명으로 맞는 것은?
① M03 : 주축 정지
② M05 : 주축 정회전
③ M98 : 보조(부) 프로그램 호출
④ M09 : 절삭유 공급 시작

60 CNC 선반에서 지령값 X70.0으로 프로그램하여 소재를 시험 가공한 후에 측정한 결과 φ69.95이었다. 기존의 X축 보정값을 0.005라 하면 공구 보정값을 얼마로 수정해야 하는가?

① 0.045　　② 0.055
③ 0.005　　④ 0.01

컴퓨터응용선반기능사 필기 CBT 대비 모의고사 2회

01 탄소공구강이 구비해야 할 조건이 아닌 것은?
① 열처리성이 양호할 것
② 내마모성이 클 것
③ 고온 경도가 클 것
④ 내충격성이 작을 것

02 힘의 작용 상태에 따른 하중으로 재료를 칼로 자르려는 것과 같은 형태의 하중은?
① 인장하중   ② 압축하중
③ 휨하중   ④ 전단하중

03 황을 많이 함유한 탄소강은 약 950℃에서 인성이 저하하는 특성이 있는데, 이를 탄소강의 무엇이라고 하는가?
① 청열취성(blue shortness)
② 적열취성(red shortness)
③ 상온취성(cold shortness)
④ 연화풀림(softening annealing)

04 막대의 양끝에 나사를 깎은 머리 없는 볼트로서 한쪽 끝을 본체에 튼튼하게 박고, 다른 끝에는 너트를 끼워서 조일 수 있도록 한 볼트는?
① 관통 볼트   ② 탭 볼트
③ 스터드 볼트 ④ T 볼트

05 길이가 50m인 표준시험편으로 인장시험하여 늘어난 길이가 65mm이었다. 이 시험편의 연신율은?
① 20%   ② 25%
③ 30%   ④ 35%

06 Cr강의 설명으로 맞는 것은?
① 경화층이 얇다.
② 자경성이 없다.
③ 단접이 쉽다.
④ 조직이 미세하다.

07 다음 중 내식용 알루미늄(Al) 합금이 아닌 것은?
① 알민(almin)
② 알드레이(aldrey)
③ 하이드로날륨(hydronalium)
④ 일렉트론(Elektron)

08 나사의 풀림 방지법으로 적당하지 않은 것은?
① 나비너트에 사용하는 방법
② 로크너트에 의한 방법
③ 핀 또는 멈춤나사에 의한 방법
④ 자동 죔 너트에 의한 방법

09 나사축과 너트 사이에 많은 강구(steel ball)를 넣어서 힘을 전달하게 하는 나사는?
① 사각나사   ② 사다리꼴나사
③ 둥근나사   ④ 볼나사

10 머리에 링(ring)이 달린 너트로서, 물건을 달아 올릴 때나 훅(hook) 등을 거는 데 쓰이는 너트는?
① 플레이트 너트 ② 나비 너트
③ 아이 너트 ④ 캡 너트

11 다음 중 운동용 나사가 아닌 것은?
① 관용 나사 ② 사각 나사
③ 사다리꼴 나사 ④ 볼 나사

12 다음 중 동력전달용 V벨트의 규격(형)이 아닌 것은?
① B ② A
③ F ④ E

13 유니버설 조인트에 대한 설명 중 맞는 것은?
① 두 축이 만날 때 사용되는 커플링의 일종이다.
② 두 축이 만날 때 사용되는 클러치의 일종이다.
③ 두 축이 평행할 때 사용되는 클러치의 일종이다.
④ 두 축이 평행할 때 사용되며, 단속이 가능하다.

14 3줄 나사로 피치가 4mm인 수나사를 1/10회전시키면 몇 mm 이동하는가?
① 0.04 ② 0.4
③ 1.2 ④ 0.12

15 베어링 호칭 번호 6208에서 안지름은 몇 mm인가?
① 8 ② 18
③ 32 ④ 40

16 보기와 같은 제3각 투상도의 입체도로 가장 적합한 것은?

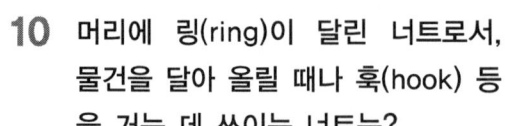
[보기]

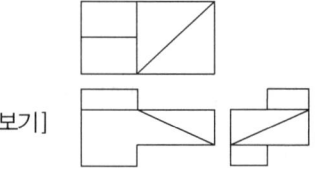

17 다음 재료 기호 중 탄소강 주강품의 기호는?
① GDC 350 ② GC 250
③ SC 460 ④ FC 250

18 다음 형상공차 중 관련형체에 적용하는 위치공차의 종류인 것은?
① 진직도 : ― ② 직각도 : ⊥
③ 대칭도 : ⹀ ④ 진원도 : ○

19 다음 중 부분단면의 경계나 물체의 일부를 생략할 때 사용하는 선의 명칭인 것은?
① 절단선 ② 가상선
③ 파선 ④ 파단

20 다음은 치수 보조기호를 나타낸 것으로 참고 치수를 나타내는 기호는?
① SR ② □
③ ( ) ④ t

21 호의 길이 치수를 가장 적합하게 나타낸 것은?

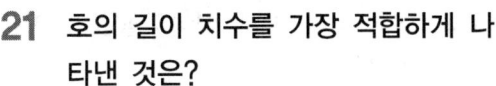

22 다음 중 보조 투상도의 설명으로 가장 적합한 것은?
① 물체의 경사면의 실제 형상을 나타낸 것
② 특수한 부분을 부분적으로 나타낸 것
③ 물체를 가상해서 나타낸 것
④ 물체를 90° 회전시켜서 나타낸 것

23 보기 입체도의 화살표 방향을 투상한 정면도로 가장 적합한 것은?

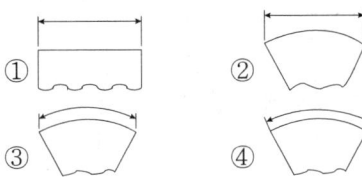

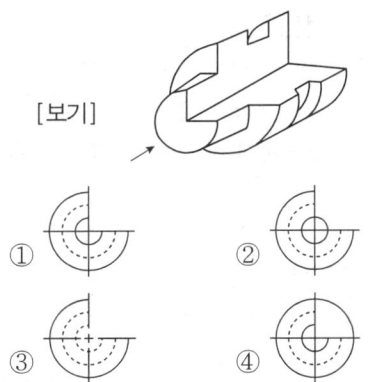

24 기계가공 도면에 치수 50±0.2로 표시되어 있는 경우의 해독이 틀린 것은?
① 기준 치수는 50mm이다.
② 치수공차 값은 0.4mm이다.
③ 49.80~50.20mm 이내로 가공해야 한다.
④ 가공 후의 치수가 50.15mm이면 불합격품이다.

25 보기 도면에서 가는 실선으로 대각선을 그려 도시한 면의 해독으로 올바른 것은?

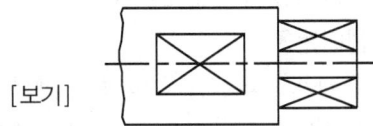

[보기]

① 사각형으로 관통한 면
② 특수 열처리한 부분을 도시
③ 다이아몬드의 볼록 형상을 도시
④ 가공 후의 면이 평면임을 도시

26 SM40C 강재를 절삭 깊이 2mm, 절삭속도 100m/min, 이송을 0.3mm/rev로 한다면 소요 동력은 몇 kW인가?(단, 비절삭 저항은 156kgf/mm² 이고 모터 효율은 무시)
① 1.53 ② 2.53
③ 3.53 ④ 4.53

27 드릴링 머신에 의해 접시머리 나사의 머리 부분이 묻히도록 원뿔자리를 만드는 작업은?
① 스폿 페이싱 ② 카운터 싱킹
③ 보링 ④ 태핑

28 다음 보기와 같은 특성을 가진 공구 재료는?

(보기)
① 흰색, 분홍색, 회색, 검은색 등이 있음
② 고온에서 경도가 높고 고속절삭에 사용
③ 중절삭에 쉽게 파손되며 다듬질 가공에 적합
④ 규소, 마그네슘 등의 첨가물을 넣고 소결

① 세라믹   ② 초경합금
③ 시효경화합금   ④ 고속도강

29 선반작업에서 끝면 깎기에 사용되는 센터는?
① 하프 센터   ② 보통 센터
③ 베어링 센터   ④ 파이프 센터

30 선반에서 다음과 같이 테이퍼를 가공할 때 심압대를 편위시키는 양은?

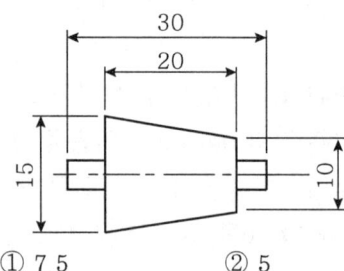

① 7.5   ② 5
③ 3.75   ④ 2.5

31 기어 절삭기로 가공된 기어의 면을 매끄럽고 정밀하게 다듬질하는 가공은?
① 기어 호빙   ② 기어 셰이빙
③ 드레싱   ④ 트루잉

32 다음 각각의 게이지와 그 용도에 대한 설명이 틀린 것은?
① 와이어 게이지는 와이어의 길이를 측정하는 것이다.
② 센터 게이지는 나사 절삭 시 나사바이트의 각도를 측정하는 것이다.
③ 드릴 게이지는 드릴의 지름을 측정하는 것이다.
④ R게이지는 원호 등의 반지름을 측정하는 것이다.

33 다음 중 기어의 절삭가공법이 아닌 것은?
① 혼에 의한 절삭
② 창성법에 의한 절삭
③ 형판에 의한 절삭
④ 총형 커터에 의한 절삭

34 다음 센터리스 연삭기에 관한 설명 중 틀린 것은?
① 센터나 척을 사용하지 않고 일감의 바깥면을 연삭할 수 있다.
② 대형 중량물의 연삭에 적합하다.
③ 긴 축 재료의 연삭이 가능하다.
④ 연속 작업을 할 수 있어 대량 생산에 적합하다.

35 다음 보링 작업에 대한 설명으로 틀린 것은?
① 구멍을 깎아 넓히는 작업으로 절삭원리는 선삭과 같다.
② 공구는 보링 바에 고정되어 회전운동을 한다.
③ 보링 작업에 앞서 드릴링 작업이 필요 없다.
④ 입구보다 안쪽이 넓은 구멍도 가공이 가능하다.

36 결합도에 따른 숫돌바퀴의 선택 기준 중 결합도가 낮은 숫돌을 사용하는 경우는?
① 연한 재료를 연삭할 때
② 연삭 깊이가 얕을 때
③ 재료 표면이 거칠 때
④ 숫돌바퀴의 원주 속도가 빠를 때

37 바깥지름이 200mm인 원통 연삭숫돌의 회전수는?(단, 원주속도는 1500m/min으로 한다.)
① 750rpm ② 3750rpm
③ 2387rpm ④ 4778rpm

38 서로 다른 직교하는 3개의 축을 가지고 공간에서의 한 점의 위치를 직각좌표계의 X, Y, Z축의 좌표값으로 표시하여 측정물의 치수, 위치, 기하편차, 형상 등을 입체적으로 측정하는 측정기는?
① 투영기 ② 콤퍼레이터
③ 측장기 ④ 3차원 측정기

39 선반에서 구멍이 뚫린 일감의 바깥 원통면을 동심원으로 가공할 때 사용하는 부속품은?
① 방진구 ② 돌림판
③ 면판 ④ 맨드릴

40 길이가 짧고 지름이 큰 일감을 깎는 데 가장 적당한 선반은?
① 터릿선반 ② 모방선반
③ 공구선반 ④ 정면선반

41 래핑의 특징을 열거한 것 중 틀린 것은?
① 가공면이 매끈한 거울면을 얻을 수 있다.
② 정밀도가 높은 제품을 만들 수 있다.
③ 작업방법이 복잡하여 대량생산이 곤란하다.
④ 가공된 면은 윤활성 및 내마모성이 좋다.

42 선반의 종류 중 볼트, 작은나사 등을 능률적으로 가공하기 위하여 심압대 대신에 회전 공구대를 설치하여 여러 가지 절삭공구를 공정에 맞게 설치한 선반은?
① 터릿선반(turret lathe)
② 자동선반(automatic lathe)
③ 모방선반(copying lathe)
④ 정면선반(face lathe)

43 CAD/CAM 시스템의 입력장치가 아닌 것은?
① 조이 스틱(Joy stick)
② 라이트 펜(Light Pen)
③ 트랙 볼(Track Ball)
④ 하드카피 기기(Hard Copy Unit)

44 다음 그림의 A → B → C 이동지령 머시닝 센터 프로그램에서 ㉠, ㉡에 들어갈 내용으로 맞는 것은?

A → B : N01 G01 G91 ㉠ Y10. F120 ;
B → C : N02 G90 X40. ㉡ ;

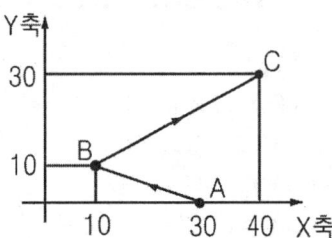

① ㉠ X-20. ㉡ Y30.
② ㉠ X20. ㉡ Y20.
③ ㉠ X20. ㉡ Y30.
④ ㉠ X-20. ㉡ Y20.

45 다음 중 CNC의 서보기구 제어방식이 아닌 것은?
① 위치결정 제어　② 디지털 제어
③ 직선절삭 제어　④ 윤곽절삭 제어

46 다음은 선반용 인서트 팁의 ISO 표시법이다. M의 의미는 무엇인가?

CNMG12

① 인서트 형상
② 인서트 단면 형상
③ 공차
④ 여유각

47 다음은 머시닝 센터 가공 도면을 나타낸 것이다. B에서 C로 진행하는 프로그램으로 올바른 것은?

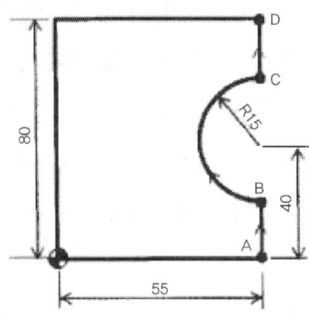

① G02 X55. Y55. R15. ;
② G03 X55. Y55. R15. ;
③ G02 X55. Y55. I-15. ;
④ G03 X55. Y55. J-15. ;

48 자동공구교환장치(ATC) 및 자동팰릿교환장치(APC)가 있는 공작기계는?
① 보통 선반　② 드릴링 선반
③ CNC 밀링　④ 머시닝 센터

49 다음 그림은 절대 좌표계를 사용하여 A(10, 20)에서 B(25, 5)로 시계방향 270° 원호 가공을 하려고 한다. 머시닝 센터 가공 프로그램으로 맞게 명령한 것은?

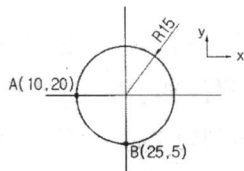

① G02 X25. Y5. R15. ;
② G03 X25. Y5. R15. ;
③ G02 X25. Y5. R-15. ;
④ G03 X25. Y5. R-15. ;

50 CNC 선반으로 나사절삭을 할 경우의 설명으로 틀린 것은?
① 주축 회전수 일정제어(G97)로 지령해야 한다.
② 이송속도 조절 오버라이드를 100%로 고정해야 한다.
③ 이송(F)값은 피치×줄 수의 값을 입력한다.
④ 대표적인 나사절삭 기능으로 G22를 사용한다.

51 지름 40mm 2날 엔드밀을 사용하여 절삭속도 20m/min로 카운터 보링 작업을 할 때 구멍바닥에서 2회전 일시정지(Dwell)를 하려고 한다. 정지시간으로 맞는 것은?
① 0.75초　② 0.75분
③ 0.75시간　④ 1.75초

52 다음 그림의 Ⓐ점에서 화살표 방향으로 360° 원호가공하는 머시닝 센터 프로그램으로 맞는 것은?

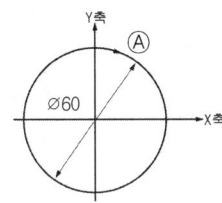

① G17 G02 G90 I30. F100 ;
② G17 G02 G90 J-30. F100 ;
③ G17 G03 G90 I30. F100 ;
④ G17 G03 G90 J-30. F100 ;

53 프로그램을 편리하게 하기 위하여 도면상에 있는 임의의 점을 프로그램상의 절대좌표 기준점으로 정한 점을 무엇이라 하는가?
① 제2원점   ② 제3원점
③ 기계 원점   ④ 프로그램 원점

54 다음 나사 가공 프로그램에서 [ ] 안에 알맞은 것은?

:
G76 P010060 Q50 R30 ;
G76 X13.62 Z-32.5 P1190 Q350 F[ ] ;

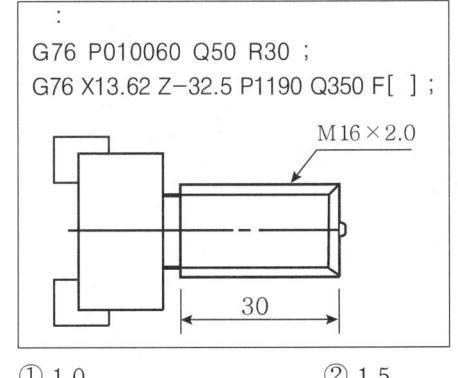

① 1.0   ② 1.5
③ 2.0   ④ 2.5

55 단일형 고정 사이클에서 안쪽과 바깥지름 절삭 사이클로 테이퍼를 가공할 때 옳게 지령한 것은?
① G90 X_ Z_ W_ F_ ;
② G90 X_ Z_ U_ F_ ;
③ G90 X_ Z_ K_ F_ ;
④ G90 X_ Z_ I_ F_ ;

56 일반적으로 CNC 선반에서 가공하기 어려운 작업은?
① 원호 가공   ② 테이퍼 가공
③ 편심 가공   ④ 나사 가공

57 CNC 선반에서 그림과 같이 A → B로 원호 가공하는 프로그램으로 옳은 것은?

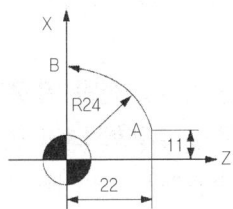

① G02 U24. W-22. R24. F0.2 ;
② G02 U26. Z-22. R24. F0.2 ;
③ G03 U24. Z-22. R24. F0.2 ;
④ G03 U26. W-22. R24. F0.2 ;

58 다음 도면을 CNC 선반에서 가공할 때 나사부의 외경 치수는?

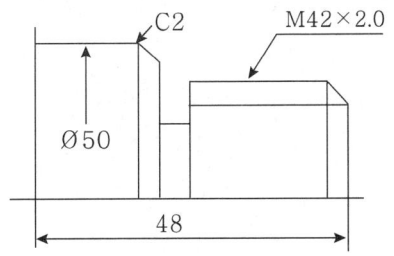

① φ38　　② φ42
③ φ46　　④ φ50

59 준비기능의 그룹(group)에 대한 설명으로 맞는 것은?

① 그룹에 관계없이 준비기능(G 코드)은 같은 명령절(block)에 한 개만을 사용할 수 있다.
② 그룹에 관계없이 준비기능(G 코드)은 같은 명령절(block)에 2개 이상 사용하면 사용한 것 전부가 유효하다.
③ 그룹이 같은 준비기능(G 코드)을 같은 명령절(block)에 2개 이상 사용하면 사용한 것 전부가 유효하다.
④ 그룹이 다른 준비기능(G 코드)을 같은 명령절(block)에 2개 이상 사용하면 사용한 것 전부가 유효하다.

60 다음 CNC 선반 프로그램에서 N04 블록을 수행할 때의 회전수는 얼마가 되겠는가?

```
N01 G50 X200.0 Z160.0 S2000 T0100 ;
N02 G96 S150 M03 ;
N03 G00 X120.0 Z24.0 ;
N04 G01 X10. F0.2 ;
```

① 4775rpm　　② 2000rpm
③ 2500rpm　　④ 150rpm

컴퓨터응용선반기능사 필기 　 CBT 대비 모의고사 3회

01 다음 중 경도가 가장 큰 주철은?
① 얼룩 주철　② 페라이트 주철
③ 반주철　④ 백주철

02 구리 4%, 니켈 2%, 마그네슘 1.5%를 함유하는 알루미늄 합금은?
① Y 합금　② 문쯔메탈
③ 활자합금　④ 엘린바

03 일반적인 줄의 재질은 보통 다음 중 어떤 것을 가장 많이 사용하는가?
① 고속도강　② 초경질 합금강
③ 주강　④ 탄소공구강

04 인장응력을 구하는 식으로 올바른 것은?(단, A는 단면적, W는 인장하중이다.)
① $A \times W$　② $A + W$
③ $\dfrac{A}{W}$　④ $\dfrac{W}{A}$

05 공구용으로 사용되는 비금속 재료가 아닌 것은?
① 다이아몬드　② 서멧
③ 초경공구　④ 고속도강

06 주형에 주조할 때 경도가 필요한 부분에 칠 메탈(chill metal)을 이용하여 그 부분의 경도를 향상시키는 주철은?
① 가단 주철
② 구상흑연 주철
③ 미하나이트 주철
④ 칠드 주철

07 상온, 아공석강 영역에서 탄소량의 증가에 따른 탄소강의 기계적 성질을 설명한 것 중 옳지 않은 것은?
① 가공 변형이 어렵다.
② 강도가 증가한다.
③ 인성이 증가한다.
④ 경도가 증가한다.

08 접선 키는 역회전을 할 수 있도록 2개의 키를 끼우는데 두 키의 각도는 몇 도로 설치하는가?
① 60°　② 75°
③ 100°　④ 120°

09 인장 코일 스프링에 3kgf의 하중을 걸었을 때 변위가 30mm이었다면, 이 스프링의 상수는 얼마인가?
① 1/10kgf/mm　② 1/5kgf/mm
③ 5kgf/mm　④ 10kgf/mm

10 다음 중 인장시험으로 측정할 수 없는 것은?
① 비례한도　② 항복점
③ 탄성한도　④ 피로한도

11 벨트 풀리 림(Rim)의 중앙부를 약간 높게 만드는 이유 중 가장 알맞은 것은?
① 제작이 용이하기 때문에
② 풀리의 강도증대와 마모를 고려하여
③ 벨트가 벗겨지는 것을 방지하기 위하여
④ 벨트 착·탈 시 용이하게 하기 위하여

12 구름베어링의 궤도륜(외륜과 내륜) 사이에 들어 있는 전동체(볼)의 일정한 간격을 유지해 주는 것은?
① 리테이너   ② 내륜
③ 외륜   ④ 회전체

13 고압 탱크나 보일러의 리벳이음 주위에 코킹(caulking)을 하는 주 목적은?
① 강도를 좋게 하기 위해서
② 표면을 깨끗하게 유지하기 위해서
③ 기밀을 유지하기 위해서
④ 이용 부위의 파손을 방지하기 위해서

14 지름 50mm인 단면에 하중 4500N이 작용할 때 발생되는 응력은 약 몇 N/mm²인가?
① 2.3   ② 4.6
③ 23   ④ 46

15 범용 선반, 밀링 머신 등의 동력전달 장치에서 가장 많이 사용되는 벨트는?
① 평 벨트   ② V 벨트
③ 직물벨트   ④ 틸 벨트

16 다음 끼워맞춤 중 항상 죔새가 생기는 끼워맞춤은?
① 헐거운 끼워맞춤   ② 중간 끼워맞춤
③ 억지 끼워맞춤   ④ 일반 끼워맞춤

17 정투상도법의 설명으로 올바른 것은?
① 제1각법에서는 정면도의 왼쪽에 평면도를 배치한다.
② 제1각법에서는 정면도의 밑에 평면도를 배치한다.
③ 제3각법에서는 평면도의 왼쪽에 우측면도를 배치한다.
④ 제3각법에서는 평면도의 위쪽에 정면도를 배치한다.

18 기어(Gear)를 축에 직각인 방향에서 본 주투영도를 단면으로 도시할 때 이골을 표시하는 선은?
① 파선   ② 가는 실선
③ 가는 일점쇄선 ④ 굵은 실선

19 구멍 치수 φ80+0.02에 축의 치수 φ80이 0-0.03 끼워맞춤될 때 최대 틈새는?
① 0.01   ② 0.02
③ 0.03   ④ 0.05

20 보기 도면의 정면도 외 우측면도만이 올바르게 도시되어 있다. 평면도로 가장 적합한 것은?

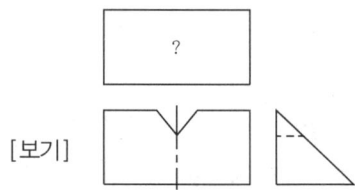

[보기]

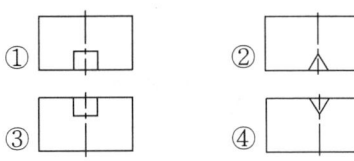

21 No. 8-36 UNF로 표시된 나사 기호의 올바른 해독은?

① 유니파이 가는 나사이다.
② 인치당 산의 수는 8이다.
③ 호칭경은 36mm이다.
④ 바깥지름은 8인치이다.

22 보기 도면에서 C부의 치수는?

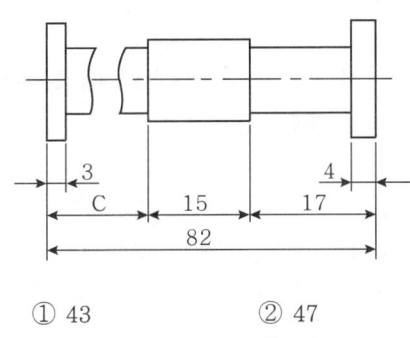

① 43　　② 47
③ 50　　④ 53

23 보기와 같이 물체의 구멍, 홈 등 특정 부위만의 모양을 도시하는 투상도의 명칭은?

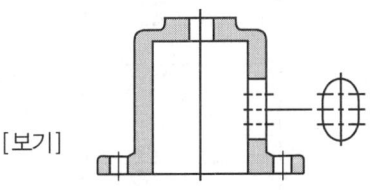

① 등각 투상도　② 국부 투상도
③ 전개 투상도　④ 회전 투상도

24 기계제도에서 가는 2점 쇄선을 사용하여 도면에 표시하는 경우인 것은?

① 대상물의 일부를 떼어낸 경계를 표시할 경우
② 인접하는 부분이나 공구 등을 참고로 표시할 경우
③ 특수한 가공부분 등 특별한 요구사항을 적용할 범위를 표시할 경우
④ 회전도시 단면도를 절단한 곳의 전·후를 판단하여 그 사이에 그릴 경우

25 기어나 스프로킷 휠 등의 피치원 선은 어느 선으로 제도되어 있는가?

① 가는 실선　② 가는 일점 쇄선
③ 굵은 실선　④ 중간굵기의 파선

26 블록게이지의 부속품 중 내측 및 외측을 측정할 때 홀더에 끼워 사용되는 부속품은?

① 둥근형 조　② 센터 포인트
③ 베이스 블록　④ 나이프 에지

27 다품종 소량생산이나 간단한 부품의 수리 및 가공에 사용하는 가장 보편적인 선반은?

① 자동선반　② NC선반
③ 터릿선반　④ 보통선반

28 다음 중 보호구를 사용할 때의 유의사항이 아닌 것은?

① 작업에 적절한 보호구를 선정한다.
② 관리자에게만 사용방법을 알려준다.
③ 작업장에는 필요한 수량의 보호구를 비치한다.
④ 작업을 할 때는 필요한 보호구를 반드

시 사용하도록 한다.

29 다음 중 고정입자에 의한 기계가공 방법이 아닌 것은?
① 연삭　　　② 버핑
③ 래핑　　　④ 호닝

30 선반의 규격은 무엇으로 표시하는가?
① 선반의 원동기 마력으로 표시한다.
② 선반의 양센터 사이의 최대거리로 표시한다.
③ 선반의 총중량으로 표시한다.
④ 선반의 심압대와 베드로 표시한다.

31 연삭 숫돌바퀴의 결합도가 지나치게 낮을 경우 숫돌 입자의 파쇄가 충분하게 일어나기 전에 결합제가 파쇄되어 숫돌입자가 그대로 떨어져 나가는 현상을 무엇이라고 하는가?
① 무딤　　　② 눈메움
③ 트루잉　　④ 입자탈락

32 선반용 ISO의 홀더 규격이다. S가 나타내는 의미는?

P S K N R 25 25 M 12

① 인서트의 형상　② 클램핑 방식
③ 인서트의 여유각　④ 홀더의 형상

33 다음 드릴 가공의 종류와 명칭이 잘못된 것은?

① 리　　밍 :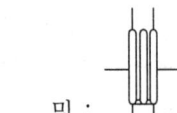

② 태　　핑 :

③ 카운터 싱킹 :

④ 스폿 페이싱 :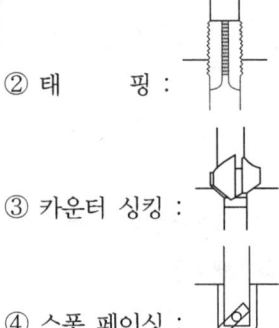

34 선반에서 가늘고 긴 일감을 가공할 때 주로 사용하는 부속품은?
① 돌림판　　② 돌리개
③ 맨드릴　　④ 방진구

35 기계 가공을 하고자 할 때 유의사항으로 틀린 것은?
① 복장을 단정히 한다.
② 공작물을 기계에 단단히 고정한다.
③ 칩의 제거는 주축의 회전 중에 실시한다.
④ 기계를 사용하기 전에 이상 유무를 확인한다.

36 다음과 같은 테이퍼를 심압대 편위 방법에 의하여 가공할 때 심압대 편위량은 몇 mm인가?

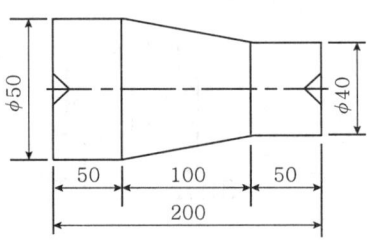

① 5　　　　② 10
③ 15　　　④ 20

37 밀링 머신의 부속장치 중 주축의 회전운동을 공구대의 왕복운동으로 변환시키는 장치는?
① 슬로팅 장치 ② 만능 밀링장치
③ 분할대   ④ 수직 밀링장치

38 드릴로 뚫은 구멍에 암나사를 내는 가공은?
① 태핑   ② 리밍
③ 스폿 페이싱   ④ 카운터 싱킹

39 바깥지름이 100mm, 커터의 날수가 8인 초경합금 밀링커터로 회전수가 300rpm, 날 1개당 이송을 0.2mm라고 할 때 테이블의 이송속도는 몇 mm/min인가?
① 240   ② 480
③ 960   ④ 1920

40 기어 절삭 방법에 해당하지 않는 것은?
① 형판에 의한 방법
② 총형 공구에 의한 방법
③ 복식 공구에 의한 방법
④ 창성에 의한 방법

41 단조품 및 주물품에 볼트 또는 너트를 고정할 때 접촉부가 안정되게 하기 위하여 구멍 주위를 평면으로 깎아 자리를 내는 작업은?
① 스폿 페이싱   ② 태핑
③ 카운터 싱킹   ④ 보링

42 일감이 회전운동을 하며 외경, 내경을 주로 가공하는 공작기계는?
① 드릴링 머신   ② 밀링 머신
③ 선반   ④ 보링 머신

43 다음 CNC 선반 프로그램의 복합형 고정 사이클의 지령워드에 대한 설명으로 틀린 것은?

G71 U(d) R(r) ;
G71 P(p) Q(q) U(u) W(w) F(f) ;

① U(d) : 1회 절삭 깊이(반경 지령값)
② R(r) : 도피량(X축 후퇴량)
③ U(u) : X축 다듬질 여유
④ Q(q) : Z축 다듬질 여유

44 머시닝 센터의 기계 일상 점검 중 매일 점검 사항이 아닌 것은?
① 각 부의 작동 검사
② 유량 점검
③ 압력 점검
④ 기계정도 검사

45 절삭 공구의 날끝 선단을 프로그램 원점에 맞추어 공작물 좌표계를 설정하였다. 옳은 것은?

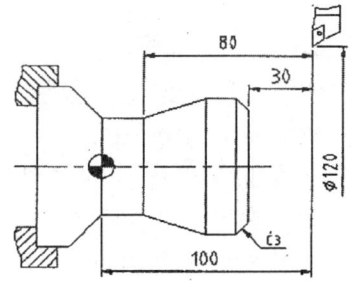

① G50 U60. W100. ;
② G50 U60. W-100. ;
③ G50 X120. Z100. ;
④ G50 X120. Z-100. ;

46 CNC 선반에서 지령값 X70.0 소재를 가공한 후 측정 결과 φ69.95이었다. 기존의 X축 보정값이 1.235이었다면 보정값을 얼마로 수정해야 하는가?
① 0.05　　② 1.238
③ 1.235　　④ 1.285

47 CNC 선반에서 다음과 같은 복합형 나사가공 사이클에 대한 설명으로 틀린 것은?

```
G76 X30.0 Z-32.0 K0.89 D350 F1.5 A60 ;
```

① 나사의 시작점 좌표는 X30.0 Z-32.0이다.
② 나사산의 높이는 0.89이다.
③ 나사의 리드는 1.5이다.
④ 나사산의 각도는 60도이다.

48 선반용 툴 홀더(tool holder)로 PCLNR 2525 M12를 사용할 때 P가 의미하는 것은?
① 클램핑 방식　② 인서트의 형상
③ 인서트의 절입각　④ 인서트의 여유각

49 CNC 선반 프로그램에서 G96 S150 M03 ; 의 설명으로 옳은 것은?
① 회전수가 150rpm으로 일정
② 절삭속도가 150m/min으로 일정
③ 회전수가 150rps로 일정
④ 절삭속도가 150m/s로 일정

50 다음 중 소수점 입력이 가능한 어드레스로 구성된 것은?
① X, I, R, F　　② Y, J, G, F
③ Z, K, T, S　　④ X, Y, Z, M

51 CNC 선반에서 공구기능을 표시할 때, T□□△△에서 □□의 의미는 무엇인가?
① 공구선택번호
② 공구보정번호
③ 공구선택번호 취소
④ 공구보정번호 취소

52 CNC 선반의 서보 기구에 대한 설명으로 맞는 것은?
① 컨트롤러에서 가공 데이터를 저장하는 곳이다.
② 디스켓이나 테이프에 기록된 정보를 받아서 펄스화시키는 것이다.
③ CNC 컨트롤러를 작동시키는 기구이다.
④ 공작기계의 테이블 등을 움직이게 하는 기구이다.

53 머시닝 센터 프로그램에서 G코드의 기능이 틀린 것은?
① G90-절대명령
② G91-증분명령
③ G94-회전당 이송
④ G98-고정 사이클 초기점 복귀

54 일반적으로 CNC 프로그램으로 준비기능(G기능)에 속하지 않는 것은?
① 원호 보간　　② 직선 보간
③ 기어속도 변환　④ 급속 이송

55 CNC 프로그램의 주요 주소(address) 기능에서 T의 기능은?
① 주축 기능　　② 공구 기능
③ 보조기능　　④ 이송 기능

56 CAD/CAM 시스템의 적용 시 장점과 가장 거리가 먼 것은?
① 생산성 향상
② 품질 관리의 강화
③ 비효율적인 생산 체계
④ 설계 및 제조시간 단축

57 CNC 선반 단일 고정 사이클 프로그램에서 I(R)는 어떠한 절삭 기능인가?

```
G90_ X_ I(R)_ F_ ;
```

① 원호 가공   ② 직선 절삭
③ 테이퍼 절삭 ④ 나사 가공

58 다음 CNC 선반 프로그램에서 N03 블록의 가공 예상 시간은?

```
N01 G00 X50. Z0. ;
N02 G97 S1000 M03 ;
N03 G01 X50. Z-50. F0.2 ;
```

① 10초   ② 15초
③ 20초   ④ 25초

59 머시닝 센터에서 모서리 치수를 정확히 가공하거나 드릴 작업, 카운터 싱킹 등에서 목표점에 도달한 후 진원도 향상 및 깨끗한 표면을 얻기 위하여 사용하는 기능은?
① G33   ② G24
③ G10   ④ G04

60 CNC 선반의 좌표계에 대한 설명으로 틀린 것은?
① 좌표계를 설정하는 명령어로 G50을 사용한다.
② 일반적으로 좌표계는 X, Z축의 직교 좌표계를 사용한다.
③ 주축 방향과 평행한 축을 X축으로 하여 좌표계를 설정한다.
④ 프로그램을 작성할 때 도면 또는 일감의 기준점을 나타낸다.

컴퓨터응용선반기능사 필기   CBT 대비 모의고사 4회

01 분할 핀의 호칭법으로 알맞은 것은?
① 분할 핀 KS B 1321-등급-형식
② 분할 핀 KS B 1321-호칭지름×길이-재료
③ 분할 핀 KS B 1321, 호칭지름×길이, 지정사항
④ 분할 핀 KS B 1321-길이-재료

02 강도와 경도를 높이는 열처리 방법은?
① 뜨임   ② 담금질
③ 풀림   ④ 불림

03 치수 보조 기호에서 45°의 모떼기를 나타내는 기호는?
① C   ② t
③ R   ④ Sϕ

04 세라믹 절삭공구의 일반적인 설명으로 틀린 것은?
① 주성분은 산화알루미늄(Al2O3)이다.
② 충격에 매우 강하다.
③ 고속 다듬질에서 우수한 성능을 나타낸다.
④ 고온에서 경도가 높다.

05 그림과 같은 원호보간 지령을 I, J를 사용하여 표현하면?

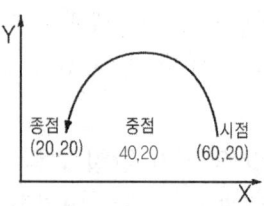

① G03 X20.0 Y20.0 I-20.0 ;
② G03 X20.0 Y20.0 I-20.0 J-20.0 ;
③ G03 X20.0 Y20.0 J-20.0 ;
④ G03 X20.0 Y20.0 I20.0 ;

06 다음 도면의 (a) → (b) → (c)로 가공하는 CNC 선반 가공 프로그램에서 (㉠),(㉡)에 차례로 들어갈 내용으로 맞는 것은?

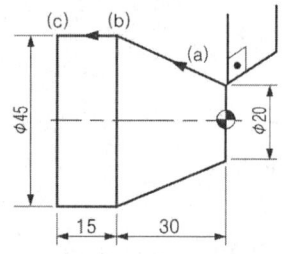

(a)→(b) : G01 (㉠) Z-30.0 F0.2;
(b)→(c) : (㉡);

① X45.0, W-15.0
② X45.0, W-45.0
③ X15.0, Z-30.0
④ U15.0, Z-15.0

07 CNC 선반의 준비기능에서 G71이 뜻하는 것은?
① 내외경 황삭 사이클

② 드릴링 사이클
③ 나사 절삭 사이클
④ 단면 절삭 사이클

08 CNC 서보기구(Servo system)의 형식이 아닌 것은?
① 개방회로 방식
② 반폐쇄회로 방식
③ 대수연산 방식
④ 폐쇄회로 방식

09 절삭저항에 관련된 설명으로 맞는 것은?
① 일반적으로 공구의 윗면 경사각이 커지면 절삭저항도 커진다.
② 절삭저항은 주분력, 배분력, 이송분력으로 나눌 수 있다.
③ 절삭저항은 공작물의 재질이 연할수록 크게 나타난다.
④ 배분력이 절삭에 가장 큰 영향을 미치며 주절삭력이라고도 한다.

10 일감의 재질이 연성이고, 공구의 경사각이 크며, 절삭속도가 빠를 때 주로 발생되는 칩(chip)의 형태는?
① 유동형 칩   ② 전단형 칩
③ 경작형 칩   ④ 균열형 칩

11 CNC 공작기계 프로그램에서 소수점의 사용이 잘못되어 경보(alarm)가 발생하는 것은?
① G90 G00 Z200.0 ;
② G97 S200.0 ;
③ G01 X100.0 F200.0 ;
④ G04 X1.5 ;

12 범용 공작기계와 비교하여 CNC 공작기계의 일반적인 특징이 아닌 것은?
① 가공 제품이 균일하다.
② 특수공구의 제작이 불필요하다.
③ 유지 보수비가 싸다.
④ 복잡한 일감의 가공이 용이하다.

13 1날당 이송량 0.12mm, 밀링 커터의 날수 12개, 회전수가 800rpm일 때 이송속도는 몇 mm/min인가?
① 1050   ② 1100
③ 1152   ④ 1200

14 외경연삭기에 대한 일반적인 설명으로 틀린 것은?
① 외경연삭기는 원통의 바깥지름을 연삭하는 연삭기이다.
② 외경연삭기의 구조는 선반(lathe)과 유사하다.
③ 일반적으로 가공물을 양 센터로 지지한다.
④ 테이블을 전후로, 숫돌대를 좌우로 이송한다.

15 움직인 양을 모터에서 간접적으로 속도 및 위치를 검출하여 피드 백(feed back)시키는 것으로 비교적 제작이 용이하기 때문에 일반 CNC 공작기계에 많이 사용되는 서보기구는?
① 개방회로   ② 반폐쇄회로
③ 폐쇄회로   ④ 반개방회로

16 다음 그림과 같이 프로그램 경로의 왼쪽에서 공구가 이동하는 공구 인선 반지름 보정을 할 때 맞는 준비 기능은?

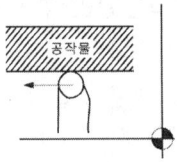

① G40　　② G41
③ G42　　④ G43

17 베어링의 호칭 번호 6304에서 6은?
① 형식기호　　② 치수기호
③ 지름번호　　④ 등급기준

18 선삭용 인서트 형번 표기법(ISO)에서 인서트의 형상이 정사각형에 해당되는 것은?
① C　　② D
③ S　　④ V

19 보조 프로그램에 대한 설명 중 틀린 것은?
① 종료는 M99로 지령한다.
② 반드시 증분값으로 지령한다.
③ 호출은 M98로 지령한다.
④ 보조 프로그램은 주 프로그램과 같은 메모리에 등록되어 있어야 한다.

20 절삭 시 발생하는 절삭온도에 대한 설명으로 옳은 것은?
① 절삭온도가 높아지면 절삭성이 향상된다.
② 가공물의 경도가 낮을수록 절삭온도는 높아진다.
③ 절삭온도가 높아지면 절삭공구의 마모가 증가된다.
④ 절삭온도가 높아지면 절삭공구 인선의 온도는 하강한다.

21 일반적으로 탄소강과 주철로 구분되는 가장 적절한 탄소(C) 함량(%) 한계는?
① 0.15　　② 0.77
③ 2.11　　④ 4.3

22 [보기]와 같은 도면에서 C부의 치수는?

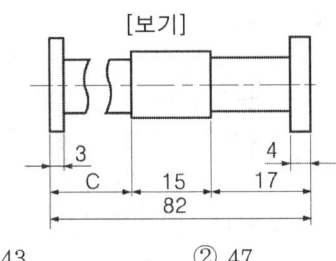

① 43　　② 47
③ 50　　④ 53

23 주조용 알루미늄(Al) 합금 중에서 Al-Si 계에 속하는 것은?
① 실루민　　② 하이드로날륨
③ 라우탈　　④ 와이(Y)합금

24 다음은 원호보간 지령 방법이다. ㉠에 들어갈 어드레스 중 가장 적합한 것은?

G02 X(U)___ Z(W)___ ㉠___ F___ ;

① F　　② S
③ T　　④ R

25 기계가공용 표준 스퍼 기어 가공 도면 요목표에 모듈이 3, 기준 피치원 지름이 $\phi 63$으로 표기되어 있다면 잇수는?
① 12 ② 21
③ 32 ④ 63

26 재질이 구상흑연 주철품인 재료 기호의 표시인 것은?
① SC ② KC
③ GC ④ GCD

27 스프링 소재를 기준에 따라 금속 스프링과 비금속 스프링으로 분류할 때 비금속 스프링에 속하지 않은 것은?
① 고무 스프링 ② 합성수지 스프링
③ 비철 스프링 ④ 공기 스프링

28 일반적으로 나사 마이크로미터로 측정하는 것은?
① 나사의 유효지름
② 나사의 피치
③ 나사산의 각도
④ 나사의 바깥지름

29 치수 기입에서 $\phi 50^{+0.009}_{+0.005}$의 표시에서 최대 허용치수는?
① 50.009 ② 0.009
③ 0.004 ④ 49.995

30 CNC 선반에서 공구가 B점을 출발하여 C점까지 가공하는 프로그램으로 바른 것은?

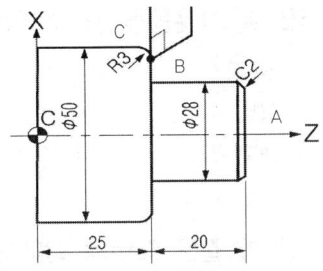

① G03 X50. Z-22. R3. ;
② G02 X50. Z-23. R3. ;
③ G02 X50. Z-22. R3. ;
④ G03 X50. Z22. R3. ;

31 합성수지의 공통된 성질 중 틀린 것은?
① 가볍고 튼튼하다.
② 전기 절연성이 좋다.
③ 단단하며 열에 강하다.
④ 가공성이 크고 성형이 간단하다.

32 델타메탈(delta metal)의 성분으로 올바른 것은?
① 6 : 4 황동에 철을 1~2% 첨가
② 7 : 3 황동에 주석을 3% 내외 첨가
③ 6 : 4 황동에 망간을 1~2% 첨가
④ 7 : 3 황동에 니켈을 3% 내외 첨가

33 연삭 숫돌의 자생 작용이 일어나는 순서로 올바른 것은?
① 입자의 마멸 → 파쇄 → 탈락 → 생성
② 입자의 탈락 → 마멸 → 파쇄 → 생성
③ 입자의 파쇄 → 마멸 → 생성 → 탈락
④ 입자의 마멸 → 생성 → 파쇄 → 탈락

34 핀 이음에서 한쪽 포크(fork)에 아이(eye)부분을 연결하여 구멍에 수직으로 평행 핀을 끼워 두 부분이 상대

적으로 각운동을 할 수 있도록 연결한 것은?
① 코터 ② 너클 핀
③ 분할 핀 ④ 스플라인

35 그림과 같은 표면의 결에 관한 면의 지시 기호에서 위치 a가 나타내는 것은?

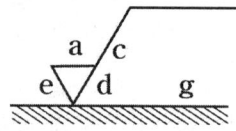

① 가공방법
② 컷오프값
③ 표면거칠기 지시값
④ 결무늬 모양

36 다음 금속 중 비중이 가장 큰 것은?
① 철 ② 구리
③ 납 ④ 크롬

37 나사 종류의 표시기호 중 틀린 것은?
① 미터 보통 나사-M
② 유니파이 가는 나사-UNC
③ 미터 사다리꼴 나사-Tr
④ 관용 평행 나사-G

38 나사 표기가 "Tr40x14(P7)"로 표시된 경우 "P7"은 무엇을 뜻하는가?
① 피치 ② 등급
③ 리드 ④ 호칭지름

39 공작기계를 구성하는 중요한 구비 조건이 아닌 것은?
① 가공 능력이 클 것
② 높은 정밀도를 가질 것
③ 내구력이 클 것
④ 기계효율이 적을 것

40 머시닝 센터 프로그램에서 공작물 좌표계를 설정하는 G코드가 아닌 것은?
① G57 ② G58
③ G59 ④ G60

41 CNC 선반 가공 시 안전사항에 대한 내용 중 옳은 것은?
① 재료나 측정기를 컨트롤러의 윗면에 올려놓는다.
② 컨트롤러는 여러 사람이 동시에 조작한다.
③ 절삭공구는 안전상 짧게 장착한다.
④ 칩은 버니어 캘리퍼스를 이용하여 제거한다.

42 공작기계를 가공방법에 따라 분류할 때, 연삭 숫돌이나 숫돌 입자 등의 연삭 작용으로 공작물을 가공하는 연삭 가공 기계는?
① 전해 연마기
② 방전 가공기
③ 쇼트 피닝 머신
④ 슈퍼 피니싱 머신

43 KS 기계제도에서의 치수 배치에서 한 개의 연속된 치수선으로 간편하게 표시하는 것으로 치수의 기점의 위치는 기점 기호(O)로 나타내는 치수 기입법은?
① 직렬치수 기입법

② 좌표치수 기입법
③ 병렬치수 기입법
④ 누진치수 기입법

44 선반에서 4개의 조가 각각 단독으로 이동하며, 불규칙한 모양의 일감을 고정하는 데 편리하게 되어 있는 것은?
① 연동척　　② 단동척
③ 콜릿척　　④ 만능척

45 동력전달용 V벨트의 규격(형)이 아닌 것은?
① B　　② A
③ F　　④ E

46 보링 작업에서 가장 많이 쓰이는 절삭 공구는?
① 바이트　　② 드릴
③ 정면 커터　　④ 탭

47 밀링머신에 의한 작업에서 분할법의 종류가 아닌 것은? (단, 브라운 샤프 분할대를 기준으로 함)
① 직접 분할법　　② 단식 분할법
③ 차동 분할법　　④ 복식 분할법

48 산화물계 세라믹의 주재료는?
① SiO_2　　② SiC
③ TiC　　④ TiN

49 다음 중 회주철의 재료 기호는?
① G　　② SC
③ SS　　④ SM

50 그림과 같은 입체를 제3각 정투상법으로 가장 올바르게 투상한 것은? (단, 화살표 방향이 정면이다.)

① 정면도 :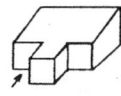

② 우측면도 :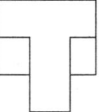

③ 평면도 :

④ 좌측면도 :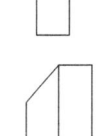

51 축 방향에 하중이 작용하면 피스톤이 이동하여 작은 구멍인 오리피스(orifice)로 기름이 유출되면서 진동을 감소시키는 완충장치는?
① 토션 바
② 쇽업소버
③ 고무 완충기
④ 링 스프링 완충기

52 고강도 알루미늄 합금강으로 항공기용 재료 등에 사용되는 것은?
① 두랄루민　　② 인바
③ 콘스탄탄　　④ 서멧

53 볼트, 작은 나사 및 핀과 같은 다수 공정의 일감을 대량 생산하거나 능률

적으로 가공할 때 가장 적합한 선반은?
① 모방선반　② 범용선반
③ 터릿선반　④ 차축선반

54 18-8계 스테인리스강의 설명으로 틀린 것은?
① 오스테나이트계 스테인리스강이라고도 하며 담금질로써 경화되지 않는다.
② 내식, 내산성이 우수하며, 상온 가공하면 경화되어 다소 자성을 갖게 된다.
③ 가공된 제품은 수중 또는 유중 담금질하여 해수용 펌프 및 밸브 등의 재료로 많이 사용한다.
④ 가공성 및 용접성과 내식성이 좋다.

55 밀링 커터의 절삭속도 45m/min, 커터의 지름 30mm, 커터의 날 수 4개, 밀링 커터의 날당 이송량이 0.1mm일 때 테이블의 이송속도(mm/min)는 얼마인가?
① 122　② 191
③ 322　④ 391

56 아베의 원리에 맞지 않는 측정기는?
① 외경 마이크로미터
② 내경 마이크로미터
③ 나사 마이크로미터
④ V홈 마이크로미터

57 재료기호가 "GC 200"으로 표시된 경우 재료명은?
① 탄소공구강　② 고속도강
③ 회주철　④ 알루미늄 합금

58 구리(Cu)에 관한 내용으로 틀린 것은?
① 비중이 1.7이다.
② 용융점이 1083℃ 정도이다.
③ 비자성으로 내식성이 철강보다 우수하다.
④ 전기 및 열의 양도체이다.

59 절삭 공구재료의 구비 조건으로 틀린 것은?
① 가공재료보다 경도가 커야 한다.
② 가공성이 좋아야 한다.
③ 고온에서 경도를 유지해야 한다.
④ 가공재료와 밀접한 관계가 있어야 하므로 친화력이 있어야 한다.

60 금속재료 중 주석, 아연, 납, 안티몬의 합금으로, 주성분인 주석과 구리, 안티몬을 함유한 것은 배빗 메탈이라고도 하는 것은?
① 켈밋　② 합성수지
③ 트리 메탈　④ 화이트 메탈

컴퓨터응용선반기능사 필기 CBT 대비 모의고사 5회

01 기준 래크 공구의 기준 피치선이 기어의 기준 피치원에 접하지 않는 기어는?
① 웜 기어 ② 표준 기어
③ 전위 기어 ④ 베벨 기어

02 축에서 키 홈을 가공하지 않고 보스에만 테이퍼 키 홈을 만들어서 홈 속에 키를 끼우는 것은?
① 묻힘 키(성크 키)
② 새들 키(안장 키)
③ 반달 키
④ 둥근 키

03 일반적으로 합성수지의 장점이 아닌 것은?
① 가공성이 뛰어나다.
② 절연성이 우수하다.
③ 가벼우며 비교적 충격에 강하다.
④ 임의의 색깔로 착색할 수 있다.

04 금속의 재결정 온도에 대한 설명으로 맞는 것은?
① 가열시간이 길수록 낮다.
② 가공도가 작을수록 낮다.
③ 가공 전 결정입자 크기가 클수록 낮다.
④ 납(Pb)보다 구리(Cu)가 낮다.

05 한 변의 길이가 2cm인 정사각형 단면의 주철제 각봉에 4000N의 중량을 가진 물체를 올려놓았을 때 생기는 압축응력(N/mm²)은?
① 10 ② 20
③ 30 ④ 40

06 황동에 첨가하면 강도와 연신율은 감소하나 절삭성을 좋게 하는 것은?
① 납 ② 알루미늄
③ 주석 ④ 철

07 신소재인 초전도 재료의 초전도 상태에 대한 설명으로 옳은 것은?
① 상온에서 자화시켜 강한 자기장을 얻을 수 있는 금속이다.
② 알루미나가 주가 되는 재료로 높은 온도에서 잘 견디어 낸다.
③ 비금속의 무기 재료(classical ceramics)를 고온에서 소결처리하여 만든 것이다.
④ 어떤 종류의 순금속이나 합금을 극저온으로 냉각하면 특정 온도에서 갑자기 전기저항이 영(0)이 된다.

08 다음 중 절삭유제의 사용 목적과 가장 거리가 먼 것은?
① 윤활작용 ② 냉각작용
③ 세척작용 ④ 충격방지작용

09 그림과 같은 투상도의 기하공차 기호가 의미하는 것은?

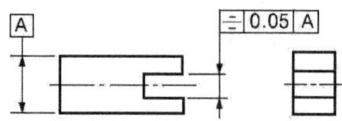

① 대칭도　② 위치도
③ 중심도　④ 직각도

10 CAM 시스템의 곡면가공방법에서 Z축 방향의 높이가 같은 부분을 연결하여 가공하는 방법은?
① 주사선 가공　② 등고선 가공
③ 펜슬 가공　④ 방사형 가공

11 도면에 표시된 나사표시 기호의 일반적인 해석으로 틀린 것은?
① 나사의 감긴 방향은 나사방향을 나타내는 표시기호가 특별히 없으면 오른나사이다.
② 나사의 줄 수는 2줄, 3줄 등의 표시가 특별히 없으면 한줄 나사이다.
③ 미터나사에서 수나사와 암나사를 조합하여 등급을 표시할 때는 암나사, 수나사의 순서대로 나열하고 그 사이에 사선을 넣어 표기한다.
④ "나사의 종류 호칭지름×피치×나사산수"로 나사 호칭을 표시해야 한다.

12 그림과 같이 표면을 도시할 때의 지시기호 설명으로 가장 적합한 것은?

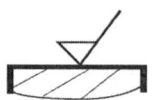

① 제거 가공해서는 안 된다는 것을 지시하는 경우
② 제거 가공을 필요로 한다는 것을 지시하는 경우
③ 제거 가공의 필요여부를 문제 삼지 않는 경우
④ 정밀연삭 가공을 할 필요가 없다고 지시하는 경우

13 강자성체에 속하지 않는 성분은?
① Co　② Fe
③ Ni　④ Sb

14 다음 중 구성인선(built up edge)이 잘 생기지 않고 능률적으로 가공할 수 있는 방법으로 가장 적당한 것은?
① 절삭 깊이를 작게 한다.
② 절삭 속도를 작게 한다.
③ 재결정 온도 이하에서 가공한다.
④ 재결정 온도 이상에서 가공한다.

15 머시닝 센터 프로그램에서 공구길이 보정에 대한 설명으로 잘못된 것은?
① G43 : 공구길이 보정 "+"방향
② G44 : 공구길이 보정 "-"방향
③ G45 : 공구길이 보정 취소
④ H05 : 공구길이 보정 번호

16 CNC 선반의 좌표계에 대한 설명으로 틀린 것은?
① 좌표계를 설정하는 명령어로 G50을 사용한다.
② 일반적으로 좌표계는 X, Z축의 직교 좌표계를 사용한다.
③ 주축 방향과 평행한 축을 X축으로 하여 좌표계를 설정한다.
④ 프로그램을 작성할 때 도면 또는 일감의 기준점을 나타낸다.

17 연삭하려는 부품의 형상으로 연삭 숫돌을 성형하거나 성형연삭으로 인하여 숫돌 형상이 변화된 것을 부품의 형상으로 바르게 고치는 작업을 무엇이라고 하는가?
① 무딤 ② 눈메움
③ 트루잉 ④ 입자탈락

18 연신율이 20%이고, 파괴되기 직전의 늘어난 시편의 전체 길이가 30cm일 때 이 시편의 본래의 길이는?
① 20cm ② 25cm
③ 30cm ④ 35cm

19 도면에서 특수한 가공(고주파 담금질 등)을 실시하는 부분을 표시할 때 사용하는 선의 종류는?
① 굵은 실선 ② 가는 1점 쇄선
③ 가는 실선 ④ 굵은 1점 쇄선

20 그림과 같이 제3각법으로 투상한 투상도의 입체도로 가장 적합한 것은?

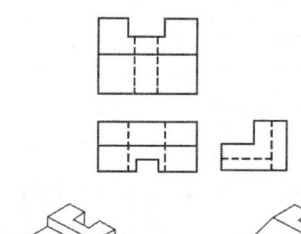

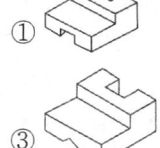 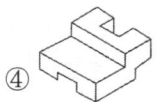

21 연삭 작업에 대한 설명으로 틀린 것은?
① 원통 연삭을 할 때 일감의 원주 속도는 숫돌바퀴 원주 속도의 1/100 정도가 보통이다.
② 연삭 여유는 공작물의 재질, 모양, 크기 상태 등에 따라 결정하며 가능한 한 작을수록 좋다.
③ 일반적으로 다듬질 연삭에서 이송속도는 1~2m/min의 범위가 적당하다.
④ 성형연삭은 금형 제품과 같은 복잡한 형상을 연삭하는 것이다.

22 그림과 같은 기계가공 도면에서 대각선 방향으로 가는 실선으로 교차하여 표시된 X부분의 설명으로 맞는 것은?

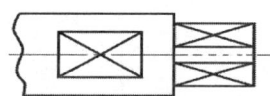

① 현장 끼워맞춤 표시한 곳
② 정밀하게 가공해야 할 곳
③ 평면으로 가공해야 할 곳
④ 사각구멍을 뚫어야 할 곳

23 모듈이 3이고, 잇수가 각각 30과 60인 한 쌍의 표준 평기어의 중심거리는?
① 114mm ② 126mm
③ 135mm ④ 148mm

24 다음 중 CAD/CAM의 출력장치가 아닌 것은?
① 모니터 ② 프린터
③ 플로터 ④ 스캐너

25 분할 핀의 호칭 방법으로 맞는 것은?
① 종류-형식-호칭지름×길이-재료-명칭
② 명칭-등급-호칭지름×길이×재료
③ 명칭×호칭지름×길이-재료-지정사항
④ 명칭-호칭지름×길이-재료

26 CNC 선반에서 G92를 이용하여 나사가공 할 때, 다음 그림에서 나사를 절삭하는 부분에 해당하는 것은?

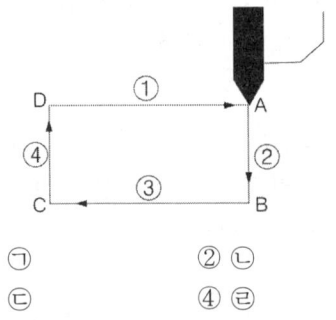

① ㉠ ② ㉡
③ ㉢ ④ ㉣

27 주철의 일반적 설명으로 틀린 것은?
① 강에 비하여 취성이 작고 강도가 비교적 높다.
② 주철은 파면상으로 분류하면 회주철, 백주철, 반주철로 구분할 수 있다.
③ 주철 중 탄소의 흑연화를 위해서는 탄소량 및 규소의 함량이 중요하다.
④ 고온에서 소성변형이 곤란하나 주조성이 우수하여 복잡한 형상을 쉽게 생산할 수 있다.

28 선반에서 가늘고 긴 가공물을 절삭할 때 사용하는 부속장치로 적합한 것은?
① 방진구 ② 돌리개
③ 공구대 ④ 주축대

29 CNC 선반 프로그램에서 사용되는 보조기능에 대한 설명으로 맞는 것은?
① M03 : 주축 정지
② M05 : 주축 정회전
③ M98 : 보조(부) 프로그램 호출
④ M09 : 절삭유 공급 시작

30 CNC 공작기계에서 정보가 흐르는 과정으로 옳은 것은?
① 도면 → CNC 프로그램 → 서보기구 구동 → 정보처리회로 → 기계본체 → 가공물
② 도면 → 정보처리회로 → CNC 프로그램 → 서보기구 구동 → 기계본체 → 가공물
③ 도면 → CNC 프로그램 → 정보처리회로 → 서보기구 구동 → 기계본체 → 가공물
④ 도면 → CNC 프로그램 → 정보처리회로 → 기계본체 → 서보기구 구동 → 가공물

31 준비기능의 그룹(group)에 대한 설명으로 맞는 것은?
① 그룹에 관계없이 준비기능(G 코드)은 같은 명령절(block)에 한 개만을 사용할 수 있다.
② 그룹에 관계없이 준비기능(G 코드)은 같은 명령절(block)에 2개 이상 사용하면 사용한 것 전부가 유효하다.
③ 그룹이 같은 준비기능(G 코드)을 같은 명령절(block)에 2개 이상 사용하면 사용한 것 전부가 유효하다.
④ 그룹이 다른 준비기능(G 코드)을 같은 명령절(block)에 2개 이상 사용하면 사용한 것 전부가 유효하다.

32 선반 가공에서 절삭 깊이를 1.5mm로 원통깎기를 할 때 공작물의 지름이 작아지는 양은 몇 mm인가?
① 1.5   ② 3.0
③ 0.75 ④ 1.55

33 제동장치를 작동부분의 구조에 따라 분류할 때 이에 해당되지 않는 것은?
① 유압 브레이크
② 밴드 브레이크
③ 디스크 브레이크
④ 블록 브레이크

34 탄소강의 성질을 설명한 것 중 옳지 않은 것은?
① 소량의 구리를 첨가하면 내식성이 좋아진다.
② 인장 강도와 경도는 공석점 부근에서 최대가 된다.
③ 탄소강의 내식성은 탄소량이 감소할수록 증가한다.
④ 표준상태에서는 탄소가 많을수록 강도나 경도가 증가한다.

35 입도가 작고 연한 숫돌을 작은 압력으로 가공물의 표면에 가압하면서 가공물에 피드를 주고, 숫돌을 진동시켜 가공하는 것은?
① 호닝(honing)
② 슈퍼피니싱(superfinishing)
③ 숏 피닝(shot-peening)
④ 버니싱(burnishing)

36 자동차용 신소재인 파인 세라믹스(fine ceramics)에 대한 설명 중 틀린 것은?

① 가볍다.
② 강도가 강하다.
③ 내화학성이 우수하다.
④ 내마모성 및 내열성이 우수하다.

37 머시닝 센터 작업 시 주의해야 할 사항 중 옳은 것은?
① 주축의 회전수는 가능한 한 고속으로 한다.
② 칩 제거는 맨손으로 하지 않는다.
③ 작업사항을 보기 위하여 작업문을 열고 작업한다.
④ 절삭 공구나 가공물을 설치할 때는 반드시 전원을 켜고 한다.

38 탄소강 중 함유되어 헤어 크랙(hair crack)이나 백점을 발생하게 하는 원소는?
① 규소(Si)   ② 망간(Mn)
③ 인(P)   ④ 수소(H)

39 아래 [보기]에서 N11 블록을 실행하여 공구가 이동 시 걸린 시간은?

[보기]
N10 G97 S1000 ;
N11 G99 G01 W-100. F0.2 ;

① 30초   ② 40초
③ 50초   ④ 60초

40 길이가 50mm인 표준시험편으로 인장시험하여 늘어난 길이가 65mm이었다. 이 시험편의 연신율은?
① 20%   ② 25%
③ 30%   ④ 35%

41 수나사의 크기는 무엇을 기준으로 표시하는가?
① 유효지름
② 수나사의 안지름
③ 수나사의 바깥지름
④ 수나사의 골지름

42 CNC 선반 프로그램에서 T0101의 설명 중 틀린 것은?
① T0101에서 T는 공구기능을 나타낸다.
② T0101에서 앞부분 01은 공구교환에 필요하다.
③ T0101에서 뒷부분 01은 공구보정에 필요하다.
④ T0101은 1번 공구로 공구보정 없이 가공한다.

43 TTT 곡선도에서 TTT가 의미하는 것 중 틀린 것은?
① 시간(Time)
② 뜨임(Tempering)
③ 온도(Temperature)
④ 변태(Teansformation)

44 CNC 선반에서 그림과 같이 A → B로 원호 가공하는 프로그램으로 옳은 것은?

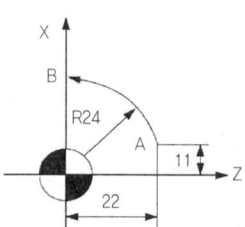

① G02 U24. W-22. R24. F0.2 ;
② G02 U26. Z-22. R24. F0.2 ;
③ G03 U24. Z-22. R24. F0.2 ;
④ G03 U26. W-22. R24. F0.2 ;

45 열경화성 수지에서 높은 전기 절연성이 있어 전기부품재료를 많이 쓰고 있는 베이클라이트(bakelite)라고 불리는 수지는?
① 요소 수지
② 페놀 수지
③ 멜라민 수지
④ 에폭시 수지

46 자동공구교환장치(ATC)가 부착된 CNC 공작기계는?
① 머시닝 센터
② CNC 성형 연삭기
③ CNC와 이어컷 방전가공기
④ CNC 밀링

47 밀링 머신의 구성 요소로 틀린 것은?
① 니(knee)
② 컬럼(column)
③ 테이블(table)
④ 심압대(tail stock)

48 수나사의 유효지름 측정 방법이 아닌 것은?
① 삼침법에 의한 방법
② 사인 바에 의한 방법
③ 공구 현미경에 의한 방법
④ 나사 마이크로미터에 의한 방법

49 프로그램을 편리하게 하기 위하여 도면상에 있는 임의의 점을 프로그램상의 절대좌표 기준점으로 정한 점을 무엇이라 하는가?

① 제2원점　② 제3원점
③ 기계 원점　④ 프로그램 원점

50 탄소공구강의 구비 조건이 아닌 것은?
① 내마모성이 클 것
② 내충격성이 우수할 것
③ 열처리성이 양호할 것
④ 상온 및 고온 경도가 작을 것

51 다음 중 가장 큰 하중이 걸리는 데 사용되는 키(key)는?
① 새들 키　② 묻힘 키
③ 둥근 키　④ 평키

52 숫돌바퀴의 구성 3요소는?
① 숫돌입자, 결합제, 기공
② 숫돌입자, 입도, 성분
③ 숫돌입자, 결합도, 입도
④ 숫돌입자, 결합제, 성분

53 주로 수직 밀링에서 사용하며 평면 가공에 주로 이용되는 커터는?
① 슬래브 밀링 커터
② 정면 밀링 커터
③ T홈 밀링 커터
④ 더브테일 밀링 커터

54 벨트 전동에 관한 설명으로 틀린 것은?
① 벨트풀리에 벨트를 감는 방식은 크로스벨트 방식과 오픈벨트 방식이 있다.
② 오픈벨트 방식에서는 양 벨트 풀리가 반대 방향으로 회전한다.
③ 벨트가 원동차에 들어가는 측을 인(긴)장측이라 한다.
④ 벨트가 원동차로부터 풀려나오는 측을 이완측이라 한다.

55 머시닝 센터에서 공구길이 보정 준비 기능과 관계없는 것은?
① G42　② G43
③ G44　④ G49

56 프로그램 에러(error) 경보가 발생하는 경우는?
① G04 P0.5 ;
② G00 X50000 Z2. ;
③ G01 X12.0 Z-30. F0.2 ;
④ G96 S120 ;

57 다음 절삭 유제에 대한 설명 중 틀린 것은?
① 공구와 칩 사이의 마찰을 줄여준다.
② 절삭열을 냉각시켜 준다.
③ 공구와 공작물을 씻어준다.
④ 공구와 공작물 사이의 친화력을 크게 한다.

58 칩의 마찰에 의해 바이트의 상면 경사면이 오목하게 파이는 현상은?
① 크레이터 마모　② 플랭크 마모
③ 온도 파손　④ 치핑

59 일반적으로 CNC 선반에서 가공하기 어려운 작업은?
① 원호 가공　② 테이퍼 가공
③ 편심 가공　④ 나사 가공

60 단일형 고정 사이클에서 안쪽과 바깥지름 절삭 사이클로 테이퍼를 가공할 때 옳게 지령한 것은?

① G90 X_ Z_ W_ F_ ;
② G90 X_ Z_ U_ F_ ;
③ G90 X_ Z_ K_ F_ ;
④ G90 X_ Z_ I_ F_ ;

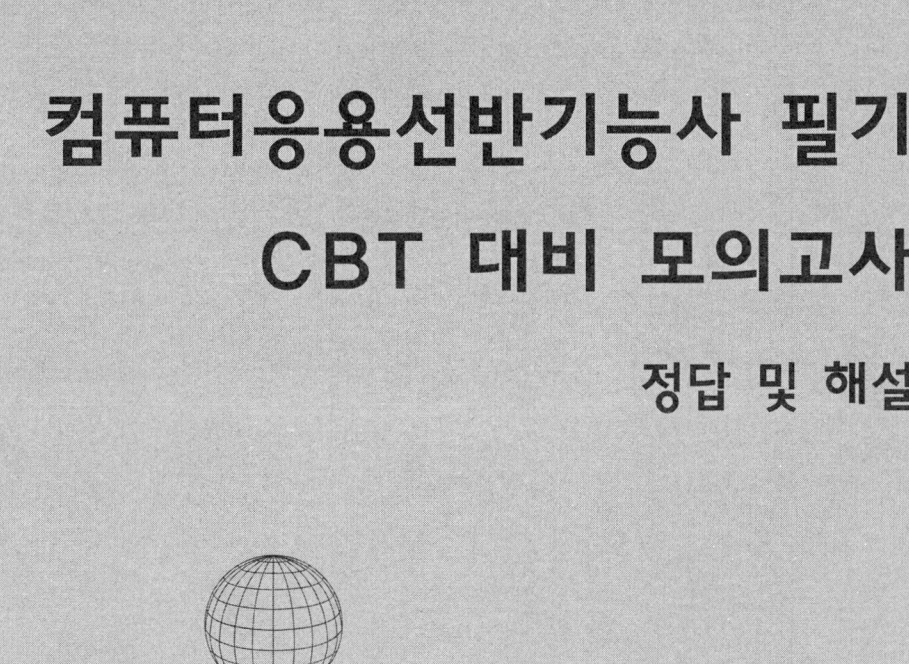

컴퓨터응용선반기능사 필기
CBT 대비 모의고사

정답 및 해설

모의고사 1회 정답 및 해설

01. [답] ②
해설: 기계재료의 일반적인 성질은 ①, ③, ④항 이외에 열처리성이 우수하고 표면 처리성이 좋아야 하고, 경량화가 가능해야 한다.

02. [답] ④
해설: 베어링 재료는 높은 피로한도와 탄성한도가 요구된다.

03. [답] ④
해설: 피로한도는 재료가 영구히 파괴되지 않는 한계 응력을 말한다.

04. [답] ③
해설: 금형에 대한 점착성, 즉 금형에 대해 잘 부착하지 말아야 한다.

05. [답] ①
해설: 탈아연 부식 현상은 아연은 구리에 비하여 전기화학적으로 이온화 경향이 크므로 아연만 수용액에 용해되기 때문이며, 6 : 4 황동에서 주로 볼 수 있다.

06. [답] ①
해설: 고속도강은 SKH강이라 표시하며, 밀링의 커터류, 기계톱날, 드릴류 등의 제작에 많이 사용된다.

0.7 [답] ②
해설: SM 30C란 탄소의 함유량이 0.3%임을 나타낸다.

08. [답] ③
해설: 스프링 지수 $(C) = \dfrac{\text{코일의 지름}(D)}{\text{소선의 지름}(d)}$
$= \dfrac{30}{5} = 6$

09. [답] ②
해설: ① 묻힘 키라고도 하며 축과 보스에 키 홈을 판다.
③ 우드러프 키라고도 하며 축에 반달 모양의 홈을 판다.
④ 축과 보스에 6, 8, 10개의 홈을 갖고 있다.

10. [답] ④
해설: 지름피치 $(P) = \dfrac{Z}{D(\text{inch})} = \dfrac{\pi \times Z}{D(\text{mm})}$ 에서
$D = \dfrac{25.4 \times Z}{P}$ 가 된다.

11. [답] ①
해설: ② 나사산의 각도는 60°이며 호칭 지름과 피치를 mm 단위로 나타낸다.
③ 나사산의 각도는 60°이며, 인치계 나사로 ABC나사라고도 한다.
④ 둥근 나사라고도 하며, 반지름의 원호로 이은 모양이며 나사의 크기는 1인치 내의 나사산 수를 기준으로 한다.

12. [답] ③
해설: ① 보스와 축의 둘레에 많은 키를 깎아 붙인 것과 같은 것으로 큰 동력 전달이 가능하여 자동차, 공작기계, 항공기, 발전기 터빈 등에 사용
② 미끄럼 키 또는 안내 키라고도 하며, 축방향으로 미끄럼 운동을 시킬 필요가 있는 정밀 기어 등에 많이 사용
④ 1/100의 기울기를 가진 2개의 키를 축의 접선 방향으로 끼우는 키로 큰 회전력 전달에 용이하다.

13. [답] ②
해설: 각각의 마찰계수는 ① 0.1~0.2, ② 0.35~0.6, ③ 0.1~0.2, ④ 0.1~0.2이다.
참고로, 가죽 : 0.23~0.3, 파이버 : 0.05~0.1이다.

14. [답] ④
해설: ①, ②, ③항은 하중이 분산되므로 병렬 접속이며, ④항은 하중이 한쪽으로만 걸리므로 직렬 접속이다.

15. [답] ④
해설: 스프링 핀은 세로 방향으로 갈라져 있으므로 바깥지름보다 작은 구멍에 끼워 넣고 스프링 작용을 할 수 있도록 기계 부품을 결합하는 데 사용한다.

16. [답] ④

17. [답] ①
해설 수나사의 골지름은 가는 실선으로 표시한다.

18. [답] ③
해설 ③항은 치수 보조 기호가 아니다.

19. [답] ②
해설 ① 투상면에 경사지고 두 방향으로 교차
③ 면의 중심에 대하여 동심원
④ 면의 중심에 대하여 레이디얼 모양이다.

20. [답] ①
해설 보조 투상도는 경사부가 있는 물체는 그 경사면의 실제 모양을 표시할 필요가 있는데 물체의 부분 또는 전체를 나타내는 투상도이다.

21. [답] ②
해설 부품 ③은 육각구멍붙이 볼트 또는 hexagon socket head screw라고 표시한다.

22. [답] ③
해설 숨은선 : 가는 파선 또는 굵은 파선
중심선, 피치선 : 가는 1점 쇄선
절단선 : 가는 1점 쇄선 등
가상선 : 가는 2점 쇄선
지시선, 단선, 해칭선, 치수선 : 가는 실선
파단선 : 불규칙한 파형의 가는 실선 또는 지그재그선
외형선 : 굵은 실선으로 표시한다.

23. [답] ①
해설 L : 왼나사, 2N : 2줄, M50 : 호칭지름 미터계열 50mm, 6H : 나사의 등급을 나타낸다.

24. [답] ②
해설 제거 가공을 필요로 한다는 표시로 보기와 같이 대상면의 지시 기호의 짧은 쪽 다리 끝에 가로선을 그어서 표시한다.

25. [답] ④
해설 ① 판의 두께, ② 모떼기(챔퍼링), ③ 정사각형의 변을 나타내는 데 사용한다.

26. [답] ④
해설 숫돌바퀴의 3대 구성요소 : ①, ②, ③

숫돌바퀴의 5대 성능요소 : 입자의 종류, 입도, 결합도, 조직, 결합제의 종류이다.

27. [답] ④
해설 차동 분할법은 밀링에서 원주를 분할하는 방법이다.

28. [답] ①
해설 ②, ③, ④항은 상향 절삭(올려 깎기)의 장점이다.

29. [답] ③
해설 $F = Fz \times Z \times N = 0.2 \times 8 \times 1600$
$= 2560 [mm/min]$

30. [답] ②
해설 WA : 숫돌 입자의 종류, 60 : 입도, K : 결합도, m : 조직, V : 결합제의 종류를 나타낸다.

31. [답] ④
해설 ① 진직도, ② 평행도, ③ 각도를 측정하는 측정기이다.

32. [답] ③
해설 $V = \dfrac{\pi d N}{1000}$에서 $N = \dfrac{1000 V}{\pi d}$,
여기에 V=20, d=3을 대입하면
$N = \dfrac{1000 V}{\pi d} = \dfrac{1000 \times 20}{3.14 \times 3} ≒ 2123 [rpm]$이고,
F=Fz×Z×N, 여기에 Fz=0.08, Z=2, N=2123을 대입하면,
F=Fz×Z×N=0.08×2×2123
≒340[mm/min]

33. [답] ①
해설 호닝은 주로 실린더 내면을 매끄럽게 다듬질하는 가공법이다.

34. [답] ④
해설 고무 결합제로 제작된 조정 숫돌에 0.5°~1.5°의 각도를 주어 이송을 제어한다.

35. [답] ②
해설 아베의 원리는 피측정물과 표준자는 일직선상에 배치되어야 한다는 원리이다.

36. [답] ②
해설 ① 불규칙한 대형의 일감을 앵글 플레이트 등을

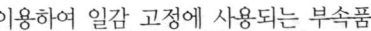

이용하여 일감 고정에 사용되는 부속품
③ 심봉이라고도 하며, 구멍이 있는 일감과 외주면이 동심인 제품 생산에 사용되는 부속품
④ 돌림판과 같이 양 센터 작업 시 공작물과 돌림판을 연결시켜 일감에 회전을 주는 부속품이다.

37. [답] ④
[해설] 숫돌바퀴의 성능요소는 ①, ②, ③항 이외에도 조직과 입도를 나타낸다.

38. [답] ③
[해설] 경사각과 절삭 속도를 크게 하고 절삭 깊이와 이송을 적게 해야 구성인선을 방지한다.

39. [답] ②
[해설] 다이아몬드와 세라믹은 취성이 커서 주로 비금속 재료 가공에 적합하며 다이아몬드의 경도는 무한대로 가장 높다.

40. [답] ④
[해설] ④항은 평면 연삭기의 크기 표시 방법이다.

41. [답] ①
[해설] ②, ③, ④항은 수평 밀링에서 사용하는 공구이다.

42. [답] ③
[해설] ① 진직도 및 평면도 측정
② 외측 및 내측, 깊이 등의 길이 측정기
④ 외측, 내측, 깊이, 단차 등을 측정하는 길이 측정기

43. [답] ③
[해설] $V = \dfrac{\pi d N}{1000}$ 에서 V=250, d=46mm이므로
$N = \dfrac{1000 V}{\pi d} = \dfrac{1000 \times 250}{3.14 \times 46} ≒ 1730\,[\text{rpm}]$

44. [답] ④
[해설] G81 : 드릴링 사이클, G82 : 카운터 보링 사이클, G83 : 심공 드릴링 사이클, G84 : 태핑 사이클

45. [답] ①
[해설] • 기계좌표계 : 기계의 원점을 기준으로 하는 좌표계로서 공장출하 시에 파라미터에 의해 결정된다.
• 절대좌표계 : 도면을 보고 프로그램을 작성할 때 기준이 되는 좌표계이며, 프로그램좌표계라고도 하며, 이 좌표계의 원점을 프로그램 원점이라고 한다.
• 상대좌표계 : 사용자 편의대로 사용할 수 있는 임의 좌표계로서 일감측정, 정확한 거리이동, 공구보정 등 편의에 따라 사용할 수 있다.
• 증분지령 : 현위치가 좌표계의 기준이 되는 지령방법이다. (↔절대지령)

46. [답] ②
[해설] G99는 회전당 이송지령(mm/rev)을 나타내므로, 이후에 사용되는 F의 단위는 [mm/rev]이다.

47. [답] ④
[해설] 공구보정번호 01번에서의 Z축 보정은 0.000이고, 공구보정번호 02번에서의 X축 보정은 2.456이며, T는 가상인선 번호로서 인선의 방향에 따라 1~8을 사용한다. R은 공구인선 반지름을 나타낸다.

48. [답] ④
[해설] G50 : 주축최고회전수 지정, G50과 함께 사용되는 S는 제한하고자 하는 주축최고회전수를 나타낸다.

49. [답] ④
[해설] G27 : 원점복귀 확인, G28 : 원점복귀, G30 : 제2(3, 4)원점복귀, G31 : 생략(Skip) 기능

50. [답] ①
[해설] 첫 번째 구멍을 뚫은 후에 증분지령(G91)으로 구멍 사이의 동일한 간격(X15.0)과 4회의 반복 횟수(L4)를 지정하여 동일한 간격의 구멍 5개를 가공하는 프로그램이다.

51. [답] ①
[해설] G70 : 정삭 사이클, G71 : 황삭 사이클, G72 : 단면 황삭 사이클, G73 : 형상반복 사이클

52. [답] ①
[해설] G40 : 공구지름 보정 취소, G41 : 공구지름 보정 왼쪽, G42 : 공구지름 보정 오른쪽, G43 : 공구길이보정+, G44 : 공구길이보정-, G49 : 공구길이보정 취소

53. [답] ①
[해설] G99는 회전당 이송지령(mm/rev)이므로 F0.2는 주축 1회전당 0.2mm 이송 속도이고, W-100.은 Z축 -방향으로 100mm 이동한 것을 의미한다. G97은 주축 회전수(rev/min) 일정 제어이므로, S1000은 1분(60초)에 주축이 1000회전하는 것을 의미한다. 주축 1회전에 걸리는 시간은 $\frac{60}{1000}$ 초이다.

100mm 이동 시 걸리는 시간(t)
= $\frac{이동거리}{이송속도} \times \frac{60}{1000}$ = 30초

54. [답] ②
[해설] G92는 공작물좌표계 설정으로 현재 공구의 위치를 지령하는 좌표값으로 설정한다. 그림에서 설정하고자 하는 좌표값은 (X30. Y40. Z10.)이다.

55. [답] ①
[해설] ① G42 : 공구경 우측 보정
② G43 : 공구길이 보정(+)
③ G44 : 공구길이 보정(-)
④ G49 : 공구길이 보정 취소

56. [답] ①
[해설] 일시 정지 기능(G04)은 시간을 나타내는 어드레스 P, U, X 등과 함께 사용한다. U와 X는 소수점 이하 3자리까지 유효하며, P는 소수점을 사용할 수 없다.

57. [답] ②
[해설] G96 : 절삭 속도(m/min) 일정 제어, G97 : 주축 회전수(rpm) 일정 제어

58. [답] ①
[해설] G17 : X-Y평면 지정, G18 : Z-X평면 지정, G19 : Y-Z평면 지정, G20 : inch입력

59. [답] ③
[해설] M03 : 주축 정회전, M05 : 주축 정지, M09 : 절삭유 OFF

60. [답] ②
[해설] 수정 보정값=(지령값-측정값)+기존 보정값
=70-69.95+0.005=0.055

모의고사 2회 정답 및 해설

01. [답] ④
[해설] 탄소공구강을 포함하여 모든 공구강은 ①, ②, ③항과 강인성이 있어야 한다. 따라서 내충격성도 커야 한다.

02. [답] ④
[해설] ① 재료의 축선 방향으로 늘어나게 하려는 하중
② 재료의 축선 방향으로 누르는 하중
③ 굽힘 하중으로 재료를 구부려 휘어지게 하는 하중

03. [답] ②
[해설] ① 200~300℃에서 가장 취약해지는 성질
③ 실온에서 충격치를 저하시키는 성질
④ 가공 도중에 경화된 재료를 연화시키는 열처리

04. [답] ④
[해설] ① 조이려는 부분을 관통하여 볼트 지름보다 약간 큰 구멍을 뚫고 여기에 머리 붙이 볼트를 끼워 넣은 후 너트로 결합하는 볼트
② 관통 볼트를 사용하기 어려울 때 결합하려는 상대쪽에 암나사를 내고 머리붙이 볼트를 조여 부품을 결합하는 볼트
④ 기계의 테이블에 물체 고정이 용이하게 제작된 T자형의 홈에 볼트의 머리를 사각형으로 하여 너트를 조여 고정하는 볼트

05. [답] ③
[해설] 연신율$(\varepsilon) = \frac{L - L_0}{L_0}$

$= \frac{65 - 50}{50} \times 100 = 30$

06. [답] ④
[해설] 크롬강은 조직이 미세화하고 강인화되며, 담금질이 잘 되며 내마멸성이 좋아 실린더 라이너, 기어, 암 등에 이용된다.

07. [답] ④
[해설] 내식용 Al합금으로는 하이드로날륨(Al-Mg계),

알민(Al-Mn계), 알드레이(Al-Mg-Si계), 알클래드 등이 있다.

08. [답] ①
해설 ②, ③, ④항 이외에도 스프링 와셔와 혀붙이 와셔를 이용하는 방법, 철사에 의한 방법 등이 있다.

09. [답] ④
해설 ① 나사산이 사각 모양으로 축방향의 하중을 받아 운동을 전달하는 데 사용
② 나사산의 각이 30°(미터계), 29°로 되어 있어 이송 나사 등에 사용되며 애크미 나사라고도 한다.
③ 나사산과 골이 둥글게 되어 있어 전구 등에 사용

10. [답] ③
해설 ② 나비 날개 모양으로 만든 너트
④ 너트의 한쪽을 관통되지 않도록 만든 너트

11. [답] ①
해설 결합용 나사로는 미터나사, 유니파이 나사, 관용 나사가 있고, 운동용 나사는 ②, ③, ④항 이외에 톱니 나사, 둥근 나사 등이 있다.

12. [답] ③
해설 V벨트의 종류는 KS에 총 6가지가 규정되어 있으며, A, B, C, D, E형은 동력전달용, M형은 비동력 전달용이다.

13. [답] ①
해설 유니버설 조인트는 두 축의 중심선이 어느 각도로 교차되고 그 사이의 각도가 운전 중 다소 변하여도 자유로이 운동을 전달할 수 있는 축이음이다.

14. [답] ③
해설 리드($\leq ad$)는 1회전당 축방향의 이동거리로 $L(리드)=n(줄수)\times p(피치)$의 관계식에 의해
$L = 3 \times 4 = 12 \times \dfrac{1}{10}$ 회전 $= 1.2 [\text{mm}]$

15. [답] ④
해설 안지름에서 00 : 10mm, 01 : 12mm, 02 : 15mm, 03 : 17mm를 나타내며, 04부터는 ×5를 하여 안지름을 알아낸다.

따라서, 08×5=40[mm]

16. [답] ③

17. [답] ③
해설 GDC : 구상흑연 주철품, GC : 회주철품을 나타낸다.

18. [답] ③
해설 관련 형체의 위치 공차에 해당하는 것은 위치도, 동축도, 대칭도 등이다.

19. [답] ④
해설 ① 단면도를 그릴 경우, 그 절단 위치를 대응하는 그림 표시에 사용
② 인접부분, 공구, 지그 등의 위치 참고 등을 표시하는 데 가는 2점 쇄선으로 표시
③ 숨은선을 그릴 때 사용

20. [답] ③
해설 ① 구의 반지름, ② 정사각형의 변, ④ 판의 두께를 표시한다.

21. [답] ③
해설 ②항은 현의 치수를 나타낸다.

22. [답] ①
해설 보조 투상도는 경사부가 있는 물체는 그 경사면의 실제 모양을 표시할 필요가 있는데 물체의 부분 또는 전체를 나타내는 투상도이다.

23. [답] ①

24. [답] ④
해설 50.15mm이면 허용치수인 49.80~50.20mm 이내이므로 합격품이 된다.

25. [답] ④
해설 ⊠ 기호는 평면임을 나타내는 표시이다.

26. [답] ①
해설 소요동력 : N[kW], 비절삭저항 : P, 절삭깊이 : t, 이송 : S, 절삭속도 : V일 때
$N = \dfrac{P \times t \times S \times V}{102 \times 60}$
$= \dfrac{156 \times 2 \times 0.3 \times 100}{102 \times 60} \fallingdotseq 1.53[\text{kW}]$

27. [답] ②

① 볼트, 너트의 자리 파기
③ 이미 뚫린 구멍을 더 넓히는 작업
④ 암나사를 가공하는 작업

28. [답] ①

초경합금은 니켈, 코발트를 첨가물로 넣고 소결하여 제작한다.

29. [답] ①

② 정지 센터라고도 하며 심압대에 고정하여 사용
③ 센터 끝이 일감과 같이 회전하여 고속회전 시 일감 지지에 용이
④ 속이 빈 파이프의 지지에 용이하게 원추 선단이 크게 제작되어 있는 센터

30. [답] ③

편위량 $(e) = \dfrac{(D-d)L}{2l} = \dfrac{(15-10)30}{2 \times 20}$
$= 3.75 \text{[mm]}$

31. [답] ②

① 기어를 절삭하는 기계
③, ④ 연삭 숫돌의 성능을 향상시키게 하는 작업이다.

32. [답] ①

와이어 게이지는 와이어의 지름을 측정하는 게이지이다.

33. [답] ①

혼은 호닝가공(주로 내면 가공)에서 사용되는 공구이다.

34. [답] ②

센터리스 연삭기는 센터가 없이 가공하므로 대형 중량물 연삭은 지지하는 데 문제가 있어 가공이 어렵다.

35. [답] ③

보링작업은 이미 뚫려 있는 일감의 구멍을 넓히는 작업이므로 반드시 드릴링 작업이 선행되어야 한다.

36. [답] ④

①, ②, ③항은 결합도가 높은 단단한 숫돌을 사용하는 경우의 조건이다.

37. [답] ③

$V = \dfrac{\pi dN}{1000}$ 에서 V=1500, d=200mm이므로

$N = \dfrac{1000\,V}{\pi d} = \dfrac{1000 \times 1500}{3.14 \times 200} = 2387\,\text{rpm}$

38. [답] ④

① 측정물을 광학적으로 확대하여 그 상을 스크린상에 투영하여 윤곽, 치수 등을 측정하는 측정기
② 기준 게이지와 공작물의 치수를 비교하여 측정값을 알아내는 측정기
③ 표준자와 같은 기준을 내장하고 있어 측미 현미경에 의해 직접 측정하는 측정기

39. [답] ④

맨드릴은 심봉이라고도 하며 주로 양 센터 작업을 한다.

40. [답] ④

정면 선반은 베드의 길이를 줄이고, 심압대가 없으며, 길이가 짧고 지름이 큰 일감 가공에 적합한 선반이다.

41. [답] ③

래핑은 작업 방법이 간단하여 미숙련자도 대량 생산이 가능하다.

42. [답] ①

② 캠, 유압기구 등을 이용하여 자동화한 선반
③ 공구대를 형판에 따라 움직여 형판과 같은 제품을 가공하는 선반
④ 스윙을 크게, 베드를 짧게, 심압대를 없애고 지름이 크고 길이가 짧은 일감 가공이 용이한 선반

43. [답] ④

• 입력장치 : 키보드, 마우스, 태블릿, 디지타이저, 조이스틱, 라이트 펜 등
• 출력장치 : 플로터, 프린터, 모니터(CRT, LCD), 빔프로젝터, 하드카피장치 등

44. [답] ①

해설 A → B의 경우는 G91(증분지령)에 의해서 직전의 좌표 A를 기준으로 하여 B의 좌표를 프로그램해야 하므로 X의 좌표는 10-30=-20, Y의 좌표는 10-0=10이다. 따라서 X-20. Y10으로 프로그램하면 된다.

B → C의 경우는 G90(절대지령)에 의해서 절대좌표계의 원점을 기준으로 C의 좌표를 프로그램해야 하므로 X40. Y30으로 프로그램하면 된다.

45. [답] ②

해설 CNC 공작기계는 위치결정 제어, 직선절삭 제어, 윤곽절삭 제어 등 3가지 방식의 제어방식이 있다.

46. [답] ③

해설 C N M G 12
　　　│ │ │ │ └ 절삭날 길이
　　　│ │ │ └ 단면형상
　　　│ │ └ 공차
　　　│ └ 여유각
　　　└ 인서트 팁 형상

47. [답] ①

해설 B → C의 원호가공은 시계방향 원호가공(G02)이며, I(또는 J)는 원호시작점에서 본 원호중심점의 벡터값을 사용한다. 그림의 경우 J-15.를 사용해야 한다. 따라서 다음의 두 가지로 프로그램 할 수 있다.
- G02 X55. Y55. R15. ;
- G02 X55. Y55. J-15. ;

48. [답] ④

해설 자동공구교환장치(Automatic Tool Changer)와 자동팰릿 교환장치(Automatic Pallet Changer)는 머시닝 센터에서 찾아볼 수 있는 장치이다.

49. [답] ③

해설 A → B의 270° 원호가공은 시계방향 원호가공(G02)이며, 180° 이상의 원호가공이므로 R에 기호 '-'를 함께 사용한다.

50. [답] ④

해설 나사절삭에서는 회전당 이송지령 G95를 사용하여 이송속도 F(mm/rev)를 지령해야 하는데 이때의 이송속도 F는 나사의 리드(피치×줄 수)에 해당한다. 나사가공이 이루어지려면 주축 회전수(rpm)와 이송속도(mm/rev)는 프로그램한 값으로 변동이 없어야 하므로 주축 오버라이드와 이송속도 오버라이드는 각각 100%로 고정해야 한다. 한편 나사절삭 기능으로는 G32, G92, G76 등을 사용한다.

51. [답] ①

해설 절삭속도 V=20m/min, 지름 d=40mm

$V = \dfrac{\pi d N}{1000}$ 에서 V=20, d=40mm이므로

$N = \dfrac{1000\,V}{\pi d} = \dfrac{1000 \times 20}{3.14 \times 40} ≒ 159.24[rpm]$

2회전 휴지에 해당하는 시간 x는 다음과 같은 비례식으로 나타낼 수 있다.

$N : 2회전 = 60 : x$

$\therefore x = \dfrac{120}{N} = \dfrac{120}{159.24} ≒ 0.75초$

52. [답] ②

해설 G02는 시계방향 원호 가공(CW)이고, G03은 반시계방향 원호가공(CCW)이며, I, J, K는 시작점에서 본 원호 중심점의 벡터 성분이므로 Ⓐ점에서 360° 원호가공하는 프로그램은 다음과 같다. G02 J-30. ;

53. [답] ④

해설 ① 제2원점 : 공구교환 등을 위한 지점으로 파라미터에 의해 결정된다.
② 제3원점 : 공구교환 등을 위한 지점으로 파라미터에 의해 결정된다.
③ 기계원점 : 기계좌표계의 원점으로 공장 출하 시에 파라미터에 의해 결정된다.

54. [답] ③

해설 G32, G76, G92 등 나사가공에 관한 코드와 함께 사용하는 F는 나사의 리드값을 의미한다.

55. [답] ④

해설 G90 X_ Z_ I_ F_ ;
　　X_ Z_ : 가공 끝점 좌표
　　I_ : 테이퍼 가공에서 X축상의 가공 끝점과 가공 시작점의 차이값(컨트롤러에 따라 R_로 표기하기도 함)
　　F_ : 이송 속도

56. [답] ③

CNC 선반에서는 일반적으로 연동척을 사용하므로 편심가공은 곤란하다. 편심가공은 범용선반에서 가공하는 것이 일반적이다.

57. [답] ④

A → B 가공 경로는 반시계 방향 원호가공이며, B의 좌표는 절대 지령, 증분 지령, 혼합 지령의 방식으로 각각 4가지로 작성할 수 있다.
절대지령 : G03 X48. Z-0. R24. ;
증분지령 : G03 U26. W-22. R24. ;
혼합지령 : G03 X48. W-22. R24. ;
　　　　　G03 U26. Z-0. R24. ;

58. [답] ②

M42는 나사의 외경이 $\phi 42$임을 의미한다.

59. [답] ④

① 여러 개의 준비기능을 같은 명령절에 제한없이 사용할 수 있다.
② 준비기능 중 동일그룹이 아닌 경우 같은 명령절에 사용한 것 전부가 유효하다.
③ 동일그룹의 준비기능을 같은 명령절에 사용하면 나중에 사용한 준비기능이 유효하다.

60. [답] ②

G50은 주축 최고회전수 지정이므로 최고회전수는 2000rpm이다. 공작물 지름이 가장 작은 경우인 X10에서의 주축 회전수를 구하면 $V = \frac{\pi dN}{1000}$에서 V=150, d=10mm이므로 $N = \frac{1000V}{\pi d} = \frac{1000 \times 150}{3.14 \times 10} ≒ 4775$rpm 인데, 주축 최고회전수 2000rpm으로 제한되어 있으므로 X10에서의 주축 회전수는 2000rpm이 된다.

모의고사 3회 정답 및 해설

01. [답] ④

주철의 경도는 다음과 같다.(HB : 브리넬 경도)
· 페라이트 주철 : HB 80~120
· 펄라이트 주철 : HB 170~220
· 합금 주철 : HB 250~300
· 백주철 : HB 420 정도이다.

02. [답] ①

② 6 : 4 황동으로 고온가공이 용이하여 복수기용 판, 열간 단조품 등에 많이 사용
③ 납(Pb)-안티몬(Sb)-주석(Sn)계 실용 합금이다.
④ 철(Fe)-니켈(Ni)-크롬(Cr)계 합금으로 정밀 계측기기, 전자기기 장치 등에 사용

03. [답] ④

① 밀링의 커터류, 드릴, 리머 등에 사용
② 선반에서 사용되는 바이트의 공구 재료로 많이 사용
③ 용융한 탄소강이나 합금강을 주조 방법에 의해 만든 재질로 기어, 압연 롤러 등에 사용

04. [답] ④

인장응력$(\sigma) = \frac{W}{A}$ 이다.

05. [답] ④

고속도강은 탄소강, 합금강과 같이 공구용 금속 재료이다.

06. [답] ④

칠드 주철은 제강용 롤, 분쇄기 롤, 철도 차량, 제지용 롤 등의 내마멸성이 필요한 부분에 사용된다.

07. [답] ③

탄소량이 증가하면 인성은 감소한다.

08. [답] ④

접선 키는 1/100의 기울기를 가진 2개의 키를 한 쌍으로 중심각이 120°되는 위치에 설치하고

큰 회전력을 전달하는 데 적합하다.

09. [답] ①

해설 스프링 상수$(k) = \dfrac{W(하중)}{\delta(처짐량)} = \dfrac{3}{30}$
$= \dfrac{1}{10}$ [kgf/mm]

10. [답] ④

해설 인장 시험에서는 ①, ②, ③항 이외에도 인장강도, 연신율, 단면 수축률, 내력 등을 측정할 수 있다.

11. [답] ③

해설 풀리에 감긴 벨트는 회전하면서 큰지름 쪽으로 이동하는 경향이 있어 벨트는 풀리의 중앙에 오게 되어 벗겨지지 않는다.

12. [답] ①

해설 구름 베어링은 외륜과 내륜 사이에 전동체가 들어 있으며 이 전동체는 리테이너에 의하여 일정한 간격을 유지하도록 되어 있어 마모와 소음을 방지한다.
보통, 내륜은 축과 결합하고 외륜은 하우징과 결합한다.

13. [답] ③

해설 코킹은 리벳머리의 주위 또는 강판 가장 자리를 정으로 때려 기밀을 유지하고, 플러링은 기밀을 더욱 완전하게 하기 위하여 끝이 넓은 끌로 때려 리벳과 판재의 안쪽 면을 완전히 밀착시키는 것을 말한다.

14. [답] ①

해설 응력 $= \dfrac{W}{A} = \dfrac{W}{\dfrac{\pi d^2}{4}} = \dfrac{4 \times 4500}{3.14 \times 50^2}$

$\fallingdotseq 2.3 [N/mm^2]$

15. [답] ②

해설 평벨트는 가죽, 직물, 고무, 강철, 풀리, 털, 타이밍 벨트 등이 있으며 구조상 미끄럼이 많이 발생하여 공작기계의 동력 장치 등에 V벨트를 주로 사용한다.

16. [답] ③

해설 ① 항상 틈새가 생기는 끼워맞춤

② 부품의 기능과 역할에 따라 틈새나 죔새가 생기는 끼워맞춤

17. [답] ②

해설 제1각법은 정면도를 기준으로 밑에 평면도, 위에 저면도, 좌측에 우측면도, 우측에 좌측면도를 그리고, 좌측면도 좌측에 배면도를 그린다.

18. [답] ④

해설 일반적으로 이골원(이뿌리원)은 가는 실선으로 그리지만, 축에 직각인 방향에서 단면을 도시할 때는(주 투상도) 굵은 실선으로 그린다. 또한 이끝원은 굵은 실선, 피치원은 가는 1점 쇄선으로 그린다.

19. [답] ④

해설 최대 틈새=구멍의 최대허용치수-축의 최소허용치수 $= 80.02 - 79.97 = 0.05$

20. [답] ②

21. [답] ①

해설 8 : 나사의 지름 또는 번호를 표시하는 숫자
36 : 산의 수
UNF : 유니파이 가는 나사를 표시한다.

22. [답] ③

해설 $82 - 15 - 17 = 50$

23. [답] ②

해설 투상관계를 나타내기 위해 보기와 같이 중심선, 기준선, 치수 보조선 등으로 연결하여 그린다.

24. [답] ②

해설 가는 2점 쇄선은 가상선 또는 무게 중심선의 경우에 사용한다.
특히 가상선은
· 인접 부분, 공구, 지그 등의 위치 참고 표시
· 가동부분을 이동 중인 특정 위치 또는 이동한 계의 위치 표시
· 가공 전 후의 모양 표시
· 되풀이하는 것을 나타낼 때
· 도시된 단면의 앞쪽에 있는 부분을 표시하는 데 사용한다.

25. [답] ②

해설 이끝원은 굵은 실선, 이뿌리원은 가는 실선 또

는 굵은 실선이나 생략하기도 한다.

26. [답] ①
해설 ② 원을 그릴 때 중심을 지지
원추각 60°를 이용하여 나사산의 각도 검사에 사용
③ 금긋기 및 높이 측정 시 다른 부속품과 조립하여 사용
④ 평면도 검사에 사용된다.

27. [답] ④
해설 간단한 부품의 수리 및 가공에는 보통선반을 주로 사용한다.

28. [답] ②
해설 보호구의 사용방법은 관리자뿐만 아니라 작업자에게 정확하게 교육되어야 한다.

29. [답] ③
해설 래핑은 미분말 입자인 랩제와 랩의 마찰에 의해 가공면을 매끄럽게 가공하는 가공법이다.

30. [답] ②
해설 선반의 규격은 ②항과 물릴 수 있는 공작물의 최대 직경으로 표시한다.

31. [답] ④
해설 ① 글레이징이라고도 하며 마모된 입자가 탈락하지 않고 숫돌 표면을 매끈하게 무뎌 놓는 현상
② 로딩이라고도 하며 탈락된 입자나 칩이 기공에 끼워지는 현상
③ 사용 중에 변형된 숫돌 표면을 바로 잡기 위해 수정하는 작업

32. [답] ①
해설 · P : 클램핑 방식
· S : 인서트 팁 형상
· K : 절입각
· N : 인서트 여유각
· R : 승수
· 25 25 : 섕크 높이, 섕크 폭
· M : 섕크길이
· 12 : 절삭날 길이

33. [답] ④
해설 ④항은 보링 작업이다.

34. [답] ④
해설 ①, ② 일감을 양 센터로 지지하여 가공 시 사용하는 부속품
③ 일감의 구멍과 외주가 동심원을 이루는 제품을 가공하고자 할 때 구멍에 고정시키는 부속품으로 심봉이라고도 한다.

35. [답] ③
해설 칩의 제거는 반드시 주축이 정지한 후에 칩 제거기를 통하여 제거하여야 한다.

36. [답] ②
해설 편위량 $(e) = \dfrac{(D-d)L}{2l} = \dfrac{(50-40)200}{2 \times 100}$
$= 10 [mm]$

37. [답] ①
해설 ② 2개의 선회대를 이용하여 나선 홈, 금형 가공 등에 사용
③ 테이블에 고정시켜 원주를 등분하거나 각도 분할에 사용
④ 주축의 수평 회전 운동을 수직 회전 운동으로 변환시켜 가공하는 부속품

38. [답] ①
해설 · 리밍 : 정밀구멍작업
· 스폿 페이싱 : 육각볼트를 체결하기 위한 자리매김
· 카운터 싱킹 : 접시머리 나사의 머리부를 묻히게 하기 위하여 원뿔 자리를 내는 가공

39. [답] ②
해설 F = Fz×Z×N = 0.2×8×300 = 480[mm/min]

40. [답] ③
해설 ③항은 선반에서 테이퍼 등을 가공 시에 이용하는 방법이다.

41. [답] ①
해설 ② 암나사를 만드는 작업
③ 접시머리 볼트의 머리부를 가공하는 작업
④ 이미 뚫린 구멍을 더 넓히는 작업

42. [답] ③
해설 ① 공구가 회전과 직선 운동

② 공구의 회전 운동
④ 공구의 회전 운동으로 가공한다.

43. [답] ④

해설 G71(내·외경 황삭 사이클) 각 주소의 기능, U : X축 1회 절입량, R : 도피량, P : 사이클 시작 블록번호, Q : 사이클 종료 블록번호, U : X축 방향 정삭 여유, W : Z축 방향 정삭 여유, F : 이송속도

44. [답]

해설 각 부의 작동 검사, 유압유의 유량점검, 공기압의 적정성 점검 등은 매일 점검 사항이다.

45. [답] ③

해설 G50(공작물좌표계 설정)은 현재의 공구위치를 절대좌표계의 좌표값으로 설정해주는 기능이다. G50과 함께 사용하는 좌표값은 프로그램원점을 기준으로 한 공구의 현재위치를 절대지령으로 표현해야 한다.

46. [답] ④

해설 수정 보정값=(지령값−측정값)+기존 보정값
=70−69.95+1.235=1.285

47. [답] ①

해설 G76 X_ Z_ I_ K_ D_ F_ A_ P_ ;
X, Z : 나사 끝지점 좌표
I : 나사 끝점 X와 시작점 X값의 거리(반지름 지령)
K : 나사산 높이(반지름지령)
F : 이송속도(나사의 리드)
D : 첫 번째 절입량(반지름지령)
A : 나사의 각도
P : 절삭방법

48. [답] ①

해설
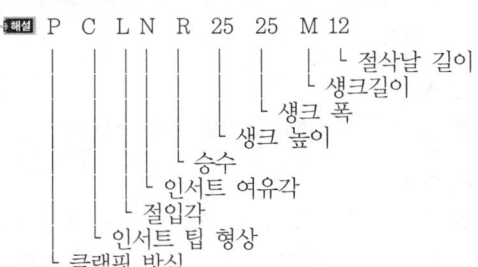

49. [답] ②

해설 G96 : 절삭속도(m/min) 일정제어, G97 : 주축 회전수(rpm) 일정제어

50. [답] ①

해설 X, Y, Z, R, I, J, K, Q, F 등의 어드레스는 소수점 입력이 가능하다.

51. [답] ①

해설 CNC 선반에서 공구지령은 T□□△△와 같이 네자리로 지령하는데, □□는 공구번호를 의미하고, △△는 공구보정번호를 나타낸다.

52. [답] ④

해설 ① 기억장치 : 컨트롤러에서 가공 데이터를 저장하는 곳
② 제어회로 : 디스켓이나 테이프에 기록된 정보를 받아서 펄스화시키는 것
③ 강전제어반 : CNC 컨트롤러를 작동시키는 기구

53. [답] ③

해설 ③ G94 : 분당 이송(mm/min)

54. [답] ③

해설 준비 기능은 G코드를 사용하고 보조기능은 M코드를 사용한다.
① 원호보간 : G02(CW), G03(CCW)
② 직선보간 : G01
③ 기어속도 변환 : M40(중립), M41(저속), M42(중속), M43(고속)
④ 급속이송 : G00

55. [답] ②

해설 CNC 프로그램의 주요 주소는 다음과 같다.
주축 기능 S, 공구 기능 T, 보조기능 M, 이송 기능 F, 준비 기능 G

56. [답] ③

해설 CAD/CAM 시스템을 적용하면 생산성 향상, 품질관리의 강화, 설계 및 제조시간의 단축 등의 효과를 기대할 수 있다.

57. [답] ③

해설 G90 X_ Z_ I_ F_ ;
X_ Z_ : 가공 끝점 좌표

I_ : 테이퍼 가공에서 X축상의 가공 끝점과 가공 시작점의 차이값(컨트롤러에 따라 R_로 표기하기도 함)

F_ : 이송 속도

58. [답] ②

해설 N03 블록에서의 공구의 이동 거리는 Z0부터 Z-50.까지 50mm이다.
한편,
$F = F_{rev} \times N = 0.2 \times 1000 = 200 [mm/min]$
(F_{rev} : 회전당 이송속도, N : 주축 회전수)
따라서, 가공 거리 : 1분(60초)당 이동 거리=가공 시간(초) : 60(초)

∴ 가공시간(초)=$\dfrac{60 \times 가공거리}{1분당 가공거리} = \dfrac{60 \times 50}{200} = 15$초

59. [답] ④

해설 G04는 일시정지 기능이며, 시간을 나타내는 어드레스 P, U, X 등과 함께 사용한다. G04는 드릴 작업, 카운터 싱킹 등의 작업에서 목표점의 정밀가공을 위해 사용한다.

60. [답] ③

해설 주축 방향과 평행한 축을 Z축으로 하여 좌표계를 사용한다.

모의고사 4회 정답 및 해설

01. ②

해설 규격번호 또는 명칭, 호칭지름×길이, 재료로 표시한다.

02. ②

해설 ① 인성 부여, ③ 재질을 연하고 균일화, ④ 소재를 가열 후 공랭시켜 표준화

03. ①

해설 ② 두께, ③ 반지름, ④ 구의 지름을 나타낸다.

04. ②

해설 취성이 많아 충격에 약한 것이 단점이다.

05. ①

해설 원호보간에서 I, J, K 등의 좌표어를 사용할 때에는 시작점에서 중심점까지의 벡터성분을 표기한다. 이때, I는 X축의 벡터성분, J는 Y축의 벡터성분, K는 Z축의 벡터성분이다.

06. ①

해설 CNC 선반 프로그램에서 좌표값은 출발점이 아닌 목적점을 표기하기 때문에 (a) → (b)에서는 (b)의 좌표를 표기하고, (b) → (c)에서는 (c)의 좌표를 표기하면 된다. 지령방법은 절대지령, 증분지령, 혼합지령이 있다.

- 절대지령 : 프로그램 원점을 기준으로 한 좌표 지령 방법
- 증분지령 : 공구의 출발점을 기준으로 다음의 목적점을 표기하는 방법. 기준이 되는 원점이 공구가 이동할 때마다 변경됨
- 혼합지령 : 절대지령과 증분지령을 혼합하는 방법

07. ①

해설 ① G71, ② G74, ③ G92, G76, ④ G94

08. ③

해설 CNC 공작기계의 서보기구 형식에는 개방회로 방식, 반폐쇄회로 방식, 폐쇄회로 방식, 복합회로 방식 등이 있다. MIT 방식, DDA 방식, 대수

연산 방식 등은 CNC의 펄스 분배 방식이다.

09. ②
해설 ① 윗면 경사각이 커지면 저항이 감소된다.
③ 공작물의 재질이 연할수록 저항은 감소된다.
④ 분력의 크기는 주분력(10) > 배분력(2~4) > 이송분력(1~2)의 크기를 나타내며, 절삭에 가장 큰 영향을 미치는 주분력을 주 절삭력 이라고도 부른다.

10. ①
해설 ① 가장 이상적인 칩
② 일감이 연성, 경사각이 작을 때 발생
③ 점성인 일감에서 발생
④ 취성이 많은 주철을 가공 시에 많이 발생된다.

11. ②
해설 CNC 프로그래밍에서 소수점을 사용하는 Adress는 X, Y, Z, U, W, R, Q 등이다. 주축회전수를 나타내는 S는 소수점을 사용해서는 안 된다.

12. ③
해설 CNC 공작기계의 특징
㉠ 다양한 제품을 균일하게 가공할 수 있다.
㉡ 프로그램의 변화만으로도 가공할 수 있기 때문에 특수공구의 제작이 불필요하다.
㉢ 복잡한 일감의 가공이 용이하다.
㉣ 다품종 소량 생산 및 중량 생산품의 가공에 적합하다.

13. ③
해설 테이블의 이송속도=1날당 이송량×커터의 날수×회전수=0.12×12×800=1,152[mm/min]

14. ④
해설 테이블은 좌우로, 숫돌대는 주로 전후로 이송한다.

15. ②
해설 ① 개방회로 : 피드백장치없이 스태핑 모터를 사용한 방식으로 가공 정밀도가 좋지 않다.
③ 폐쇄회로 : 모터에 내장된 속도검출기에서 속도를 검출하고, 테이블에 부착한 위치검출기에서 위치를 검출하여 피드백하는 방식으로 운동손실 오차를 보정할 수 있어 정밀도를 향상시킬 수 있으며, 대형 기계 및 정밀 고속 복합가공기에 많이 사용되는 방식이다.
※ 복합회로 : 반폐쇄회로 방식과 폐쇄회로 방식을 결합하여 고정밀도로 제어하는 방식으로, 가격이 고가이다.

16. ②
해설 프로그램 진행방향을 위쪽으로 놓고 볼 때, 공작물에 대해 공구가 왼쪽이나 오른쪽으로 공구 인선 반지름만큼 오프셋(offset)하여 진행되는 것을 공구 인선 반지름 보정이라고 한다. 왼쪽 보정에는 G41을 사용하고, 오른쪽 보정에는 G42를 사용하고, 공구 인선 반지름 보정 취소는 G40을 사용한다. G43은 공구길이보정(+)이다.

17. ①
해설 6 : 형식 번호, 3 : 치수 기호, 04 : 안지름 번호를 나타낸다.

18. ③
해설 ① 80° 마름모꼴, ② 55° 마름모꼴, ④ 35° 마름모꼴.
이외에도 R : 원형, T : 삼각형, L : 직사각형 등이 있다.

19. ②
해설 M98 : 보조 프로그램 호출
M99 : 보조 프로그램 종료
보조 프로그램과 주 프로그램은 같은 메모리에 등록되어 있어야 한다.

20. ③
해설 ① 온도가 높아지면 경도가 저하되어 절삭성이 저하, 수명이 단축된다.
② 가공물의 경도가 낮으면 절삭이 원활해져 온도가 낮아지고 절삭성도 향상된다.
④ 절삭온도가 높아지면 공구의 인선과 공작물의 온도도 같이 상승된다.

21. ③
해설 탄소강의 탄소함유량은 0.02~2.11%이고, 주철의 탄소함유량은 2.11~6.67%를 함유하고 있다.

22. ③
해설 82=15+17-C이므로 C=82-32=50이다.

23. ①

[해설] 주조용 Al합금에는 Al-Cu계, Al-Si계, Al-Mg계, 다이캐스팅용 Al합금, Y합금 등이 있으며, Al-Si계에는 실루민이 대표적이다.

24. ④

[해설] ① 이송속도, ② 주축회전수, ③ 공구번호, ④ 원호 반지름
G02는 원호절삭할 때 사용하는 준비기능이며, G02는 반드시 원호의 반지름 R을 동반해야 한다.

25. ②

[해설] 모듈이 m, 피치원 지름이 d, 잇수를 z라고 할 때 $m = \dfrac{d}{z}$ 에서 $z = \dfrac{d}{m} = \dfrac{63}{3} = 21$개

26. ④

[해설] ① : 탄소강 주강품, ③ : 회주철품을 뜻한다.

27. ③

[해설] 금속 스프링에는 강 스프링과 비철 스프링이 있고, 비금속 스프링에는 고무 스프링, 공기 스프링, 액체 스프링, FRP(합성수지) 등이 있다.

28. ①

[해설] ② 피치 게이지, 공구 현미경, 투영기 등, ③ 센터 게이지, 공구 현미경, 투영기 등, ④ 외측 마이크로미터를 이용하여 측정한다.

29. ①

[해설] 최대 허용 치수는 50.009, 최소 허용 치수는 50.005이다.

30. ④

[해설] B → C의 원호가공은 반시계 방향 원호가공(G03)이고, C점의 절대좌표값은 X50. Z22.0이다.

31. ③

[해설] ①, ②, ④항 외에 값이 싸고, 내식성이 우수하다. 하지만 열에 약하기 때문에 주로 상온에서 사용된다.

32. ①

[해설] ② 애드미럴티 황동
- 네이벌 황동은 6 : 4 황동에 주석(Sn)을 0.75% 첨가
- 망간 청동은 6 : 4 황동에 망간(Mn)을 8% 첨가
- 양백(양은)은 7 : 3 황동에 니켈(Ni)을 10~20% 첨가 등이다.

33. ①

[해설] 자생 작용이란 연삭 가공 시 연삭 입자의 끝이 마모되어 자연히 파괴되거나 탈락되어 항상 새로운 입자가 나타나는 작용이다.

34. ②

[해설] ① 한쪽 또는 양쪽에 기울기를 갖는 평판 모양의 쐐기로써 인장력이나 압축력을 받는 2개의 축을 연결하는 기계요소
③ 한쪽 끝이 두 가닥으로 갈라진 핀으로 나사 및 너트의 이완 방지에 많이 사용
④ 축에 여러 개의 같은 키 홈을 파서 여기에 맞는 한 짝의 보스 부분을 만들어 서로 잘 미끄러져 운동할 수 있게 한 기계요소

35. ③

[해설] c : 컷오프값, d : 줄무늬 방향 기호, e : 다듬질 여유, g : 표면 파상도를 나타낸다.

36. ③

[해설] ① 7.87, ② 8.93, ③ 11.34, ④ 7.19이다.

37. ②

[해설] 유니파이 가는 나사는 UNF, 유니파이 보통나사는 UNC로 표시한다.

38. ②

[해설] Tr : 나사산의 종류 표시(미터 사다리꼴 나사)
40 : 나사의 호칭 지름(40mm)
14 : 피치
P7 : 나사의 등급을 나타낸다.

39. ④

[해설] 구비 조건으로는 ①, ②, ③항 이외에 고장이 적고, 유지비가 저렴하고, 기계효율은 높아야 한다.

40. ④

[해설] G57 : 공작물좌표계 4번 선택
G58 : 공작물좌표계 5번 선택
G59 : 공작물좌표계 6번 선택
G60 : 한 방향 위치결정

41. ③

해설 ① 재료나 측정기는 컨트롤러의 윗면에 올려놓아서는 안 된다.
② 컨트롤러를 여러 사람이 동시에 조작하는 것은 자칫 안전사고를 야기할 수 있다.
③ 절삭공구는 짧게 장착하면 절삭성도 좋아지고 보다 안전한 작업을 할 수 있다.
④ 칩 제거는 칩 제거 도구를 이용. 버니어 캘리퍼스는 측정도구이므로 칩 제거에 사용하는 것은 바람직하지 못하다.

42. ④

해설 ① 전극과 전해액을 이용하여 가공
② 가공액 속의 일감을 전극을 이용하여 가공하는 비접촉식 가공 기계
③ 숏((Shot)을 압축공기나 원심력을 이용하여 일감 표면에 분사시켜 표면 다듬질 및 피로 강도를 개선시키는 가공
④ 숫돌을 일감에 가압하며 일감을 이송시키고, 숫돌에 진동을 주어 표면 거칠기를 향상시키는 가공

43. ④

해설 ① 직렬로 나란히 연속되는 개개의 치수가 계속되어도 좋은 경우에 사용
② 여러 종류의 많은 구멍의 위치나 크기 등의 치수를 좌표로 사용하며 별도의 표로 나타내는 방법
③ 한 곳을 중심으로 치수를 기입하는 방법

44. ②

해설 4개의 조가 단독으로 이동하므로 중심을 맞추는데 숙련이 요구되나, 연동척(3개의 조가 중심을 향해 동시에 움직이는 척)에 비해 고정력이 강하다.

45. ③

해설 V-벨트는 M형과 A~E형 6종류가 있고, 동력전달용으로는 A~E형을 사용한다.

46. ①

해설 보링 작업이란 드릴을 이용하여 이미 뚫린 구멍을 보링 바이트를 이용하여 넓히는 작업을 말한다.

47. ④

해설 분할법에는 ①, ②, ③항 이외에 각도 분할법이 있다.

48. ①

해설 ㉠ 산화물계 : Al_2O_3, MgO, ZrO_2, SiO_2
㉡ 탄화물계 : SiC, TiC, B_4C
㉢ 질화물계 : Si_3N_4 등

49. ①

해설 ② 탄소 주강품
③ 일반구조용 압연강재
④ 기계구조용 탄소강재

50. ③

51. ②

① 원형봉에 비틀림 모멘트를 가하면 비틀림 변형이 생기는 원리를 이용한 스프링
③ 노크 핀과 같이 고무를 여러 장 겹쳐 충격을 완화하는 데 사용하며, 모양이 간단하고 중량도 가벼우나 내구성이 약하다.
④ 외륜은 내측에, 내륜은 외측에 테이퍼가 있는 마찰면을 가진 링 형상 스프링을 포갠 압축된 스프링으로 차량 등에 이용

52. ①

해설 ② 내식성이 좋아 측량기구, 표준기구, 시계추, 바이메탈 등에 사용
③ 구리에 40~50%의 Ni을 첨가한 합금으로 통신기재, 저항선, 전열선 등으로 사용
④ 초고온 내열 재료로 제트기, 터빈 날개 등에 사용

53. ③

해설 터릿 선반은 심압대 대신 설치된 터릿이라는 공구대에 여러 가지의 절삭 공구를 작업 공정 순서대로 고정하여 순차적으로 작업을 하는 선반이다.

54. ③

해설 18-8계 스테인리스강은 화학공업, 건축, 자동차, 의료기기, 가구, 식기 등에 많이 쓰인다.

55. ②

해설 테이블의 이송속도 F(mm/min)=커터 한 날당

이송량(fz)×커터의 날 수(Z)×회전수(N)에서
$N = \dfrac{1000 \times V}{\pi \times D} = \dfrac{1000 \times 45}{3.14 \times 30} ≒ 478$ 이므로
F=0.1×4×478≒191[mm/min]

56. ②

해설 아베의 원리란 "피측정물과 기준자는 동일직선상에 있어야 한다"는 원리이며 맞는 측정기는 ①, ③, ④항 등이 있고, ②항과 버니어 캘리퍼스가 대표적으로 아베의 원리에 맞지 않는 측정기이다.

57. ③

해설 ① STC, ② SKH, ④ ALDC, AC 등으로 표시한다.

58. ①

해설 구리의 비중은 8.9이며, 전연성이 좋아 가공하기도 쉽다.

59. ④

해설 공구재료의 구비 조건은 ①, ②, ③항 이외에 내마멸성이 높고, 강인성이 있으며, 제작이 쉽고 저렴해야 한다.

60. ④

해설 배빗 메탈은 베어링 합금 중 화이트 메탈을 말하며 주석(Sn)계와 납(Pb)계가 있다.

모의고사 5회 정답 및 해설

01. ③

해설 랙 공구를 사용하여 기어를 제작할 때 랙의 기준 피치선과 기어의 기준 피치원이 접하도록 하여 제작하는 기어를 표준 기어라고 한다.

02. ②

해설 ① 가장 일반적인 키로 축과 보스에 모두 키 홈을 판다.
③ 반달 모양의 키로 축에 키 홈이 깊게 파지므로 축의 강도가 약하다. 자동차, 기계 등에 사용
④ 핀 키라고도 하며, 토크가 작은 핸들류의 고정에 사용

03. ③

해설 가벼우나 충격에 약한 단점이 있고, 값이 싸다.

04. ①

해설 ② 가공도가 낮을수록 높은 온도에서 일어난다.
③ 입자의 크기는 가공도에 따라 변화하고 가공도가 낮을수록 온도가 커진다.
④ 납은 −3℃, 구리는 200~300℃이다.

05. ①

해설 압축하중$(\sigma) = \dfrac{W}{A} = \dfrac{4000}{20 \times 20} = 10(\text{N/mm}^2)$

06. ①

해설 ② 가볍고 전연성이 좋아 가정용품, 건축재료, 자동차 산업 등에 광범위하게 사용
③ 연성이 풍부하고, 소성가공이 쉽고, 내식성이 우수, 가공이 쉽고, 독성이 없어 피복용, 의약품, 식품 포장 튜브 등에 널리 사용

07. ④

해설 초전도 현상은 외부 자기장이 물질 안으로 침투하지 못하는 자기적 현상인 동시에 전기 저항이 완전히 사라지는 전기적 현상이다.

08. ④

해설 ①, ②, ③항을 절삭유의 3대 사용 목적이라

한다.

09. ①

해설 기준면 A에 대하여 대칭도()가 0.05mm 이내이어야 한다를 표시

10. ②

해설 CAM 시스템에서 높이가 같은 부분을 연결하여 가공하는 것을 등고선 가공이라 하고, 평엔드밀을 사용하여 미절삭 부위를 잔삭 처리하는 윤곽가공을 펜슬 가공이라 한다.

11. ④

해설 ④ 나사산의 감긴 방향, 나사산 줄의 수, 나사의 호칭, 나사의 등급으로 표시한다.

12. ②

해설  로 표시한다.

13. ④

해설 ㉠ 강자성체 : Fe, Ni, Co 등
㉡ 상자성체 : O, Mn, Pt(백금), Al 등
㉢ 반자성체 : Bi(비스무트), Sb(안티몬), Au(금), Ag(은), Cu 등이 있다.

14. ①

해설 절삭 속도를 120m/분 이상(임계속도)으로 높게 가공해야 하며, 또한 절삭 깊이도 작게 하고, 경사각도 커야 구성인선이 발생하지 않는다.

15. ③

해설 G49 : 공구길이 보정 취소

16. ③

해설 주축 방향과 평행한 축을 Z축으로 하여 좌표계를 사용한다.

17. ③

해설 ① 글레이징(glazing)이라고도 하며, 입자가 탈락하지 않고 숫돌 표면이 무뎌지는 현상
② 로딩(loading)이라고도 하며, 마모된 탈락입자나 칩이 기공에 끼워지는 현상
④ 입자가 작은 절삭력에도 쉽게 탈락하는 현상으로 ①, ②, ③항의 사항이 발생 시에 연삭성능을 향상시키기 위해 드레싱(dressing)을 하여 준다.

18. ②

해설 연신율= $\dfrac{\text{늘어난 길이}}{\text{본래의 길이}}$ 이므로, 본래의 길이가 25cm일 경우에 연신율이 20%가 된다.

19. ④

해설 ① 외형선
② 중심선, 기준선, 피치선, 절단선 등
③ 치수선, 치수보조선, 지시선, 단면선 등

20. ①

21. ③

해설 이송 속도는 거친 연삭시에는 1~2m/min, 다듬질 연삭에서는 0.2~0.4m/min이 적당하다.

22. ③

해설 평면을 나타내는 도시법이다.

23. ③

해설 중심거리(C)= $\dfrac{(Z_1+Z_2)m}{2} = \dfrac{(30+60)3}{2}$
$= 135 [mm]$

24. ④

해설 CAD/CAM 시스템에서 출력장치로는 모니터, 플로터, 프린터 등이 사용되며, 입력장치로는 마우스, 키보드, 스캐너, 디지타이저 등이 사용된다.

25. ④

해설 각종 핀의 호칭 방법은
• 평행 핀 : 명칭-종류-형식-호칭지름×길이-재료
• 테이퍼 핀 : 명칭-등급-지름(d)×길이(l)-재료로 표시한다.

26. ③

해설 ㉠ 도피점에서 사이클 시작점으로 급속이송
㉡ 사이클 시작점에서 가공 시작점으로 급속이송
㉢ 나사절삭
㉣ 가공 끝점에서 도피점으로 급속이송

27. ①
[해설] 주철의 취성(충격값)은 강에 비해 현저히 낮은 것이 가장 큰 단점이나, 내마멸성이 우수하여 폭넓게 이용되는 기계재료이다.

28. ①
[해설] ② 양 센터 작업 시 공작물에 회전력을 주기 위한 부속품
③ 주로 바이트를 고정시키는 틀로 여러 개의 바이트를 고정시킬 수 있어 복시 공구대라고도 한다.
④ 주축의 회전을 변속시키는 기어로 내부를 구성하고 있고 척, 면판, 돌림판 등을 고정해서 공작물을 고정해서 회전력을 준다.

29. ③
[해설]
• M03 : 주축 정회전
• M05 : 주축 정지
• M09 : 절삭유 OFF

30. ③
[해설] 도면 → 프로그램(수치정보) → 정보처리회로 → 서보기구(서보구동) → 가공

31. ④
[해설] ① 여러 개의 준비기능을 같은 명령절에 제한없이 사용할 수 있다.
② 준비기능 중 동일그룹이 아닌 경우 같은 명령절에 사용한 것 전부가 유효하다.
③ 동일그룹의 준비기능을 같은 명령절에 사용하면 나중에 사용한 준비기능이 유효하다.

32. ②
[해설] 회전체인 공작물의 한쪽으로 1.5mm가 절삭되므로 원둘레로는 3.0mm가 작아진다.

33. ①
[해설] 제동장치는 작동 부분의 구조에 따라 ②, ③, ④ 항으로 분류되며, 작동력의 전달 방법에 따라 공기, 유압, 전자 브레이크로 분류되며, 제동 목적에 따라 유체와 전기 브레이크가 있다.

34. ③
[해설] 탄소강의 내식성은 탄소량이 감소할수록 저하되며, 비중과 선팽창계수는 탄소량이 증가할수록 감소된다.

35. ②
[해설] ① 직사각형의 숫돌을 방사방향으로 붙인 혼을 구멍에 넣고 회전운동과 축 방향의 운동을 동시에 시켜가며 구멍의 내면을 정밀 다듬질하는 가공
③ 숏(shot)이라는 공구를 고압으로 공작물의 표면에 분사시켜 표면을 다듬질하는 가공
④ 1차로 가공된 공작물의 안지름보다 다소 큰 강철 볼을 압입하여 통과시켜 공작물의 표면을 소성 변형시켜 가공하는 특수 가공법

36. ②
[해설] 고순도의 천연 무기물 또는 인공물로 합성한 무기 화합물을 원료로 하는 세라믹스이다.
내열성·내마모성·내식성·전기절연성이 뛰어나며, 열팽창계수가 작고 급열·급랭에 견딜 수 있으며 고온에도 강하나 강도에 약한 것이 단점이다.

37. ②
[해설] ① 회전수는 사용되는 공구의 지름과 조건에 맞춰서 선정
② 칩 제거는 전용 솔 또는 브러시로 제거
③ 안전과 칩 또는 절삭유의 비산을 막기 위해 꼭 닫고 한다.
④ 공구와 공작물 설치 시에 항상 전원을 끈 상태에서 실시한다.

38. ④
[해설] ① 강도, 경도를 향상시키고, 연신율, 충격값을 감소시키고 용접성을 저해시킨다.
② 강도, 경도, 인성, 점성을 증가시킨다.
③ 강도, 경도를 증가시키나 상온 취성의 원인이 된다.
④ 강을 여리게 하고 산이나 알칼리에 약하게 한다.

39. ①
[해설] G99는 회전당 이송지령(mm/rev)이므로 F0.2는 주축 1회전당 0.2mm 이송 속도이고, W-100.은 Z축 -방향으로 100mm 이동한 것을 의미한다. G97은 주축 회전수(rev/min) 일정 제어이므로, S1000은 1분(60초)에 주축이 1000회전하는 것을 의미한다. 주축 1회전에 걸리는 시간은

$\dfrac{60}{1000}$ 초이다.

100mm 이동 시 걸리는 시간(t)

$= \dfrac{\text{이동거리}}{\text{이송속도}} \times \dfrac{60}{1000} = 30$초

40. ③

연신율(ε) = $\dfrac{\text{연신된 길이}(l-l_0)}{\text{표점거리}(l_0)} \times 100$

$= \dfrac{65-50}{50} \times 100 = 30[\%]$

41. ③

수나사의 크기는 호칭지름(바깥지름)으로 표시한다.

42. ④

T0101은 1번 공구에 대해 보정번호 1번의 보정값을 지령한다.

43. ②

TTT는 온도, 시간, 변태의 완전 풀림과의 관계를 곡선으로 나타낸 것이다.

44. ④

A → B 가공 경로는 반시계 방향 원호가공이며, B의 좌표는 절대 지령, 증분 지령, 혼합 지령의 방식으로 각각 4가지로 작성할 수 있다.
- 절대지령 : G03 X48. Z-0. R24. ;
- 증분지령 : G03 U26. W-22. R24. ;
- 혼합지령 : G03 X48. W-22. R24. ;,
  G03 U26. Z-0. R24. ;

45. ②

합성수지 재료 중 열경화성 수지에는 페놀, 에폭시, 멜라민, 실리콘, 폴리에스테르(PET), 폴리우레탄 등이 있으며, 그 중에서 페놀 수지는 베이클라이트, 포마이카 등의 이름을 사용하며, 내열성, 전기절연성이 우수하여 전기 기기, 자동차 부품 등에 쓰인다.

46. ①

자동공구교환장치(ATC : Automatic Tool Changer)는 다수의 공구를 공구 매거진(Tool Magazine)에 장착해 놓고 필요한 공구를 호출하여 사용하는 장치로서, 이것의 유무에 따라 머시닝 센터와 CNC 밀링으로 나뉜다.

47. ④

심압대는 선반의 구성 요소이다.

48. ②

사인 바는 각도 측정기이다.

49. ④

① 제2원점 : 공구교환 등을 위한 지점으로 파라미터에 의해 결정된다.
② 제3원점 : 공구교환 등을 위한 지점으로 파라미터에 의해 결정된다.
③ 기계 원점 : 기계좌표계의 원점으로 공장 출하 시에 파라미터에 의해 결정된다.

50. ④

상온 및 고온에서도 높은 경도가 유지되어야 한다.

51. ②

① 안장키라고도 하며, 축에 키 홈이 없어 큰 하중의 전달에는 미끄러지므로 부적합하다.
② 성크 키라고도 하며, 큰 하중 전달에 적당하게 축과 보스에 모두 키 홈을 파고, 평행 키와 경사 키가 있다.
③ 라운드 키라고도 하며, 축과 보스 사이에 구멍을 가공하여, 평행 핀 또는 테이퍼 핀으로 박은 키로 전달 하중이 적다.
④ 플랫 키, 납작 키라고도 하며, 중간 정도의 하중에 견딜 수 있다.

52. ①

㉠ 숫돌의 구성 3요소 : 입자, 결합제, 기공
㉡ 숫돌의 성능 5요소 : 입자, 입도, 결합도, 조직, 결합제

53. ②

수평 밀링에서 평면 가공에 사용되는 커터는 플레인 커터이다.

54. ②

평행 걸기(Open Belting)는 회전 방향이 같고, 십자걸기(Cross Belting)는 회전 방향이 반대이다.

55. ①

① G42 : 공구경 우측 보정

② G43 : 공구길이 보정(+)
③ G44 : 공구길이 보정(-)
④ G49 : 공구길이 보정 취소

56. ①
[해설] 일시 정지 기능(G04)은 시간을 나타내는 어드레스 P, U, X 등과 함께 사용한다. U와 X는 소수점 이하 3자리까지 유효하며, P는 소수점을 사용할 수 없다.

57. ④
[해설] 절삭 유제의 사용 목적
- 냉각작용 : 공구와 공작물을 냉각
- 윤활작용 : 공작물과 공구의 마찰 저하로 수명 연장
- 세척작용 : 공구와 공작물을 씻어주어 가공시 야를 넓혀주는 작용

58. ①
[해설] ② 바이트의 여유면이 마찰에 의해 마모되어 평평하게 되는 현상
④ 절삭 날의 미세한 일부분이 탈락되는 현상

59. ③
[해설] CNC 선반에서는 일반적으로 연동척을 사용하므로 편심가공은 곤란하다. 편심가공은 범용선반에서 가공하는 것이 일반적이다.

60. ④
[해설] G90 X_ Z_ I_ F_ ;
- X_ Z_ : 가공 끝점 좌표
- I_ : 테이퍼 가공에서 X축상의 가공 끝점과 가공 시작점의 차이값(컨트롤러에 따라 R_로 표기하기도 함)
- F_ : 이송 속도

컴퓨터응용선반기능사 과년도 3주완성

1판 1쇄 발행	2011년 6월 15일	1판 2쇄 발행	2012년 1월 05일
1판 3쇄 발행	2013년 1월 20일	2판 1쇄 발행	2014년 1월 05일
2판 2쇄 발행	2015년 2월 10일	3판 1쇄 발행	2016년 1월 27일
4판 1쇄 발행	2017년 3월 10일	5판 1쇄 발행	2018년 1월 10일
6판 1쇄 발행	2019년 2월 5일	7판 1쇄 발행	2020년 1월 30일
7판 2쇄 발행	2022년 3월 15일		

지은이　심해성, 김정권
펴낸이　김주성
펴낸곳　도서출판 엔플북스
주　소　경기도 구리시 체육관로 113번길 45. 114-204(교문동, 두산아파트)
전　화　(031)554-9334
F A X　(031)554-9335

등　록　2009. 6. 16　제398-2009-000006호

정가 **19,000원**
ISBN　978 - 89 - 6813 - 309 - 1　13550

※ 파손된 책은 교환하여 드립니다.
　본 도서의 내용 문의 및 궁금한 점은 저희 카페에 오셔서 글을 남겨주시면 성의껏 답변해 드리겠습니다.
　http://cafe.daum.net/enplebooks